本成果系：
2013年度北京市教委"科研基地–科技创新平台–中
国影视学术创新理论"项目最终成果之一

影视光线创作

刘永泗 刘莘莘 著

北京联合出版公司
Beijing United Publishing Co.,Ltd.

前　言

　　《影视光线艺术》于 2000 年出版，是国内第一本比较完整的专业书籍，许多院校将其选为必读书目。随着科技进步，其内容已显陈旧，许多读者表示希望看到一本新书。于是我们整理多年讲稿，结合影视科技的发展和现代优秀的影视作品，推陈出新，写成这本《影视光线创作》。

　　自然光效法于 20 世纪 70 年代诞生，其后新的照明方法不断出现。特别是对印象派绘画光色理论的利用，使影像更加光彩靓丽、感觉一新。与此同时，传统照明方法也不甘示弱，《艺术家》（2011）等作品同样获得奖项和好评。而将传统方法与自然方法相结合，更是遍地开花。

　　数字影像是当代主流，新光源、新灯具也不断出现，小者渺若星辰，大者可与太阳媲美。无论是微小的空间，还是宏伟、繁琐的场景，布光都变得轻而易举。更令人高兴的是，即使在低照度环境中不打光，也能创作出富有艺术魅力的影像。

　　当代影视处于转变之中，数字摄影逐渐取代胶片摄影，世界上许多电影用光大师也走向电视制作。过去只需要讲故事的低成本电视剧，在他们手中，变成了高品位的艺术作品。传统照明中的错误、禁忌，在他们手中也成为了光的技巧和语言。突破和创新不断闪现，"电视剧只讲故事，不必追求艺术表现"的传统认识早已过时，要被淘汰。

　　如果说 20 世纪 80、90 年代是电影光线艺术的辉煌时期，那么当代则是电视光线艺术披荆斩棘、冲锋向前的时刻。而学习、研究、借鉴电影用光技巧，将是掌握电视布光艺术的捷径。

　　本书以实践为主，理论为辅，通过实例进行理论阐述，从技术、技巧、方法中点明光的语言意义和艺术之美。全书引用影视作品 180 多部、画面 1700 余幅。涵盖电影、电视剧、广告片等不同类型、风格及创作方式的影视作品中的用光方法及艺术表现。

　　本书从构思、选材、结构到写作，均与刘莘莘一起进行，定稿也是由她完成。我们力图展现当下创新中的思维方式及创作方法，从而加强影视创作中对情感表达构思的重视和普及，提升作品整体的艺术感染力，让观众得到真正的美的体验。这是我们共同的、迫切的心愿。

　　感谢北京电影学院、北京电影学院科研处、北京电影学院摄影系，以及所有关心此书的朋友们，没有你们的支持和帮助，本书难以与读者相见。

刘永泗

目 录

第一章

光与视觉

光像空气和水一样，是人们生活中不可缺少的东西。没有光，植物不能生长，我们也就没有食物可食；没有光，我们什么都看不见，也就无法生活。光向我们展现出物质世界的面貌，揭示了物体的形状、大小、表面结构、色彩、质地、空间距离……有了光，人们在世界中才得以生存。光也赋予了人们情感色彩，无光的黑暗令人恐惧，明媚的阳光令人温暖愉快……光影响着人们对身边事物的感受。在生活中如此，在摄影艺术中更是如此。光对摄影的意义是其亮度和色彩的表现。照明是摄影不可缺少的手段。而光是照明的物质基础。了解光的性质，对把握照明技巧是十分必要的。

1.1 光的基本概念

1.1.1 光是什么?

对光的本质的认真探讨，应该说是从 17 世纪开始的，当时有两种学说并立。一方面，以牛顿为代表的一些人提出了微粒说理论，认为光是按照惯性定律沿直线飞行的微粒流。这种学说直接说明了光的直线传播定律，并能对光的反射和透射作一定的解释。但是，用微粒说研究折射定律时，得出光在水中的速度比在空气中大的错误结论。不过这一点在当时的科学技术条件下，还不能通过实验来鉴定。光的微粒理论差不多统治了 17、18 两个世纪。另一方面，和牛顿同时代的惠更斯提出了光的波动理论，认为光是一种特殊的弹性媒质中传播的机械波。这种理论也解释了光的反射和折射等现象。然而惠更斯认为光是纵波，他的理论是很不完善的。19 世纪初，托马斯·杨和菲涅耳等人的实验和理论工作，把光的波动理论推向前进，解释了光的干涉、衍射现象，初步测定了光的波长，并根据光的偏振现象，确定光是横波。根据光的波动理论研究光的折射，得出的结论是光在水中的速度应小于光在空气中的速度，这一点在 1862 年为傅科的实验所证实。因此，到 19 世纪中叶，光的波动理论战胜了微粒说，在比较坚实的基础上确立起来。

惠更斯—菲涅耳波动理论的弱点，和微粒理论一样，在于它们都带有机械论的色彩，把光的现象看成某种机械的运动过程，认为光是一种弹性波，必须臆想一种特殊的弹性媒质（历史上叫做"以太"）充满空间。为了不与观测事实相抵触，还必须赋予"以太"极其矛盾的属性：密度极小和弹性膜量极大。这不仅在实验上无法得到证实，理论上也显得荒唐。重要的突破发生在 19 世纪 60 年代，麦克斯韦在前人基础上建立起他的著名的电磁理论。这一理论预言了电磁波的速度与光速相同，因此麦克斯韦认为光是一种电磁波现象，即波长较短的电磁波。1888年赫兹实验发现了波长较长的电磁波——无线电波，它有反射、折射、干涉、衍射等与波长类似的性质。后来的实验又证明，红外线、紫外线和 X 射线等也都是电磁波。它们彼此的区别只是波长不同而已。光的电磁理论，以大量无可辩驳的事实赢得了普遍公认。

1.1.2　光源

能发光的物质叫光源。世界上能发光的物质有很多，光源大体上可以分为两大类：自然光源和人工光源。

自然光源

- 太阳（我们的星系中最大的光源）、月亮、星体、闪电等都是自然光源。
- 生物光源也是自然光源一种，如萤火虫光、深海鱼类发出的光等。

人工光源

- 火焰光源。人类在远古时代就学会了钻木取火，燃烧木柴、干草防寒取暖，煮烤食物，驱逐黑暗，带来光明。火是人类文明的象征，文明的发展又带来新的光源。动植物油和矿物油的出现又给人类带来了各种油灯的光源。
- 电光源。电的发现使人类进入现代文明，各种电灯的发明使人工光源获得了巨大发展。电光源的种类如下图，电影、电视照明光源仅是其中的一小部分。

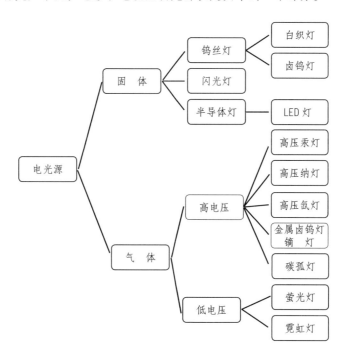

1.1.3 光源强度

光源辐射可见光时也辐射紫外线和红外线。因此光源辐射能的强度不能用能量单位（瓦）来表示，需要用人眼对光的相对感觉量作为基准来衡量，这个量就是光通量。

光通量是光源在单位时间内辐射可见光的总量，单位是流明（lm）。一个流明是由面积 5.305×10^3 平方厘米绝对黑体在铂的凝固温度（2046 K）时所发出的光量。

光源的发光强度，用国际烛光表示，早期是由一个特制的蜡烛的光量作标准。1948 年采用新的国际烛光作标准，就是在立体角等于球面度的条件下，通过该立体角的光通量为一个流明时，光源的发光强度称为一个国际烛光（坎特拉，符号 cd）。

因此一个国际烛光的光强向四面八方辐射的光通量为 4 流明（12.56lm）。

1.1.4 照　度

表示被照明物体表面在单位面积上接受的光通量：即某物表面被照亮的程度，单位是勒克斯（lx）。

1 勒克斯等于 1 个流明均匀地分布在 1 平方米面积上所产生的照度。

$$1\ lx = 1\ lm\ /1m^2$$

- 照度大小与光源发光强度成正比，在距离不变时，光源越强照度越大。
- 在点状光源条件下，物体表面接受的照度大小与光源距离的平方成反比。
- 物体表面照度大小与光线投射方向有关；入射角越大照度越小。

1 勒克斯照度是很低的，仅能分辨出周围物体的大致形态。

光照情况	照度值 lx	光照情况	照度值 lx
夏天直射阳光	100000	40 瓦普通白炽灯	30
白天室外无直射光	1000	一般阅读时	50
白天室内	100~500	夜晚满月地面上	0.2
40 瓦荧光灯	300		

表 1-1　常见情况下的照度值

1.1.5 亮　度

亮度表示表面发光强度值。不论这一表面是自己发光（如灯丝）还是反射光线，或是透射光线，只要从它表面上"发出"光来，我们就可以称它是发光的表面。在单位面积中的发光强度即该物体的表面亮度。

亮度与发光面有关，同一发光面，在不同方向上亮度值是不同的。所谓亮度是按垂直于主方向计量的，在垂直于视线方向上，发光面在单位面积中发光强度叫亮度。亮度单位是尼特（nt）。

1 尼特等于 1 平方米发光面积上产生 1 坎特拉光强。

$$1 \ nt = 1 \ ct/1m^2$$

太阳（透过大气层）	1500×10^2	日光灯　烛光	$5\sim10 \times 10$
普通电弧	150×10	晴朗天空	$4500\sim7900$
白炽灯	$2\sim15 \times 30$	满月	250
乳白灯泡	90×10	电视屏幕（最大值）	$50\sim300$
阳光下白雪	30×10	电视银幕（最大值）	$5\sim10 \times 10$
白云	12×10	夏天室内白墙	$30\sim150$

表 1-2　常见情况下的亮度值（尼特）

1.1.6　反射光

投射到物体表面上的光线，一部分被物体吸收转化成热能；一部分被物体透射形成透射光；一部分被物体表面反射回空间形成反射光。

物体对光的吸收、透射和反射的性能与物体透明度、光线入射角以及物体本身结构有关。

反光率（P），即反射光通量与入射光通量的比值。

$$P = \frac{E_p}{F}$$

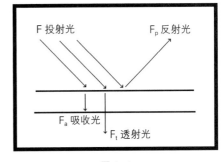

图 1-1

不同的物质表面反光率不同，因此在同一照度下形成不同的亮度。

材料	反光率	材料	反光率
氧化镁　白雪	96	黄种人皮肤	$20\sim30$
硫酸钡	95	水　泥	$20\sim30$
雪花石膏	92	绿　叶	$15\sim30$
白　墙	90	干燥柏油马路	16
铝　箔	85	黑布　黑纸	$1\sim10$
白　纸	$60\sim80$	黑丝绒	$0.3\sim1$
白　布	$30\sim60$	白种人皮肤	$30\sim40$

表 1-3　常见物体表面反光率

光学基本定律指出，物体表面对光的反射遵守着入射角等于反射角的规律。见图 1-2 画 1：AOC = COB。

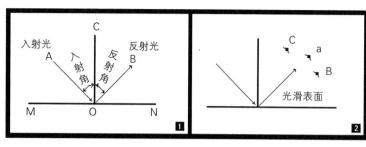

图 1-2

由于物体表面结构不同，其对光的反射性质也不同。物体表面对光的反射基本上有三种形式：镜面反射、漫反射和半漫反射。

1.1.7 镜面反射

光滑的物体表面结构产生的反射光属于镜面反射，见图 1-2 画 2：

- 只有在反射角 a 点位置上可以看到光源影像，其亮度几乎等于光源自身强度。在其他方位（如 b 和 c 点）上物体表面呈现无光状态（暗的）。
- 反射光束与入射光束相同，不发生性质变化。如入射光为平行光束，则反射光还是保持平行光束，不发生形态变化。

现实中光滑的玻璃制品、平静的水面、电镀的金属、平整的铝箔纸、光滑的油漆表面，以及各种丝缎表面等都具有镜面反射的性质。

1.1.8 漫反射

当物体表面粗糙时，产生的反射光属于漫反射光，见图 1-3。

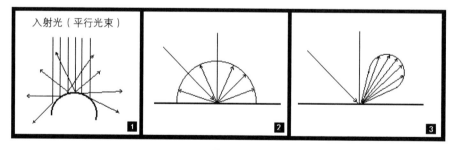

图 1-3

画 1 是一束平行光束投射到圆形表面上产生的扩散现象，其方向发散，改变了原光束的性质。所以在起伏不平的粗糙表面上产生的反射光方向是杂乱的，是向四面八方混乱地辐射，形成典型的漫射状态，这种反射光称为漫反射光。因此我们可以把粗糙表面反光状态理解成如画 2 的形式，入射光方向明确，反射光向四周均匀地辐射，没有方向性。

- 漫反射光的强度小于入射光强度，而且在非反射角上也能看到表面的亮度。
- 漫反射光的物体表面看不到光源的影像。

在现实中，干燥的地面、黄土的墙面、毛料表面、麻袋、泡沫塑料等都是粗糙表面结构，都具有漫反射光的性质，这在摄影中称为散射光。

1.1.9　半漫反射

许多物体表面结构介于粗糙与光滑之间，因此对光的反射也介于二者之间，属于半漫反射性质（图1-3画3）。

- 半漫反射光具有一定的方向性，在反射角上虽然看不到光源的影像，但能看到一个明亮的耀斑，这正是此类物体表面光线的特征。
- 离开反射角，物体表面还可以看到亮度，但其值是随着离开的角度增大而逐渐减弱。所以半漫反射的物体表面亮度在光源条件不变的情况下，从不同方向上看，其亮度是不相同的。在现实中，人的皮肤、细布面等都属于半漫反射性质。

1.1.10　直射光

凡是从光源以直线形式直接照射物体，能形成明显的受光面、背光面和影子的光线，叫做直射光。

直射光具有明确的方向性，能表现出光源的方向和位置。

直射光一般都是直接来自光源或者镜面反射的光线，中间没有经过漫反射或杂乱的折射，或半透明体的漫透射。

1.1.11　散射光

散射光即物理学中的漫反射光。

凡是光线方向杂乱，在被照物体上不能形成明显的受光面、背光面和影子的光线都叫散射光。

来自光源的直射光经过粗糙表面的漫反射，或经过半透明体（如乳白玻璃、白纱等）漫透射，改变了原光源直射光的性质，形成了散射光。

1.2　白光与色温

1.2.1　白　光

一般认为光线是无色透明的，称为白光。然而1666年，伟大科学家牛顿把一束光线通过三棱镜分解成为一条由红、橙、黄、绿、青、蓝、紫等色光构成的光带，证明了白光是由各种不同色光组成的。他认为光线本身是无色透明的，但是它激发了人眼的色觉。

今天科学已经发现激发人眼色彩感觉的是光的波长，不同波长的光线色彩感觉不同。如，波长 640~760 毫微米的光产生红色感觉，而波长 492~565 毫微米的光产生绿色的感觉。

在连续光谱中，与一定的波长范围相对应在视觉上产生相应的色觉，见表 1-4。

在光谱中，这七种色光是不能截然分开的。每种色光范围内有不同程度的色彩变化，如在波长 640~760 毫微米范围内的红光，也不是同一种红色，而是有着微妙差异的不同的红色光。同样，在两种色光之间（如黄光与绿光之间），也存在着逐渐过渡的色彩。因此光谱中的色彩非常丰富，远远大于划分的七种色彩。

色光	波长范围（毫微米）	色光	波长范围（毫微米）
紫光	380~424	黄光	565~595
蓝光	424~455	橙光	595~640
青光	455~492	红光	640~760
绿光	492~565		

表 1-4 波长与色光

人的眼睛对色彩感受是非常敏锐的，光谱中每相差一毫微米波长的变化，视觉几乎都能分辨出色彩的差异。但是不同的人对色彩的感受能力是不相同的。某些经过专门训练的人，如画家、摄影师、印染工人等对色彩的感受能力就高于一般人。

太阳光的光谱成分是很稳定的，但是它到达地面之前，经过大气层的折射和透射，已改变了原有的光谱成分。大气层像一个变化着的滤色镜，晴天的阳光被天空大气层"滤掉"得少些；阴天某些光波被云层阻挡而减弱，另一些光波则很少被吸收，因此阳光的"色彩"成分被改变了。

人工光由于光源种类的不同（油灯和电灯），发光原理和方式不同，因此光谱成分各不相同，并有较大的差异。不同光谱成分的白光，说明白光是相对的，具有一定的"色度"。

长期以来人们白天在阳光下生活，晚间在油灯或电灯下生活，并没有感到光线（色彩）有何差异，都把它们感受为白光，这是由于人眼具有色彩的适应性的缘故。但是电影胶片和电视摄像管却没有这种色彩的适应能力，它对白光的色度是非常敏感的。因此了解白光色度特性，对电影电视工作者是十分必要的。

表示白光色度的概念，便是色温。

1.2.2 色 温

色温是利用绝对黑体辐射光的色度与温度关系来标志白光色度的一种方法。

所谓绝对黑体，是指不反射光也不透射光的物体，即能把投射光全部吸收的物体。如碳块，在完全封闭的黑暗的空间里，没有外光作用下，连续加热，使温度不断上升，随着温度升高，辐射光的颜色也相应发生变化，就像铁块在不断的加热过程中由暗红变亮红，变黄，变白，变青等一样，辐射光的颜色随着温度的变化而变化。因此相应于某一白光色度的温度值，即是该光的色度值，叫色温。用绝对温度 K 表示，称为开尔文温标；这种绝对温标（K）的零度是 –273℃。所以任何光源色温值都是很大的数字。如阳光的色温是 5500 K，摄影用的钨丝灯色温是 3200 K，而一般家庭使用的白炽灯为 2600 K~2900 K。

光源	色温（K）	微倒度
白昼（阳光＋云＋天光）	5500	181
夏日中午（10~15 时）	5800	172
夏日下午（3 时以后）	5500	181
夏日下午（4：30 以后）	5000	200
日出后、日落前半小时内	1800~2500	556~400
日出后、日落前 1 小时内	2500~3500	400~286
日出后、日落前 2 小时内	3500~4500	286~222
北方晴朗天空	26000	38
晴朗天空	19000	53
一般天空	16000	63
蓝天白云	13000	79
白云，明朗的阴影	8000	125
阴天，下雨天	6800~7500	147~133

表 1-5　常见自然光色温和微倒度

光源	色温（K）	微倒度
火柴光	1700	588
蜡烛光	1850	540
家用白炽灯（25W~60W）	2600~2800	385~357
家用白炽灯（100W）	2850	350
家用白炽灯（500W）	2960	337
碘钨灯	3200	312
卤钨灯	3200	312
溴钨灯	3500	286
镝钬灯（外景 D 灯）	5500	181
水银灯	5700	175
霓虹灯	6100	164
白光碳精灯	5000	200
高强度碳精灯	5500	181

放映钨丝灯	3000	333
放映氙灯	5400~6300	185~159
荧光灯（暖日光型）	4500	222
荧光灯（白光型）	4800	208
荧光灯（日光型）	5200	192

表 1-6　常见人工光色温和微倒度

任何实际的光源，凡是有类似的光谱成分的，就可以看成具有相同"色温"，虽然它们实际工作温度可能完全不同。

钨丝灯的光谱分布大体上与黑体标准的光谱成分相同（钨在绝对温度 3650 度左右熔化，其色温为 3600K）。放电灯管和荧光光源属于冷光源，发光时温度并不高，它们的光谱成分与连续光谱成分不相同，因此色温就不能正确地进行比较，一般提到这种光源的"色温"，都是纯主观的、不准确的说法。天然的昼光颜色质量也是仅仅接近于开尔文的分类。

钨丝灯光的色温随着所通过的电流大小而异。电压达到额定值，可达到原设计的最高开尔文（2600 = 3500K）。电压降低灯光变暗，色温也随着下降，光的质量由蓝变成红黄色。额定电压为 110 伏的灯泡（摄影棚内专用灯泡），电压每增加一伏，色温就增加约 10K。

不同色温的光线照在同一物体上，会改变物体色彩的表象。因此在摄影学中，为了能正确地再现出物体自身的色彩，选择了两种不同的色温作为摄影胶片生产标准：3200K 的低色温光源和 5500K 的高色温光源。电影用的胶片是与 3200K 光源相平衡，称为灯光型胶片。因此 3200K 钨丝灯光对灯光型胶片来说就是白光，在这种光线下拍摄，物体的色彩能得到正确的还原。照相胶片是与 5500K 色温相平衡，称为日光型胶片。当胶片与照明光线色温不匹配时，色彩发生变化，为了使色彩正确还原，可采用下列方法解决：

（1）改变光源色温（提高或降低电源电压，或者在它上面置一块补偿滤色纸）。
（2）更换光源，使之相匹配。
（3）在摄影机镜头前放置一块校正色温的滤色镜。
（4）把不匹配的色彩胶片换成匹配的色彩胶片。

1.2.3　微倒度

为了平衡胶片与光线的色温，摄影学采用微倒度。微倒度即是色温值的倒数乘以 1000000，也叫麦瑞德（Mired）。

$$微倒度 = 1/K \cdot 1000000$$

K	0	100	200	300	400	500	600	700	800	900
2000	500	476	455	435	417	400	385	370	357	345
3000	333	323	312	303	294	286	278	270	263	256
4000	250	244	238	233	227	222	217	213	208	204
5000	200	196	192	189	185	181	179	175	172	169
6000	167	164	161	159	156	154	152	149	147	145

表 1-7 不同色温的微倒度值

在镜头前加上一块滤色镜会改变光线的色彩。为了调节光源色温，柯达公司设计了一套校正色温滤色镜。暖色为正（＋）值，用于降低色温使用，蓝色为负（－）值，用于升色温。

校正滤色镜（暖色）	微 倒 度	校正滤色镜（蓝色）	微 倒 度
86	+242	78	−242
———		78 AA	−196
85 B	+131	80 A	−131
85	+112	80 B	−112
86 A	+111	78 A	−111
———		82 C + 82 C	−89
85 C	+81	80 C	−81
———		82 C + 82 B	−77
86 B	+67	78 B	−67
———		82 C + 82 A	−62
———		80 D	−56
———		82 C + 82	−55
81 EF	+53	———	
———		82 C	−45
81 D	+42	———	
81 C	+35	———	
———		82 B	−32
81 B	+26	———	
86 C	+24	78 C	−24
81 A	+18	82 A	−18
81	+10	82	−10

表 1-8 校正滤色镜和微倒度

例如，用灯光型胶片在阳光下拍摄，色温不平衡，需要给予校正。灯光型胶片色温 3200K，从表 1–7 中知道微倒度值为 312；阳光色温为 5500K，微倒度值为 181。

$$312 - 181 = 131$$

需要把色温降低 131 个微倒度。因此从表 1–8 中选用雷登 85B，其微倒度正好是 131。将该滤色镜装在镜头前拍摄，可以把色温为 5500K 的高色温的阳光降低到 3200K，使之与灯光型胶片相平衡，使色彩得到正确再现。

1.3　视觉特性

1.3.1　明视觉和暗视觉

人眼像一台相机，角膜、晶体就是它的镜头，瞳孔则是光孔，视网膜就是感光胶片。

生理学的研究已经发现，视网膜上有两种感光细胞：锥体细胞和杆体细胞。视网膜中央密布着大量的锥体细胞，大约有 650 万个，呈现黄色，叫做黄斑，它是最敏感的视觉部分。离开黄斑中央，锥体细胞急剧减少，杆体细胞迅速增加，大约有一亿个杆体细胞分布在黄斑周围的视网膜上。

锥体细胞和杆体细胞有着不同的功能，就像现代多层感光胶片一样，各层对不同强弱光线起作用，锥体细胞"感光度"最低，但分辨能力最强，只在强光作用下（白天）起作用，它对不同长度的光波敏感，能分辨出不同的色彩和微小的细节。而杆体细胞则相反，只能在弱光下（夜晚）起作用，对不同的波长反映迟钝，不能分辨色彩和细节。因此人眼具有双重功能：视网膜中央的锥体细胞的视觉叫明视觉，而边缘的杆体细胞视觉叫暗视觉。锥体细胞对光波 555 毫米的绿色光波段最敏感。当光暗到一定程度时，视觉就从明视觉转到暗视觉，杆体细胞开始起作用，但它不能分辨色彩，因此光谱变成一条明暗不同的灰带。这时光谱中最亮的部分已经不是原来的 555 毫米处，而是向短波端偏移，505 毫米波段最明亮。长波端的可见范围被压缩了，红端变暗；而短波一端的可见范围扩大了，蓝色变亮了。

由于视觉的这种双重性，白天看到的五颜六色和丰富的细节，到了晚间都消失不见了，只剩下不同的灰色调。只有稍亮一点的部分还能看到一点点蓝绿的色调，因此在造型艺术中，夜景暗部分都是处理成无色的或者带有蓝绿色的色调。夜景中，只有在明亮的光源照射范围内，物体才能表现出它的原有色彩。

1.3.2　亮度与层次

人眼对景亮度的反应，在生理学中常用"对比逐次法"进行测定。在一定的背景亮度（Ls）下，让被试者区分 a、b 两个区域的亮度差别，见图 1–4 画 1。

首先确定背景亮度 Ls，使其成为一个固定值，Ls = 10 尼特。当 a、b 两个区域亮度相等时，人眼不能区分两个部分亮度差别。逐次加强 a 区亮度，直到人眼能区别 La 与 Lb 的亮度时为止，就可以得到一个亮度差值 Lj1，也就获得了一个视觉上的亮度层次。然后再增加 Lb 的亮度，直到 Lb 的亮度刚刚高于 La——眼睛刚刚能区分出差别，又得到一个亮度差值 Lj2。如此逐次下去，会发现当 La 或者 Lb 亮度无论增加多少倍，视觉都不能区分二者亮度差异——都被看成是一个很明亮的光斑，这一点叫做白亮度阈。

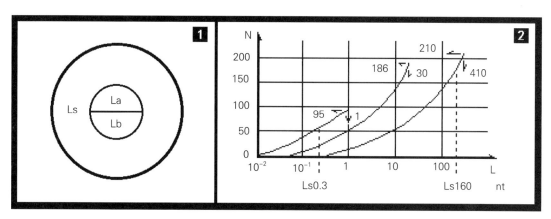

图 1-4

同样，逐次减少 La 和 Lb 的亮度值，使其达到刚刚能区分的程度，又会得到一系列的亮度层次。当减暗到一定的程度时，视觉就不能再区分了，同样存在着一个界线，叫做黑亮度阈。

通过这个试验我们会发现，每次增加或减少的亮度值并不相等，即 Lj1、Lj2……并不相等，它们是按着对数值在增加或减少。

我们还会发现，在同一背景亮度条件下，由黑亮度阈到白亮度阈的范围是不变的，是一个固定值。也就是说，在背景亮度不变的条件下，眼睛所能看到的亮度层次是一个固定值，我们用 N 表示。

当我们改变背景亮度时，黑、白亮度阈的范围也随着扩大或减少。也就是说，可以看到的亮度层次也随着增加或减少。

用 N 值作坐标，用亮度值作横坐标，可以得到图 1-4 画 2 的关系曲线。

从曲线中可以看出以下几点：

（1）每条曲线都由三个部分构成：曲线下部弯曲较大，上半部平直，顶端突然停止。这说明背景亮度固定时，暗部分景物亮度变化和视觉感受并不一致，亮度被压缩了。在这里视觉感受并不真实。只有在背景亮度有足够的亮度时，也就是说只有在曲线中间平直部分，亮度与视觉关系才能保持一致，景物才能获得正确的表现。而在顶端部分，视觉不能区分更高的亮度，所有的亮度都被表现为同一个明度的亮斑。强光部分也被压缩、歪曲了。

这种现象在生活中随处可见，如阳光下看一所房子层次丰富，能够感受到景物和亮度的关系。但阴影部分，特别是透过门窗所见的房内景物，亮度严重失真，变成深暗的色彩，亮度感觉被歪曲了。如果走进房里感觉完全不同了，一切又都变亮了。

又如观看电焊火花，无论在暗处还是在亮处，它都是最高的亮度，所以眼睛感觉不到火花应有的层次，它都被表现为一个明亮耀眼的光斑。但是戴上墨镜看时，火花就具有了丰富多彩的层次。

（2）表中三条曲线，背景亮度分别为 0.3、10 和 100 尼特。我们会发现：背景亮度（Ls）不相同，黑白亮度阈不相同；当背景亮度为 0.3 尼特时，黑亮度阈为 0.01 尼特，而白亮度阈为 1 尼特，其亮度范围为 1∶100。背景亮度为 10 尼特时，黑白亮度阈为 0.08~30 尼特，其视觉亮度范围为 1∶375。

这说明人眼的视觉亮度范围不是固定的，而是随着环境亮度变化而变化。

背景亮度（nt）	黑亮度阈	白亮度阈	视觉宽容度
0.3	0.01	1	1∶100
10	0.08	30	1∶375
160	0.7	410	1∶585

表 1-9

从表中可以看到：背景亮度为 0.3 尼特时，最高亮度为 1 尼特；背景亮度为 160 尼特时，1 尼特亮度位置接近黑亮度阈，在视觉感受中从最亮变成最暗了。一个尼特的亮度在不同的背景亮度中，可以呈现为最高的亮度，也可以呈现为最低的亮度。

这说明亮度的绝对值对视觉感受没有意义，它的意义是体现在与一环境对比之中，亮度在感受中具有相对性质。

电视机在不同亮度的环境中观看时，要根据环境亮度水平调整屏幕亮度，就是由视觉这个特性决定的。

由于人的视觉宽容度不是固定的，是随环境亮度变化而变化，所以在不同的亮度环境条件下，视觉能分辨景物的层次也不相同。从图 1-4 中可以看到：背景亮度为 0.3 尼特时，眼睛能分辨出 95 个层次，在亮度为 10 个尼特时，却能看出 186 个层次。环境亮度提高了，景物层次也增加了。所以日景画面层次丰富，而夜景层次远远少于日景。这种现象不仅在日常生活中能经验到，在摄影中也同样存在着。

亮度具有相对性。人们在观看景物时，不是亮度绝对值起作用，而是亮度与背景对比度起作用，也就是层次在起作用。

这种对比度在绘画中叫明暗对比，在摄影中叫景物反差。

摄影真实地再现景物，并不是真实再现景物各部分亮度的绝对值，而是再现景物各部分亮度的反差关系，即景物的亮度对比关系。所谓真实地再现影调，就是真实地再现景物亮度对比关系。

1.3.3 亮度适应与观察方法

白天到电影院看电影的人，都有一种感受：从明亮的阳光下走进黑暗的放映厅，起初什么都看不见，一片黑暗。几秒钟之后会发现大厅里并不那么黑暗，哪儿是过道、哪儿有空座，都能清楚看到。同样，在放映散场时，从黑暗的环境中来到阳光下，景物白茫茫一片，阳光那么刺眼，使人发痛，稍过一会又不那么耀眼了，恢复正常。

这种视觉亮度适应现象，在生活中随时都在发生。

这种现象是由眼睛瞳孔功能造成的。瞳孔就像摄像机自动光圈一样，随着环境照度水平的变化，不断改变光孔面积的大小，在明亮的环境里瞳孔会自动收缩，减少视网膜上的照度；而在暗环境里又会自动扩大，增加视网膜上的照度。这种调节功能使人在亮环境不感到过亮，而在暗环境里也能看到景物，不至过暗。

人眼瞳孔变化量相当于摄影机镜头的 f/2~f/11 的纳光量变化（1：64 倍变化量）。

不过人眼瞳孔变化速度没有自动光圈敏捷，环境亮度的突然改变，瞳孔来不及反应，于是产生了前面所述白茫茫一片或黑暗得什么都看不见的现象。

亮度适应在两种情况下发生：

（1）从亮的(暗的)环境转移到暗的(亮的)环境过程中发生。如，从阳光下走到房间里。从表 1–1 中可以知道阳光照度为 100000 lx，而房间里为 100 lx，相差 1000 倍，但人眼不会感到这样大的差距。在阳光下瞳孔缩小，在房间里瞳孔又会放大，缩短了两者亮度差的感觉。

（2）局部亮度适应，发生在同一空间环境。当视线从空间的一个局部转移到另一个局部，从亮部移到暗部时，瞳孔也会自动跟随变化，使两部分的亮度水平趋向接近。因此耀眼明亮的部分也不会感到明亮刺眼，黑暗的部分也不会令人感到那么黑暗无光。

视觉亮度适应给人类生活带来极大方便，却给摄影照明工作带来不方便，给布光工作造成困难，使光效气氛难以把握，使视觉无法准确判断景物照度和亮度的绝对值。布光是从局部开始的，当某个局部感到合适时，整体关系不一定合适，画面不是亮部光线过强，就是暗部光量不足；或者相反，亮部不够亮，暗部不够暗。

所以在照明工作中，我们一方面要借助于曝光表校正各部分亮度值。另一方面我们必须学会一套观察方法，克服视觉适应性造成的错觉，这就是整体观察法和联系对比观察法。

1.3.4 整体观察法

在观察布光效果时，要把最亮部分、最暗部分，以及中间各部分同时纳入视野中观看和感受，不能把视线对焦在某个局部位置上，这时视觉要对整个环境各部分亮度进行比较和感受，判断各部分关系比例是否符合技术手段和艺术气氛的要求。就像画家作画时对对象进行整体观察时往往把眼睛眯起来，这时视像已经不那么清楚了，失去了细节，只留下大的明暗关系和色块关系，对象的整体关系在视觉里得到突出感受。

摄影师对光线的整体观察还可以借助于看光镜来进行。这种看光镜具有较大的密度，能使景物亮度普遍均匀地降低，使视像失去细节，特别是暗部。像画家眯起眼睛一样，使对象整体光线效果得到突出感受。

用看光镜对整体加以观察时，时间不能过长，应利用视觉未适应之前的瞬间（即瞳孔还未来得及放大之前）观看。此时亮部分与暗部分对比关系突出，能得到强烈的整体印象，同画家眯起眼睛观察对象获得的效果一样。

具体的做法是：把看光镜放到眼前，观看片刻迅速拿开，然后再放到眼前观看，这样反复几次，直到我们对整体效果把握之后。

摄影师进行整体观察时要进行两个方面的判断：

（1）曝光技术上的判断，就是根据胶片宽容度和摄像管宽容度，对布光亮度范围进行判断，使最亮部分和最暗部分都处在宽容度之内。至于照度水平的判断可以借助于曝光表来完成。

（2）整体观察要考虑场景光效气氛是否符合创作意图与需要，这要依靠视觉直观感受来完成。

1.3.5　联系对比观察法

联系对比观察法是把对象各个局部联系起来进行互相比较的一种观察方法。

光线处理是从局部开始，一盏一盏灯逐次进行布置。给某个局部布光时，视觉亮度适应了这个环境，此时看起来光效合适。布置另一个较亮或较暗的环境光时，视觉亮度适应了新的环境。因此局部光效分别观看时都令人满意，一旦从全局观看时，视觉亮度适应又发生新的变化，这时就会感到各个局部光线与原来的感觉不相同，不是某个部分过亮就是某个部分偏暗。为了避免这种现象，给某局部布光时，视线要随时观看其他部分的亮度，要进行比较，才能判断这部分光线强弱是否合适。只有联系对比地观察才能把握各部分之间的亮度关系。

布光的实质就是调节各部分光线亮度比例和光线结构（光的性质、投射方向），使其达到艺术需要的效果。

联系对比的观察能掌握部分之间的整体关系，是克服视觉缺欠、把握整体光效气氛的好方法。

在实践中，局部之间的对比观察和整体观察法是交错进行的，有时是局部之间的比较，确定局部的亮度处理，调整局部关系。然后再进行整体上的观察，检查各部分间的亮度比例是否协调。反复多次进行观察调整，直至满意为止。

在布光中只注意局部光效而不顾整体效果，或只按事先主观设计的数据布光，在现场只知用曝光表测量或控制光线亮度值，而不相信自己的眼睛或不运用眼睛直接观察感受，结果银幕上支离破碎，得不到激动人心的光线效果。

1.3.6　色觉的适应性

晚间拿一朵红花在日光灯或在钨丝灯下观赏，你可能不会发现它们的色彩有何差别，如果用日光灯和钨丝灯同时从两个相对的方向照明这朵红花，就会发现被日光灯照明的部分红色偏蓝，而被钨丝灯照明的部分红色偏黄。而为什么单独在日光灯或钨丝灯下就不会感到色彩偏转呢？这是视觉对色彩的适应性的表现。

　　不同的光线具有不同的色温特性。但是在某种光源下，视觉适应了这种光源色温特性后，就把这种光源的光线看成是白光。因此物体的色彩会按我们心理知觉去认识它。这就使在白天的阳光下或夜晚的烛光下，虽然色温相差很大，但是我们视觉对色彩的感受是一致的，不会感觉到它们之间存在着差异。

　　在摄影的暗房里，起初红光那么显眼，但过一会就不会那么红了，变成浅红接近黄色的感觉，这也是色觉适应性的表现。

　　黄色在蓝色背景上呈现暖黄色，而在红色背景上则表现为冷调的黄色。同样一个中等饱和度的色彩在色彩饱和度很低的背景上，显得鲜艳；而在饱和度高于它的背景上，则显得灰淡、不鲜艳……这些色彩现象与色觉的适应性有关。

　　色觉适应性在照明技术上，体现在色温的平衡处理。在表现技巧上，体现在色光和色彩的处理。美国影片《苏菲的抉择》（Sophie's Choice，1982）的女主角是位漂亮的犹太女孩，在德国法西斯集中营遭受到惨无人道的摧残，战后来到美国。影片表现她在美国的爱情遭遇。摄影师阿尔芒都（Néstor Almendros）在色彩处理上，根据空间的不同，使用了两种色彩。将德国法西斯集中营的空间环境处理成灰色调，表现出没有人性的法西斯特征。到了美国则用红色表现，暗示她的新生活。环境是一所内外都是红色的楼房，它是影片中的主要环境，占银幕时间较长。因为红色属于刺激性很强的色彩，观众长时间观看会视觉疲劳。因此摄影师在处理占有较大时空关系的红色调时，体现了色觉适应原则的应用：在影片中，随着银幕时间的延长，红色块的饱和度逐渐降低，由纯红色调渐渐变成红黄色调，由高饱和度逐渐变成低饱和度，这种变化观众一般难以察觉，在他们的感觉中，银幕上的环境始终是同一种红色，但是这种处理减弱了红色长时间对观众视觉的刺激，令其在观看中更为舒适。

第二章

光影结构

2.1 光影结构

立体派画家把千变万化的物体形态，理解成是由几种简单几何形体组合而成。如头部是长方体、眼睛是球体、鼻子是圆锥体……这对摄影师研究光线与物体基本形态很有参考价值。

物体被一束光线照亮后，必然产生各种不同的光影结构，它们之间存在逻辑的规律。

以圆柱体为例：假设在无光线的环境里，一束光线从侧上方照射圆柱体（图 2–1），形成受光面、背光面、明暗交界线和影子。受光面由一系列连续不断的亮度构成，可以简单地看成由亮面和次亮面构成。未被光线照射到的背光面背向光源，理应是黑暗的，但由于光线照射圆柱体的同时也照亮了周围环境，必然产生环境反射光，返回空间的光线又照亮了圆柱体的背光面。因此背光面不是无光的黑暗，而是具有一定的亮度，像受光面一样，由明到暗，连续不断地变化，只是与受光面相比亮度微弱。背光面同样可以简单看成由暗面和次暗面构成。

环境反射光属于漫反射性质的光线，不能在背光面中形成明显的光影结构。

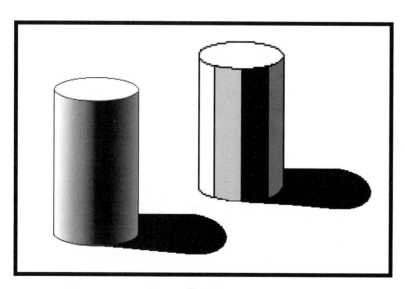

图 2–1

处于亮面和背光面之间的是明暗交界线。由于对比和光量缘故，它是圆柱体上最暗的部分。

由此可见，一束光线照射在圆柱体上能形成亮面、次亮面、暗面、次暗面和明暗交界线五种影调层次，除此之外还有一个影子。

物体各部分的亮度与光源性质、方向等保持有规律性的变化关系。

2.2 三种基本样式

影调构成受物体、光源和观看角度三者位置的制约。

影调可以概括为三种基本形态：

（1）光源在物体侧方，与观者成90°角，通常称侧光照明。物体形成的影调关系如图2-2 a。以圆柱体为例，由五种影调构成，影子在一侧，通常称为具有明暗面结构的全调子（或灰调子）。这种影调层次丰富，立体感较强。

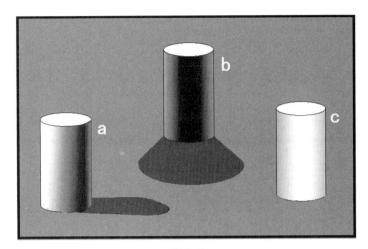

图2-2

（2）光源在物体背后，与观看成180°角，通常称逆光照明，物体形成的影调关系如图2-2 b。圆柱体看不到受光面，只能看到背光面，影调只有暗面和次暗面两种，除此之外有一个亮的轮廓形式，通常称为暗调子。影像缺乏层次和立体感。

（3）光源与观看者方向一致，圆柱体的影调结构如图2-2 c，通常称顺光照明。在这种照明情况下，看不到背光面、明暗交界线和影子，只能看到明亮的受光面。圆柱体只有亮面和次亮面两种影调构成，有一个较暗的轮廓形式，通常称为亮调子。亮调子能表现出物体的全貌，像暗调一样，缺乏立体感。

立体派画家把千变万化的物体形态分解成几种简单的几何形体组合。因此把握光在圆柱体上产生的光影结构，是具代表性的，对摄影师研究光线与物体基本形态关系很有价值。

2.3 影 子

光线照射物体同时产生影子，影子有三种形态：

（1）投射在自身，如脸上的鼻影。
（2）未被光线照明的阴影，如背光面。
（3）投射在其他物体上，如地面、墙面的影子。

2.3.1 影子的规律

（1）由于光线在同一介质中是以直线形式传播，所以光源、物体和影子始终保持在一条直线上，而且在光源位置上看不见影子。

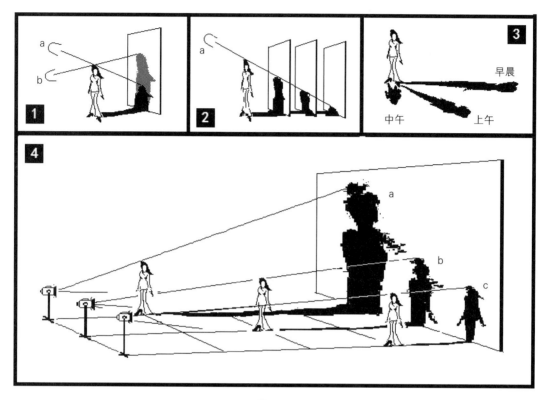

图 2-3

（2）一个光源一个影子，两个光源两个影子，影子多少与光源有直接关系。

（3）影子投在墙面上的高低与光源高度有关，光源越高，影子越低。见图 2-3 画 1：a 灯高于 b 灯，所以影子在墙面上就比 b 灯低。

（4）当光源、物体距离不变时，墙面上影子的高低与物体到墙面距离有关。距离越近，墙面上的影子越高，距离越远影子越低，如图 1-3 画 2。

这两点在布光中很重要，是消除墙面上多余影子的方法。

（5）在地面上的影子方向、大小与光源方向、高低有关。光源在物的左侧，影子则在右侧；光源越低影子越长，光源越高影子越短。所以影子可以用来表现时间概念。早晨、傍晚太阳位置较低，地面影子较长；而中午相反，地面影子最短；上午则在中间。如图 2-3 画 3。

（6）在点状光源中，影子大小与光源距离有关，距离越小影子越大，反之距离越大影子越小，见图 2-3 画 4：a 人物靠近光源，影子巨大；c 人物远离光源，影子就小。

2.3.2　影子的虚实

关于影子的虚实部分，见图 2-4：

画 1　影子的虚实与光源性质有关，直射光影子实，有鲜明界线。散射光影子虚，没

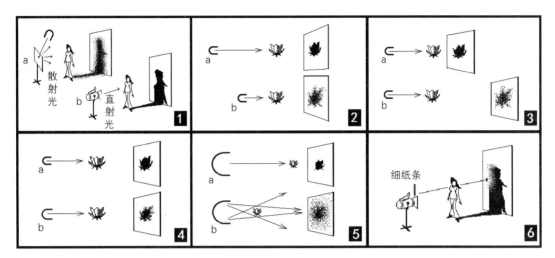

图 2-4

有锐利的边缘。

　　画 2　影子的虚实与物体到光源距离有关，当物体到影子的距离不变时，灯距越大影子越实，灯距越小影子越虚。

　　画 3　当物体到光源的距离不变时，影子的虚实与物体到影子的距离有关，距离越小影子越实，距离越大影子越虚。

　　画 4　当物体的大小、光源距离和影子距离不变时，影子的虚实与光源发光面积有关，即与灯具的大小（灯口大小）有关：a 灯发光面积（灯口）较小，影子相对较实，而 b 灯发光面积较大，影子相对较虚。

　　画 5　当物体的面积远远小于光源发光面积时，此时光源距离越大、影子距离越小时，影子越清楚，如图中 a。相反，影子距离越大、光源距离越小时，影子越虚。特别是光源距离非常小，靠近灯口时，影子消失，几乎看不到它的存在。

　　画 6　遮挡光线的物体较小，距离光源较近时就会产生光的绕射现象。它能改变影子虚实。例如将一个小纸条放在灯口前方，其位置正好是被照物体轮廓的某个部分。此时光的绕射现象会使这部分轮廓影子变虚。这是照明中消除多余影子的有效方法。

2.3.2　影子的揭示功能

　　（1）影子在传统电影中就被摄影师用来作为揭示画框外面空间的手段。画面构图受画幅限制，只能表现出画幅内部的景象，画外空间的景物无法看到，因此摄影师常常用画外物体的影子投在画内，借此显示出画外的存在。例如影片《探戈狂恋》（*Tango*, 1999）舞蹈排练厅镜头，见图 2-5 画 1。背景是一块屏幕，幕后女演员的影子投在幕布，观众虽然看不见幕后人物，但通过影子可以知道幕后人物的存在。

图 2-5

（2）影子可以揭示出物体表面形态。如图 2-5 画 2，是一座山区的木屋，在正面阳光照射下，无法显示出木屋的圆木形态，因此利用树干投在墙面和地面上的影子，显示出墙面圆木的形态和地面的起伏不平。

（3）在摄影造型中，影子是画面突出主体、掩盖次体的有利手段。在构图中，可以把次要因素处理在阴影中，使之不显眼，不喧宾夺主。影子是画面构成的重要元素。

第三章

光的分类

光线的分类，目前有三种分类法：按造型作用分类、按投射方向分类，以及按光线性质分类。

3.1　按造型作用分类

主　光

主光是画面中较明亮的光线，最容易引起人们的注意，因此它是画面造型、构图的重要因素，见图 3-1a。主光是塑造环境和刻画人物的主要光线，它决定环境光效的特征、光影结构和人物形体的塑造。

主光必须有光源依据，它直接来自环境中主要光源。主光产生的影子，是画面中唯一允许存在的影子，见图 3-1b。主光是摄影师和照明人员处理光线时首先考虑的光线。当主光确定之后，也就决定了画面光效和气氛。

副　光

副光也叫辅助光，是主光所未照到的背光面的光线。它决定景物阴影部分的质感和层次，帮助主光塑造形体，见图 3-1 画 2。

副光一般用散射光照明，不能在物体上形成影子，副光形成的影子在画面中是"非法"的，会造成光的失真。副光的强度低于主光，不能破坏主光的效果。副光与主光形成的亮度差叫光比，光比是决定画面影调性质和光效气氛的重要因素。在传统照明方法中，光比是刻画人物性格和情感的重要手段，在一部影片或一场戏中，光比确定后一般不能轻易改变。它是随着人物性格的发展或情绪的变化而变化。在现代的照明方法中，光比的处理不再那样严格，它是由光线状态所决定。

副光要保持阴影的光线效果。传统的副光一般来自摄影机方向。自然光效法的副光是以

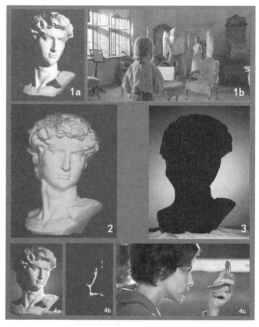

图 3-1

环境反射光作为布光依据的。

在自然环境里，如果阳光做主光，则天空光和地面环境反射光是副光的依据；在室内，墙壁、家具等环境反射光是副光的依据。副光可以有色度，它由环境色彩所决定。

环境光

照明主体周围环境的光线叫环境光，见图3-1画3。它是一个统称，同样包括环境主光、副光、修饰光和效果光。

环境光由光源性质、方向、时间概念、建筑结构、门窗多少，以及戏剧气氛等因素决定。它是影片光效的主要体现部分，决定画面影调、色调和环境气氛的构成。

修饰光

修饰光主要是对被摄对象某些局部细节进行光的加工和润色，使造型、影调层次、色彩等更加完美。

修饰光种类很多：如轮廓光、服装光、眼神光，以及局部环境道具光效等，见图3-1画4。

一般情况下，修饰光不需要光源依据，不需要方向性，更不能产生影子，不能让观众觉察到。修饰光不能破坏光效的完整性和真实感。

效果光

效果光泛指特殊的光线效果，在影视艺术中有两类：某些光源的效果光和情绪气氛效果光。

（1）光源效果光。环境中往往同时存在几种光源，除做主光使用的主要光源外，其他光源光的再现都属于效果光范畴。特别是一些特殊的光源效果如烛光、台灯光、移动的灯光、开灯关灯等光效、行驶的车灯光、霓虹灯光、火光、闪电光、光束、水面反射光等；效果光也指自然界特定时空中的光线效果，如特殊的时间光效：夜景、日出、日落、黄昏等效果光线；特定空间的光效：昏暗的山洞、阴暗的牢房等光线效果，见图3-2画1~画6（彩图1）。

（2）情绪气氛效果光。为了获

图3-2

得戏剧效果使用的各种特殊光线处理都是情绪气氛效果光。如节日晚会上，用彩色电脑灯光造成各种运动、制造的各种节奏。

例如，影片《蓝》（*Bleu*,1993）中的女主角朱莉，在车祸失去丈夫后，试图忘掉过去而开始新生活时。当她独自坐在家中，突然脑海里响起过去和丈夫一起谱写的乐曲，此时随着乐曲的声响，一束蓝光照进镜头，出现进光现象。这束蓝光哪里来的？没有任何光源依据。它完全是为了表现闪回情绪的需要，由摄影师制造出来的。这就是情绪效果光，见图 3-2 画 7~ 画 10。

情绪效果光不需要任何光源作依据，也不追求真实效果，只求光线制造的情绪气氛。

效果光是现代影视艺术创作视觉效果的重要手段，它更是商业片、黑色电影、惊险片、科幻片离不开的手段。

3.2 按投射方向分类

如图 3-3，以圆圈加箭头作为人物符号，箭头代表人脸方向。以此为中心再画个圆圈，在这个圆上任意一点都可以摆置灯位不同位置上造型效果不相同。按造型作用可分成五种光线，见图 3-4。

（1）正面光，有 1 个。
（2）斜侧光，有 2 个。
（3）侧光，有 2 个。
（4）侧逆，有 2 个。
（5）逆光，有 1 个。

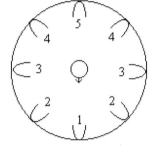

图 3-3

正面光

见图 3-4 画 1，正面光又叫平光、顺光。光源从摄影机方向照明物体，因此在物体上只能看到受光面。背光面和投影被自身遮挡，不能被看见。物体上也没有阴影，受光面只有亮面和次亮面，层次平淡，对象具有暗轮廓形式。

图 3-4

画面色调、影调主要由物体自身的色彩和明暗层次所决定。因此景物色调的选择、明暗的配置十分重要。

正面光不能表现出物体表面凸凹不平的结构，缺乏立体感。它不适合表现大气透视现象，景物空间感不强。

正面光多用在高调画面的光线处理中。在主、副光处理中，较暗的正面光主要做副光使用。

斜侧光

见图 3-4 画 2，又叫前侧光。光源、被摄体和摄影机在水平面上约成 45° 角叫斜侧光。被摄体具有较大的受光面和较小的背光面，既能看清全貌，又具有一定的立体感，有显著的明暗差别，能较好地表现质感和形态感。斜侧光是摄影艺术中运用较多的光线。

侧　光

见图 3-4 画 3，光源、被摄体和摄影机在水平面上成 90° 角时叫做侧光。在侧光照明下，被摄体受光面、背光面各占一半，投影在一侧。虽然物体看不清全貌，但亮面、次亮面、暗面、次暗面和明暗交界线等五种影调显著，层次丰富，立体感较强。如果被摄体有粗糙的表面，在侧光下可获得鲜明的质感。有时它能夸大表面粗糙不平的结构，造成强烈的造型效果。

侧光做修饰光使用时，能突出对象局部细节和形态。如修饰服装的光线等。

对侧光的运用，要注意受光面和背光面的亮度比值，即处理好光比。

侧逆光

见图 3-4 画 4，又叫后侧光，光线来自对象后侧方向。光源、被摄体和摄影机约成 135° 水平角。被摄体大部分背向光源，受光面呈现为一个较小的亮斑，或勾画出对象的轮廓和形态，使之与背景分离，使画面具有一定的空间感和立体感。

侧逆光在造型上能使画面增加一块亮斑，加大景物亮度范围，使画面生动活泼。

图 3-5

逆　光

见图 3-4 画 5，逆光是从摄影机相对方向投射的光线，光源、被摄体和摄影机约成 180°水平角。在逆光条件下，只能看到物体背光面，而看不见受光面，缺乏立体感和质感表现，但物体具有明亮的轮廓光照明，轮廓形态鲜明。逆光能再现出半透明体的质地感觉。

在造型中，逆光能使主体与背景分离，从而得到突出。在环境造型上，逆光能加强大气透视效果，使画面空间感加强。

在现实生活中，逆光条件下的景物背光面主要受蓝色的天空散射光和彩色的环境反（透）射光照明。在现代的影视技术条件下，可以充分地再现出背光面的色彩，所以逆光条件下拍摄能使画面彩色丰富。这是近来一些导演愿意在逆光条件下拍摄的原因。

在视平面上光线分成上述五种光线，除此还有两种光线，是在高度上划分的，即顶光和脚光，见图 3-5。

顶　光

见画 2，来自被摄体顶部的光线，当光源的高度超过 60° 时，就形成顶光效果。顶光照明下，水平面照度较大，垂直面照度较小，反差较大，缺乏中间过渡层次。照明人物时，使头顶、眉弓骨、鼻梁、颚骨、上颧骨等部分明亮，而眼窝、鼻下、两颊处等较暗，形成骷髅形象，丑化人物。顶光是反常的光线，但是在自然光效法中，只要把光比处理得合适，不一定形成反常效果，有时也能表现出自然光的真实感觉。

脚　光

见画 3，来自被摄体下方的光线，光源低于视线。光影结构与顶光相反，同样是反常光线，在传统光线处理中，脚光丑化人物形象。在自然光效法中，用来表现特定光源光线特征，如夜晚在地面上的灯光、篝火光效等。

3.3　按性质分类

直射光

　　直射光是直接来自光源的光线，中途没有经过其他介质干扰，具有明显的方向性，能在物体上形成明显的受光面、背光面和影子。

　　在造型中，直射光能很好地刻画物体面的结构、立体形态、轮廓形式和质地表现。直射光的方向决定画面光影结构、影调样式，直射光的高度往往表现时间概念。直射光具有光源强度、色温、高度和方向等特征。在摄影中多做主光使用。平面摄影里称为硬光。

散射光

　　光源发出的直射光在传播过程中，经过漫反射和漫透射后产生的光线叫散射光。散射光没有明显的方向性，在物体上不能形成明显的受光面、背光面和影子。散射光照明普遍、均匀，层次丰富，影调细腻柔和。在传统的用光方法里，多做副光、底子光和修饰光使用，它难以表现出光源的方向性。在自然光效法里，利用散射光的色度、强度、方向等可以真实地再现出天空光和环境反射光的光质，它不仅能使光效自然真实，而且还能丰富画面色彩的表现。散射光在平面摄影里称作软光。

白　光

　　一般认为光线是无色透明的，称为白光。实际上它是有颜色的（见第一章）。所谓白光是指与人眼相适应的光线。阳光下人眼与阳光相适应（眼睛打白平衡），因此阳光被看成是白色光线，在阳光中一切景物色彩能正确还原。晚间在低色温灯光下，眼睛又与低温光相适应，低色温光又成为白光。所以白光具有相对性质。

色　光

　　有颜色的光线称色光。在电影摄影中，通常称色光是指灯前加色纸获得的有色光线。色光照射在物体上，能改变物体色彩。详见第五章：光与色彩。

高色温光

　　在摄影中为了能正确再现被摄景物的色彩。把光线分成两大类：高色温光和低色温光。高色温光的色温为 5600K（电影为 5500K），如镝钬灯的光线，多与阳光平衡使用。

低色温光

　　色温为 3200K 的光线称为低色温光，如碘钨灯的光线，多用在内景拍摄。

第四章

光与造型

所有的物体都以"形体"的方式存在。形即是大小、形状、色彩、质地、线条等；体是体积，即物体所占有的一定的空间范围。

同一个形体在不同的光线条件下，可以呈现出不同的形态。它可以是立体的，也可以是平面的；可以鲜艳夺目，也可以色彩平淡不饱和；不同亮度的背景可以使它突出醒目，也可以使它消失不见。这一切都与光线有关，可以用光来实现。

特别是对电影和电视来讲，用一个平面空间的银幕或屏幕表现出三维的立体空间，造型更是不可缺少光线。物体体积感在不同光线下呈现出不同的感觉；在侧光下，明暗面分明有强烈立体感；而在平光下，立体感则会消失。

4.1 光与造型

4.1.1 光与立体感

物体在空间里都有一定的位置，并占有一定的空间。即使最薄的一张纸，也有厚度。

体积是由点、线、面构成。在物理学中，"点"不具有长短、宽窄和薄厚，仅仅是位置标志符号。点的运动形成线，线具有长度和方向，是可以度量的。线的运动成面，面具有长、宽

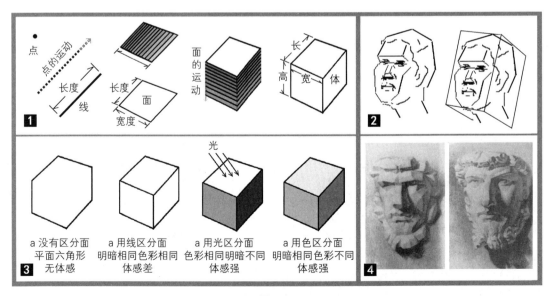

图 4-1

两个度量。面的运动形成体积，体积有长、宽、高三个度量，见图4-1画1。

所以体积的基本构成元素就是点、线、面。

通过观察会发现，任何物体都是由许多不同形态的简单几何形体组合而成。无论是球体、圆柱体、长方体还是圆锥体，都是由简单的元素：点、线、面组成。所以可以将物体简单地理解成由无数个方向不同、形态不同、大小不同的面所构成。在画家眼中，可以把一个人的头部看成一个长方体，由六个大面构成（见画2）；而每一个面又可以看成是由许多个几何形体装配而成，如眼睛是半圆球体、鼻子是圆锥体等……每个几何形体又可以看成是无数个面构成的。因此可以把头部理解成由许许多多个不同方向、不同形状的面，以及面与面交界的线、线与线汇集的点所构成。

球体和圆柱体也可以理解成由无数个小面连续不断相接而成。地球是圆的，今天不会有人再怀疑了，但是我们教室的地面、我们的田野，都是平面的，地球正是由这许许多多个平面连接而成。

4.1.2 用光再现立体感

体积是由点、线、面构成的，因此正确再现点、线、面的空间结构，是再现立体感的关键。

线条透视规律是再现线的空间结构的规律。在摄影中拍摄点的选择，距离、高度、方向的确定，镜头焦距的使用都直接影响着物体内部线条的透视效果。为了获得强烈的立体感，必须使各个面具有最大的差别。而赋予各个面不同的影调和色调，是加强立体感的有效方法。

光线是决定物体各个面明暗调子的重要手段。

在同一光源下，由于物体各个面的方向不同，接受的照度不同，呈现出的亮度也不相同。所以物体的影调直接受光源的性质、方向、强度等影响。

物体各个面的明暗也遵循着调子透视规律：近强远弱、近黑远灰、近实远虚等。

从图4-1画3中可以看出光对立体感的塑造关系：a是正方体的轮廓线，不具有面的表现，因此它只是一个平面六角形，没有体积感。b具有部分线条，而且有透视关系，因此有一定的立体感，但不够强烈。c中，有一束光线照射到正方体上，使各个面具有不同的亮度，构成了影调关系，此时正方体的立体感最强。d用不同色光照明不同的面，面的差别更鲜明，立体感更强。

但是，光线并不是在任何条件下都能使物体获得强烈的立体感。从第二章图2-2中可以看出，在顺光和逆光状态下物体缺乏立体感，只有在侧光条件下立体感最强。

俄国著名画家和教育家契斯恰科夫说过，一个圆球体在一束光线照射下，会形成一系列由亮到暗连续变化的调子，圆球上每一点亮度各不相同，只有一点是最亮和最暗的。如果素描能画到这种程度，那么球体的立体感就会很强。而在摄影中，同样运用光线以造成球体上如此丰富的调子变化，其立体感也一定会很强。

图4-1画4是人脸半面石膏像，可以代替人脸。画家眼中的人脸是由许许多多的面构成，在一定光线条件下各个面光照不同、亮度不同，只要用笔正确地画出它们的点、线、面位置，结构关系和亮暗关系，就能正确地画出立体的人物形象。

图 4-2

在光线处理中，主光的方向十分重要，它决定受光面中的层次表现。对背光面的处理，可以根据环境反射光的可能性，用人工光对物体暗面进行修饰，增加背光面影调层次。处于受光面与背光面之间的明暗交界线，由于明暗对比，是影调构成中最暗的部分，它对立体感的塑造具有重要意义，见图 4-2。

画 1 是在顺光照明下，人脸正面与侧面得到均等的照度，两个面不能得到区分，因此立体感不强。

画 2 斜侧光照明，各个面得到良好的区分，立体感较强。因此光线处理中要注意明暗交界线的位置、形态和结构，特别是亮度的处理。

画 3 侧光照明，在背光面里又用灯光增加一个亮面。人脸的面区分得更加清楚丰富，因此立体感更强烈。

图 4-3 是影片《新少林寺》（2011）中的两个镜头，表现同一个受伤待医的孩子。主光来自人物的右前方（斜侧光位），将右脸正面与侧面同时照亮（见画 1），两个面不能得到区分，立体感不强。在画 2 中，人脸方位稍有变化，在颧骨凸起位置上主光形成亮斑，使两个面有了"分界标志"，因此，相对体感得到改善。由此可见，区分面，不仅要用光的方向形成亮暗对比，也可以利用光的某些现象塑造立体感。

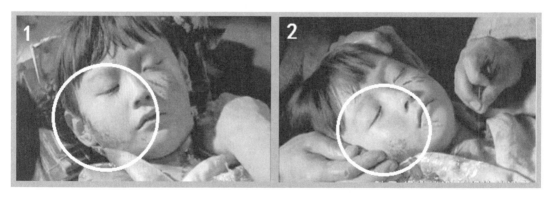

图 4-3

图 4-4

除了明暗调子之外，色调也是塑造立体感的手段，见图 4-4（彩图 2）。利用色温的差异或色光的寒暖，可以加大各个面的差别，从而增强立体感。在绘画中，当受光面的色彩真实地再现时（白光照明），背光面往往被画成冷色调，形成寒暖对比关系，塑造立体感。电影电视摄影中同样可以利用色光或色温的差异获得这种效果。

4.2 光与空间感

物体具有一定的体积，而物与物之间具有一定的距离，这就构成了物体的空间世界。空间具有长、宽、高三维的特征。

电影、电视和绘画都是平面艺术，银幕和屏幕只有长、宽两维空间。在两维空间里，真实地再现出三维空间感觉，是有一定难度的，必须掌握一定的造型技巧才能完成再现的任务。历史悠久的绘画艺术为我们提供了宝贵的经验，即利用线条透视与调子透视的规律，塑造画面空间感。

4.2.1 线条透视

物体之间形成的线的关系是外部线条，面与面连结处形成的则是物体内部线条，见图 4-5：

画 1 空间里的线条只要有距离的差别就存在透视现象。

画 2 在透视学中，线的透视有自己的规律。平行线向纵深处汇聚一点，并消失在地平线上；同样大小的物体，近大远小。站在马路上，向远看去，两边的电线杆和球状物，由于距离不同，形成近大远小的透视现象，路边的平行线也在远处相交于一点，使只有两度空间的画面具有深远的感觉。

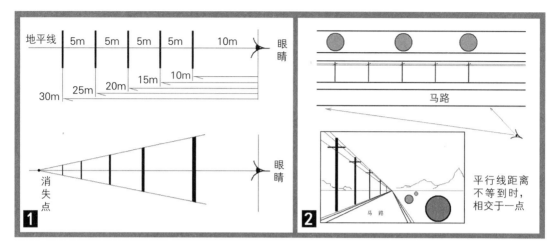

图 4-5

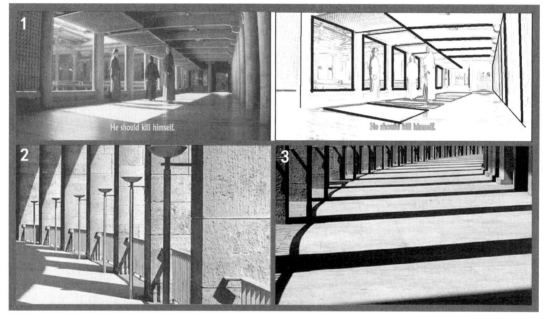

图 4-6

在造型艺术中，线条透视是塑造画面空间感的基础。每种造型艺术都用自己特有的方法来处理线的透视，摄影是利用拍摄的角度、距离、高度和光学镜头焦距的选择，处理画面线条透视，从而塑造画面空间感。

如图 4-6 画 1 是影片《最后的武士》（*The Last Samurai*，2003）中的一个镜头，画面中的空间感主要是由内部线条、外部线条、垂直线和平行线的透视展示出的空间深度效果。

线条透视也需要用光揭示出来。如图 4-6 画 2、画 3 是纪录片《柏林：城市交响曲》（*Berlin: Symphony of a Great City*，1927）中的两个画面。光在这里不仅显示出线条的优美，也揭示出空间的深度感觉。

图 4-7

4.2.2　调子透视

调子透视又叫大气透视。

物体与物体之间充满空气，空气本身是无色透明的。但由于其中充满尘埃和水蒸汽，光线在穿透过程中，一部分光被吸收、扩散和反射，特别是短波光更容易被扩散，将无色的大气染成淡蓝色，所以随着距离的增大，蓝色调越来越重，造成物体的色彩随着空间距离的远去而向蓝色偏转，构成了大气透视现象。人对大气透视现象的感觉与光线有关，逆光条件下最为强烈，而顺光状态最弱，见图 4-7（彩图 3）。

大气透视的规律：

- 近强远弱，指反差。
- 近实远虚，指影像。
- 近浓远淡，指影调。
- 近暖远寒，指色彩。

4.2.3　用光再现画面空间感

影响大气透视的因素很多，主要有空气的浑浊度和光线方向。空气越污浊，含尘埃和水蒸汽越多，调子透视现象越强烈；光线越逆，大气透视效果越强。见图 4-8。

画1　影片《第三类接触》（*Close Encounters of the Third Kind*，1977）中的一个镜头，施放白烟制造大气透视，逆光拍摄，效果非常鲜明。

画2　画3　影片《天堂之门》（*Heaven's Gate*，1970）中两个镜头，摄影师齐格蒙德（Vilmos Zsigmond）利用放"硅藻土"制造大气透视效果，逆光拍摄，增加了画面空间深度感。

图 4-8

图 4-9

画4 影片《良家妇女》（1985）中的一个镜头。用小景深拍摄，造成虚实对比，再现大气透视规律。即使如此，也需要利用光线结构近暗远亮再现，这里采用夹光处理，使人脸对着镜头的面处于背光之中，造成近暗远亮效果，空间感很强。

画5 影片《最后的武士》中的一个镜头。外景或实景中可以选择较暗的前景，再现近暗远亮规律，塑造空间感。

画6 一个棚内镜头，利用布光造成近暗远亮，再现空间深度感。

图4-9（彩图4）是影片《月神》（*La luna*，1979）的一个镜头。近暖远寒、近暗远亮，空间感很强。

光线是塑造画面空间感的重要手段，但不是唯一的手段。影视摄影塑造画面空间感，必须调动摄影的一切手段，以共同完成空间的造型。

4.2.4 塑造空间结构

现实的空间是由各种不同的物体构成，物与物之间存在着一定的距离、方向和形状，存在着特有的关系。在生活中起到一定的功能和作用。因此，形状、距离、方向、组合关系和功能是空间的特征。

（1）墙壁的区分，见图4-10画1。在同一个光源下，两面不同方向的墙面接受光照不同，在造型中应用光给予以区分。

（2）刻画环境特征。每个环境都有自己的功能、自己的特征、独特的建筑美。画2是影片《卡萨布兰卡》（*Casablanca*，1992）中酒吧间的一个镜头。从画面中可以看到有意用光突出强调拱形线条，突出了具有穆斯林建筑的特色。影视艺术中的环境是民族的、地方的特征表现，也是为演员表演提供真实可信的依据，又是摄影师重要的表情达意的语言，是形式美的表现。

（3）墙面结构和质地塑造。墙面质地不同，起伏结构多变化。在造型中要注意要用光给予质的再现。如画3是影片《群鸟》（*The Birds*，1963）中的一个镜头，斜侧光照明再现了木质建筑的质地结构。

图4-10

图 4-11

（4）不同空间的处理。在画面中有时可以看到几个空间通过门窗连接在一起时，这时在造型中要给予其鲜明的区分。

如图 4-11 画 1（彩图 5）是影片《遮蔽的天空》（*The Sheltering Sky*，1990）中的一个镜头，其环境结构复杂，用光大师维托里奥·斯托拉罗（Vittorio Storaro）运用光线亮暗、色彩寒暖将建筑物几个不同空间和结构给予准确的区分和再现。

（5）建筑结构的塑造。如 4-11 画 2 是影片《银色猎奇》中的一个镜头。两个套间，利用高色温、低色温和白光的色彩不同给予区分。光色柔和美丽，又表现出对立空间。

4.3　光与质感

对物体质地的判断是通过人的各种感官实现的。例如对玫瑰花的认知，首先是眼睛看到，其色彩和形状让人感觉它是玫瑰花；但真假单凭眼睛却也难以确定，因此要利用嗅觉闻一闻；但现在人造的玫瑰香精逼真度很高，嗅觉也难辨真伪，因此用手触摸一下，或者掐断花枝，听一下它的声音……我们就是靠这些感官的感受才能最后判断物体的质地。电影电视不具备人的各种感官功能，只能通过眼睛看和耳朵听来判断质地。通过声音判断质地，这是录音师的艺术，而摄影师只能通过视觉判断质地。

眼睛只能看到物体的表面状态，看不见物体的内部。所以摄影师要通过表面的营造来表现质地感觉。物体表面的特征主要由色彩和表面结构决定，这一切又与光线的处理分不开。

4.3.1　正确再现物体表面结构

在光学中，光的反射与物体表面结构有三种关系：镜面反射、半漫反射和漫反射，见图 4-12。

画 1　镜面反射，一束光线投在光滑的镜表面上，除一小部分被吸收，大部分被镜面反射出来。反射光与入射光形成对称式结构，即反射角等于入射角。在反射角上观看，物体表面上有明亮的光源影像，其亮度几乎等于光源的强度，影像周围黑暗无光。离开反射角观看，物体表面一片黑暗，没有光亮。

画 2　半漫反射。在反射角上观看，能看到一个明亮的光斑，它不是光源的影像，仅仅是一个亮斑，亮度也没有镜表面那么强烈。离开反射角，表面不是黑暗，还有亮度，但

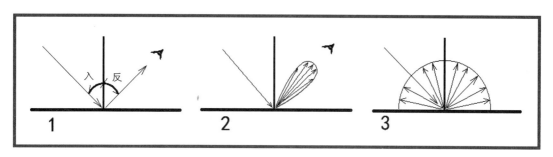

图 4-12

明度减弱，离开的角度越大，亮度越暗。

画 3　漫反射表面。反射光向四面八方辐射，没有明显的反射方向。表面既看不到光源影像，也看不到光斑，在任何方向观看，表面亮度相似，差别不大。

在摄影学中把物体表面结构分为三大类：

（1）光滑表面：即物理学中的镜面，如玻璃、电镀金属、油漆等。
（2）光泽表面：即物理学中半漫反射表面，如皮肤、丝绸、尼龙品等。
（3）粗糙表面：即物理学中的漫反射表面，如呢料、麻袋、毛线织品等。

不同表面对光线的反射能力不同。因此再现时，不同表面结构对光线要求不同。

光滑表面的再现

由于镜面反射光的性质，只有在反射角上能看到明亮的光源形象，有亮度；而偏离该角度，表面呈现无光状态，黑暗无光。不论用多少灯，都无法把周围照亮，灯具越多，表面亮斑越多，而无光斑处仍是黑暗。

20 世纪 70 年代，考古学家出土了一顶古代皇帝的金冠，见图 4-13（彩图 6）画 1。金冠是用黄金拉成非常细的金丝，然后编织而成。在一次新闻发布会上，文物部门希望给予宣传，到会者除了电影、电视和报社记者之外，还邀请了照像馆里的一位解放前拍广告的老摄影师。会场上主管部门介绍了文物的价值后开始拍摄。

首先是电影摄制人员的拍摄，如画 2 所示，他们架起机器和灯光，按照一般的常规方法，布置了三角光照明。主光、副光和轮廓光成三角形，发现灯光照在皇冠上，使每一个编织纹理都产生一个明亮的光点（光源的影像）。三只灯产生三个光点，无数的纹理、无数个光点，使金冠"闪闪发光"，观众看到的是明亮的光芒，而不是黄金表面光滑的质地。那些新闻记者，使用电子闪光灯拍摄，有的使用"子母灯"，同样布置成三点照明。结果我们可以想象，是与电影电视拍摄的画面相似，质感不会很强。

如画 3 所示，只有照相馆的老师傅用光与别人不同，他借用电影的一盏碘钨灯，不是直接照明金冠，而是把金冠上方的棚顶照亮，让它产生大面积的柔和的散射光，从棚顶方向把金冠照亮。镜面能反射出光源的影像，每一条金丝都把明亮的棚顶"影像"反映出来，光线微弱而

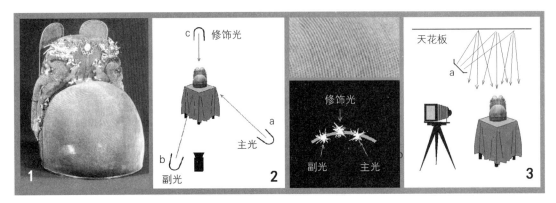

图 4-13

图 4-14

连续，因此不仅能表现出黄金表面的光洁度，而且还表现出了黄金的色彩。这次拍摄，他的作品是最好的，被主管部门采用。这里说明光滑的表面要用大面积的散射光照明，散射光能表现出光滑表面的质地。

　　研究汽车广告摄影的人会发现，只有在散射光照明下，汽车表面光滑的油漆质感才能真实再现。图 4-14 是汽车拍摄和照明方法。

　　下面是一组不同质的光滑表面镜头，部分选自纪录片《故宫》（2005），见图 4-15（彩图 7）。

图 4-15

图 4-16

粗糙表面的再现

粗糙表面凹凸不平，在不同方向的直射光照射下呈现出不同形态。见图 4-16：

a：垂直的直射光照明时，表面凸起部分与凹下部分都得到均匀照度，因此不能再现物体表面的起伏不平状态，失去了应有的质感。

b：散射光照明下，"波谷""波峰"都获得均匀照度，同样不能再现出粗糙表面特征。

c：只有在斜侧光照明下，凸起与凹下部分得到不同的照度，才能较好的再现出粗糙表面的起伏感。

一组粗糙表面的再现，见图 4-17：

画 1　女人的嘴唇。在侧光照明中才能生动地再现出细小皱纹。

画 2　画 3　金属表面属于光滑表面，但结构复杂、起伏较大，同样要用散射光在侧光位照明。在画 3 中可以看到受光面清楚结构鲜明，因为主光在顶侧光位，而背光副光处

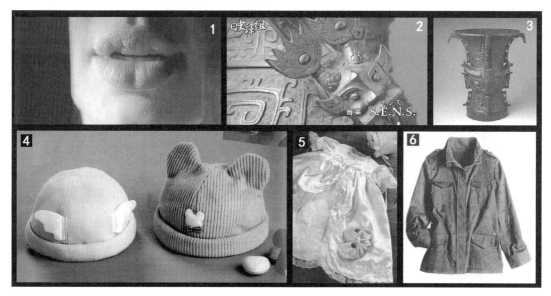

图 4-17

在平光位置，一切细节都消失了。

　　画4　浅色绒帽，粗糙表面起伏较小，不易察觉。对这类表面照明时不宜使用强光照明，光线太强能淹没细小的表面反差，失去起伏的质感。适合用柔和的散射光照明，同时曝光要正确，曝光过度与不足同样也能淹没细小的反差。

　　画5　白色绸缎衣裳。**画6**　黑色衣服。白色衣服容易曝光过度，黑色容易曝光不足。除了要求曝光正确，为了表现布的质地和衣褶起伏状态，要用侧光照明。

粗糙表面的造型，对摄影摄像具有非常重要的意义。电影和电视剧中的人物都是由演员扮演的。因此演员的形象与剧中人形象存在着差异时，特别是年龄差异，人的年龄特征主要体现在皮肤的皱纹。因此年龄的刻画主要体现在用光处理上，从图4-17中可以看到正面光和散射光能"填平"高低不平的皱纹，使人物显得年轻。而直射的侧光照明能加强皱纹的强度，使人物显得年老。

光泽表面的再现

光泽表面结构介于光滑与粗糙表面之间，属于半漫反射表面。当一束直射光照射后，不仅在反射角上能看到表面上的光泽也即光斑，而且离开了反射角，物体表面也有亮度。

光泽是这类表面的特征。在照明处理中要处理好光泽的位置、数量和亮度。例如在人物近景或特写中，人脸上的耀斑（光泽）往往出现在面部突起部位，如鼻尖、颧骨等。一般只有一个耀斑，在鼻头上如果出现两个耀斑，见图4-18，则鼻头不是圆的，而变成起伏不平的状态。光斑的面积和亮度都不宜太大和太亮。特别是电视摄像机的宽容度很小，容易产生过度现象，失去质地的表现。

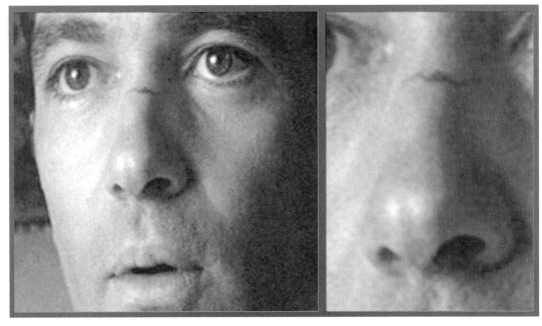

图4－18

4.3.2 正确再现物体色彩

色彩是物质的属性，是质地的特征，质地不同，色彩表象不同。未成熟的桔子是绿色的，味道是酸的；成熟的是橙色的，吃起来是甜的；新鲜的肉是红色的；变质的肉则是灰青色……色彩是表达质感的重要手段。

买过肉制品的人都有过这样的经验：在商店肉制品案前，看到的肉是那么新鲜，瘦红肥白，见图 4-19（彩图 8）。可是买完后，离开肉案到阳光下观看时，就发现不那么新鲜了，红的不红，白的不白，闻一下味道也不对头。这是为什么？回到案前再看时，案上的肉制品还是那么新鲜，抬头向上看才明白了一切，几盏红色的灯光在作怪，一束红光单单投在肉上，把变色变质的肉制品染得红红的，像鲜肉一样。

图 4-19

商人用这种方法欺骗顾客，我们同样可以用这种方法来增强被摄物体的质地。

4.4 光与物体轮廓形态

在绘画和摄影造型中，轮廓形态是指在平面上物体外缘连线的形态。它体现着物体的形体大小和形状。在造型艺术中，对轮廓线的处理是否鲜明，与构图中对该物体是突出还是掩盖有关。

图 4-20（彩图 9）是两幅照片，画 1 为枯叶蛾，色彩和纹理与背景枯叶相似，不仔细看，是看不出的，这就是昆虫的保护色。画 2 是麦田中的罂粟花，鲜艳的红花衬托在绿色麦田里，真是万绿丛中一点红，耀眼夺目。自然界的这种现象，就是摄影造型突出与掩盖的方法。色彩、明暗、形状对比度越大，主体越突出；对比度越小，主体越不醒目。

图 4-20

4.4.1　突出主体的方法

利用主体轮廓与背景的对比关系，对比度越大主体越突出，见图4-21。

　　画1　亮主体背景要暗。人物主体，突出醒目。

　　画2　暗主体背景要亮。人物站在门口，内暗外亮，门外明亮的背景衬托门内暗的主体，明亮的轮廓光，使主体与背景分离，主体更加突出。

在侧光照明中，当主体有鲜明的受光面和背光面时，亮的主体背景要暗，暗的主体背景要亮。

　　画3　白色瓷瓶示意图。亮的主体衬托在暗的背景上，暗的主体要衬托在亮背景上，这样主体才能鲜明突出。

　　画4　影片实例，主体亮的部分背景要暗，主体暗的部分背景要亮。

图4-21

画 5　主体、背景都是暗的，要用轮廓光勾画主体，使主体与背景分离。

画 6　主体和背景都较亮时，要用深色（头发）人脸轮廓，使主体鲜明突出。

4.4.2　掩盖主体的方法

同样利用对比度，对比度越小，主体越不醒目，越不突出。见图 4-22。画 1 为影片《情归新泽西》（ *Garden State* ，2004），主体的服装色彩、图案都与背景相同，人物的身体被掩盖不见了，只有人物的脸还可以让人看到。

正确再现物体轮廓形态是创作的需要，同样非正确表现也是创作的需要，见画 2：

1988 年中秋节电视台晚会，有一个唱歌节目。演员是位老歌手，歌声虽美，但我却被她的外形和衣服所吸引，看起来好像是两件衣服：红色旗袍外面穿件黑色外套。但随着人物的动作，两件衣服的接缝并不发生变化，可见它们是缝制在一起的，妙就妙在"红色块"的轮廓线恰似苗条淑女的体形。为什么设计一件这样的衣服？令人费解。下一个节目，也是唱歌，是一位妙龄女郎，歌声也是很美，但是摄影师却把所有灯光关掉，只用一盏逆光灯对着镜头照来，随着人物动作，画面忽明忽暗，虽然给人一种很美的节奏感，但遗憾的是观众看不见这位女郎的面容。如果我们把这两个节目光线处理调换一下会怎样？在拍摄年老的歌唱家全景时，把背景灯光关掉，只留下一个正面光把她照亮，这时黑色"外衣"与黑暗的背景溶在一起，在观众的视野里消失，只留下火热的红色，而它恰似苗条淑女的体形。在近景画面里，采用"背面光"处理，忽明忽暗，不但造成美的节奏感，还掩盖了发福的脸庞，多妙啊！把老妇变成苗条淑女，上帝都做不到的事，摄影却能做到，多么神奇！遗憾的是当时没有这么做。

图 4-22

第五章

光与色彩

在第一章里已经介绍过，白光具有色度变化，其标志是色温。

阳光和烛光色温不同，光的色度也不相同。但在白天的阳光下或夜晚的烛光里看同一物体时，并不会有色觉的差异，这是视觉适应特性造成的。在白天，人眼适应于阳光，所以阳光是白色光线；同样在夜晚，眼睛适应于烛光，使烛光也成了白光。只有不同色温的光线同时作用于视觉时，才能发现光的色度差别，因此所谓的白光是相对的。

电影摄影胶片和电视摄像管不具有人眼的适应能力，在不同色温的光源下拍摄同一物体，色的表现不同，存在着色温匹配的特性。

5.1 物体的色彩

5.1.1 物体色彩的原理

物体为什么会有色彩？色彩是哪里来的？根据物理学，物体的色彩由两部分构成：首先来自光线。色彩是光波的表现，不同的光波，色彩感觉不同。其次是物体表面对光波吸收反射功能的特征。一束白光照在物体表面上，一部分被吸收转化成热能和其它能量，阳光下的皮肤会感到温暖就是光能被吸收的作用。另一部分光线被不同程度地反射回空间，形成反射光。如果

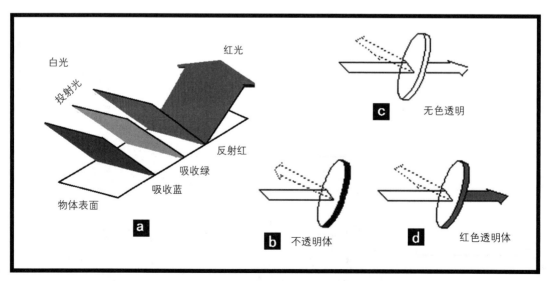

图 5-1

物体表面对光波具有选择性吸收和反射，就会表现出物体色彩特征。如图 5-1（彩图 10）a，一个物体表面只把长波段的红光反射出来，而吸收其他波长的绿、蓝等光波，此时物体表面是红色的。以此类推，可以获得各种不同的物体表现色彩。

如果物体表面对光波是等比例地反射和吸收，则物体表面呈现出不同的灰色；全部反射则是呈现白色；全部吸收则呈现黑色。黑、白、灰统称消失色。

5.1.2　色　光

白光投在不透明的物体上（如图 5-1 b），被物体吸收，或被反射回空间。投在无色透明物体上（如图 5-1c），除一小部分被反射回空间之外，大部分穿过透明体。如果投射光是白色的，透过光也是白色。当一束白光投到有色透明体，除一小部分白光被物体表面反射回空间，其余的光线则被有选择地吸收或透过，此时与透明体色彩相应的波长光线可以透过，形成有色光，其他波长的光线则被吸收。如图 5-1d，白光投在红色透明体上，只有红色光可以穿透，形成红光。

5.1.3　获得色彩的方法

在绘画中可以利用颜料的混合，获得各种色彩。在光学里可以利用色光的混合获得各种不同色彩。

色光的混合有三种方法。

加色法混合

利用色彩光线，一种颜色的感觉加到另一种颜色上，就产生一种新的色彩感觉。

我们做一个试验。用三台幻灯机，分别装上红、绿、蓝三个滤色镜，打出三个色彩光环，如图 5-2（彩图 11）所示。三角形 a 是红光和绿光相加产生的新的色彩黄色；三角形 b 上，蓝光和红光相加产生品红色。同样在三角形 c 中，绿光和蓝光相加产生青色。在中间的 d 部分，红、绿、蓝相加产生白色。没有光线部分成为黑色。红绿蓝三原色光的混合可以获得各种色彩。

在光学中，红、绿、蓝称为原色光。黄、品、青相对称为补色光。在红色光圆圈里不包含青色光，把一定量的青色光加进红色光里（与红光混合）就能把红光变成白光。同样，绿色光不含有品红，蓝色光不

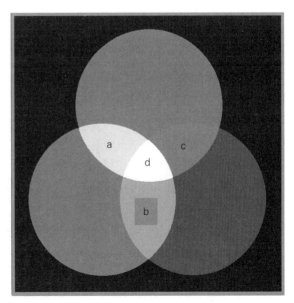

图 5-2

含有黄光。黄、品、青与红、绿、蓝是相对的补色关系。

两种色光相加（或混合）得到第三种色彩，如红光与绿光相加得到黄色，绿光与蓝光相加得到青色，蓝光与红光相加得到品红色。

在实践中利用不同色相、不同饱和度、不同亮度和不同比例色光相加可获得千万个不同的色彩感觉，可以再现出自然的丰富多彩的色彩。

这种获得色彩的方法称为加色法。

减色法混合

加色法是把几种不同色光混合相加，从而获得一个新的色彩。减色法与其相反，是从某个已知色彩中减去某些色彩成分，从而得到一种新的色彩。

如图 5-1a，白光（红光＋绿光＋蓝光）照在红色表面上，蓝色和绿色光被红色表面吸收，只把红色光反射出来，使物体表面看起来是红色的感觉，这就是减色法，即从白光中减去蓝光和绿光得到红光。

减色法混合结构图是以补色为主构成色彩关系，见图 5-3（彩图 12）。

a 为黄、品、青三个圆圈如图重叠，可以看到，黄光加品红色光得到红色；品红色光加青色光得到蓝色；青色加黄色光得到绿色。

这就是说，"原色光"可以通过补色光互相混合获得。任何色彩都可以通过混合获得。所谓原色光是因为在这段波长里色彩纯度最高，混合获得的三原色始终达不到应有的饱和度。

黄、品、青三补色相加获得黑色。

在光学色彩中，减色法是通过三个补色滤光镜从某个已知色彩中减去相应的色彩成分，从而获得新的色彩感觉。

b 为利用黄色滤光镜调节色彩。

- 白光穿透黄色滤光镜时：只让黄光通过，其他色光都被减掉了，白光变成黄光；
- 红光穿透黄色滤光镜时：红光是由黄光和品红色光组成，因此，穿透黄色滤光镜时，黄光很容易通过，品红色光则被"减掉"。至于减掉多少，是由黄色滤光镜密度所决定，

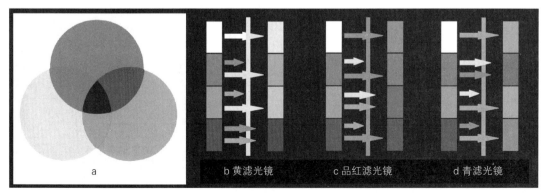

图 5-3

我们可以控制黄色滤光镜的密度，从而达到调节色彩的目的。红光穿透黄滤光镜时，品红色成分相对减少，黄色成分相对多了，红色偏黄偏暖，改变原有的红色感觉。

- 绿光穿透黄色滤光镜时：绿光是由黄色光和青色光组成，因此，穿透黄色滤光镜时，黄色光很容易通过，青色光被减弱。绿色偏黄偏暖，成为绿黄色，改变原有的绿色感觉。

- 蓝光穿透黄色滤光镜时：蓝光是由品红色光和青色光组成，因此，穿透黄色滤光镜时，品红色和青色都被减弱了。因此蓝色饱和度、亮度都被减弱，变成不饱和的暗蓝色。改变程度可以通过黄色滤光镜的密度控制。

白光和三原色光穿透品红和青色滤光镜时（见图中 c、d），色彩改变原理与前面 b 黄色滤光镜相似，这里不再累述。

颜料的混合是按减色法原则进行的。画家在调色盘上调色，印刷、染色工艺等都是按减色法原理进行。

照相、影视摄影的色彩是按加色法原理进行的。

并置法混合

并置法是利用视觉混色原理从而获得新的色彩感觉的方法。当许多很小的不同色块并置在一起，在一定距离上观看，人眼看不见这些小色块，而是这些小色块反射的混合的色光感觉。见图 5-4（彩图 13）。

A 为红、绿、蓝三原色并置获得色彩效果。B 为黄、品、青三补色并置获得的色彩效果。

C 为绿草地红围墙。透过红色网眼的绿光与红网并置，反射光在眼内混合成色。此时红网既不是原有的红色，草地也不是原有的绿色，二者在眼内混合成新的色彩感觉。

并置法是小色块并列，在光的人照射下"闪动"感很强，有强烈的阳光感觉。因此印象派

图 5-4

绘画用并置法来调色，被称为"点彩"派绘画。

D 为印象派莫奈的绘画。画面上是许许多多小色块并置，画面阳光的感觉很强烈。

5.1.4　电视彩色原理

人们在近处，或者通过放大镜观察彩色电视荧光屏上的色彩图像时会发现，它是由许多红、绿、蓝色发光小点镶嵌集合而成。并且根据被观察平面的色彩，各个色彩小点的亮度是不同的。在红色小块里，红色小点发光特别明亮；在黄色小块里，红色和绿色小点发光明亮，蓝色小点暗黑；而在白色小块里三种彩色小点全都发光明亮。这些彩色小点是细小的荧光点，也就是发光材料形成的小点，它们涂在显像管内侧，受到电子束轰击而发光。

在较远的距离观察时，人们就看不出各个彩色小点，见到的只是均匀带有某种颜色的小块，例如天空的蓝色块、土地的黄色块、树叶的绿色块等。这时眼睛离荧光屏的距离已达到视觉锐度不再能区分各个小点的程度，各个彩色小点射出的光线同时作用到人眼视网膜细胞上，使之产生一种整体的彩色感觉。电视屏幕上的彩色是通过各个发光点的彩色，即红色、绿色和蓝色相混合而产生的。通过这样的混合而获得彩色，称为加色法。

5.1.5　电影彩色原理

电影彩色胶片的原理，也是加色法原理。三层乳剂分别对红、绿、蓝感光并记录在胶片上，保存了大千世界缤纷的彩色影像。放映过程则是减色法过程，拷贝片就如一块滤色镜，把投射在拷贝片上的白光，一部分吸收阻挡掉，只让与影像相同的色光通过，投在银幕上，构成色彩缤纷的影像。

5.1.6　色光的三属性

色光像色彩一样具有三种属性。

色　相

即色光的种类，在自然光光谱中是红、橙、黄、绿、青、蓝、紫。相当于一条狭窄的光谱频带或主波长。

波长（毫微米）	760 740 720 700 680 660 640　620 600　580 560
	红　　　　　　　　橙　　黄

波长（毫微米）	540　520 500　480 460　440 420 400 380
	绿　　青　　蓝　　　紫

表 5-1　光谱色大致分类

饱和度

在色彩学中是指色彩纯度，即色彩的含灰量，含灰量越大，色彩饱和度越低。

在色光中，饱和度同样是指色光的纯度。它是由色光与白光的混合程度决定的，白光含量越少，饱和度越高。

在图 5-5 中，A 为饱和度较高的红光光谱曲线，B 为饱和度较低的红光曲线。从二者形状可以看

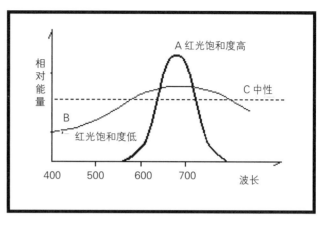

图 5-5

出，饱和度高，波段较窄，含其他光波少；饱和度低，波段宽，含有较多的其他光波成分。

亮　度

亮度的含义比较广泛，在不同场合有不同的意义。在照明中，亮度有时是指光源发光的强度；有时是指物体表面反射光的强度（如：雪是亮的、煤是黑的）；在曝光表上，亮度是指光线强度的绝对值；在画面构成中，物体的亮度是指物体之间亮度的对比关系。

在色光中，亮度是指有色光的强度。但有色光色相相同而亮度不同时，在视觉感受上往往相差很大，饱和度通常与亮度难以区分。例如，同一个红色物体在不同照度下，反射出的红光亮度不同，给人的视觉感受不同。照度非常强大时，红色发亮、发白，好像饱和度降低了；而当照度微弱时，红色发暗、发黑；只有照度适中时，色光的饱和度显得最高。又如，晴天时天空是蔚蓝色的，好像蓝色很纯、饱和度很高，其实天空蓝色的饱和度是很低的。

白光照在有色物体上，呈现出物体本身色彩的特征。而有色光照在有色体上能产生加强、减弱或改变原有色的特征。如红光照在红色物体上，能加强红色的饱和度，而黄光照射在红色物体上，能减弱红光饱和度；蓝光照在红色物体上却能变红色为紫色或黑色。

色光照在消失色物体上，能使消失色变成有色。如红光照在灰色物体上能使灰色变成红色。

5.2 　固有色、非固有色和消失色

物体的色彩可分成三大类：固有色、非固有色和消失色。

5.2.1 　固有色

凡是能代表物体本质属性的色彩，称为固有色。如人的肤色，不同种族的肤色不同，黄色皮肤是黄种人的特征，白色是白种人的特征，黑色则是黑种人的特征。未成熟的苹果是青色的，成熟的苹果则是红色。夏天的树叶是绿色的，秋天的树叶是红、是黄，而枯黄的叶子则是冬天

的树叶。蓝色的天空是晴天的特征，灰色天空则是阴天或受污染的天空特征。自然界的固有色是天然生成的。社会中的固有色，有些是人们赋予的，如国旗，我国的国旗是红色的，因为建国时我们把它定为红色。五星红旗就代表中华人民共和国的性质，成了固有色。天安门是红色的，红色天安门代表着首都北京。

固有色不能轻易改变。固有色的改变意味着物体性质发生改变，一个国家的国旗色彩改变，表示这个国家性质改变了。

5.2.2　非固有色

非固有色是指物体色彩不代表物体的属性，如家具的色彩：黄、白、灰、黑……黄色桌子刷成白色，同样是桌子。红、蓝、白、黑……都是衣服的色彩。菊花有红、黄、白、绿……但有些花不同，红色的玫瑰象征爱情，送给情人一朵红玫瑰表示求爱，如果送一朵黄玫瑰或紫玫瑰意义就不同了，玫瑰花的红色成了固有色。

在艺术里，固有色不能轻易改变，但是非固有色可以改变，这就为艺术色彩的处理提供了可能。对摄影师来说，分清哪些是固有色和非固有色是非常必要的。

5.2.3　消失色

一束白光照射在物体上，如果全部被吸收，没有反射光存在，物体表面就会呈现出黑色。相反，如果全部被反射出来，物体表面呈现白色。若是按着一定的比例，物体表面对不同的光波等量地吸收或等量地反射，就形成各种不同的灰色。黑、白、灰在生活中称为没有"色彩"。实际上，它们也是色彩的一种，在色彩学里称为消失色。

消失色的亮度是由物体表面反光率决定。

物体	反光率%	物体	反光率%
理想的反光体	100	黄种人肤色	30~25
碳酸镁 硫酸钡 白雪	97~93	水泥	30~20
光亮的银	92~87	绿叶	30~15
白石膏	90	黑人肤色	20
白色有光漆	88~75	砖结构	15~10
铝箔	85	黑纸	10~5
白色陶磁，白纸	80~60	黑漆	5~1
铬	65	黑布	1
白布	60~30	黑丝绒	1~0.3
白种人肤色	35~30	黄种人肤色	30~25

表 5-2　反光率

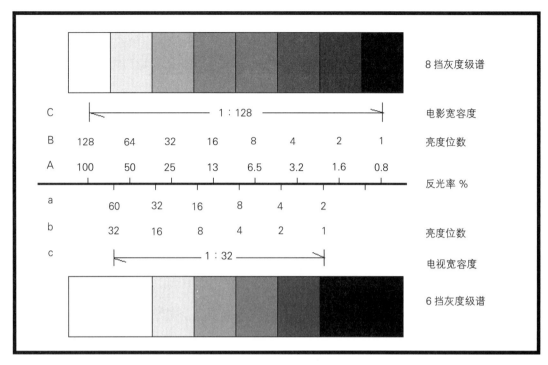

图 5-6

在造型艺术里，当影像失去了色彩，剩下的只有各种不同的灰色构成。所以消失色是黑白影像造型的主要元素。在色彩造型中，消失色是构成画面明暗影调的元素。

从全黑开始，经过深灰、中灰、浅灰，一直到白色，可以看成是一条光线亮度连续变化的"光带"。在物质世界里，这条"光带"从最暗（黑）到最亮（白）可以看成无限大，大到人眼无法容纳的程度。从第一章论及的视觉的层次中，我们知道人的眼睛观看亮度的层次是有限的，说明黑和白具有相对性。在胶片摄影学中，我们用灰色级谱表示。标准的级谱在摄影学中，从黑到白分成 8 级。现代数字摄影机，感光元件记录影像亮度范围可以达到 17 挡光圈。虽然如此之大，但受视觉感受的限制，17 挡的亮度范围还是压缩在有限视觉阈之内，直线部分很短。最高和最低密度差还是按 8 挡光圈计算。

如图 5-6，这条"光带"对景物来说，表示反光率 100 到 0.8 物体亮度范围。共分 8 级，每级亮度相差一倍，也叫亮度反差。从黑到白亮度相差 128 倍，即景物亮度范围为 1∶128。对摄影胶片来说，从黑到白是胶片的宽容度。黑白胶片宽容度为 1∶128，彩色片宽容度为 1∶64，摄像管宽容度为 1∶32。

5.2.4　固有色的再现

在造型表现艺术中，对固有色始终存在着两种观念。早期的彩色电影与古典绘画一样，认为固有色是不可改变的。他们在创作中追求色彩的正确再现，以此作为技术和艺术的标准。在彩色片中强调"色彩正确还原"，而在黑白片时代，则认为人脸密度不可改变，不论白天或夜晚，它都要保持"同一"密度，否则就是摄影曝光技术出现了问题。印象主义画家提出固有色并非绝对不变的理论，否定了古典主义绘画的不变的观念。印象派大师莫奈做了许多有趣的色彩试验。他创作了50多幅同一角度、构图相似的《卢昂大教堂》，表现了不同季节、不同时间的光线条件下，教堂呈现出的不同色彩：在晨曦里是青与柠檬黄的组合；在日出时刻是黄、粉红与浅青的组合；在阳光下是淡黄与淡绿的组合；在黄昏时刻则是深绿、褐和灰黄的组合……莫奈在《干草堆》、《睡莲》等组画中，同样证明了固有色与光源色温的相对性，证明了光的色温对固有色微妙的影响。印象派光色理论认为，不变的固有色是不存在的，固有色总是受光线和空气介质的影响，这种认识在艺术上具有划时代的意义。但是印象绘画走向极端，否定了色彩在心理上的守恒现象：晴朗的天空是蓝色的、树叶是绿的、中国人的皮肤是黄色的等等，而无论在任何光线条件下，固有色发生了什么样的变化，呈现出什么样的色彩表象，人们对固有色心理认识应是不变的。莫奈把卢昂大教堂画成千差万别的色彩，但人们感受到的还是灰色的大教堂。

印象派的光色理论对后来的现实主义绘画有极大影响，对今天的彩色电影和电视的光色理论也同样具有借鉴价值。

法国印象派画家德加的舞女画，展现了不同环境、不同光源条件下人物肤色的变化。如油画《歌剧院的舞蹈休息室》（1872）：黄色的墙壁、暗淡的光线，使舞女的肤色偏黄。《舞蹈课》（1876）：蓝绿色的墙壁、明亮的光线，舞女的肤色表现了固有色的特征，白色的舞衣表现出正常的白色。但《化妆间的舞女》（1879）：人物的肤色、白色的舞衣都表现出蓝青色调，再现出化妆室里日光灯管发出的冷色光源的特征。德加的舞女画再现了不同光源色温对画面色调和固有色的影响。有时在同一幅画中，不同色温的光源对物体色彩的影响也不相同，如《持花束的舞女》（1878~1880）：舞台上的人物受顶光照明的部分，色彩暗淡而偏暖；受脚光照明部分，亮而偏寒，具有蓝紫味的色调。同是肤色，但寒暖不同，体现了光源性质的不同。

同一色彩在不同色温的光源下，色的表象不同，这是印象派重要的光色理论。现代的电影也体现出这种观念。意大利著名摄影师维多里奥·斯托拉罗在影片《旧爱新欢》（*One from the Heart*，1982）里有意将人脸肤色拍成各种不同色彩：在红光下是红色，在蓝光下则是蓝色，探讨色光与固有色的关系，打破了传统电影对人脸肤色固定不变的色彩观念，见图5-7（彩图14）。瑞典影片《窗后》（*Behind the Shutters*，1984）充分展示了白炽灯、日光灯、阳光的不同色温特征。在同一场景里或者在同一镜头中，人物在阳光下，肤色呈现出固有色的特征；而在白炽灯光下，肤色偏黄；在日光灯下，肤色又偏蓝。固有色可变的观念比正确还原的观念具有更大的真实性。

电影摄影与电视摄像要求色温平衡，对此应有正确的理解。在任何光线条件下都要求色温平衡，那么早晨、中午、傍晚的卢昂教堂只能得到同一灰色，再现不了各种光源的特性，也不会得到莫奈那些色彩丰富多变的《卢昂大教堂》组画的效果。

图 5-7

5.3　阴影是有色的

"阴影是有色的"是印象派光色理论的另一贡献。他们认为，"阴影决不意味着缺少光线，它不过是不同性质的光线。因此，像以往那样，把阴影画成黑色和沥青色是不对的。"[1] 阴影中的色彩受环境光的影响。所谓环境光，即环境反射光，反射光的色彩是由环境中的反射体色彩决定的。阳光照射在有色物体表面上，一部分光线被反射回空间，照亮了周围物体的背光面，影响背光面的色彩表现。

天空光是外景环境光的一部分，蓝色的天空光使阴影部分具有蓝色调。

在草原上，阴影不仅具有蓝色，而且还有草原的绿色。在红墙边，物体的背光面具有红色调……所以阴影里绝不是无光的黑色，而是有光照、有色彩，并且色调丰富多变。

透过有色介质的光线也具有色彩特征。比如打着太阳伞的人，阳光透过红伞照在人脸上，使人脸产生红色调；站在绿树下，阳光透过绿色树冠会使树阴影具有绿色特征。莫奈的《花园中的女郎》就是很好的例证：树阴里的红花、红伞已经不那么红艳了，而是具有赭石色调（红

---

[1] 《美术研究》，人民美术出版社，1957年第3期。

加绿的色调），白衣呈现浅绿色，人脸也是绿味的皮肤色，特别是树阴下的少女，脸的下半部，画家把白种人特有的艳丽的肤色画成了青绿的色彩，这是绿草地的反射光在白色皮肤上的真实反映色彩。唯有阳光下的白色衣服仍然是固有的白色。莫奈在这幅画里有力地展现了环境光对阴影色彩的影响。

自从 ASA400 度的超快片出现之后，今天电影技术已经能自如地展示阴影部分的色彩了。因此，把阴影只看成是光线微弱的特征，是远远不适应现代电影观念的。

第六章

光与亮度平衡

决定像质高低的不仅是像素和清晰度的大小，更为重要的是画面影调层次的多少和影调结构。在影调构成中，光与亮度平衡起着重要作用。所谓亮度平衡，即景物亮度范围与摄影机记录光量的动态范围相等。此时画面影像亮中有亮，暗中有暗，层次丰富，影像信号达到百分之百强度，充分利用了摄像机记录影像的最大功能。单从影像技术层面上来说，影像达到最佳状态。所以在摄影技术中认为亮度平衡的影像是：

景物亮度范围＝摄像机动态范围，这是技术最佳的影像。

获得亮度平衡的最好手段就是用光平衡亮度。

6.1　景物亮度范围

物体表面的亮度是由该物体表面反射光线的能力决定的，反射能力强的就明亮，反之，表面就黑暗。反射能力在光学中用反光率表示。

物体表面亮度由光源强度决定。同一反光能力的物体表面，在不同的光源照射下，其亮度不同，光源越强，物体越明亮。因此阳光下白色衣服的亮度，就比阴影中的白色衣服明亮。

在同一光源强度照射下，同种反光率，物体表面亮度由光线照射角度决定：投射角越小（光线垂直照射），表面亮度越大；投射角越大（最大为90°角），表面亮度越小。

在现实生活中，景物千差万别，因此表面反光率各不相同、千变万化。在同一太阳光源照射下，环境的各部分得到的照度不相同，阳光下就比阴影明亮。物体表面方向各不相同，各个面接受阳光角度不同，表面亮度不同。

由于上述原因，景物中存在着最亮部分与最暗部分的差别。在摄影学中，这种差别被称为"景物的亮度范围"。

景物亮度范围即最高亮度与最低亮度之比，用符号 L 表示。如某景物的最高亮度 BH ＝ 750 nt，最低亮度 BL ＝ 3 nt，则景物亮度范围 L 为 BH∶BL。

$$L = 750 / 3$$
$$L = 250 / 1$$
$$L = 1∶250$$

在胶片特性曲线上，景物亮度也可以用对数值表示。

景物亮度范围对摄影师非常重要，摄影师对亮度范围的控制是获得最佳影像必不可少的条件。

景物	亮度范围
画面中有太阳的风景	1：2000000
夏日阳光下	1：100000
在昏暗的室内拍摄窗外明亮的景物	1：100000
通过拱门拍摄明亮的风景	1：1000~1：10000
在狭窄的街道拍摄带有明亮阳光照射的景物	1：100~1：500
直射阳光下拍摄具有较暗前景的画面	1：100~1：300
直射阳光下带有前景的风景	1：20~1：60
直射阳光下没有前景的风景	1：10~1：30
雾景（没有前景）	1：2~1：3
阴暗天气（没有前景）的风景	1：5~1：10
夏日由飞机上拍地面	1：3~1：6
冬日由飞机上拍地面	1：6~1：10

表 6–1 现实景物的亮度范围

6.2 动态范围

数字影像的发明时间要晚于胶片影像。因此，后生的数字影像采用先辈的理论，能够更方便人们理解和创新。在胶片电影时代，影像动态范围被称为胶片宽容度，亮度平衡即景物亮度范围与胶片宽容度的平衡。胶片电影的历史悠久辉煌，创造出许多令人惊叹的影像。而学习胶片影像亮度平衡方法，是我们创造最佳数字影像的捷径。

6.2.1 胶片宽容度

胶片能按比例记录景物亮度反差的本领，称为宽容度。在特性曲线上，只有直线 bc 部分是按比例纪录景物亮度的范围，这部分影像与景物相对应部分物像保持相同的亮度比值关系，因此，影像直线部分的影像是真实的像。所以，宽容度采用曲线上的直线两端差值来表示。见图 6–1。

图中 bc 为直线部分，相对应曝光量为 H1、H2。

$$\text{Log } H2 = 0.1 \cdots\cdots\cdots\text{曝光量对数}$$
$$H2 = 1.25 \cdots\cdots\cdots\text{相应曝光量}$$
$$\text{Log } H1 = -1.7 \cdots\cdots\cdots\text{曝光量对数}$$
$$H1 = 0.02 \cdots\cdots\cdots\text{相应曝光量}$$

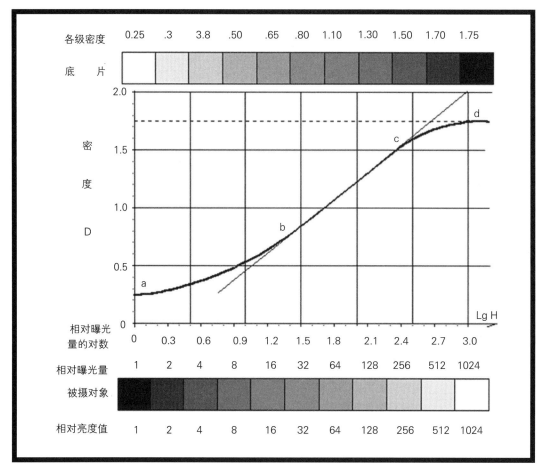

图 6-1

三种表示方法

（1）用对数值表示。

$$L = \log H_2 - \log H_1$$
$$= 0.1 - (-1.7)$$
$$= 1.8$$

宽容度为 1.8。

（2）用倍数表示。

$$即\ L = H_1 : H_2$$
$$= 0.02 : 1.25$$
$$\approx 1 : 64$$

宽容度为 64 倍。

（3）用挡（级）数表示。

$$（LogH2-LogH1）÷0.3 \text{①}$$
$$即：LogH2-LogH1 =1.8$$
$$1.8÷0.3=6$$

宽容度为 6 挡光圈。

有效宽容度

拍摄中，除了直线部分能被正确再现之外，在弯曲的趾部和肩部，影调虽然被压缩，但还

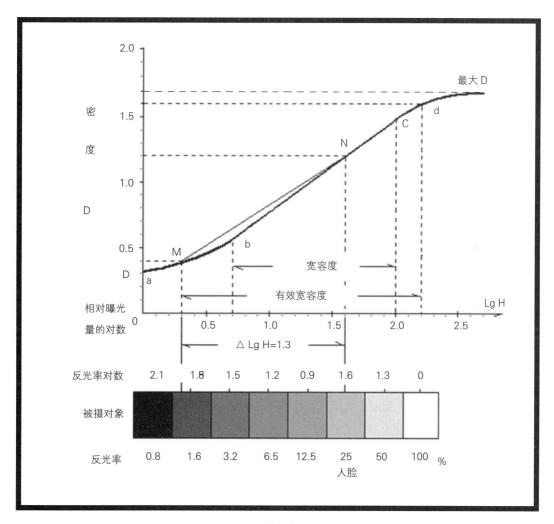

图 6-2

---

① 0.3 为一挡光圈的对数差。

有层次，扩展了宽容度，被称为有效宽容度。见图 6–2 M~d 范围。

$$M=D0+0.1 \quad 灰雾加 0.1 密度$$
$$d=DMAX-0.1 \quad 最大密度减 0.1 密度$$

因为现代胶片技术非常先进，直线部分很大，存在着无用部分，同时考虑到正片宽容的可能性，一般把最大密度订在 $d \approx 1.5~1.6$，相应曝光量为 LogH=2.20。

现代最好的胶片宽容度能达到 14 挡光圈。

6.2.2　电视摄像机的动态范围

宽容度是电影胶片技术用语。在数字影像技术中，"宽容度"被称为光的动态范围，通常指摄像机能正确反映景物亮度的范围。所谓最大亮度范围即是景物最高亮度与最低亮度的间距大小。

在早期电子管模拟电视系统里，光的动态范围是一个固定值。摄像机的动态范围即是电视机屏幕上反映景物亮度的范围，其值为 1：32（五挡光圈、6 级亮度），这与电影胶片相比太小了。为什么电视摄像动态范围这么小？这与当初实验室里的电子管线路设备有关。实验中电视机的电子管设备非常庞大，为了商品化，必须缩小体积。而要缩小体积，就要压缩电子线路，这也就意味着要降低影像质量。因此，第一台电视机的视频信号电压设置在 1 伏位置上，正确再现影像亮度范围只有五挡光圈，"宽容度"为 1：32。电视机是白种人发明的，对浅色头发的白种人来说，"景物亮度范围"不大，在顺光照明中，人物影像还能保持最低的真实感觉。但对黑头发的黄种人来说，在 1：32 宽容度的影像中，人物黑发失去应有的层次。

集成电路出现后，电视机的体积不再是问题了，可以增加线路以提高影像质量。但是因为原有电视设备的普及，1 伏视频信号限制了新技术的应用。电视机再现景物亮度范围的能力，决定了摄像机的动态范围。

如图 6–3 是早期的电子管摄像机，银屏扫描靶面横向扫描一行时的信号时间，横轴是时间轴，代表景物亮度。

AD：同步信号时间，是水平消隐期，电子束被截止。画面是黑色的，从终点回到起点时期，时间约为 4.8ms。

DE：电子束被图像信号所调制，在荧光屏上扫描一行图像信号，时间约为 64ms。纵轴是视频信号，以视频电压为标志。

AB：水平同步电压，也是消隐期电压。

BC：视频电压，它受景物亮度大小调制，是光能转换成电能的电压动态范围。

BF：黑电平。这条线是图像信号中最黑时的电压值。随着物体亮度的增加，相对应的电平也逐渐升高。当达到 CG 时，是画面中最白的部分的电压。

CG：白电平，画面中最亮的部分，超过此线以上的亮度在图像中不能得到区分。

将同步信号顶点 A 到白电平 C 之间设为 100%，那么图像信号电平范围 B~C 为 70%，而同

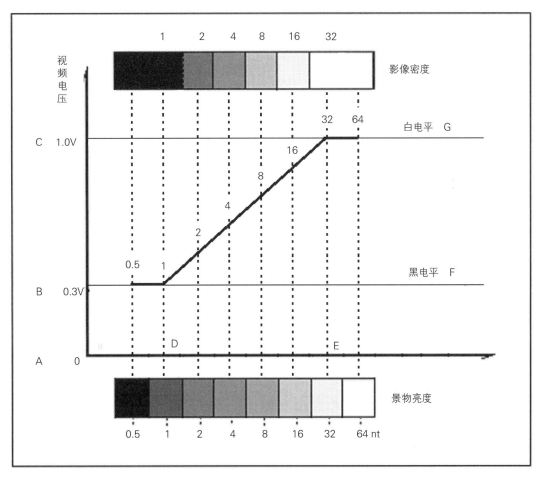

图 6–3

步信号 A~B 为 30%。在摄像机里，视频信号电压设置为 1 伏，因此消隐电压为 0.3 伏，而视频信号电压为 0.7 伏。同步消隐电压幅度为固定的，视频电压幅度随被摄景物亮度变化而变化。视频电压幅度是有限值，在 0.7 伏之内，这也必然决定了"正确"反映景物亮度范围是有限值。也就是说，摄像机反映景物亮度范围有限，而不是无限的。景物中的强光部分被白电平切割，超过白电平的景物亮度都被表现为同一亮度，细节不能区分。同样，景物中的背光部分，低于黑电平的亮度也被切割，表现为同一种黑色。电视摄像能正确再现出的景物亮度信号不能高于视频电压的 0.7 伏。相对视频电压 0.7 伏的亮度范围是 1 ：32 的变化量，这也就是摄像机表现亮度的宽容度。现有一个景物，其最暗部分的亮度为 0.5 尼特，最高亮度为 64 尼特，亮度范围为 1 ：128。拍摄此景物时，呈现图 6–3 的形态。将横轴 DE 换成景物亮度值坐标。上方是相对应的影像亮度，用密度对数值标示。从中可以看到，景物亮度低于 1 尼特时，被黑电平切割了。0.5 尼特与 1 尼特在屏幕上得不到区分，都被表现为同一种黑色。同样在高端，64 尼特也被白电平切割，在屏幕上 64 尼特与 32 尼特亮度也得不到区别，被表现为同一种白色。只有 1~32 倍亮度范围内的亮度才能被正确表现出来。所以自然界广阔的亮度范围，被摄像机严重压缩了。

所以早期模拟电视画面影调范围有限，远远低于电影胶片画面。

数字影像采用 CCD 或 CMOS 成像器，其基本原理是光电二极管。光线越强，产生的电荷越大，大到一定程度，超过二极管"阱容"出现溢出现象，即曝光过度现象；光线最暗，受杂波影响。因此，CCD 或 CMOS 成像器的动态范围上限由"阱容"大小决定，下限由信噪比决定。动态范围的大小可以根据使用的需要，由人工技术手段制造出来。目前 CMOS 成像器动态范围最大可以做到 20 个比特（20 挡光圈或 120 分贝），达到人眼收缩和放大瞳孔视觉可视的动态范围，这样大的动态范围多用在监控摄像设备上。

电视的发展进入数字化高清时代后，在技术上不仅需要数字影像的清晰度也即提高像素，更需要扩展数字影像的动态范围。

现在 HD 摄像机的 2/3 英寸的传感器，像素可以达到 1920×1080，清晰度可以达到 2K。虽然低于胶片 4K，但是胶片影像在后期制作和放映过程中损失较大。电影院空间封闭、空气污浊、满布烟雾，阻碍放映机的光束，降低清晰度的反差，所以观众在银幕上看到的影像，清晰度也只有 2K 左右。数字化的影像优于胶片，在后期制作和放映过程中没有任何损失。所以现代数字影像在电影院里的视觉效果不比胶片影像差。

清晰度（像素）得到解决，影像动态范围也需要解决。20 世纪 90 年代的模拟摄像机如 DXC-537AP、DXC-637P、HL-55A 等，已经在视频曲线上开始设置"拐点"，在电路上设置了拐点电路，把超过白电平的亮度进行压缩，使高亮度的景物依然保持可分辨的层次而不被切割，从而改善了 1：32 的宽容度，延伸景物亮度范围，提高了影像质量，改变了摄像机光电特性曲线的形状，变直线为曲线。模拟影像高端压缩能力可达 600，即两挡半光圈。

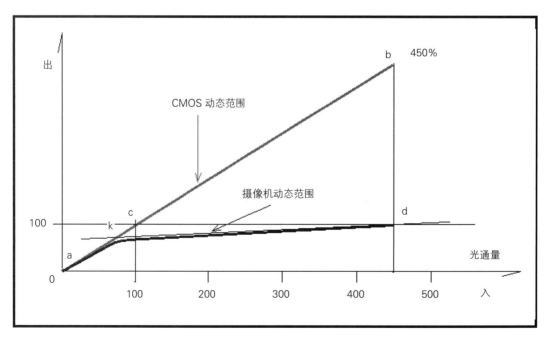

图 6-4

索尼高清摄像机XDCAM EX–1采用CMOS成像器，动态范围设置在450%，见图6–4。

图中，将老式摄像机1：32的动态范围设置为100。ab是CMOS成像器未被压缩的动态范围线。动态范围是老式摄像的450%。我们在100之内设置的拐点k，将超过100%的光强压缩到100%的d点位置上。这样强光部分曝光不会过度，也有了密度。

通过实践，k点设置在80%左右较为恰当，影像亮部层次较好。kd的斜率称为"拐点斜率"，在菜单中可以可以选择不同的拐点斜率，控制动态范围。

如果把100%曝光

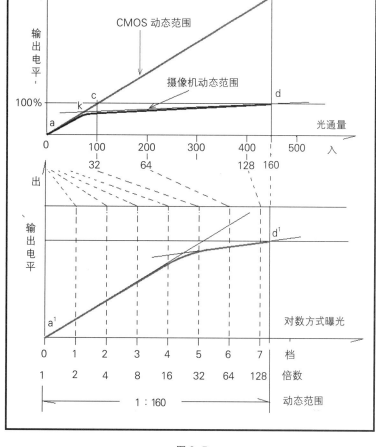

图6–5

量当做一挡光圈，那么450%只比100%大了两挡多一点。将图6–3老式摄像机动态范围曲线和图6–4合在一起得到图6–5。图中a'd'是索尼XDCAM EX–1摄像机动态范围曲线，其比率为1：160，光圈为7挡多一点。

与电影胶片特性曲线相比：7挡与7挡多一点；1：128与1：160很接近。所以摄影师完全可以像胶片布光方法一样，采用上三挡下四挡的方法布置光线和控制曝光量。二者不同之处在于，曲线形状不相同，胶片是S形曲线，肩部、直线部、趾部完整鲜明。图6–5中动态曲线只有肩部没有趾部，趾部呈现直线形状。因此，可以判断影像暗部缺乏应有的层次。

影像光电信号还原过程中，动态曲线应当是直线型曲线，输入信号与输出信号相等，输入100，输出也应当是100，这样影像才能得到正确还原，影像才真实。但是老式电视机的曲线是非线性的，见图6–6中弯曲的虚线。为了线性输出，在相对的上方设置了一条相对应的校正伽玛曲线，使曲线输出变为线性输出。这样一来，影像虽然获得了真实再现，但暗部仍然缺乏层次，为了改善暗部影调层次，制造者在伽玛曲线下端又设置了一个"黑伽玛曲线"。在菜单中，

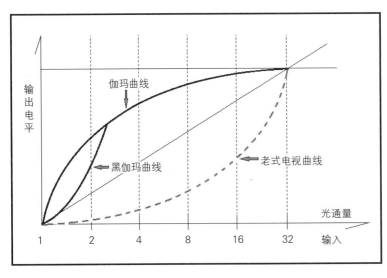

图6-6

通过选择控制黑伽玛斜率，从而达到调节暗部层次。实际上，黑伽玛曲线使线性输出暗部出现弯曲的"趾部"线段。

这样我们就知道摄像机动态曲线通过"拐点"压缩和"黑伽玛"调节，曲线形状与电影胶片特性曲线相似，呈现出S型曲线，同样有肩部、趾部和直线部分。将亮部和暗部都给予压缩，增加亮部和暗部层次。

当前数字摄像机处在高速发展阶段，各厂家生产的不同品牌的摄像机，影像的动态范围并不相同。

下面是几款数字电影摄影机动态范围：

　　Genesis（潘纳维申、索尼、卢卡斯电影公司共同研制）电影摄像机，动态范围与柯达5218胶片宽容相似。

　　Red One，美国RED公司生产的4K级电影摄像机，动态范围大于11挡光圈。

　　F35，索尼公司2007年出品的数字电影摄像机，动态范围超过800％，约7挡半光圈。

　　D21，德国阿莱公司2008年推出的一款数字电影摄像机，是目前动态范围最大的摄像机，大于13挡光圈，相当于最好的胶片的宽容度。

英国摄影师保罗·惠勒（Paul Wheeler）做了一个高清数字电影摄影机的"实用有效宽容度测试"，用高清摄像机，固定光圈（f/4）拍摄黑、灰、白三级灰色级谱，其中灰色采用反光率18％中级灰，见图6-7a。正面光均匀照明，拍摄三级灰板。逐步降低级谱照度，使中性灰曝光不足逐渐变暗，当暗到刚刚能与黑色区别，此时用曝光表测量中级灰亮度（见图中c），

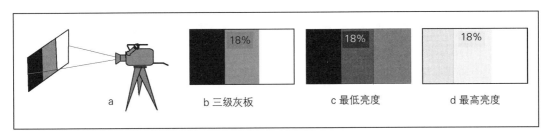

图6-7

该值是有效宽容度的最低亮度值。然后，逐步增加级谱照度，当中级灰亮度变成浅灰色，与白色刚刚能看出区别时（见图中 d），此时中级灰的亮度是有效宽容度的最高亮度值。这样我们就得到了该高清摄像机能再现出景物亮度的最高和最低亮度值，其差即该摄像机能容纳的景物的有效亮度范围（有效宽容度）。

画面中的纯白到纯黑，保罗·惠勒测试的结果，索尼 HDW 摄像机动态范围至少有 11 挡光圈。与纯白视觉刚有区分的次白（浅灰）；与纯黑刚有区分的次黑（深灰），二都之间经保罗·惠勒测试动态范围为 9 挡光圈。这是摄影师在布光中需要严格控制亮度最高和最低两个端点亮度值。

现在的高清摄像机动态范围低者有 8 挡，高的可达 13 挡，一般是 11 挡光圈。保罗·惠勒测试的只有 9 挡光圈。

图 6-8（彩图 15）是日本大河电视剧《平清盛》（2012）中高清摄像机通过昏暗的内景拍摄明亮的外景画面。根据经验，景物亮度范围极大，远远超出胶片的宽容度，如果是常规胶片拍摄，要获得如此的影调效果，需要大量灯光照明。但是，我们从画面上看到明亮的外景，白与次白有区别，亮部层次非常丰富。暗部的黑与次黑也有区别，层次同样丰富。而且，画面影像没有人工光照明痕迹，只存在现有光照明效果，光效自然真实。该画面展示出高清摄像机的高清晰度和大动态范围（大宽容度）的优越性能。

数字影像在亮度平衡方面，有许多观念与电影胶片不相同。首先，数字影像动态范围不仅大于胶片，而且不是固定不变的值，可以通过菜单选择控制动态范围的大小，使之与被摄景物亮度范围相匹配，从而达到亮度平衡。

数字影像的动态范围虽然很大，但在在烈日阳光下，还是无法与之相平衡，同胶片一样需要用光给予亮度平衡。

图 6-8

光作为一种语言，平衡与否都是语言的形态。光的语言实际是通过画面影像的光影结构实现的。自然光影结构是语言形态的一种，但不是唯一。在创作中，无论是棚内布光还是外景选择阳光，都需要用人工光制造或改造画面光影结构，达到表情达意的语言目的。数字影像同样用光处理画面亮度平衡。

6.3 亮度范围与宽容度

在现实中，景物亮度与宽容度有三种形态：

（1）景物亮度范围 > 宽容度
（2）景物亮度范围 = 宽容度
（3）景物亮度范围 < 宽容度

只有当景物亮度范围 = 动态范围时，才能获得最佳影像。

所谓最佳影像，即画面中的最亮部分和最暗部分都有良好层次：亮中有亮、暗中有暗，中间影调层次丰富的影像，如图 6-8。

6.4 亮度平衡

6.4.1 亮度范围 = 宽容度

这是理想的拍摄条件，不用任何处理就可以获得最佳影像。在拍摄中需要选择：

图 6-9

图 6-10

（1）阴天，没有强烈的直射阳光；假阴天，阳光被薄云扩散；日出日落时刻，直射阳光较弱，天空散射光增强；黎明黄昏、薄雾天气……在这些光线状态下，景物亮度范围较小，可以获得：景物亮度范围 = 宽容度条件，见图 6-9。

　　画 1　画 2　影片《筋疲力尽》（*Breathless*，1960）中的米歇尔逃跑场景，选择阴天光线拍摄，景物亮度范围较小，从影像上看没有使用人工光照明。

　　画 3　影片《夺宝奇兵》（*Raiders of the Lost Ark*，1981）中的画面。黎明黄昏时刻，景物亮度范围较小。只要选择恰当时刻，正确曝光，就能获得最佳影像。

　　画 4　同上影片，空气中充满尘埃时，降低反差，压缩了景物亮度范围。

（2）顺光条件下，大部分景物处在受光面中，阴影较少，景物亮度范围较小，见图 6-10，影片《冯依娜的香水》（*The Scent of Yvonne*，1994）中外景阳光下的顺光画面。

（3）选择恰当的光线结构，见图 6-11。

　　画 1　影片《来了个男子汉》（1984）中的画面，逆光条件下选择暗背景衬托人物。

图 6-11

阳光在人物身上勾画出明亮的轮廓。只要照明人脸的环境光有足够层次，正确曝光，让最亮的轮廓光和最暗背光面都有层次，就能获得完美的影像。

　　画2　影片《喜马拉雅》（*Himalaya*，1999）运用了同样的方法："逆光下，暗背景，正确曝光"。在高原缺少电源情况下，这是最好的现有光处理方法。大反差，强对比的影像正是生活在喜马拉雅艰苦环境的人物形象的刻画。

6.4.2　亮度范围＞宽容度

有三种处理方法：

　　（1）采用遮挡亮部方法，减弱强光亮度，使其平衡。
　　（2）用光提高暗部亮度，使其平衡。
　　（3）遮挡、提高同时运用。

以及不平衡处理。

减弱高光部分：遮挡法

　　外景阳光下，景物亮度范围很大时，可以用挡光纱或挡光布将明亮的阳光挡掉，再用灯光制造出阳光效果，从而压缩景物亮度范围，使之与摄影摄像宽容度相平衡，见图6-12。

　　画1　用挡光布将阳光减弱，再用灯光制造出一个亮斑。
　　画2　完成的画面。

实景中可以用灰片、黑纱、窗帘等物将光源（门窗）挡暗，压缩亮度范围。

　　画3　影片《慕尼黑》（*Munich*，2005）的实景会议室，用白色塑料"百页窗"将窗外强光挡暗，压缩亮度范围。

图6-12

　　画4　影片《冬天的骨头》
（*Winter's Bone*，2010），用
布窗帘将窗外强光挡暗。

　　画5　日本电视剧《医龙》
（2006）用百页窗挡暗强光。

　　有时剧情需要透过窗子看到窗
外景象，这时用不透明的塑料窗帘
遮挡窗外亮度就不行了，而要用透
明的挡光材料。电影技术专门设计
了各种不同密度的可以贴在门窗外
面的灰色挡光片，也可以采用灰色
半透明玻璃，减暗窗外景物亮度。

图6-13

　　画6　影片《月神》中透过房门看到门外景象的画面。这是一场日景镜头，从画面中可
以看出门外景物亮度比室内人物主光还要暗些，明显的看出房门上玻璃起到减弱光线作用。

提高暗部亮度：用灯光照明暗部分

　　与遮挡亮部相反的方法就是用灯光提高暗部分亮度。

　　如图6-13，影片《月神》中的海水和天空都是很明亮的，逆光下的人物背光画很暗，这
里用灯光将背光面亮度提高了，使暗部具有丰富层次。

遮挡提高同时进行

　　在实拍中，常常是几种方法同时运用以解决亮度平衡。图6-14是影片《喜马拉雅》的一
个画面，从背景中的影子可以看出阳光很强，人物处在侧光照明中。为了消除脸上强烈亮暗对
比，采用了遮挡法，将脸上阳光挡掉，然后再用人工光重新制造出一个阳光效果，这样就方便

图6-14

图 6-15

图 6-16

地控制了亮度平衡。在这一个案例中，遮挡、提高两种方法都使用了。

不平衡处理

不平衡处理主要是采用分区曝光法解决亮度平衡。有三种方法：

（1）照顾亮部、牺牲暗部。图 6-15 是影片《喜马拉雅》的一个画面，高海拔地区的空气稀薄，散射光较少，景物反差很大，雪山、白云亮度很高，更加大了景物亮度范围，拍摄时按亮部曝光。

画 1　大远景画面，顶光拍摄，按受光面景物曝光，让画面中大部分明亮的景物保持丰富的影调层次，人物和牛群背光面曝光不足，呈现暗色调，恰到好处地在前景位置上，形成近暗远亮的视觉效果，造成大气透视效果，增加画面空间深度感觉。

画 2　逆光拍摄的特写画面，同样按背景受光面（亮面）曝光，让背景环境具有良好的影调层次和质感，前景人物处在背光面里，曝光不足，失去了应有的层次。

画 3　斜侧光照明，人物正面脸处在受光面里，按亮面脸部曝光，面部形象、皮肤质感得到正确再现。人脸背光面曝光不足，呈现黑暗的色调，构成银幕上特有的大反差，刻画出生活在高寒地区藏民坚强的性格形象。

（2）照顾暗部、牺牲亮部，见图 6-16。

画 1　影片《黄土地》（1984）的窑洞空间有限，只能在摄影机两侧打平光，而且灯具较小。曝光照顾洞内应有的层次，洞外就严重曝光过度，没有任何层次，天空、远山、地面不能区分，白茫茫一片。

图 6-17

图 6-18

画 2　影片《喜马拉雅》的曝光同样为了保持暗部应有的调子，损失了亮部，天空变成"白板"。

（3）牺牲两端，保持中间部分：折中曝光，见图 6-17。

画 1　影片《天堂之日》（*Days of heaven*，1978）为了制造"质朴"影调，有意选择亮度范围较大的景物，利用折中曝光，让亮部曝光过度，暗部曝光不足，损失两端影调层次，造成粗糙的质朴的感觉。

画 2　日本电影剧《医龙》中的走廊大全景画面。棚顶微弱的灯光照在高反光的磁砖上，形成明亮的反光。现有光拍摄，折中曝光，让磁砖明亮的反光曝光严重过度，失去层次，环境曝光不足，呈现出暗色块。折中曝光让亮的更亮、暗的更暗，再加上医务人员急切的跑动，画面充满紧急惊险气氛。

6.4.3　亮度范围<宽容度

当景物亮度范围小于宽容度时，画面缺少亮斑或黑色块，使人感到灰暗、平淡，很不舒适。在摄影创作中，有三种平衡方法：

（1）制造亮斑，延长亮部，加大景物亮度范围，使影调平衡，见图 6-18。

画 1　影片《勇敢的心》（*Braveheart*，1995）的阴天亮度范围较小，因此用灯光在人脸上制造出一个亮斑，增加了亮度范围，使影调平衡。

图6-19

画2   阴天在地面洒水，增加亮斑，使亮度平衡。

（2）遮挡以制造阴影，延长暗部，达到平衡。

见图6-19，阴天亮度范围小时，用黑布在画面中遮挡出阴影，增加画面暗色调，延伸暗部范围，达到平衡。

（3）不平衡处理。不平衡处理有三种形式，见图6-20。

画1   曝光照顾暗部分，让暗部分有层次，亮部分曝光不足，调子暗灰。画面倾向暗调，给人低沉、压抑、沉闷的感觉。

画2   曝光照顾亮面，画面缺少黑色，形成高调画面。给人以明快、轻松、软弱的感觉。

画3   折中曝光，画面缺少两端的亮色和黑色块，影调由不同的灰色构成灰色调。这是雾景影调构成，给人以迷茫的感觉。

现代的摄影技术带来更多方便。摄影师可以通过监视器看到将来银幕上的效果，在拍摄现

图6-20

图6-21

场可以直接通过监视器进行布光和亮度平衡，这是光学取景器无法做到的。摄影机虽然是全自动的，但拍电影和电视剧都是采用手动控制，手动可以创造出我们需要的影调气氛。

在现场选好景，确定画面和光线，手动调节光圈，调节画面亮部，让亮中有亮，白与次白有区别，亮部影调达到最佳状态，定下光圈。此时观察暗部影调状态，如果暗与次暗没有区分，或暗部缺乏应有层次，或暗部里的人物不突出，我们再用灯光给予适当修饰，使其达到令人满意的状态。如图6-21，电视剧《平清盛》中母亲在给清盛准备行装的镜头。大远景画面，内部昏暗，外部阳光明亮，景物亮度范围极大。拍摄时，手动调节光圈，让外部景物达到亮中有亮的最佳状态。此时内部人物呈现出剪影状态。需要让观众看清母亲的形象和动作，因此采用聚光灯a在画外右侧的斜侧光位照明人物和部分环境，压缩景物亮度范围，达到影像最佳状态。这里采用人工光提高暗部亮度，达到亮度平衡。

6.4.4　利用示波器控制曝光和亮度平衡

示波器又称波形监视器，接在摄影机线路上，可以显示出被摄影像电信号的波形，见图6-22。

视频输出：0是黑电平，100%是白电平，影像信号是在0~100%之间变化，每20%变化量相当于一挡光圈。所以100%是五挡光圈。摄像机动态范围经过拐点压缩之后，不管动态范

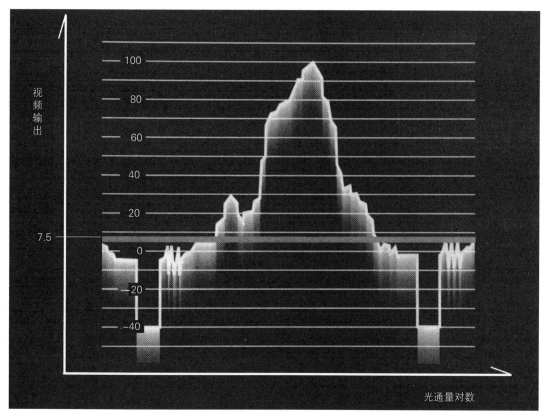

图6-22

围多大，都是在这五挡光圈变量之内。

实际上，最黑影像的底线是在 7.5% 的位置上。

从 7.5% 到 100% 是摄影师控制亮度平衡的区域。景物最亮部分不能超过 100%，超过部分会失去层次。可以通过菜单"拐点斜率"的选择，控制 100% 的位置。

影像暗部分可以通过菜单中"黑伽玛"的选择以控制暗部影调层次。如果"黑伽玛"调节不能令人满意，也可以通过间部光线处理控制暗部层次。

从示波器曲线形状也可以判断出画面影调结构成分和形态。利用示波器控制亮度平衡不仅是平衡手段，而且也是获得视频信号达到最佳（饱和状态）的手段。

0 至 –40 为消隐期电压区域，是控制杂波的区域。

6.5   影片实例

6.5.1   电视剧《医龙 3》

现实生活中的一个场景有且一般只有一个光源，景物各部分的光线分布与光源保持一定的逻辑关系。因此，景物各部分亮度不相同，靠近光源的景物就亮些，离光源远的景物就暗些。影视艺术叙事是采用分镜头进行，分镜头就是把空间割裂，割裂后的局部空间有的亮、有的暗，因此镜头之间存在亮度衔接的问题。在戏剧电影时代，演员无论在亮还是暗的镜头里，导演都要求人脸亮度一样，否则会被认为妨碍了演员表演。所以镜头之间的亮度水平应该是相似的，镜头之间的亮度是衔接的。现代电影电视艺术更重视银幕上自然真实的感觉，亮处空间就要亮，暗处空间就要暗，这才是镜头之间的衔接。日本电视剧《医龙 3》有一场手术室的戏，各个镜头的亮度处理就体现出这种新的观念。有的镜头亮度平衡，有的不平衡；有的曝光不足，有的曝光过度，生动地再现手术室真实光线特点。

如图 6–23（彩图 16），是手术室内景和立面结构图。

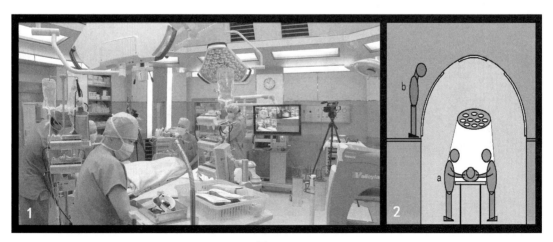

图 6–23

　　画1　手术室内部景象。从画面上可以看到，手术室四壁都装有明亮的日光灯，使手术室处在柔和的散射光照明中。手术台上方有两盏无影手术灯，用来照明手术台上的病人。室内光线柔和，分布较均匀，为低照度拍摄提供了足够的照明光线。

　　画2　手术室立面图，两层结构，二楼是观摩室，透过天窗可以看到手术状况，光线较暗。

现代的高清摄像机感光度较高，ISO/320度的感光度足可以采用低照度现有光拍摄。

图6-24（彩图17）是手术中，主刀医生朝田的两个特写镜头。

　　画1　明亮的光斑和黑暗的色块都很小，大部分影像处在不同的灰色调中。影调细腻，层次丰富，亮度平衡完美。从画面上看没有人工光痕迹，是现有光拍摄的效果，可见摄像师对画面进行了细致的光线选择。

　　画2　同样的景别，机位稍有变化，角度稍仰，背景中的日光灯进入画面，明亮的日光灯构成画面中高光斑，改变了画面影调结构。从画面上看，并没有使用灯进行修饰和亮度平衡，而是采用缩小光圈，让亮斑（日光灯）有层次。人物影像虽然变暗，但影调操持了完美结构，亮与次亮、暗与次暗都有良好区别，层次丰富。从这里我们可以看到，现代电视艺术对"衔接"观念的变化。同一空间、同一光源照明下，同一人物人脸的光线可以进行亮暗不同的处理，而观众并没有提出异议。这在传统电影艺术中很难实现。

图6-24

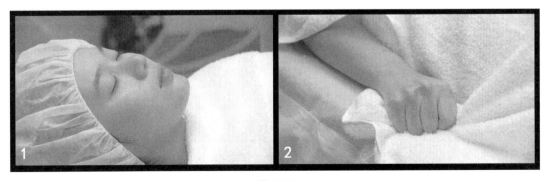

图6-25

图 6-25（彩图 18）是手术台上病人的两个特写镜头。

画 1　在柔和的手术灯照明中，人脸影调细腻，层次丰富。蓝色的手术室给环境光增添蓝味，蓝味的肤色衬托在稍暗的背景上，自然、美丽、真实感较强。有趣的是，盖在身上的白色毛巾被，没有曝光过度。白与次白清晰分明，层次完美。投在白色毛巾被上的光线没有人工遮挡痕迹，说明这是在同一光源照明中，将两个反差很大的色块表现出如此完美的调子。只有利用现代具有 11 挡光圈宽容度的高清摄像机，才能获得如此的效果。

画 2　病人手部的大特写，在浅灰色的床单和纯白色的毛巾被衬托中的手，层次如此完美。特别是毛巾被的质感十分强烈。这些充分展现出 11 挡宽容度的高清摄像机再现亮部层次的能力，这是胶片时代望尘莫及的事。更有趣的是在影调构成上，画面里没有黑色，只有稍暗的灰色。对调子来说，这是不完美的处理，亮度不平衡。画面空间没有黑色，银幕上就不需要有黑色，这就是现代影视艺术的亮度平衡观点。这种观念在下面的暗调例子中表现得更为明确。

图 6-26（彩图 19）是主管医生加藤和院长在二楼观看手术情况的画面。

画 1　观摩室，二人近景画面，现实中为了不影响手术医生的注意力，观摩室的光线一般稍暗些。因此画面暗调处理，真实地再现出环境的差异。在表现上，在院长身边的加藤内心压力很大。暗调处理，没有一点亮色块，调子平淡灰暗，亮度不平衡。正是这种不

图 6-26

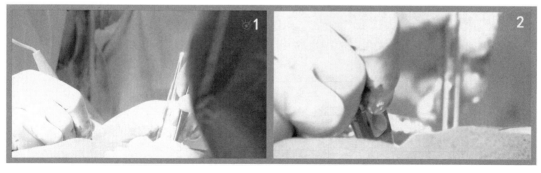

图 6-27

平衡的处理，让画面更加昏暗，更有力地刻画出加藤不安的心态。

画2　加藤一个人的近景镜头，离开了院长。虽然还是暗调画面，但调子构成上与前者有鲜明的变化。前景窗框上出现亮斑，背景顶棚上出现一盏亮灯，给画面增添两个小亮斑，使暗调画面有了一小块亮色，亮度平衡得更加完美。与画1相比较，昏暗压抑的感觉消失了，增添一点轻快味道。

从这两幅暗调画面的处理可以看到，亮度的平衡与不平衡都是创作的需要，都是摄影的艺术表现。

图6-27（彩图20）为手术中医生手部的特写和大特写。

画1　手部严重曝光过度，白白一片，没有任何层次。画面中只有白、蓝（灰）、深灰三个色块。没有黑色，影调不平衡(亮度不平衡)，但还有亮暗感觉。

画2　手的大特写，同样曝光严重过度，画面只有白、浅蓝和一点点淡红色块，灰和深灰色都消失不见，亮度严重失去平衡。

摄影师这样处理目的可能有三个：其一，再现出环境中"最亮空间"的特点，因为手术台的空间环境是最明亮的空间。其二，曝光过度以淡化手上血色，降低血淋淋的、令人恐怖的感觉，放松观众心理，这是一种美的追求。其三，大胆、独特、创新。

从上述四组镜头的亮度平衡和影调的处理，可以看到以下几点：

（1）亮度平衡与不平衡都是摄影的艺术表现，都是摄影师的视觉语言。
（2）同一个环境中，不同亮度的空间，画面影调应该不相同，亮处可以曝光过度，暗处可以曝光不足，不亮不暗的全调空间，亮度要平衡，影调要丰富。
（3）从这场戏镜头影调结构中可以看到，现代大宽容度的高清摄像机再现景物亮度的优越性。

6.5.2　日本电视剧《平清盛》

在祇园斗乱中，因箭射神轿，平家惹祸，父亲不得不把平清盛关禁闭，等待上皇处理。禁闭室里父子二人谈心一场戏，时间是白天，阳光透过窗子将禁闭室照亮，见图6-28（彩图21）。

从画面上看，这是一堂布景。两盏聚光灯a1、a2并在一起模仿阳光照明窗子，将室内烟雾照亮，形成光束和亮斑。摄影机旁，用散射光灯b做副光照明景物和人物，光线较暗，构成暗调画面，只让人脸暗部展现出最低密度，达到平衡亮度的作用。再用修饰光灯c在左侧照明人物，塑造立体感，增加暗面层次，也在一定程度上表现出人物肤色。大反差暗调镜头再现出禁闭室里应有的气氛，特别是窗格影子，既塑造出环境特征，增添"关押"意味，也具有一定的美感形式，给画面增加父子亲情的感觉。从画面整体上来看，黑暗无层次的色块面积很大，粗看是亮度不平衡的效果，但细看是平衡的。

图 6-29（彩图 22）是二人两个近景画面。

画 1   二人下棋。为了安慰儿子，父亲夸道："你的赌运真好。"这是一句双关语，暗示了对射箭行为的肯定。摄影机避开明亮的窗子，以暗墙为背景，主光灯 a 在摄影机旁对二人和环境进行照明，做父亲的主光以及儿子和环境的副光。人脸光线较弱，造成

图 6-28

图 6-29

环境昏暗的效果。投在环境中的光线刚好达到黑电平需要的照度，保证黑色背景纯洁无杂波。修饰光 c 在人物后方侧逆光位置上修饰父亲的脸，在脸上形成几小块亮斑，微弱的光比在保持了暗调画面的同时又给压抑的气氛增添一点温馨的味道，准确生动地再现出落难之中亲人间的温暖感觉。

画面上没有明亮的高光，只有"昏暗"的感觉，是亮度不平衡的处理。

画 2 儿子平清盛 的特写镜头。拍摄角度不对称，既不是外反拍角，也不是对应的内反拍角，而是对着明亮的窗子拍摄的侧面角。主光还是室外的聚光灯。室内双副光处理，副光灯 b1 是一盏聚光灯，在机旁照明人脸，勾画出平清盛的神态，同时也是环境副光。b2 是微弱的散射光灯，在机旁靠近人物正面脸一侧，对人脸暗部照明，降低脸部反差，保持了昏暗环境中人脸光线效果。明快的窗子、几道似有似无的光束，衬托着平静的面孔、专心下棋的神态……让观众感到此时、未来都在意料之中。人物是那样自信、那样坚强。

这里的亮度平衡非常完美，影调生动有力地刻画着人物的性格。

图 6-30（彩图 23）是平清盛问父亲"为何要收养我……"的镜头。

画 1 主光灯 a 在机旁正面照明人脸。照度稍暗，保持昏暗环境特征。修饰光 c 在侧面稍低位置上修饰脸部，在侧面较低位置上勾画出一个小亮面，加强立体感，也刻画出内

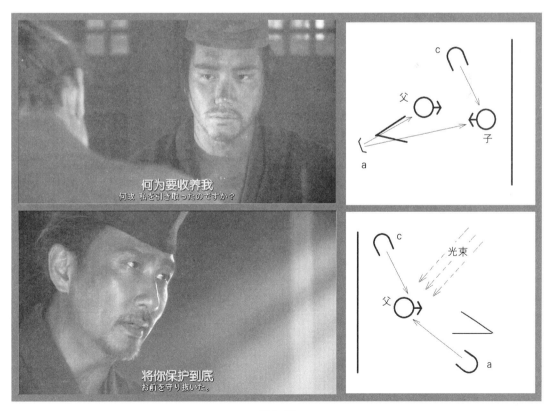

图 6-30

心仇恨的力量。背景同样是大面积的黑色块，亮度不平衡。

画2　父亲的特写。主光灯 a 在斜侧光位照明人脸，较弱的光线在脸颊上形成稍亮色块，将正面与侧面给予恰当区分，使昏暗的人脸具有男子汉的力量；修饰光 c 在侧逆光位照射人脸，在鼻梁、脸庞上勾画出几条明亮轮廓线条，既美化人脸，也使画面亮度平衡；稍仰的角度、微弱的光束、慈善的面孔、温馨的笑容……展现了正义、善良的人性。在这里，摄影师追求了亮度平衡。

在这场戏里我们看到，环境光源没有变化，人物空间位置没有改变，但同一个人脸光线效果却有鲜明的不同，有的镜头亮度给予平衡，有的不给平衡。相对于"真实"来说，这并不真实。但对表现来说，却是高超的艺术表现。这就是现代影视艺术的"衔接"观念。

第七章

照明器材

20 世纪 70 年代以来，电影电视技术突飞猛进，特别是胶片技术的进步、数字电影的诞生、二极管新光源的发现，不仅改变了照明方法，也改革或淘汰了一批灯具。

在电影电视激烈的竞争中，既需要降低成本，又要求创作达到高超的艺术水平。电影走出老式的创作方法，走出摄影棚，到现实中、实景中拍摄，追求柔和动人的散射光光质，这一切都使传统的电影照明灯具不再适用了。

体大笨重的老式回光灯，发光效率虽然高，光束可调节，但光质差，不易遮挡，出现"黑心"现象，已被彻底淘汰，处于被改造的状态，于是新型的回光灯开始出现。

散光灯虽然体小轻便，光效高，分布均匀，但没有调焦装置，光区难以控制，不能满足现代照明的需要，也有待改进。

电视剧也不再是简单的"讲故事"了，一批电影艺术家涌到电视剧的创作中，他们需要用"光"来讲述故事，因此廉价、轻便小巧、多功能、高光效的照明器材应运而生。这类灯具将散光灯和回光灯的优点相结合，同时淘汰了二者的缺点。利用加装散射光镜片，改变光质性能，实现一灯多功能性。它们不再是简单的散射光灯，也不只是回光灯，本书把它们统称为平光灯。

为了获得散射光源，生活中的单波段日光灯管被改造成"全光谱"冷光源，在电影电视的拍摄中大量使用。为了获得高光强散射光，出现了各种不同的方法将直射改变成散射的"灯罩"。

当代照明灯具向两极发展：2.4kW 的大型灯具，射程百米以上，光区直径达到几十米范围，这为雄伟宏大场面的照明创造了方便。小型灯种更是多彩，二极管新光源的出现为灯具小型化创造了新的可能。

新的照明灯具，集中了老式回光灯和散光灯二者的优点，避开缺点，体积小、重量轻、高光效、光线均匀、亮度可调、显色性等特点。

常用的影视灯具和光源共有两大类，三个系列，几十个品种。

两 大 类：高色温光源和低色温光源。

三个系列：聚光灯系列、平光灯系列、散射光灯系列。

品　　种：主要是由功率的大小和灯箱的结构不同来区分，目前具有几十个品种。

7.1　电光源

影视摄影电光源：白炽灯、卤钨灯、镝灯（金属卤化物灯）、二极管 LED 灯和三基色荧光灯。

7.1.1 白炽灯泡

电影专用白炽灯泡，在20世纪80年代就不再使用了。但是普通家庭照明使用的100W~300W白炽灯泡，成本低、电源方便，特别是色温只有2800K~3000K，低于3200K，色彩偏暖，虽然在专业照明器材中被淘汰，但在低照度照明中，特别是实景拍摄中，常被当做照明光源使用，是摄影处理色彩的方便光源。

7.1.2 卤钨灯泡

现代石英卤钨灯泡，内部充的不是一般的惰性气体（氩、氪等），而是卤化物碘或溴。它可以使高温下蒸发的钨还原再生，降低钨丝的耗散，不仅提高了灯泡的寿命，同时也提高了发光温度，灯丝实际温度可达3000℃。缩小灯泡体积，温度进一步提高，从而提高了色温，可达到3200K。

卤钨灯泡的优点：体积小、光通量稳定、寿命长，见图7-1。

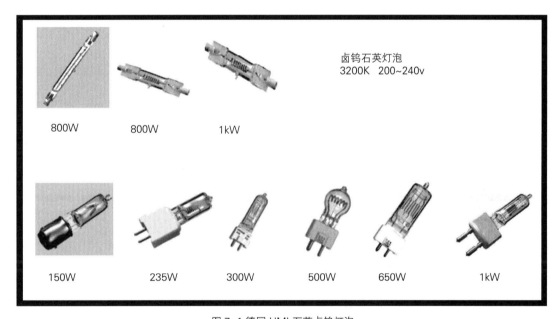

图 7-1 德国 HMI 石英卤钨灯泡

在使用中，应注意以下事项：

（1）卤钨灯泡具有高光效的特点。灯丝在制作工艺中高温定型，灯丝钨分子由纤维状态变为结晶状态，灯丝很脆，在使用中必须防止震动。

（2）某些石英材料抗结晶能力差，长期在高温状态下使用，会逐渐因结晶生成白点，使玻璃透明度降低。在使用前要认真进行清洁处理，防止裸手触摸玻璃，因为手上的汗水会使玻璃降低透明度，影响光效输出，装卸灯泡后，最好用酒精棉擦拭污迹。

（3）卤钨灯泡的体积虽小，但在卤素循环作用下，它的输出热量不但没有减少，反而比同功率白炽灯泡还要高，所以要保证灯泡的散热通风，不能把大功率灯泡装在小灯具里使用，否则不仅会烧坏灯具，而且灯泡的钼箔封口也会加速氧化，导致灯泡漏气而损坏。

7.1.3　金属卤化物灯

金属卤化物灯种类很多，用在电影电视照明中的是中、短弧金属卤化物灯。

20 世纪 70 年代德国举行第二十届国际奥林匹克运动会，在运动场上首次采用了 3500W 的交流金属卤化物灯（镝钬灯）。它是由 550 个大型聚光灯组成，总功率达 2000kW，在 65 米高空垂直照度为 1500~1800 勒克斯，色温高达 5000K~6000K。1973 年，德国人把它用在彩色电影电视的拍摄中。

德国奥斯兰公司生产的 HMI 系列灯闻名世界，为各国电影电视拍摄所采用。

HMI 系列共有 5 个规格：220W、575W、1250W、2500W、4000W。

它的优点是光效高、具有日光光色、光谱完善、尺寸小、镇流器简单、结构牢固。灯内充入金属镝钬等卤化物，气压较高，灯管玻璃负荷达 $100W/cm^2$。玻壳是椭圆球形或管形，形状由电弧形状决定，主要是使石英玻璃温度分布均匀，电极被钼箔封在石英玻璃壳内，采用镀镍铜灯头，灯头温度不得超过 250℃，以防钼箔因氧化而毁坏。

金属卤化物灯是气体放电灯的一个重要品种。在高效密封的石英玻璃壳内充进镝钬，又称镝灯（或 D 灯），是外景拍摄的理想光源。交流金属卤素灯，具有放电亮度高、光通量大、光效高、色温高的优点。但也有某些不足之处，如设备复杂、需要触发器和镇流器、存在热起动关灯后再点燃困难、点燃周期性长等问题，见图 7-2。

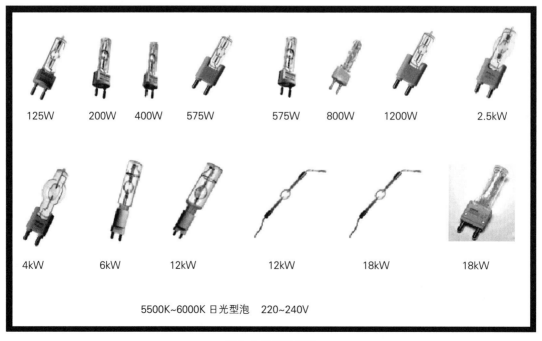

| 125W | 200W | 400W | 575W | 575W | 800W | 1200W | 2.5kW |

| 4kW | 6kW | 12kW | 12kW | 18kW | 18kW |

5500K~6000K 日光型泡　220~240V

图 7-2 高色温灯泡

镝灯光电参数见表 7-1。

灯管功率	200W	575W	1200W	2500W	4000W
全长 mm	75	145	220	355	405
管径 mm	14	21	27	30	38
电弧长 mm	10	11	13	20	34
最小电源电压 V	198	198	195	209	360
工作电压 V	80	95	100	115	200
电流 A	3.1	7	13.8	25.5	24
光通量 lm	16000	49000	110000	240000	410000
光效 lm/m	80	85	92	96	102
色温 K	5600	5600	5600	5600	5600
显色指数 Ra	90	90	90	90	90
平均寿命 时	300	750	750	500	500

表 7-1　德国 HMI 镝钬灯性能

（1）触发器和镇流器。镝灯的点燃装置与短弧氙灯一样，点燃时需要触发器和镇流器（直流用电阻，交流用电感）。触发器在接通电源时，产生高频电压加在电极两端，并在二极之间产生高频击穿，使灯管内的惰性气体和金属卤化物发热，产生热电子发射。如果高频电流足够大的话，就可以点燃灯管。气体被电点燃后，触发器就停止工作。在交流电源和金属卤化物灯泡之间安装镇流器是必要的。因为：

- 起弧时提供一个电阻，避免电源短路并有效地延长电极和灯泡寿命。
- 消除电网中微小的变化。
- 在灯泡的整个寿命期间，使电压与电流维持恒定关系。使用中随着灯泡的老化、电极的烧蚀，间隙增大，会造成电流减小、电压增高，此时需要用镇流器来保持电流与电压的恒定关系。
- 必要时降低灯泡电压。

（2）点燃周期。金属卤化物灯点燃之后，是在气压较低的惰性气体中放电，灯具的工作电压虽低于正常值，但工作电流起势却很大。在金属未蒸发前，灯只发出暗淡的光线，同时放电产生热量使灯泡壳温度慢慢升高，使卤化物和汞蒸发速度加快，它的蒸气便扩散到电弧中去参加放电。随着灯内蒸气压力的升高，工作电压也升高，电流则减小，这样大约在 2~4 分钟内，就能达到正常工作电压和工作电流，电弧进入稳定的工作状态，便发出强烈的高色温光来。它每消耗 1 度电可以产生 85~102 lm。

一旦关灯后再起动，必须要等待灯泡温度降低到常温后，才可重新起动点燃灯具。灯丝从高达 5000℃的温度降到常温至少需要几分钟的时间，这对外景拍摄现场来说时间太长，因此有的照明人员采用冷水强制降温，这是非常危险的，虽然纯石英玻璃壳不会爆炸，但现实中的石英玻璃难免会有杂质，就可能发生爆炸。

（3）频闪问题。使用交流电源时，每个交流周期脉动二次。如果灯泡的交流供电频率（Hz）和摄影频率及光闸打开角度不相匹配，就会造成画面曝光不一致，在画面较亮的景物部分出现忽明忽暗的跳动现象，称为频闪现象。

早期镝灯频闪很难解决，现在 ARRI 公司采用高频镇流器，解决了这个难题。

使用交流镝灯时，要注意防止紫外线烧伤。高光效的气体放电灯，都采用高温石英玻璃做灯壳。石英玻璃的特点是：耐高温、热稳定性好、透紫外线性能好。但金属卤化物灯产生大量紫外线，对人的眼睛、皮肤与物体的日晒牢度都有影响，特别是 2537 A 的波长对人体影响最大。为防止紫外线的伤害，必须采取过滤紫外线的措施，通常在灯前加一块钢化玻璃或一般的钾钠玻璃，即可滤掉紫外线。

（4）气体放电灯的安全使用。使用中必须注意以下的一些特性：

- 防止紫外线灼伤。气体放电灯都采用石英玻璃做灯泡壁壳材料。石英玻璃的特性是耐高温、冷热骤变的系数小（不容易炸裂）、透紫外线性能良好。但紫外线对人的眼睛、皮肤以及物体的色牢度都是有害的。目前使用的镝钬灯、携带式的电瓶灯（短弧氙灯）、大功率的闪电效果灯（长弧氙灯）等发出的光谱中都有 200~400 毫微米的紫外线波长，为了防止紫外线的灼伤，必须采取滤掉紫外线的措施。可在气体放电的灯口装置一块钾钠玻璃或一般的钢化玻璃，都具有过滤紫外线的功能。没有采取过滤紫外线装置的氙灯都有灼伤人眼和皮肤的能力，必须引起足够的重视。

- 对灯泡爆炸的重视。镝钬灯在冷态时，灯泡内没有高气压，不会爆炸，但在热态时，汞蒸气成为具有 10 个大气压的高压气体，当它在灯泡内对流时，如受到强烈震动，镝钬灯同样可以爆炸。镝钬灯爆炸时，人们必须避开黄色的爆炸气体，等气体散尽后再去更换新灯泡，因为黄色的汞蒸气对人体有害。

7.2　聚光灯

7.2.1　聚光灯结构

关于聚不灯的结构，见图 7–3。

画1　聚光灯结构主要由阶梯透镜、反光碗和可调焦距的灯泡构成。a 为灯箱，b 为灯泡，c 为球面反光镜，d 为阶梯透镜（也叫罗纹透镜），e 为调节纽，f 为灯扉。光源与反光镜的位置始终固定在球面曲率的半径上，光源 b 发出的光线一部分直接通过透镜汇聚成一束较亮的光束，另一部分光线投射到反光镜上，反射后的光线再通过球面的球心向相反方向射出，并汇集在聚光透镜上，加入到前一光束之中，使之更加明亮。聚光灯能充分地利用光源发射出的光效，光源与聚光透镜的位置可以前后调节，从而改变光束大小和开状。当灯泡位置处在阶梯透镜焦距 fo 之内，得到的是发散的光束，越靠近透镜，光束角度越大，照明范围大，亮度较暗（如图中 g）。反之光束缩小，亮度增高（如图中 h）。当灯泡位置处在焦距 fo 上时，光束成平行状态（见图中 j）。灯泡处在焦距 fo 之外时，得到汇聚光束（图中 k）。拍摄中调节旋钮 e 可以得到不同大小光区，不同亮度的光束。这是聚光灯的优点。透镜表面有意制造成非光滑表面，因此聚光灯发射出的光线具有一定的散射性质，属于半柔和光线。

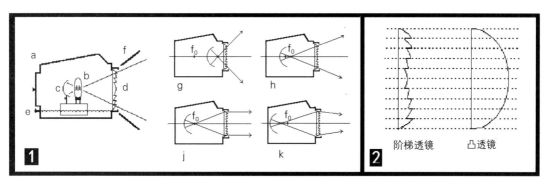

图 7-3 聚光灯结构

画 2　阶梯透镜，又称"凸透镜"、"罗纹透镜"。

聚光的原理是采用单凸透镜，一般的凸透镜重量大，使用不方便，特别是玻璃薄厚不匀，在强光照射下热涨冷缩不均，很容易炸裂。根据光线穿透矩形玻璃时不发生折射现象的原理，将凸透镜压缩成"阶梯"形状，称为菲涅尔透镜、阶梯透镜或罗纹透镜。它在保持透镜功能的同时，减轻重量、防止炸裂。

透镜表面采用凸凹不平结构，改变透光性质，聚光灯具有半柔化的作用。

7.2.2　ARRI 低色温聚光灯系列

该系列为棚内聚光灯，色温 3200K，电压 110 V，见图 7-4。

几种主要聚光灯性能：

150W 聚光灯

功　率：150W

电　压：110V

灯　泡：卤钨泡

色　温：3200K

透镜直径：50（mm）

尺寸（mm）：126×80×165

重　量：0.7kg

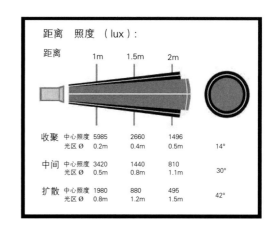

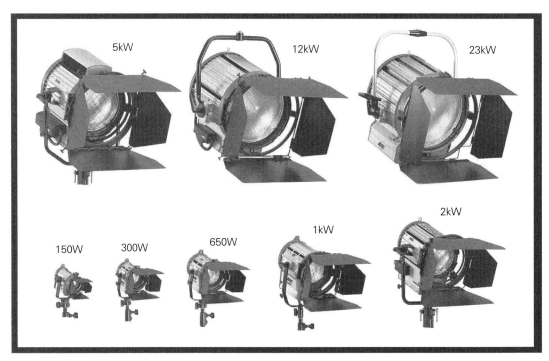

图 7-4 ARRI 低色温聚光灯

照明距离 1.5 米，照度 1440lx，ASA100 度胶片，速度为 24 格 / 秒，光圈为 f/3.6，光束夹角 30°，光区直径 0.8 米。

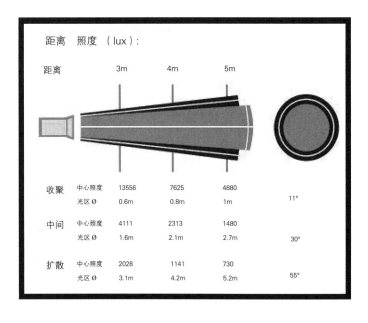

距离 照度（lux）:				
距离	3m	4m	5m	
收聚 中心照度	13556	7625	4880	
光区 Ø	0.6m	0.8m	1m	11°
中间 中心照度	4111	2313	1480	
光区 Ø	1.6m	2.1m	2.7m	30°
扩散 中心照度	2028	1141	730	
光区 Ø	3.1m	4.2m	5.2m	55°

1kW 聚光灯

功率：1000W

电压：110V

灯泡：卤钨泡

色温：3200K

透镜直径：130mm

尺寸（mm）：266 × 225 × 258

重量：4.5kg

照明 4 米，照度 2313lx，ASA100 度胶片，速度为 24 格 / 秒，光圈为 f/4.6，光束夹角 30°，光区直径 2.1 米。

2kW 聚光灯

功　率：2000W

电　压：110V

灯　泡：卤钨泡

色　温：3200K

透镜直径：175mm

尺寸（mm）：

327×290×305

重　量：6 kg

　　照明 6 米，照度1868lx，ASA100度胶片,速度为24格/秒，光圈为 f/4.1，光束夹角 30°，光区直径 3.2 米。

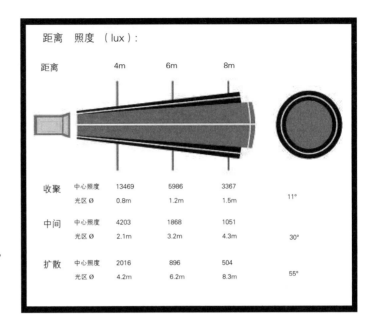

5kW 聚光灯

功　率：5000W

电　压：110V

灯　泡：卤钨泡

色　温：3200K

透镜直径：250mm

尺寸（mm）：

327×290×305

重　量：6 kg

　　照明 9 米，照度2049lx，ASA100度胶片,速度为24格/秒，光圈为 f/4.3，光束夹角 30°，光区直径 4.8 米。

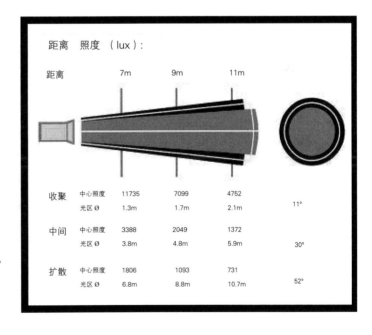

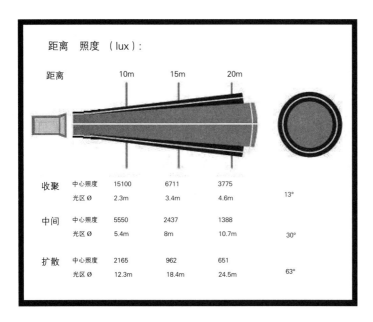

12kW 聚光灯

功　率：12000W

电　压：110V

灯　泡：卤钨泡

色　温：3200K

透镜直径：420mm

尺寸（mm）：

775×725×695

重　量：31.5 kg

照明15米，照度2437lx，ASA100度胶片，速度为24格/秒，光圈为f/4.7，光束夹角30°，光区直径8米。

24kW 聚光灯

功　率：24000W

电　压：110V

灯　泡：卤钨泡

色　温：3200K

透镜直径：625 mm

尺寸（mm）：

1135×1050×1170

重　量：114 kg

照明15米，照度7244lx，ASA100度胶片，速度为24格/秒，光圈为f/8，光束夹角30°，光区直径8米。

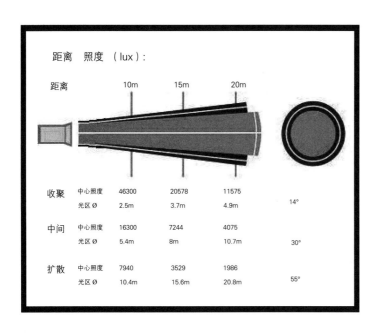

7.2.3　ARRI 高色温聚光灯

色温5500K，电压220 V，见图7-5。

几种主要灯具性能：

125W 聚光灯

功　率：125W

灯　泡：HMI

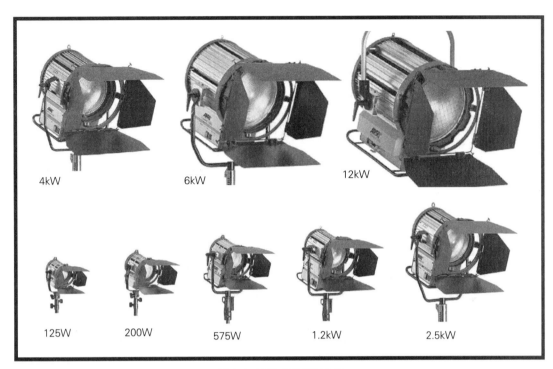

图 7-5 ARRI 高色温聚光灯

电　压：80 V

色　温：6000K

透　镜：80 mm

灯　口：130 mm

滤纸框：130 mm

尺寸（mm）：$270 \times 190 \times 245$

重　量：2.3 kg

被照物距离为 4 米时，光束开角为 30°，光区直径为 2.1 米，中心照度为 619lx。使用感光度 ASA100 度胶片，曝光时间为 1/50 秒拍摄，光圈为 f/2.4。适合在实景照明中做修饰光、效果光使用。

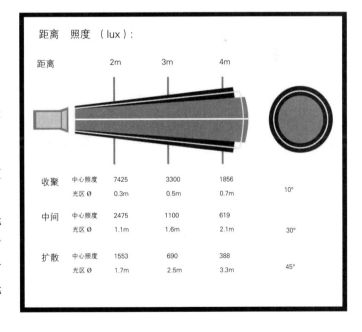

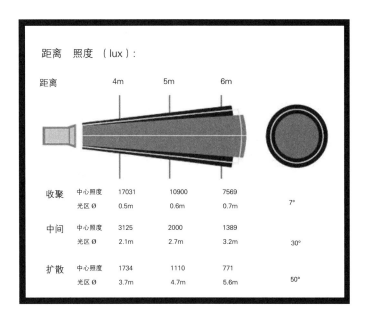

575W 聚光灯

　功　率：575 W

　灯　泡：HMI

　电　压：95 V

　色　温：6000K

　透　镜：80 mm

　灯　口：130 mm

　滤纸框：195 mm

　尺寸（mm）：

　320×380×475

　重　量：9.7 kg

　被照物距离为 6 米时，光束开角为 30°，光区直径为 3.2 米，中心照度为 1389lx。使用感光度 ASA100 度胶片，曝光时间为 1/50 秒拍摄，光圈为 f/3.6。适合用于外夜景照明中，可做人物主光使用。

1.2 kW 聚光灯

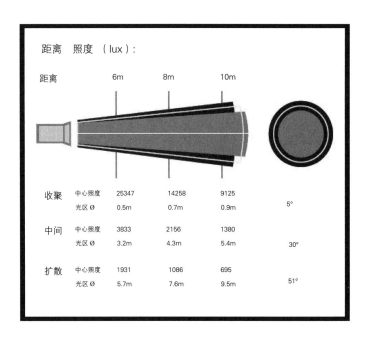

　功　率：1200 W

　灯　泡：HMI

　电　压：100 V

　色　温：6000K

　透　镜：175 mm

　灯　口：245 mm

　滤纸框：229 mm

　尺寸（mm）：

　510×440×410

　重　量：13 kg

　被照物距离为 10 米时，光束开角为 30°，光区直径为 5.4 米，中心照度为 1380lx。使用感光度 ASA100 度胶片，曝光时间为 1/50 秒拍摄，光圈为 f/3.5。

适合实景、棚内景，做主光使用。

4kW 聚光灯

功 率：4000 W

灯 泡：HMI

电 压：200 V

色 温：6000K

透 镜：300 mm

灯 口：413 mm

滤纸框：400 mm

尺 寸（mm）：
620 × 610 × 670

重 量：25 kg

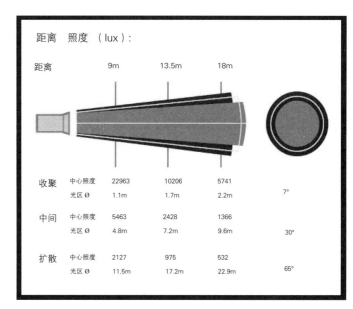

距离 照度 (lux)：				
距离	9m	13.5m	18m	
收聚 中心照度	22963	10206	5741	
光区 Ø	1.1m	1.7m	2.2m	7°
中间 中心照度	5463	2428	1366	
光区 Ø	4.8m	7.2m	9.6m	30°
扩散 中心照度	2127	975	532	
光区 Ø	11.5m	17.2m	22.9m	65°

被照物距离为 9 米时，光束开角为 30°，光区直径为 4.8 米，中心照度为 5463 lx。使用感光度 ASA100 度胶片，曝光时间为 1/50 秒拍摄，光圈为 f/7。

夏日晴天阳光下，使用 ASA100 度胶片拍摄，正确曝光为 f/11 光圈时，则 f/7 恰好是副光照度值，此时光比约 1：3。

6kW 聚光灯

功 率：6000 W

灯 泡：HMI

电 压：125 V

色 温：6000K

透 镜：420 mm

灯 口：510 mm

滤纸框：495 mm

尺寸 (mm)：770 × 720 × 700

重 量：38.5 kg

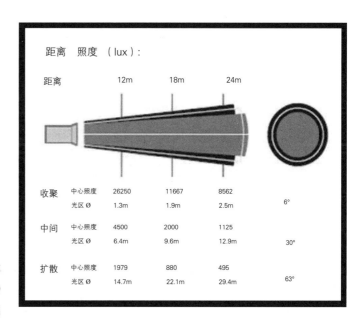

距离 照度 (lux)：				
距离	12m	18m	24m	
收聚 中心照度	26250	11667	8562	
光区 Ø	1.3m	1.9m	2.5m	6°
中间 中心照度	4500	2000	1125	
光区 Ø	6.4m	9.6m	12.9m	30°
扩散 中心照度	1979	880	495	
光区 Ø	14.7m	22.1m	29.4m	63°

被照物距离为 24 米时，光束开角为 30°，光区直径为 12.9 米，中心照度为 1125lx。使用感光度 ASA100 度胶片，曝光时间为 1/50 秒拍摄，光圈为 f/3.2。

光圈 f/11 时，距离约在 6 米左右时，可做夏日阳光下人物在蓝天环境中的主光使用。

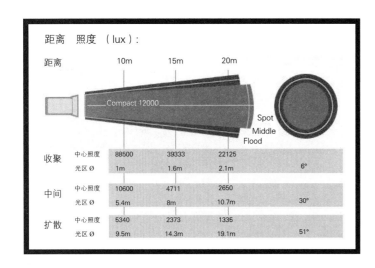

距离　照度（lux）:

距离		10m	15m	20m	
收聚	中心照度	88500	39333	22125	6°
	光区 Ø	1m	1.6m	2.1m	
中间	中心照度	10600	4711	2650	30°
	光区 Ø	5.4m	8m	10.7m	
扩散	中心照度	5340	2373	1335	51°
	光区 Ø	9.5m	14.3m	19.1m	

12kW 聚光灯

功 率：12000 W

灯 泡：HMI

电 压：160 V

色 温：6000K

透 镜：535 mm

灯 口：510 mm

滤纸框：495 mm

尺 寸（mm）：
1170×1050×1135

重 量：95 kg

　　被照物距离为 25 米时，光束开角为 30°，光区直径为 13.4 米，中心照度为 1696lx。使用感光度 ASA100 度胶片，曝光时间为 1/50 秒拍摄，光圈为 f/3.9。

　　光圈 f/11 时，距离约在 13 米左右，光区直径约 7 米左右。夏日阳光下，适合拍摄空间较大的场景。

　　附件见图 7-6。

　　画 1　镇流器。

　　画 2　附件。

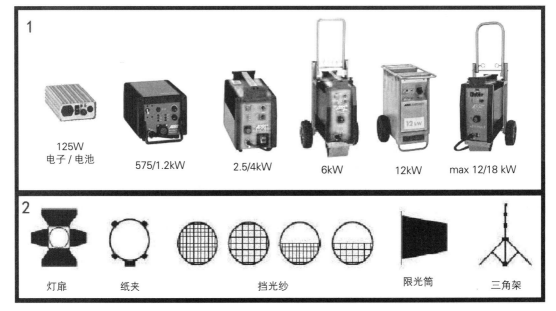

图 7-6

7.3 平光灯

7.3.1 平光灯结构

平光灯的结构见图7-7。a为灯箱，b为反光碗，表面镀铝凸凹不平，c为灯管，d为调焦旋钮。

从光源灯管发出的光线一部分通过灯口直接照明景物，另一部分通过反光碗绝大部分被反射出去，增加灯光强度。凸凹不平的反光碗改变光线直射性质。在圆形灯具上有调焦旋钮，可以调整光束大小，控制照明范围和照度。平光灯的照射面积大、光线分布均匀、结构简单，比同等功率灯具更亮、发光效率高，多用于大面积的天片光照明、环境光照明、夜景照明、新闻拍摄……也是低成本制作者喜欢的灯具。缺点是光束难以控制，不便于遮挡。

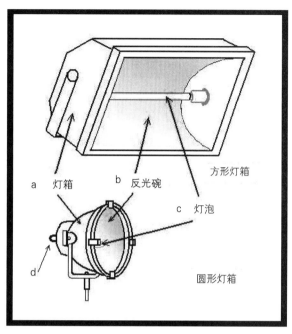

图 7 - 7

7.3.2 平光灯种类

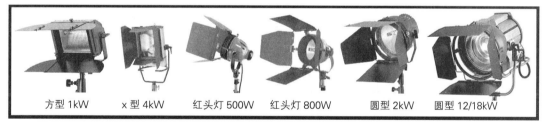

方型 1kW   x型 4kW   红头灯 500W   红头灯 800W   圆型 2kW   圆型 12/18kW

图 7 - 8

各种平光灯的用途不同，形状、大小也各不相同，一般分为方型和圆型两种。

几种主要的平光灯：

方型平光灯

见图7-9。

画1为单体方型平光灯

功率：1000W

电压：220V

色温：3200K

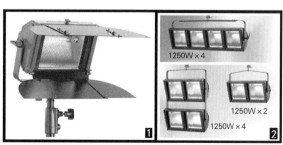

图 7 - 9

尺寸（mm）：$315 \times 155 \times 305$

画2为组合平光灯。

圆型平光灯

见图7-10，具体性能如下：

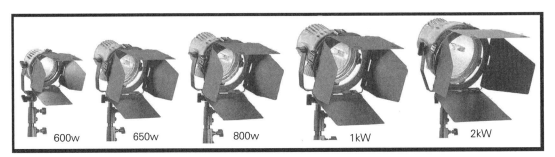

图7-10 圆型平光灯—喇叭灯

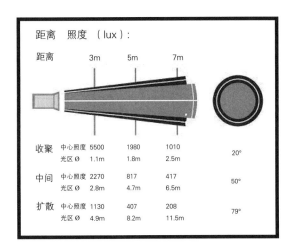

ARRI 600W

灯　种：平光灯

功　率：600W

电　压：200V~230V

色　温：3200K

透镜直径：127 mm

尺寸（mm）：$245 \times 190 \times 270$

重　量：2.2 kg

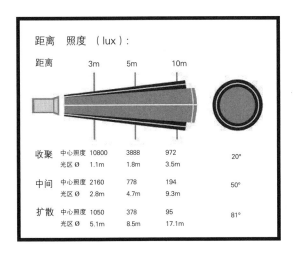

ARRI 800W

灯　种：平光灯

功　率：800W

电　压：230V

色　温：3200K

透镜直径：184 mm

尺寸（mm）：$290 \times 250 \times 252$

重　量：3.6 kg

ARRI　2kW

灯　种：平光灯

功　率：2000W

电　压：230V

色　温：3200K

透镜直径：245 mm

尺寸（mm）：389×345×325

重　量：5.7 kg

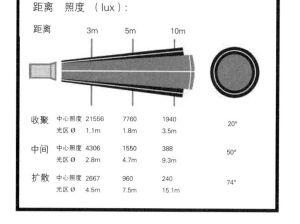

距离　照度（lux）:				
距离	3m	5m	10m	
收聚 中心照度	21556	7760	1940	20°
光区 Ø	1.1m	1.8m	3.5m	
中间 中心照度	4306	1550	388	50°
光区 Ø	2.8m	4.7m	9.3m	
扩散 中心照度	2667	960	240	74°
光区 Ø	4.5m	7.5m	15.1m	

红头灯（国产）

红头灯是一种圆型小灯，又称"喇叭灯"，见图7-11。使用小型卤钨灯泡，色温3200K。点燃时灯体很热，因此灯体有防热网。灯口敞开没有透镜，只有一个抛物状反光碗，实际上它是一盏小型平光灯。发光的性质属于直射光。厂家把灯体涂成橙红色，因此俗称红头灯。

红头灯功率一般都较小，在500W~2000W之间，常见的为800W，电压220v，50Hz。

图 7-11 红头灯

ARRI X 型平光灯

ARRI X型 平光灯箱，见图7-12,通过更换灯泡改变灯光色温。该灯具设有专用黑色反光器，可以消除二次阴影，使光影更加清晰，边界锐利，是制造阳光光影的最理想灯具。

| 6kW | 4/2.5kW | 1.2kW | 575W | 200W |

图 7-12 ARRI X 型　平光灯系列

（1）灯具性能：

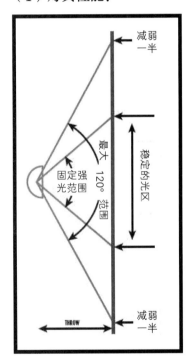

图 7-13 X 型灯开角度

功率：200W~6000W

电压：90~165V 交流电 50 / 60Hz。

ARRI X 灯箱内置点火器和镇流器，使用方便。可以自由更换不同色温灯泡。电路设置共享，可以接在一个电源插座上。棚内电压 120V 时，电流小于 3 安培。外景电压 230V 时，电流为 1.5 安培。　3200K / 显色指数 (CRI)>90；5600K / 显色指数 (CRI)>90。光束角度大 120°　，见图 7-13。热启动、无频闪（90Hz）、属于低温灯箱，点燃后灯箱温度很低。其优点：

- 灯光色纸寿命比较长；
- 降低空调费；
- 维护简便，节省费用，降低成本。

（2）光学性能：

ARRI X 200 W

灯种：平光灯

功率：200W

电压：220V

色温：3200K ~5500K

尺寸（mm）：280 × 164 × 244

被照物距离为 3 米时，光束开角为 120°，光区直径为 10.4 米，中心照度为 350 lx。使用感光度 ASA500 度胶片，曝光时间为 1/50 秒拍摄，光圈为 f/4。实景、摄影棚里做副光或修饰光使用。

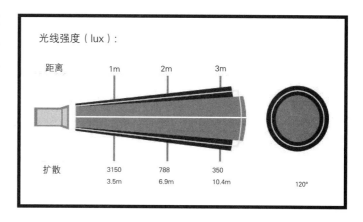

ARRI X 1200W

> 灯种：平光灯
>
> 功率：1200W
>
> 电压：220V
>
> 色温：3200K~5500K
>
> 尺寸 (mm)：525 × 505 × 260
>
> 被照物距离为 4 米时，光束开角为 128°，光区直径为 16.4 米，中心照度为 1125 lx。棚内拍摄使用感光度 ASA500 度胶片，曝光时间为 1/50 秒拍摄，光圈为 f/7.1。是照明天片光的灯具。

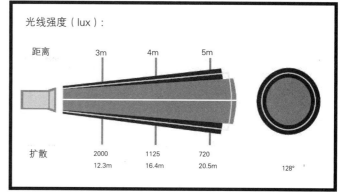

ARRI X 6000W

> 灯种：平光灯
>
> 功率：6000W
>
> 电压：220V
>
> 色温：3200K~5500K
>
> 尺寸 (mm)：840 × 810 × 400
>
> 被照物距离为 10 米时，光束开角为 128 度，光区直径为 41 米，中心照度为 1062 lx。棚

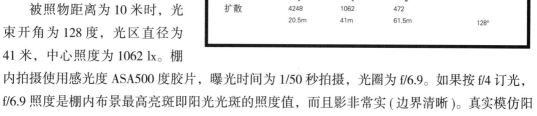

内拍摄使用感光度 ASA500 度胶片，曝光时间为 1/50 秒拍摄，光圈为 f/6.9。如果按 f/4 订光，f/6.9 照度是棚内布景最高亮斑即阳光光斑的照度值，而且影非常实 (边界清晰)。真实模仿阳光效果的灯具。

（3）ARRI X 型灯镇流器，见图 7–14。

图 7-14 镇流器

7.3.3　ARRI max 12/18 灯

20 世纪末，ARRI 公司制造了一台新的回光灯 ARRI max 12/18 灯，见图 7-15a。

这是一台新式回光灯，灯口敞开，只有反光镜调节光束。它与传统回光灯有很大区别：ARRI max 采用独特的反射镜概念，见图 7-15b。直径 580 毫米、由电脑精确计算设计出的反光镜，可分层反射，从 15° 到 50° 连续改变光束角度，ARRI max 不需要另加一套附加透镜控制光束大小。

短电弧，光质很纯，直射性质很强，影子清晰很实。附加菲涅尔（罗纹）透镜可改变回光性质。

通过更换灯泡，可以改变灯光功率，灯箱具有一个特殊的灯座，可以方便更换 18000W 和 12000W 灯泡。插座改变了原有的机械固定方式，而只需电气连接。灯泡夹紧机构，使用一个坚固可靠的自动灯锁销住灯泡，以确保照明人员可以轻松进行 12000W 或 18000W 灯泡更换。

灯箱具有新的对流冷却系统，降低了点燃时的灯体温度。双重安全保护玻璃门，开闭自由方便。

附件见图 7-16。

a：镇流器

b：8° 反光碗

c：配套挡光罩，可延伸调节

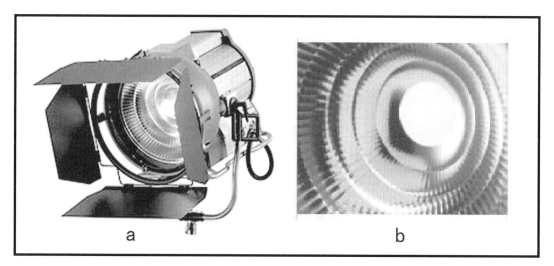

图 7−15 ARRI max 12/18

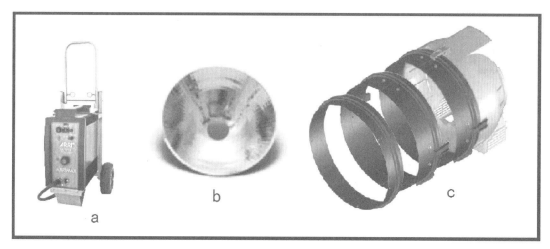

图 7−16 ARRI max 12/18 配件

输出光性能：距离 30 米，光束 15° 角，照度为 14440 lx。用 ASA100 度胶片拍摄，速度为 1/50 秒，光圈为 f/14.76。比夏日阳光下主光的 f/11 还强大。

光束 50° 角，距离 30 米，照度为 1495 lx，用 ASA500 度胶片，速度为 24 格 / 秒，光圈为 f/8.2，光区直径 28 米，有足够的景深，较大的光区范围，这是夜景主光或副光的照度值。可被用作夜晚

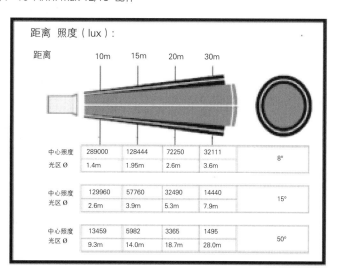

距离 照度（lux）：

距离	10m	15m	20m	30m	
中心照度	289000	128444	72250	32111	8°
光区 Ø	1.4m	1.95m	2.6m	3.6m	
中心照度	129960	57760	32490	14440	15°
光区 Ø	2.6m	3.9m	5.3m	7.9m	
中心照度	13459	5982	3365	1495	50°
光区 Ø	9.3m	14.0m	18.7m	28.0m	

大场面，运动镜头的理想照明。

光束 15° 角，距离 240 米，用 ASA500 度胶片，速度为 1/50 秒，光圈约为 f/3.5，光区直径约为 63 米。这是夜景拍摄时最小主光照度值。

该灯具为理想的夜景灯具。

7.3.4 美国 K5600 "小丑"灯系列

美国生产的 K5600 小型高色温灯具是只多功能小型灯具，称为小丑灯系列。其特点小巧、轻便、多功能、多结构。品种有 200W、400W、800W 三个基本品种。光效高，比同类型灯具有更高亮度。是新闻采访理想灯具，加上附件又是实景照明的理想灯具。

小丑 400W 灯具

图 7-17

灯 种：平光灯，加附件变成柔光灯、追光灯，改变圆形光区为方形光区。

灯 泡：高色温 5600K，寿命 700 小时。

安 全：装有防紫外线 UV 镜片。

光 束：利用不同透镜可以改变光束角 5° ~160°。

电 压：棚内照明 AC 90V~130V，外景照明 AC 180V~265V，50~60 Hz。

大 小：26.7cm × 19.cm 8 × 19.8cm。

重 量：单灯 2.05kg。

附 件

（1）镜片：通过附加灯口镜片改变光束型状和光线性质，见图 7-17 画 2：

"霜状"柔光镜

变型镜片，宽高比为 1：2.4

变型镜片，宽高比为 1：23.8

扩散镜片

图 7-18 400w 镇流器

（2）镇流器，见图7-18。

　　体积（cm）：18.4×8.9×20.3

　　重量：2.72kg

JOKER–BUG400

DISTANCE 距离	LENSES 镜片	LUX 照度	100ASA25i/s 100度25幅/秒	Long in cm 光区宽（cm）	Larg in cm 光区高（cm）
3m	Without leng 不加镜片	130000	32	17	17
	Medium 中等1：2.46	15500	11	123	50
	Wide 宽银幕（变形） 1：3.83	4840	5.6 1/4	230	60
	Super wide 扩散的（不变形）	2470	4 1/4	240	240
	Frosted Fresnel 漫射镜（柔光镜）	2360	4 1/4	200	200
5m	Without leng 不加镜片	47500	16 1/2	25	25
	Medium 中等1：2.46	5350	5.6 1/4	220	90
	Wide 宽银幕（变形） 1：3.83	1850	4	380	100
	Super wide 扩散的（不变形）	910	2.8	400	400
	Frosted Fresnel 漫射镜（柔光镜）	990	2.8	330	330

表7-2　JOKER-BUG 400 参数

　　这是一盏多功能小型照明灯具。采用灯体灯腔分体结构，备有多种附件，更换不同附件和灯腔可以获得各种不同的照明功能。

分体结构

　　见图7-19，灯体、灯腔分体结构。

图 7-19　分体结构

（1）具有多种多样灯罩，获得不同形状，不同光强，不同性质的照明光线，见图 7-20。

　　a、b：光区较大的柔光罩。

　　c：方向性圈强的方形柔光罩

　　d："大眼睛"圆形柔光灯罩。

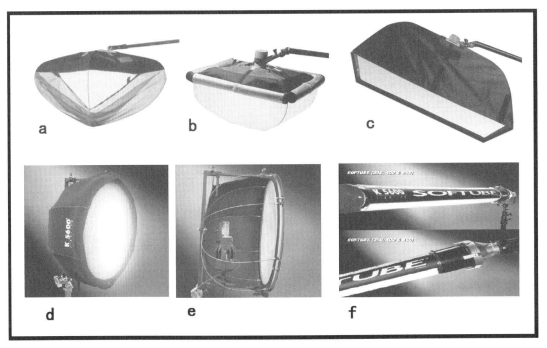

图 7-20

　　e："大眼睛：灯结构

　　f：条形灯罩。

（2）利用灯头连接器，可以在一盏灯具上装置多个灯泡，以便提高发光强度，见图7-21。

　　画1　多灯泡连接器。

　　画2　装在灯具中状态。

图 7-21　连接器

　　（3）在新灯头上装置特制透镜，可以把平光灯改变成具有追光灯功能，光速窄小，光质"强硬"的直射光，影子更加清晰，见图7-22。

图 7-22　追光透镜

　　画1　"追光灯"透镜组。

　　画2　装有"追光透镜"灯具。

　　画3　光区效果——实影。

7.4　散射光灯

　　20世纪70年代，柯达公司制造出5247型胶片，首次把感光度提高到ASA100度，为新的照明方法提供了基础。摄影开始追求布光简单、方便、光线效果干净、具有真实性的散射光照明。当时还没有电影照明所需的散射光源，只能对传统的点状光源加以改造，变直射光为散射光。灯具效率很低，2kW 的灯只能当 1kW 使用，而且难以获得高强度的散射光线。因此早期散射光照明，画面光线效果简单，难以表达丰富的情感。20 世纪 90 年代出现了三基色冷光源，21 世纪又出现二极管光源，冷光灯和 LED 灯的使用使柔光灯初步形成系列。

7.4.1 变直射光为散射光

图 7-23 散射光源

见图 7-23：

a：聚光灯或平光灯前加柔光纸或柔光纱来获得散射光。

b、c、d：聚光灯或平光灯上加特制的柔光罩，获得散射光。根据需要，柔光罩可以制成不同大小及不同形状。

e：聚光灯或平光灯照射特制的柔光屏，使直射的光线穿透柔光屏时发生扩散，产生散射光。屏幕大小由需要决定，做人物光照明可适当小些，使人物光不影响环境光效；做环境光照明可以大些，特别是外景大场面，用阳光做光源，遮挡阳光，改变阳光的直射性质，获得大范围的散射光，对于拍摄大场面非常有利。

上述方法是利用直射光穿透某种介质时发生的扩散现象获得散射光。下面是的方法则是利用光照在某种介质上发生扩散以获得散射光。

g：特制的反射式柔光灯。

f：结构和原理图：灯管隐藏在下方，被部分灯箱遮挡。反光镜是不平的表面，能将投射的光线扩散成柔和的散射光。这类灯具结构多种多样，一般功率较小，2kW 左右。

h：利用反光板原理，将聚光灯或平光灯照在非镜面的反光板、白墙或白色反光屏上产生散射光。

7.4.2　冷光灯管

日光灯管是非点状光源，发光面大，光线发散，是理想的柔光灯。将几个荧光灯管并列在一起就能获得较强的柔和光线。但是普通的荧光灯发出的光线不是连续光谱成分，只在几个波段上产生可视光线，因此显色性极差，照度低，存在严重的频闪现象，无法用于电影电视拍摄照明。

20 世纪 60 年代，人们发现，三种稀土荧光粉按一定比例组合后用于荧光灯，可使灯的光效及显色指数都有很大的提高。

这三种荧光粉发光光谱特性为：

- 铕激活的氧化钇：在 611 毫微米波长有峰值辐射。
- 铈、铽激活的铝酸块：在 545 毫微米波长有峰值辐射。
- 铕激活的铝酸钡镁：在 453 毫微米波长有峰值辐射。

这样三种红、绿、蓝粉按一定比例混合后，可产生不同光谱能量分布的荧光灯。

7.4.3　美国 KINO 弗洛冷光灯管

弗洛牌冷光灯管用于影视照明的有 T–8、T–12 两种型号，其区别是 T–12 是加防暴膜，见图 7–24。

按色彩分类：

全色光灯管，用于摄影照明；
单色光灯管，用于蓝 (绿) 屏幕合成 (抠像)。

三种色温：

- KF55 5500K 蓝头管 高色温灯管
- KF32 3200K 黄头管 低色温灯管
- KF29 2900K 红头管 暖色调灯管

四种功率：

- 40 W 管长 600mm

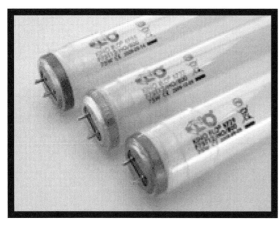

- 75 W 管长 1200mm
- 100W 管长 1800mm
- 120W 管长 2400mm

蓝屏灯 K10–S 在可视光谱 420nm 色彩饱和度最强。

绿屏灯 K5–S 在可视光谱 525nm 色彩饱和度最强。

光谱曲线见图 7–25（彩图 24）。

图 7–24 弗洛 T–12 管

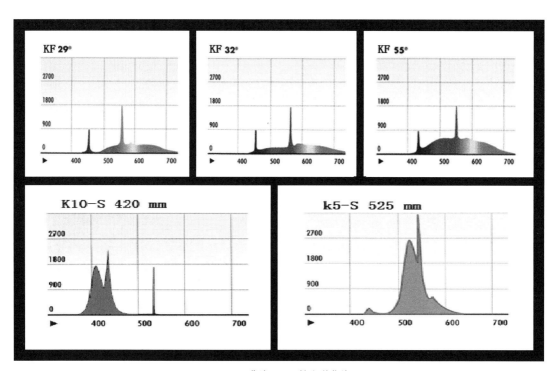

图 7–25 弗洛 T–12 管光谱曲线

型号	色彩	直径（mm）	管长（mm）	功率（w）	光强（lm）
KF55–S–T12	5500K	38 mm	600	40	1610
KF55–S–T12	5500K	38 mm	1200	75	3290
KF55–S–T12	5500K	38 mm	1800	100	4620
KF55–S–T12	5500K	38 mm	2400	120	5650

KF32-S-T12	3200K	38 mm	600	40	1640
KF32-S-T12	3200K	38 mm	1200	75	3350
KF32-S-T12	3200K	38 mm	1800	100	4720
KF32-S-T12	3200K	38 mm	2400	120	5770
KF29-S-T12	2900K	38 mm	600	40	1625
KF29-S-T12	2900K	38 mm	1200	75	3320

表7-3　T-12管光学性能

弗洛灯管性能：

（1）适合故事片、电视制作照明用灯。

（2）低消耗，仅为普通100W光源1/10耗电量。

（3）无闪烁，改变光量，色温不变。

（4）高输出，闪烁无镇流器，无噪声。

7.4.4　美国 KINO 弗洛冷光灯

图7-26 弗洛冷光灯

附件见图7-27：

（1）远程灯扉，百页窗。

（2）镇流器。

（3）安装板。

（4）电源线。

（5）蜂窝状限光器。

（6）挡光罩。

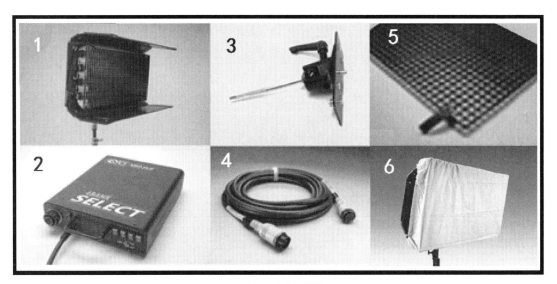

图 7-27 弗洛灯附件

百页窗的可调亮度为 100%、50%、0%。

镇流器有两种型号：

（1）标准输出镇流器其特点为：

- 高效，高频电子镇流器。用于组合灯具（4 英尺 ×4 或 2 英尺 ×4）。
- 采用高频电子以防止任何类型的闪烁。
- 一个特殊的散热器，确保运行稳定。磁性的噪声干扰或冷却风扇干扰，保证同时录音无噪音。
- 75 英尺（3 ×25 英尺）延长电缆可以远离灯具。
- 开关灯时，不存在延迟。
- 设有分灯开关，可以分别控制每个开 / 关。
- 还有一个特殊的选择开关，可以改变光强和色彩。

（2） 增强 DMX 镇流器，与标准镇流器不同之处：设有高输出 / 标准输出模式开关。可以改变输出光强度，不改变光谱成分，色温不改变。

7.4.5　ARRI 冷光灯

Arri 冷光灯灯管有 55W 和 80W 两种，光谱性能好。灯脚有单头"回型"管结构、双头直管结构。铝制压制灯箱，有两管、四管、2×2（并列）等多种结构，如图 7-28。

a：2 管灯结构灯。

b：2×2 结构灯。

c：4 管灯结构灯。

d：灯箱、镇流器一体式结构灯 (背面)。

e: 一体式镇流器。

特点:

（1）灯箱结构独特，反光镜可互换: 140°、120°。加上特殊的限光器(透镜)光束角为90° 转换方便。

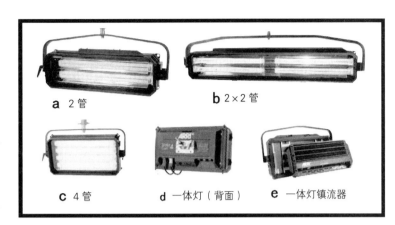

a 2 管　　**b** 2×2 管
c 4 管　　**d** 一体灯（背面）　　**e** 一体灯镇流器

图 7-28

（2）电气结构有两种形式: 灯箱、适配器一体结构，内置镇流器; 传统分体式,设有两个开关,分别控制全部和局部灯管

（3）灯箱设有铰链接口,可以将几盏灯叠加在一起,组成一个灯组(最大的 12 支管)。只需一根电源连接就可以供应整个电路。

附件如图 7-29:

（1）限光罩

（2）百页窗

（3）蜂窝限光栅

（4）未加"透镜"聚焦屏。

（5）加"透镜"聚焦屏90°角。

ARRI 冷光灯附件

7.4.6 ARRI 4 管灯

见图 7-30,技术数据:

灯管: 55W、80 W

电压: 120V、230 V

功率: 220W、320 W

色温: 3200K、5600K

发光频率: 40 kHz

灯箱温度: 20℃ ~ 50℃

尺寸 (mm): 754×480×270

重量: 8.5kg

图 7-30 4 管冷光灯

使用该灯照明,距离 3 米,照度 440lx ,用 ASA500 度胶片,速度为 24 格 / 秒,光圈为 f/4.5。

7.5 LED 二极管灯

发光二极管灯最大特点是低电压、低电流，节省耗电。在能源紧缺状况下，是很有前途的新光源。目前各国都在开发。

美国影视照明用 LED 灯——莱特派乐斯灯（Litepanels）有两种类型：

（1）sola 系列：聚光灯系列。

（2）1×1 系列：方形柔光灯系列：

> 1×1 系列：1×1 的标准。
>
> 1×1 系列：1×1 的双向色温。
>
> 1×1 系列：1×1 的双向聚焦。
>
> 1×1 系列：1×1 的薄型。
>
> 1×1 系列：1×1 SuperSpot。

特性：

（1）凉触摸，携带方便，可用直流电瓶，甩掉电缆。

（2）可调色温，从 5600K 到 3200K 输出，几乎没有任何颜色改变。

（3）能源消耗低，比传统灯节省 95% 能源。

（4）灯泡寿命超过 50000 小时。

附件有电池、AC 适配器、点燃适配器。

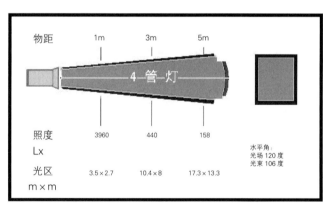

图 7-31 ARRI 4 管灯 光输出特性

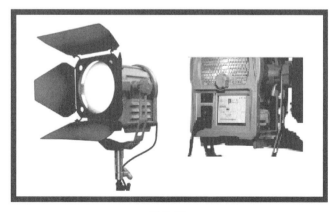

图 7-31

7.5.1 索拉 6 聚光灯

见图 7-31。

特点：

输出光性能见图 7-32，光束 10° 角，距离 4.5m，用 ASA500 胶片拍摄，24 格 / 秒，光圈为 f/7.3，光区直径 2m, 足可以做人物和环境主光使用。

光束 70° 角，距离 4m，用 ASA500 胶 片 拍 摄，24 格 / 秒，f/3.6，光区直径 5m, 可以做大场面副光使用。

功能：

（1）LED 寿命 50,000 小时。

（2）功率为 75W，相当于 650W 常规卤钨聚光灯光通量，节省 90% 电量。

（3）产生热量低，冷触摸，灯箱不需要传统散热器或保护装置。

（4）重量轻，仅为同类型 HMI- 金属卤钨灯重量的 1/3。不需要外部镇流器。

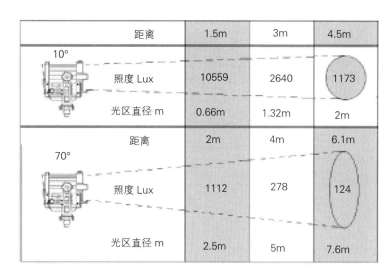

距离	1.5m	3m	4.5m
10° 照度 Lux	10559	2640	1173
光区直径 m	0.66m	1.32m	2m

距离	2m	4m	6.1m
70° 照度 Lux	1112	278	124
光区直径 m	2.5m	5m	7.6m

图 7-32 索拉 6 输出光性能

（5）具有通用 AC 输入，可用于世界各地的电源。

（6）可调光束范围：10°～70°。

（7）可调光强：从 100% 到 0。瞬间调光没有明显的颜色变化。

（8）调节方式：触摸屏调光，或插口 (DMX) 控制。

（9）输出光线无频闪现象，并保持一致。甚至电池电压下降后也无频闪现象。

规格：

尺寸（mm）：259 × 275 × 256

重量：4.4 kg

菲涅尔透镜：15.24mm

功率：75W（相当普通 650W 卤钨灯）

电源：市内通用 85~245VAC 电源。

7.5.2 莱特派乐斯 1X1 方形散光灯

见图 7-32，用于影视有四种类型：

（1）标准型。可调色温：3200 K~5600 K 任意色温；可调亮度：100~0 任意亮度。调节方式：触屏、搬钮。

（2）可调焦距。可调光束角度为 50°～30°；固定色温 5600K；可调光强：100~0。

（3）高色温灯。色温 5600K；光束开角 50°；可调光强：100~0。加附件可改变色温和开角度。

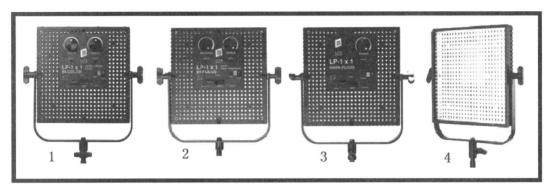

图 7-32 莱特派力斯 1×1 方形灯

（4）低色温灯。色温 3200K；开角 50°；加附件可改变色温和开角度。

灯具性能：

图 7-33　1X2 组合灯组。

（1）灯种：柔光灯。

（2）高光效：24V LED 灯相当于 40W 灯发 500W 光通量。

（3）加附件蜂窝限光可调 30°、45°、60°、90°

（4）体积小、重量轻，便携

（5）尺寸（mm）：30.48 ×30.48×43

（6）重量：3 磅（1.36 千克）

（7）耗电量少，45V 12~30V LED 灯耗电量只有普通灯具的 10%。

（8）电源：直流电 18~24V；配有 AC 交流电适配器，100~240V。

（9）冷光源，几乎无热量，节省空调费用。

输出光性能见表 7-4：

距离	英尺烛光	勒克斯
4 英尺（1.2 米）	100fc	1100lx
8 英尺（2.4 米）	34fc	370lx
12 英尺（3.6 米）	9.2fc	160lx

表 7-4

距离 2.4 米，照度为 370 lx，ASA500 度胶片，光圈 f/4.1。这是棚内主光照度。

另外，其还可以组合灯光组，见图 7-33。

附件见图 7-34。

（1）AC 适配器

（2）遥控电线。

（3）调色温滤光片。

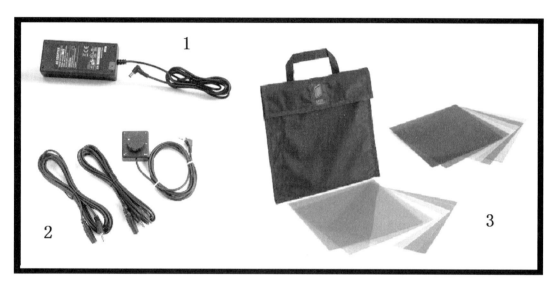

图 7-34 派乐斯 1X1 附件

7.5.3 ARRI 二极管 LED 灯

ARRI L-7 聚光灯变焦平稳、光滑，光区分布均匀，见图 7-35。

L 代表 LED；7 是透镜直径：7 英寸。有两种型号：

（1）ARRI L7-T，固定色温：3200K。

（2）ARRI L7-C，可调色温：2800K~10000K。

图 7-35 ARRI L7-C 型灯

改变绿光 - 品红光光谱成分和光线强度，可获得不同饱和度和亮度的彩色光线。可调光强 0~100。

性能见下表 7-5：

灯口直径	175毫米 / 7寸
光束角	15°～50°（半峰值角）

重量	10.9kg/ 24 磅（吊 / 待机），12.4kg/ 27 磅（杆操作）
倾斜角度	+ / − 90°
电源电压范围	100~264V AC，50~60HZ
功耗	220W
白光	L7 − T：3200 K L7 − C 连续可变色温从 2800 K ~ 10000 K
彩色光	L7 − C 可调色彩红 (R)、绿 (G)、蓝 (B) 和亮度 (W) 与色相和饱和度控制的色域
亮度调节	0 ~100% 连续
环境温度工作	0° ~35° C
冷却方式	通过板载控制器,RDM 或 USB − PC 接口可选三种冷却方式。被动: 无风扇静音。升压: 25% 的强度和 80% 以上启用恒速风扇加光。活动: 25% 带有恒速风扇加光始终启用。
预计 LED 寿命（L70）	50,000 小时

表 7-5

图 7-36 防水试验

另外它具有完美的防雨功能，见图 7-36。

光学性能见图 7-37：

画 1　色温 3200K。内景使用 ASA500 度胶片拍摄，物距为 9 米远。

聚焦时，照度 508 lx，光圈 f/4.8。这正是主光需要的光量。

散焦时，照度 66 lx，光圈 f/1.7。比主光低四挡光圈，是正确曝光所需要的最低照度。

画 2　色温 5600K。外景使用 ASA100 度胶片拍摄，物距为 3 米远。聚焦时，照度为 5180 lx，光圈为 f/6.9。可以做外景副光值。

7.5.4　ARRI LED 散射光灯

见图 7-38：

（1）单体灯。

（2）1×2 组合灯。

（3）1×3 组合灯

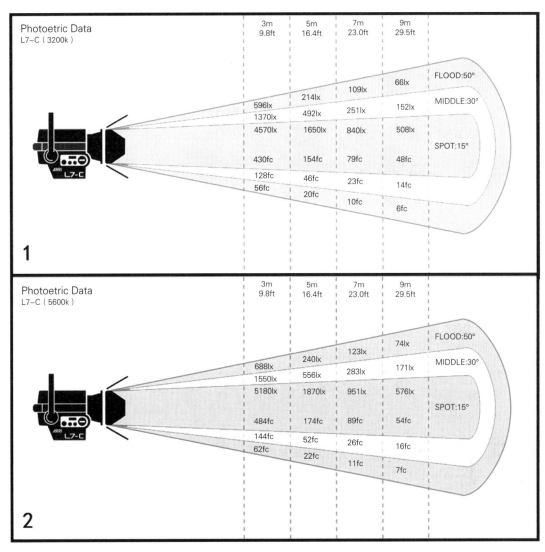

Photoetric Data L7-C(3200k)	3m 9.8ft	5m 16.4ft	7m 23.0ft	9m 29.5ft	
				66lx	FLOOD:50°
		214lx	109lx		
	596lx		251lx	152lx	MIDDLE:30°
	1370lx	492lx			
	4570lx	1650lx	840lx	508lx	
					SPOT:15°
	430fc	154fc	79fc	48fc	
	128fc	46fc	23fc		
	56fc			14fc	
		20fc			
			10fc	6fc	

Photoetric Data L7-C(5600k)	3m 9.8ft	5m 16.4ft	7m 23.0ft	9m 29.5ft	
				74lx	FLOOD:50°
		240lx	123lx		
	688lx		283lx	171lx	MIDDLE:30°
	1550lx	556lx			
	5180lx	1870lx	951lx	576lx	
					SPOT:15°
	484fc	174fc	89fc	54fc	
	144fc	52fc	26fc		
	62fc			16fc	
		22fc			
			11fc	7fc	

图 7-37 ARRI L7-C 型低色温灯 光线测量值

技术指标：

尺寸：单体21英寸(对角线)，320×250×150mm

电 压：100V~240V

频率范围：47Hz~63 Hz

输出电压：28V 直流

功 率：40W

色 温：5600K

色彩指数：CRI >90

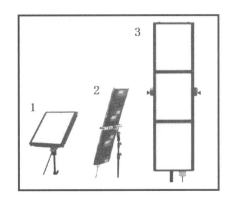

图 7-38 阿莱二极管柔光灯。

点燃预热时间：<1 秒

环境温度：-20℃~+50℃

重量：3.9 kg

组合灯功率：500W(3 组件)；1000W(6 组件)

发光强度：距离 3m，一盏灯 130 lx，3 盏组合灯 390 lx

光束角：105°

7.5.5　Locaster A2 二极管灯

见图 7-39。其特点为轻便小巧，适合实景狭小空间照明和新闻采访照明。

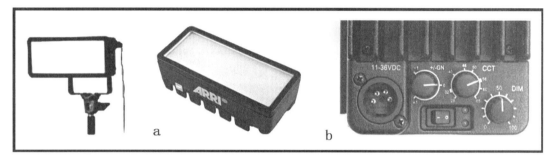

图 7-39　Locaster A2 二极管灯　a 正面　b 背面控制钮

性能见下表 7-6。

尺寸（LxWxH）	220×95×70mm
重量	960
输入电压	11~36 V DC
发光强度	750 CD　光束角 66°
发光强度 W／增强	1500 CD　光束角 33°
耗电量	35W
工作温度	-20°　~ +35℃
色温范围	2800 K~6500 K 连续调节
亮度	100~0 连续调节
环境温度工作	0°　~35°　C
冷却方式	通过板载控制器，RDM 或 USB－PC 接口可选三种冷却方式。被动：无风扇静音。升压：25％的强度和80％以上启用恒速风扇加光。活动：25％带有恒速风扇加光始终启用。
预计 LED 寿命（L70）	50,000 小时

表 7-6

光束 66°，距离 2m，照度 187.5 lx，用 ASA500 胶片，24 格/秒，光圈约为 f/3。

光束 33°，距离 2m，照度 375 lx，用 ASA500 胶片，24 格/秒，光圈约为 f/4.1。

附件见图 7-40：

（1）电瓶。

（2）二页灯扉。

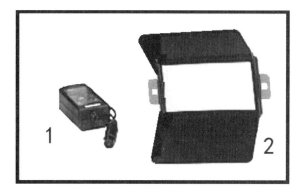

图 7-40 附件

7.6　照明附件

7.6.1　限光设备

布光中为了某一光线效果，往往需要许多不同灯具同时照明才能实现。为了使灯光互不干扰，各自完成本身的照明任务，照明人员须对每台灯具发出的光束加以控制，要有各种挡光、限光设备。常用的设备见图 7-41。

百页窗 SH-5

见图 7-42，控制灯光强弱的常规方法是采用变压器，调节电压实现光线强弱变化，这在黑白片时代是可行的。但在彩色影片的摄制中就行不通了，因为改变电压的同时也会改变色温，使画面色彩有鲜明的改变。

为此专门设计了控制光强的"百页窗"装置。它像百页窗一样可以拉开和关闭，控制光的强弱，见图 7-42。

特点：

（1）铝制框架，重量轻。

（2）马达驱动，动作平滑无噪声，无震动。

（3）远距离电动摇控，速度快，可在 0.2 秒之内完成启/闭动作，可制造闪电效果。

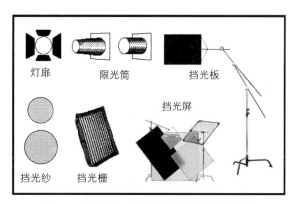

图 7-41 限光设备：限制光束范围和形状的设备

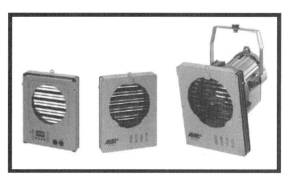

图 7-42 百页窗

（4）调节亮度范围：100~0, 无色温变化。

性能：

尺寸 (H x L x W)：   52 × 278 × 328 mm
无配件重量：   2.2 kg /4.8 磅
功率：   10W / 24V DC
控制：   摇控器
插口距离：   187 mm
窗口直径：   175 mm

装置设备见图 7–43。

"打光就是挡光"，这是照明师的经验。熟练地运用挡光设备是摄影师和照明师布光的技巧，也是照明人员的基本功。挡光技巧在画面造型上有着重要的作用：

（1）挡光是每台灯具之间光线衔接的方法，可以避免光线互相重叠干扰。

（2）挡光是消除画面中不必要的影子的手段。

（3）挡光是限制演员表演区域的方法。

（4）挡光是使照明人物的光线只照明人物，不影响环境和道具的方法。

（5）挡光是制造画面气氛的方法，它可以防止镜头进光，也是模仿各种光效、形状的手段。

（6）挡光板所遮挡的光束边缘清晰度，取决于挡光板与光源的距离。距离越近，影子边缘越虚，过渡柔和；距离远者，边缘实，影子清晰。因此控制挡光板的距离，是强调或隐蔽影子的方法。

遮挡光线时应仔细确定挡光板的位置。遮挡的部分可能是一条直线、一个角或一种不规则的形状；可能是实的影子，也可能是虚的或不显著的影子。这一切都由挡光板的位置、形状与灯口所形成的角度决定。某一特定的光效可能要用灯具上的遮扉遮挡制造，也可能需要使用单独的挡光设备制造。

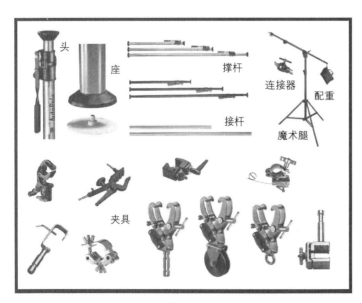

图 7–43

7.6.3 反光设备

反光设备是照明器材中最为廉价的光源。早期只在外景阳光下拍摄时才使用，现代电影电视在内景或夜景拍摄中也常用反光设备。反光设备的种类很多，常用的有下列几种。

铝箔反光板

这是早期的反光板，将银箔和金箔贴在平滑的三合板上。这种反光板反光能力较强，反射光具有一定的直射光成分，方向性较为明显，在画面中常常能看出反光板光源的存在。由于粘贴不平整、磨伤、划道、污染等造成反射光不均匀，是它最大的缺点。因此近年来把铝箔贴在帆布上，并做成有规则的起伏不平状，表面涂上透明的保护膜，使用时固定在特制的铝架上，这样就改变了传统的反光板反光特性。目前国内市场上出售的国外圆形反光板，是把具有漫反射性质的铝膜贴在较薄的白布上，用细钢丝绷成圆形，像太阳帽般可以折叠起来，便于保存。这种反光板可以两面使用，一面是铝箔，具有较强的漫反射；一面是白布，反射的光线更加柔和。

白色硬质泡沫塑料板

这是一种新型反光板。它反射的光线光质纯正，色温不发生改变。反射光具有散射光性质，光质柔和，重量轻，便于携带。

吹塑纸

这是代替传统纸板的一种新型塑料纸板，多用在商业橱窗的装饰中，有各种不同的色彩。在拍摄中，可当有色的反光板使用。反射光不仅具有色度，而且光质柔和，可以在人物近景中模仿环境中各种有色反射光或透射光效果。

反光板（布）

这是现代电影中使用较多的一种反光材料。不同质地的布反光性能不同，丝绸、尼龙绸等质地光滑，反光能力较强，一般的白布光质柔和。也可以用有色的布做反光材料，用土黄色的布可以模仿黄土地的反射光效果；蓝布可以再现天空光的色彩。反光布的大小规格也不相同：大的可以做成 4 米到 6 米，有一面墙大，装在金属架上，在外景拍摄全景或中景时使用很方便。演员在这样大的反光布前表演，一块反光板就可以完成任务；小的只有 60 厘米，绷在铁丝框架上，拍摄时用手举着，跟随演员运动。

意大利摄影师斯托拉罗在拍摄影片《旧爱新欢》夜景时，就用了一块这样的反光板。美国摄影师齐格蒙德于 1980 年在好莱坞 10 位大师做照明表演时，在摄影棚用光中也使用了一块这样的小反光板。这种反光布在阳光下可以做反光板使用，在阴天无阳光的情况下，可以把它放在灯前打透射光，起到一块大面积的柔光纱的作用，从而获得柔和的散射光源，调节阴天画面影调。在夜景拍摄中，这种方法可以做大面积底子光使用，特别是对拍摄大场面街道、院落等场景很有作用。

反光板（布）的使用

在外景拍摄中常常用反光设备来代替灯光设备。它具有许多优越性：不需要电源和沉重的灯光设备，现场不用扛灯拉线，使用方便，携带灵活，可以降低成本。不足之处是：必须在有阳光时才能起到作用。

在使用反光板（布）时，应注意以下几点：

（1）选择恰当的阳光高度、方向和反光板位置，才能获得需要的人工光效果。

（2）被摄体表面结构和亮度，决定了反光板位置、方向和反射光的强度。

（3）反光板表面必须平整光洁，反射光必须均匀。

（4）反光板的使用原则与灯光相同，在传统照明方法里做副光使用，调节主体反差。位置不能放在地面上，可在摄影机高度上选择适当位置照明人物。在自然光效法里，反光板可以根据模仿的环境反射光的位置来处理，可以具有鲜明的方向性。

（5）在拍摄中反光板必须稳定，反射光不能抖动。因此反光板事先必须安装牢固，防止被吹动。

第八章

外景光线处理

外景拍摄是在自然光条件下进行的。太阳是大自然的唯一光源，照到地面上的阳光能形成多种多样的光效，为外景的拍摄提供了创作的可能。自然光随时间、季节、地理条件和天气的变化而变化，有着自己的变化规律。因此，在外景拍摄中，我们只能按照阳光变化的规律来选定拍摄时间、地点和方向。由于感光材料不能达到视觉完美的程度，因此，在外景拍摄中，摄影师常常需要人工光。人工光只能对自然光进行局部加工和修饰。

8.1 自然光特征及影响因素

8.1.1 自然光的三种形态

在自然界阳光下，物体接受的阳光有三种成分：直射的阳光、散射的天空光和环境反射光，它们被称为自然光的三种形态，见右图8-1。

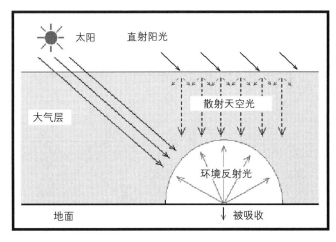

图8-1

直射的阳光

从太阳发出的直接照射在物体上的光线被称为直射阳光。直射光能在物体表面形成明亮的受光面。

直射阳光的特点：

（1）从宏观上看，太阳是宇宙中的点状光源，从一点向四面八方辐射光线。点状光源照射下，物体的照度与距离平方成反比……由于太阳离地球遥远，所以照射到地表面的阳光性质改变，呈平行光束。平行光不受距离影响，使画面中的景物各部分普遍均匀地被阳光照亮，景物照度不受拍摄距离影响。

（2）直射阳光是自然界最强的光线，夏日中午阳光照度大约为180000勒克斯（lx）。

（3）直射阳光照射到物体上能形成明显的受光面和背光面，形成清晰锐利的实影。

（4）直射阳光具有鲜明的方向性。随着时间变化，太阳位置不断改变，阳光方向、高度、强弱等也不断变化。

（5）直射阳光的色温：如果没有空气的影响，直射阳光的色温是固定不变的。由于大气层的存在，阳光色温在不断变化着。从上午到下午，直射阳光色温平均值为5600K。

（6）直射阳光是白色的。白天人们观察物体的色彩，是以阳光色温5600K来平衡的。所以直射阳光是白色的光线。

散射的天空光

大气本身是无色透明的，阳光在其中应该是直线式传播，但由于大气中充满了尘埃和水蒸汽，当光线穿透时，会发生阻挡、反射、折射、绕射等现象，改变了光线"直线"的性质，被天空扩散的阳光称为天空散射光。

天空散射光特点：

（1）来自天空方向，垂直、普遍地将景物照亮。

（2）光线分布不均匀，水平面照度大于垂直面照度。

（3）天空散射光强度比直射光弱。阳光穿透大气层时，仅仅是一小部分被阻挡扩散，所以天空散射光远远小于直射阳光强度。因此在受光面中看不到它，只能在阴影和背光面中看到天空散射光的存在。

（4）天空散射光与直射光的强度之差，由大气层杂质密度、天气状态、海拔高度等决定。经验告诉我们，在北京低海拔地区，其差约为两挡光圈。

（5）大气中的尘埃和水蒸汽水珠非常细小，对光谱中的短波光部分影响较大，所以天空是蓝色的，天空散射光也是蓝色的，色温较高，约为13000K~19000K。

大气层中的水蒸汽增多时，形成了较厚的云层，把直射的阳光全部遮挡掉，这时照亮景物的只有被云层扩散了的天空散射光，阴天的光线特点是散射天空光的一种形态。但是，二者光谱成分不同：晴天条件下的天空散射光，短波光部分较纯，色温约在13000K~19000K；阴天条件下的天空散射光，光谱成分较复杂，色温只有6800K~7500K。所以，晴天天空光是纯蓝色，而阴天天空光是灰蓝色。

环境反射光

阳光照射在景物上，一部分被物体吸收转化为其他能量，另一部分被物体表面反射回空间，又照亮了其他景物，形成了环境反射状态的光线，叫环境反射光。

环境反射光特点：

（1）环境反射光的强度是由物体表面反光率决定的。反光率较大的明亮表面反射光较强，如沙滩、黄土地、雪地等环境里的反射光。

（2）环境反射光具有色彩特征，其色度随反射面的色彩而变化。在沙漠、黄土地等环境里，环境反射光呈黄色；而在绿草地上则呈绿色；在红墙前环境反射光呈红色……

（3）环境反射光的性质是多种多样的。在红砖墙、黄土地等环境里，呈散射状的光线；而在海边、湖面等处，反射光呈直射光性质。

（4）环境光的方向是由反射光表面位置决定的，可以是地面的脚光，也可以是墙面的侧光或来自天空方向的垂直光线。

环境反射光包括环境透射光在内，如在太阳伞、凉棚、树阴下，环境光呈现为半透射光状态。

环境反射光与直射太阳光相比是较弱的，所以只能在景物的背光面和阴影中见到，如图8-2（彩图25）。

图 8-2

画1　这是一幅前苏联的油画。画面上几位穿着白色工作服的妇女帮助一位战士冲洗。从画面中可以看到，阳光直接照射下的战士皮肤呈现出固有的肤色，而背光面里的白色工作服朝天空的一面被画家画成蓝色调，向下的一面则画成黄色调。

画面的色彩充分展示了自然光的三种形态。色彩明显地被夸张了。显示出画家眼中的景物色彩与光线形态的关系。

画2　这是影片《故乡的旋律》（1984）中一个画面。逆光下的戈壁滩，人物背光面充分体现出蓝色的天空散射光和黄色戈壁滩环境反射光特征。后面人物处在自然光照明中，从他身上可以看到：被阳光照射的部分再现出衣服原有的白色；背光面里被天光照明的部分呈现出蓝色，是天光色彩的再现；被地面环境光照明的部分则是黄色的，它是黄色戈壁滩色彩的再现。他身上的白色衣服色彩表象与画1的白色衣服色彩相似，色彩构成原理相同。

画3　趴在红色滑梯上的小孩。逆光下阴影中，向滑梯的脸呈现出红色，向天空的部分呈现出蓝味肤色，人脸色彩的体现远比自身肤色丰富。早期第五代摄影师多采用逆光照明，曝光过一挡光圈，其奥妙就在于此。

画4　影片《来了个男子汉》中的一个

镜头，阳光透过红色太阳伞，投在两个女人的脸上，使脸部呈现出红色。这也是环境光的一种表现。

外景中，阳光下所有景物都是由这三种形态的光线所构成。认识、理解和真实再现自然光的三种形态对摄影师来说具有重要意义：

（1）是摄影师处理自然光效的方法和依据。

（2）是衡量影视作品自然光线效果的真实与非真实的标准。

（3）当代影视作品多是彩色的，因此摄影师如何处理银幕色彩是当代摄影师探讨和追求的课题。自然光三种形态的理论为现实主义艺术色彩创作提供了有力的依据和方法。

（4）能使画面构图中的各种元素形成有机的整体关系。自然光的三种形态，特别是有色的天空光和环境反射光，不仅能丰富画面色彩，形成色彩的寒暖关系，而且能使画面主体光效与环境发生强烈的有机联系，互相呼应，构成画面整体效果。所以，自然光三种形态的把握和再现，对影视摄影造型具有重要意义。

8.1.2 自然光变化规律

自然光随着地理位置、季节、时间和天气条件的变化而变化。

不同纬度的地区，阳光的高度和强度不同。海拔高度不同，阳光穿透大气层厚度不同，直射阳光和散射天空光的强度也不相同：海拔较高地区，直射阳光较强，散射的天空光较弱，景物反差较大，天空暗蓝色。相反，海拔较低的地区，天空散射光较强，景物反差较柔和。不同季节，光线也不相同，阳光的高度、强度都有明显的差别。在一天 24 小时中，每时每刻阳光都在变化着。从摄影的角度来说，可以将一天分成 5 个时区，见图 8-3。

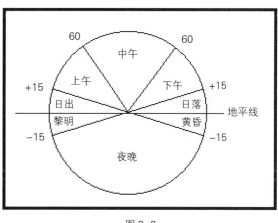

图 8-3

日出日落

太阳从东方地平线升起，到离开地面15°角之内的时间属于日出时刻；当太阳西落，从地面15°角降到地平线以下为日落时刻。日出和日落两个时段的阳光效果基本相同，因此拍摄的技术手段也相似。

日出日落时段，阳光位置较低，景物面向阳光的垂直面被阳光直接照射，亮度较高，而水平面受光较少，因此较暗。景物被阳光照射得不均匀，地面上有一个长长的影子。阳光穿透大

图 8-4

气层行程较长，被扩散的光线较多，造成光线较弱而柔和。直射的阳光色温较低，而天空散射光色温较高，形成日出日落时刻光线的特点：受光面较暖，光线较弱，背光面较寒，画面色彩多变化，寒暖对比鲜明，景物色彩丰富。此时是拍摄彩色影片的黄金时刻，被国外一些大师称为"黄金小时"（见图 8-4，彩图 26）。

日出日落时，地面温度变化较大，空气中潮湿的水蒸汽较多，加上早、晚的炊烟，景物中往往形成晨雾和暮霭，覆盖在地面上，远远望去，犹如一层浮动的白纱，加强了景物大气透视现象，这在逆光中尤为显著。

日出和日落时刻的差异在于色彩感受的不同。

日落时刻，大气层充满了更多的尘埃和水蒸汽，空气密度加大，对太阳光的折射、反射更加强烈，所以该时刻直射阳光色温较低，景物色彩偏暖。特别是大地被阳光照射一整天，地面温度较高，这种暖的感觉更加强烈。

日出时刻则相反，经过一夜的静谧，大气中的尘埃多半降落到地面上，空气比较清新，直射阳光的色温比日落时刻高，景物的色彩也没日落时刻那么暖。特别是日出时刻温度较低，空气清新，所以在影视作品中，日出时刻画面较寒，日落时刻画面较暖，这是二者处理上的唯一差别。

日出日落时刻光线亮度、色温变化很快，转瞬即逝，给拍摄工作带来一定的困难。如果镜头较多，需要采用抢拍的方法进行拍摄，否则一场戏要在几个日出或日落时间里拍摄，镜头的衔接会更为困难。

尽管如此，这一时刻的景物影调配置、色彩的丰富多样，都给摄影造型提供了有利的因素，是渲染影片艺术效果的有利时机，也是影视外景拍摄特殊效果的最佳时间。

图 8-5

上午和下午

太阳继续上升或下落，对地面照射角度为 15° 到 60° 之间时，分别为上午或下午时刻。

此时阳光的主要特征：光线穿透大气层的行程较短，变化不大，被大气扩散的光线远少于日出日落时刻，因此直射阳光色温较高。这段时间较长，光线变化缓慢，照度和色温几乎恒定不变，平均色温为 5600K。景物中垂直面和水平面都受到均匀的照度，能较好地表现物体线条和立体形态。地面和物体经过阳光照射产生的反射光，以及天空的散射光照亮了景物的背光面，使景物获得了适当的反差。此时不仅对景物有较好的表现，而且对人物的近景肖像也有较好的造型效果；照明人物的主光高度在 60° 范围之内，对人物面孔有良好的表现力，不会歪曲人物形象。因此在外景拍摄中常常把这段时间做为主要拍摄期（见图 8-5）。

中午

时间继续推移，太阳角度由上午的 60° 延续到下午 60° 之间的时段，为中午时间。这时太阳近似垂直照射地面景物，景物的水平面较亮，垂直面较暗并与天空形成强烈的反差。

传统的照明方法认为，这时的光效不利于拍摄。因为此时人物处于顶光照明状态，眼窝、鼻下阴影较大，颧骨显得较高，形同骷髅，歪曲形象。所以一般情况不会在此时拍摄人物近景镜头。但冬季中午的太阳光较低，只要选择的角度适当，也可以拍摄。在中午时刻可以拍摄全景镜头，人物占画面位置较少，而只要占据画面主体的景物有较好的层次，在逆光下，充分利用大气透视现象，也能获得比较满意的画面效果。

在现代，有观点认为顶光恰恰是中午时刻光效的特征。如实地再现顶光效果，正能表现中午时刻的特征，因此可以拍摄人物近景镜头。当然这样做需要对人物光线进行适当的选择和必要的加工，使之达到创作的要求（见图 8-6）。

图 8-6

黎明与黄昏

由东方天空发白到日出之前这段时间称为黎明。太阳落山，而地面景物依稀可见时，称为黄昏。黎明和黄昏时，太阳在地平线以下，阳光把上部的大气层照亮，地面景物被来自天空的散射光照明，景物处于深暗之中，并失去细部层次，只能看到概貌。此时景物的水平面较暗，垂直面较亮，一切处于朦胧状态。影视作品中，该时段多用于拍摄夜景气氛镜头（见图 8-7）。

天空

在外景拍摄中，天空是画面不可缺少的一部分，也是画面构图的组成部分。

宏观宇宙中的天空应当是黑暗的，但由于大气层的存在，改变了黑暗的天空，使之具有亮度和颜色。

晴天的天顶附近呈现较纯的蓝青色，愈接近地平线，天空色彩就愈由蓝青色变为青白色。太阳方位不同，天空亮度与色彩也不同，逆光方向的天空较亮，色彩发白，而顺光方向的天空则暗且偏蓝。

阴天条件下，天空各部分亮度和色彩缺少变化。

对电影摄影来说，天空非常重要。它不仅是被摄对象，有时还是景的光源（如阴天）。从艺术创作上说，天空有助于创造画面气氛。从造型上说，天空有助于表现画面明暗对比和色彩

图 8-7

对比。

天空的颜色对被摄景物的颜色有较大的影响，它可以直接影响景物背光面和阴影的色彩表现。

天空的色彩与空气污染程度有关。在工业化程度较高的城市里，工厂的烟雾污染了大气，所以天空灰暗。

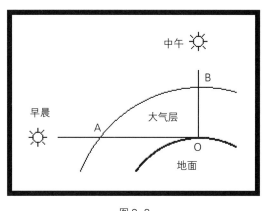

图8-8

8.1.3 影响自然光的因素

影响自然光的因素主要是大气层状态，即大气层的密度和厚度。

（1）大气层的密度。

所谓大气层的密度是指天空的混浊度，即空气中含水蒸汽和尘埃等微小杂质的数量。杂质多、密度大，对阳光影响也愈大。云彩即水蒸汽存在的表现，云层越厚，密度越大，直接影响自然光的亮度和色温。

（2）大气层的厚度。

这里所说的大气层的厚度是指阳光照射地面时穿越大气层的行程距离。从图8-8中可以看出，中午时刻阳光穿透大气层的行程最短，所以该时刻阳光最强，受大气层的影响最小。

8.2 外景光线处理的基本方法

电影电视的拍摄是在三种环境里进行的：摄影棚或演播室，实景和外景。三种环境光线条件不同，光线处理方法也不相同。外景有着强烈的太阳光照明，人工光处于次要地位，所以外景光线处理以选择自然光效为主，人工光为辅。

在选择自然光线时，主要从下列几个方面考虑。

8.2.1 正确选择自然光效

电影电视是生活形象的反映，剧中人生活的环境，必然具有时间、地点等特征。恰当地为剧中人选择生活环境的特定光线效果，是渲染气氛、创造真实感、增加艺术感染力的重要因素。摄影师拍摄之前必须研究剧本情节，研究剧中人的性格特征、思想感情和命运变化，从而选择出相应的环境自然光效。这是摄影师处理外景光线的主要任务。

8.2.2 正确选择阳光的投射方向

外景确定后，摄影师首先要考虑拍摄时间，也就是确定太阳在哪个位置时（高度、方向）进行拍摄。

一天之中，太阳和地面景物的方位不断改变，它决定景物中光影结构、画面气氛，同时也是时间概念的体现。

同一时间里，太阳、景物和摄影机构成不同的光线角度，这不仅确定了画面主光方向，而且也确定了画面影调构成，对造型及戏剧气氛具有重要意义。正确选择阳光照射方位是摄影师进行现场创作的重要因素。

8.2.3 掌握照度和色温变化

随着一天 24 小时的变化，景物的照度在改变，色温也相应改变。

照度的变化不仅决定摄影技术手段的运用，而且也直接对画面气氛产生影响。色温的变化直接决定画面色彩的表现，也是摄影师进行艺术创作必不可少的元素。

正确选择阳光方向、照度和色温，正确选择自然光的各种光效，是摄影师外景光线处理的主要方法。人工光源的使用只能弥补自然光效的微小不足。

8.2.4 外景照明中人工光源的任务

外景照明光源主要是自然光源。因此外景光线处理的任务主要是对自然光效的选择以及用人工光源进行局部的修饰（外景的人工光源指人工电光源和人工反射光源）。

（1）对画面中的局部自然光进行修饰。

选好自然光效之后，可能整体光效令人满意，而个别局部却有问题，这时可以利用人工光进行局部调整和修饰。例如：

中午时刻拍摄环境，光效较好，但对人物光不满意，可以把人物的阳光挡掉，然后用人工光进行重新处理。也可以利用较强的人工光照明人脸，把自然光的顶光效果冲淡，从而改变人物在中午时刻的顶光效果。

顺光拍摄人物，浅色衣服较亮时，可以利用各种挡光设备，对画面局部进行遮挡，使画面影调获得平衡。如在人物身上或较亮的地面上遮挡出阴影，增加画面中的暗调。

当拍摄人物近景和特写时，可以利用人工光对人物面孔进行细致的造型修饰，使人物形象满足我们的要求。

比如影片《战马》（*War Horse*，2011）男主角艾伯特，阳光下训马场景，见图 8–9。

　　画 1　烈马的不羁令艾伯特思考。以顶侧光照明，人脸半亮半暗，呈现大反差，以现有光拍摄，刻画出艾伯特面对烈马陷入沉思的状态。

　　画 2　当马与艾伯特变得友好时，走到跟前，令他心悦。同样是顶侧光照明，但需要让观众看到艾伯特的惊喜面容，于是用灯光 c 在人物右前方的斜侧光位照明，修饰人脸背光面，降低反差，展现面容。

图 8–10 是中午时刻拍摄的两个近景画面。同一人物，同一个机位角度，画 1 保持自然光的顶光效果，人物处在顶光照明中，形象显得苍老；画 2 用人工光从正面对人脸进行修饰，将

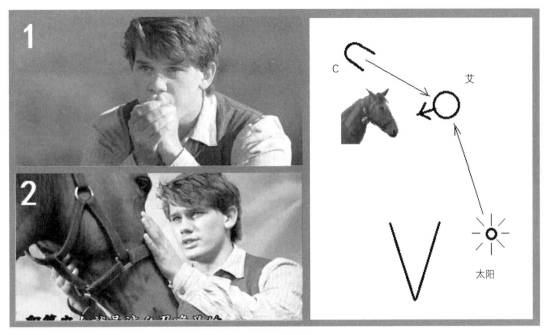

图 8-9

图 8-10

顶光效果冲淡，使形象显得年轻了。这是外景用人工光塑造人物形象的很好例子。

（2）利用人工光平衡景物的自然光比。

自然光的亮度范围非常大，目前摄像机的动态范围也远远容纳不下景物的亮度范围，因此在拍摄时需要进行光线亮度范围的平衡。例如：

- 平衡画面中天空与地面景物的亮度反差。
- 平衡景物受光面与背光面的亮度反差。
- 平衡人物与景物之间的亮度反差，如逆光条件下人物与景物之间的反差。
- 平衡特定条件下的光线亮度范围。如早、晚光效的拍摄，夜景的拍摄，阴天、下雨、雪景、海景等的拍摄，都需要用人工光对画面光比进行局部修饰和调整。

图 8-11

例如图 8-11 为取自影片《战马》的镜头，人和马都在阴影中，衬托在明亮的背景上，反差极大，摄像机动态范围无法容纳。因此阴影里的人物用聚光灯 a 在视线前方逆型光位照明人脸，不会产生影子；在人物背后两侧，侧逆位置上再用两灯 b 和 c 将身侧照亮，修饰头部和形体，同时再现天光效果，增加真实感觉。

（3）调整画面色彩。

为了造型和表意的需要，摄影要对画面色彩进行加工。在外景中可以利用不同光线调节色彩。

外景阳光色温 5600K，属于高色温光线，因此用 3200K 低色温灯光照明，可以改变画面局部色彩，如图 8-12（彩图 27）。

图 8-12

画 1　日本电视剧《虎与龙》（2005）的镜头。男主角阿虎是黑社会混混，老大把儿子阿银托给他帮带。一天阿银佐了坏事，阿虎被老大训斥，并说如果阿银不长进，阿虎将受到严厉处罚。该画面是阿虎在训阿银。外景阴天，低色温灯 a 在侧光位照明人脸，呈现出暖色调，背光面和环境处在阴天高色温散射光照明，呈现蓝色，寒暖对比鲜明强烈。色彩刻画出阿虎面对不长进的弟子那种既爱又恨的心态。

画 2　影片《原野》（1988）中仇虎与金子相会的场景。摄影师选择秋天金色的白桦林作环境，表现情人相见时的温馨情意。但同时这也是一部悲剧，为了暗示影片未来的悲凉结局，摄影师要在这温馨的爱情色彩里再现出一种悲剧的色彩（蓝色）。为此采用一种特殊的方法处理色彩：用低色温的灯 b 在侧逆光位照明人物，在人脸上形成一块明亮的黄色光斑，在后期印片时把黄色滤掉，使黄色的皮肤恢复正常肤色，这时其他景物就出现一点蓝色味道，它既不使画面色彩失真，又使画面平添悲剧情调。

画 3　影片《夏天的滋味》（*At the Height of summer*，2000）中的镜头，利用有色光照明，调节画面色彩。莲在树阴里为母亲祭日准备供品。a 灯在人物左前方斜侧光位照明人脸，这是一盏柔和的散射光灯，在脸上不会留下任何影子，再现出树阴下光线特点，是一束白光，正确再现肤色，起主光作用。b 灯是聚光灯，灯前加绿色滤光纸，既改变了色彩，也柔化了光线，在左后侧逆灯位照明人脸，将人脸背光面照亮，同时染成绿色，模仿树阴下绿色环境光色彩，起到修饰光作用。这里的修饰光是修饰画面色彩，完成光线色彩造型任务。

8.3　晴天条件的光线处理

晴天外景的主要光源是太阳，人工光源起辅助作用。阳光亮度极强，能与它相匹配的人工光也必然是较强的发光器材，一般小功率照明器材不起作用。阳光色温较高，因此外景照明人工光源也必然是高色温光源。

当代影视艺术理论是"大综合艺术"，为了表情达意，什么派别的技巧都可以使用。当代外景照明方法多种多样，基本上有四种：传统照明方法；20 世纪 70 年代的阿尔芒都的自然光效法；80 年代前苏联的自然光效法以及 90 年代的"印象派"自然光效法。

8.3.1　基本方法

当代影视艺术照明是这四种方法的单独及混合使用。下面分别研究在外景晴天条件下的四种照明方法。

8.3.1.1　传统照明方法

传统照明方法以戏剧电影理论为基础。在戏剧舞台空间里，环境是假定的，戏剧的内容主要通过演员形体、动作、对话等来完成。演员是唯一的传媒手段，早期电影是以表演为中心，摄影师必须把演员拍得漂亮，否则就会面临失业。因此不管是白天还是夜晚，亮处还是暗处，摄影师都得把演员的脸处理得能被观众看清楚，将其放在最佳亮度位置上，否则会被认为妨碍了演员表演，这就是传统电影照明的指导思想。为此，传统照明形成一套完整的理论和方法。

在外景晴天条件下，传统照明有三种基本样式，见图 8–13。

画 1　机位光照明。在逆光或侧逆光照明中，正面角度拍摄，人脸处在背光面中，面部较暗，需要用灯光给予调节。常规方法是将照明人脸的灯具放在摄影机旁，给对象普遍照明，从而较好地表现出对象背光面的质感和固有色，也不会产生影子。通过改变人工光

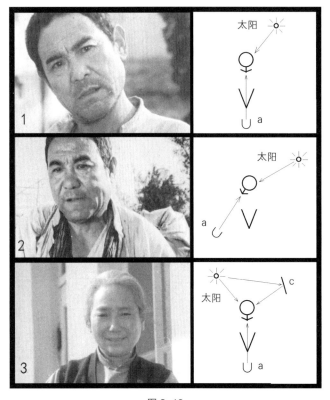

图8-13

强度，可以调节受光面与背光面的光比。这是传统的典型用光方法。

画2　在人脸视线方向照明。同样是逆光条件，当演员的面部方向与摄影机保持一个角度时，通常采用从人物视线方向对人物进行人工光照明。这个光位同样使阴影部分不产生影子，明暗交界线比较明显，便于控制光比，能产生明显的暗面与次暗面，从而改善了背光面的立体感。

画3　人工光修饰。在传统的布光方法中，除了调节明暗面光比之外，同样可以利用人工光修饰画面。图中用一块反光板在人物左后下方，模仿墙面反射光效果对人脸进行修饰，使人物面部的背光面里增添一个小的亮光条，它不仅改善了背光面的影调层次，也勾画了面部的轮廓，而且使画面光线效果更加真实。

修饰的方法很多，只要需要，可以在任何位置上用灯光修饰人物和景物。

8.3.1.2　阿尔芒都的自然光效法

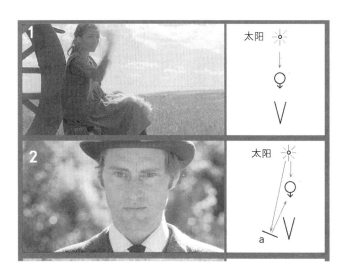

20世纪70年代，柯达公司第一次把胶片感光度提到ASA100度，这为现有光拍摄提供了可能。在影片《天堂之日》里，摄影师阿尔芒都第一次打破传统照明方法，开创了自然光效法。主张不用灯或少用灯，追求光的自然感觉。下面是该片中几个镜头的光线处理，见图8-14。

画1　逆光照明，现有光拍摄，不用任何人工光修饰影像，追求影像光线自然状态。有意选择大的景物亮度范围，采用折中曝光。让脸处在剪影或半剪影状态。

画2 逆光，机位光照明。正面角人物近景，需要让观众看清面部形象，必须用光线调节人脸亮度。从画面中我们看到，照明人脸的灯光 a 在摄影机旁，对面部进行全面照明，不留影子。照明灯具多用散射光灯或柔和的反光板，不用直射光照明，这是自然光效法的特征。

图 8-14

画3 逆光，视线前方照明。逆光照明，演员与摄影机保持一定角度时，照明人脸的灯 a 同样是在视线前方，用柔和光线照明。

从这里可以看到，传统外景光线处理的基本方法，在这里同样得到运用，不同的只是自然光效法使用散射灯或柔光线处理影像。所以传统照明的基本方法，是当代照明的基础，认识和了解这点，对学习光线处理很重要。

画4 追求独特光效，追求独特的光线结构。

利用黄金小时和黎明黄昏时刻拍摄是阿尔芒都自然光效法的特点。

8.3.1.3 前苏联自然光效法

20世纪70年代末，美国出现自然光照明法，前苏联当然更不能落后，1985年拍摄了一部反战影片《自己去看》（*Come And See*，1985），这是前苏联早期一部自然光效法的影片，但与阿尔芒都不同，它主张用灯光制造出自然的真实结构，见图8-15。

战争是人类悲剧，这类影片多用低沉压抑的阴天处理画面光线效果，该片也是如此，很少有晴天阳光下拍摄的镜头。

画1 影片开头，男主角弗

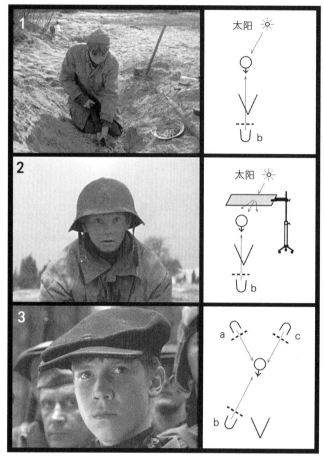

图 8-15

廖拉为了参加游击队，在沙丘上挖枪支，这场戏是晴天阳光下逆光拍摄。从画面上看，为了保持全片低沉压抑的影像风格，对阴影用灯 b 在摄影机旁对人物进行普遍照明，光比较小，灯前加散光纸，光线较平。从方法来看，这还是传统的外景照明基本方法。苏联的自然光效法是传统法的延续和发展。

画 2　在近景或特写镜头里，有时阳光影子很鲜明，不需要时，可以将阳光遮挡掉。为了消除身上的阳光影子，用白屏遮挡阳光，将直射阳光改变为柔和的散射光。如果遮挡影响阴影里脸的亮度，再用灯 b 在机旁从正面给予补充，调节脸的亮度。这盏灯必须是散射的柔和光线。

画 3　主角参加游击队，在森林里的镜头。晴天阳光下的森林，反差很大，光线难以平衡。适合阴天散射光拍摄。垂直的天空光将鸭舌帽上方照亮，面孔处在背光之中，很暗，需要用光修饰。从画面上可以看到，人物光线比较复杂：灯 a 和灯 c 分别在两个侧逆光位修饰脸的侧面，模仿林中天空光效果；b 灯在脸的右前斜侧光位照明面部，调节暗部光比，呈现暗部应有的层次。三盏灯都需要加柔光纸，再现阴天散射光特征。从这个镜头里可以看到，苏联的自然光效法与美国的不同，不仅主张用灯，而且主张用灯模仿自然光结构，从真实的角度来看，比阿尔芒都的自然光效法更真实。

8.3.1.4　印象派照明方法

应当说是陈英雄的自然光效法。越裔法国导演陈英雄在影片《夏天的滋味》里的光色运用非常独特，追求印象派绘画光色理论在电影中的应用，摄影师李屏宾是以"自然光三种形态"为处理照明的依据。

《夏天的滋味》现有光拍摄

姐妹三人在阳光下洗水杯这场戏，采用逆光现有光照明，见图 8-16（彩图 28）。太阳

图 8-16

从后上方照射下来，三个人物处在逆光中。阳光作为人物主光，同时也将人物前方三个洗杯水盆照亮，水盆又将阳光反射回环境中，将人脸背光面照亮，成为人物的副光。巧妙的是，摄影师用了三个红、白、绿不同颜色的塑料水盆，成为三种不同颜色的环境反射光：绿盆前面的莲呈现出绿味肤色；红盆前大姐宋呈现出红味肤色；只有白盆前的二姐凯在白色反射光照明中肤色没有改变，保持了原有的皮肤色彩。如果水盆反射光强度不够，可以在水盆底部放上高反光率的"铝箔纸"或者"镜片"提高反光能力。银幕光线自然真实，色彩非常丰富，人与景之间整体关系很强。

故事片《塔达斯传奇》

逆光照明，现有光拍摄，见图 8-17（彩图 29）。傍晚一束阳光透过树间投射在父女二人身上，画出明亮轮廓，女儿朝向天空的脸侧被天光照明呈现蓝味肤色，向着褐色马匹的脸呈现出微弱的暖色，靠近父亲的脸侧是最亮的，色彩最温暖。微弱的寒暖对比、丰富多彩的变化，

图 8-17

如印象派绘画一样美丽的色彩，生动地刻画出父女之情。

从画面中可以看到摄影师处理光线色彩的几个手段：

- 环境的选择为树林边缘的开阔之地，为大量天空光照明提供可能性。
- 傍晚"黄金小时"的暖色阳光及蓝色天空光是制造美丽色彩的先决条件。
- 以逆光拍摄，较大的背光面为展示多彩的环境光创造可能性。
- 透过树林间隙的一束阳光，强度有限，只把人物照亮，对环境背光面的景物影响较小，使背景的树林光线暗淡，为曝光创造条件。
- 曝光照顾背光面的人脸密度，让它呈现出如此的色彩和亮度，照明轮廓的阳光就要曝光过度，色温较低的阳光成为白色光线，是画面中最纯洁最明亮的光斑。
- 仅仅如此远远不够，在人物背后让美工师布置一排晾晒的白布，在傍晚天空照明中白布呈现出青灰色调，冲淡了深暗的树林，减少压抑，增添活泼，形成寒暖对比，衬托人物温暖肤色，确定了观者的视觉感受。
- 在前景安排一只褐色马匹。被阳光照亮的马身正对着人物的脸部，犹如"一块暖色的反光板"，调节人脸色彩。

现有光拍摄看似容易，操作起来实际很困难。在这个场景，摄影师运用光线的技巧非常高明，考虑周到，选择恰当，布置周全。一切具备，还得有拍摄时间的掌握。一切都要完美，大功才能告成。不愧是摄影大师，伟大的艺术家。

追求光线自然真实的色彩印象感觉，外景多用逆光、侧逆光、侧光拍摄，因为只有在较暗的背光面里，丰富多彩的环境光才能得以展现。摄影师要有意加强环境中某些物体的色彩饱和度或亮度，加强或制造环境色光，处理画面色彩。在这里，光是处理色彩的重要手段。这点在陈英雄的《夏天的滋味》里非常明显。

图8-18

8.3.2 遮挡阳光的处理

当景物光线符合创作需要，人物光常常不合适，如中午拍摄人物镜头，可以把照射在人物身上的顶光用一块挡光纱（布）遮挡掉，再用人工光重新布置主光、副光或修饰光。这是传统布光法常用的手段。

自然光效法喜欢用

散射光照明。晴天阳光下常用遮挡方法改变直射阳光为散射光。图 8-18 的外景工作照，可以看到用一块白屏将阳光遮挡，透过白屏的阳光成为柔和的散射光，做主光，再用灯光照明做副光和修饰光，这是外景照明中常用手段。

8.3.3　影片实例

当代影视作品用光方法多采用混合法处理光线。一部影片可以偏重某种方法，但单纯用某一种照明方法的很少见。

下面是几部影视作品的光线实例，表现了外景阳光条件下光线的具体处理方法。

8.3.3.1　美国故事片《战马》
拍卖会场景

马市拍卖会的场景中，风趣的言谈之中隐藏着尖锐的矛盾冲突。因此摄影采用晴天逆光和侧光处理这场戏，逆光活泼欢快，侧光对比强烈而有力度。见图 8-19。

画 1　拍卖会大远景。现有光拍摄，从画面上可以看到阳光在斜侧光位，摄影巧妙运用左侧远处房屋的阴影，将房前人群挡暗，前景人群虽然在阳光下，但背对镜头，并不夺目。主体拍卖师在斜侧光照明中突出醒目。

外景远景和大全景一般都采用现有光处理，依靠摄影师的意图选择光线结构。

画 2　泰德的中景，他喜欢上这匹不会种地的马，但发现地主莱昂也喜欢它，于是决心要和他竞争一番。太阳在偏后的侧光位照明人脸。灯 a 在脸的正前方，较低的位置上修饰脸的背光面，亮度较低，像是来自地面的环境反射光，增加真实感。在表现层面上，大反差、强对比、脚光结构，生动地刻画出狡黠强悍的人物形象。

应该注意，在众多人物中，只有泰德一人的脸被灯光照亮，其余人处在较暗之中，这在现实中是不可能的，光线处理是不真实的，但却是传统照明中处理多人物镜头的典型手法。只有这样，才能在众多人物中突出主要人物。所以这个镜头中处理泰德的光线，从方向来看，来自地面反射光方向，光线微弱，具有自然光特征，但只把一人照亮，不顾其余，这又是传统的特征。所以处理方法是二者的混合。

画 3　地主莱昂的中景。他是泰德的对手，站在莱昂的对面。阳光在侧逆位置照明人物，脸部同样处在背光面中，灯 a 在摄影机方向对人物进行普遍照明，光比较小，没有影子，影调柔和，肤色得到正确还原。从效果来看，这是用散射光灯照明的，属于典型的传统照明方法。

画 2 与画 3，无论是照明方法还是照明效果都截然不同，生动有力地刻画出对立的人物形象。

画 4　群众戈达德大中景。其位置是拍卖师对面，泰德和莱昂之间。逆光照明，背光

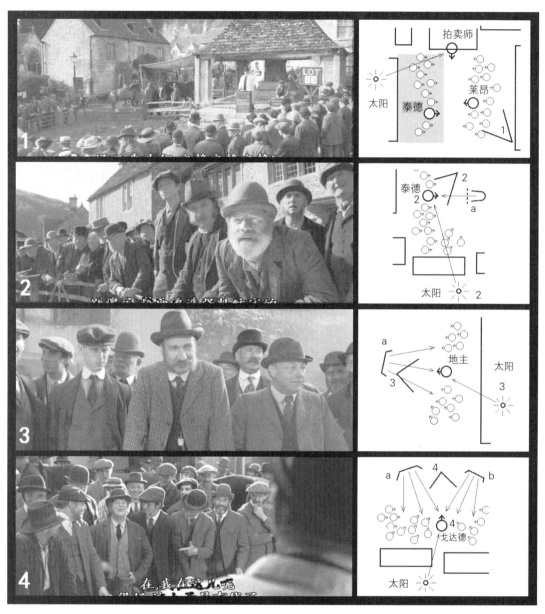

图 8-19

面用灯光给予普遍修饰，没有影子，也没有方向，是传统照明方法。从照明范围来看，像是两盏较大的冷光灯在摄影机两侧照明人物。人脸亮度处在泰德和莱昂之间。有趣的是景别、光线结构、亮度强弱、照明范围、反差大小、角度高低……三个人物镜头各不相同，都有微妙的变化。从中看得到摄影师创作的魅力，不愧是奥斯卡最佳摄影提名者。

这场戏空间统一，时间连续，每个镜头方向各不相同，但却要保持逆光、侧逆光、侧光效果，现实中是不可能的，但在影视艺术里却是可行的，摄影师有搬动太阳的能力。这场戏主要人物有四位：拍卖师、泰德、莱昂和戈达德，分别在东、南、西、北四个方位。因此，四个摄影角度也各不相同，见平面图 8-20。每个镜头太阳方向各不相同，分别在东、南、西三个方向，是太阳一整天的运动方向。

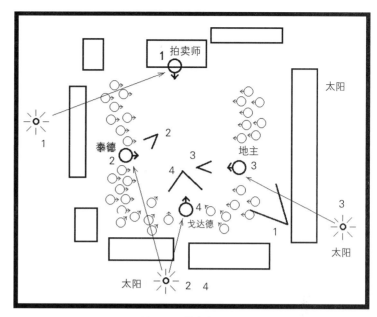

图 8-20 拍卖会平面图

　　镜 1 会场大远景，交待镜头，介绍拍卖会环境，交待人物位置关系。从东南向西北拍摄，太阳在西边。拍卖师是斜侧光照明（图中 1# 位）。

　　镜 2 泰德中近景，从东北向西南方向拍摄。人物呈现侧光照明，太阳在南方。注意摄影师把太阳搬家了（图中 2# 位）。

　　镜 3 竞争对手莱昂中景，由西向东方向拍摄，莱昂是侧逆光照明，说明太阳在东南方向，摄影师又一次把太阳搬家了（图中 3# 位）。

　　镜 4 观众戈达德中景，由北向南拍，画面逆光照明，太阳在南方，太阳继续从东边搬回到南方（图中 4# 位）。

当然任何人无法搬动太阳，但是镜头画面光线结构却可以通过选择太阳位置来实现。拍一场戏，摄影师首先要考虑每个镜头的光线结构，然后根据环境和太阳运动规律，选择好每个拍摄时间，拍摄顺序与镜头顺序是不相同的。

侧逆光照明

　　图 8-21 是战场上军队前进的镜头，需要表现出军队雄伟的气势。摄影师采用侧逆光照明，太阳在右前方，勾画出明亮的脸部轮廓。用聚光灯 a 在人物前方照明人脸，在背光面里形成亮面和暗面，反差鲜明、对比强烈，刻画出战场上军人威武的士气。

中午光线处理

　　中午时段，太阳在南方，景物处在顶光状态，传统认为不适合拍人物中、近景。拍远景、全景，只要选择的景物有层次，逆光下还是可以拍摄的。而现代电影电视则是全天候摄影，任何条件下都要拍摄。

图 8-21

图 8-22

图 8-22 表现军官看中了这匹战马，选择它当坐骑。画面需要明快、富有力度感的军人生活气息。选择中午顶光拍摄，此时景物水平面亮，垂直面暗，在街道上有足够的空间深度，逆光照明，增强大气透视，近暗远亮，改变垂直面影调，特别是街边楼房的线条，近大远小的变化塑造了空间形象。人物处在逆光照明中，具有明亮的轮廓，增添了活泼气息。只需要用灯光处理人脸暗部，调节影调层次。这个镜头的人物光线处理比较复杂，至少用了三盏灯：灯 a 在军官的左侧光位照明，突出了他的左脸和左眼，起到主光作用；灯 b 在摄影机旁照明人脸背光面，起副光作用，控制主、副光光比，塑造了军官形象；灯 a 除了照明前景主体，也把后景人物照亮；灯 c 为一盏较大的散射光灯，照明军官身后人物。

从画面中可以看到空间有多个层次：前景马和军官是第一层；军官身后跟随的一群下级军官是第二个层次，这两个层次的人物都用灯光给予行当突出；第三层是左侧一队骑马的战士，这些人处在大全景中，处在现有光照明中，没有用灯光处理，呈半剪影状态。摄影师利用远处被大气透视"雾"化了的房屋（第四个层次）衬托骑马人，层次分明，形象鲜明。在中午时刻能拍出这样完美的镜头，不愧是大师手笔。

对着太阳拍摄

对着太阳拍摄的难度很大，做得完美更不容易。图 8-23 是影片男主角艾伯特训马耕地镜头，他费尽九牛二虎之力，总算套上犁耙开始耕地。艰苦刚过，轻松还未到来，需要用画面的美和力

图 8-23

度渲染人物：采用对着太阳拍摄，一束"彩环"从艾伯特头顶投射下来，像是头上发出的光芒。蓝天白云、面孔清新，这在现实中是不可能见到的，一般的影视作品中也很难见到。太阳与背光中的人脸亮度差别太大，用 10kW 灯光，人脸刚有密度，天空已经白芒芒一片而失去了层次。

图中艾伯特的脸有足够的亮度，而且以斜侧光照明，主副光鲜明、结构清楚。估计主光灯 a 至少需要 20kW，副光为 10kW 的灯具。

8.3.3.2 故事片《夏天的滋味》
一场戏的光线处理

街道日景，莲去大姐咖啡店上班，看到大姐送姐夫出门。这是一场表现夫妻美满幸福生活的场景。摄影选择晴天，阳光明媚、色调丰富、色彩自然真实，再现生活的美好。光影交错增添欢快气氛，生动地刻画出幸福的家庭情调。但是这次出走，却是各自奔向自己的情人，是"幸福家庭"的反面，因此摄影师又要通过画面给观众适当的暗示。在对立元素的处理上，要把握好分寸感很不容易。摄影师的处理如下。

这场戏共有 8 个镜头，三种光线样式：

第 1 组是戏的开始，第一个镜头为林荫道，莲向大姐咖啡店走去，镜头跟摇，见图 8-24。

图 8-24

镜头跟摇，太阳在摄影机右前方的侧逆光位照明。大部分景物处在阴影中，曝光照顾阴影，中间影调层次丰富，色彩较好，亮部曝光过度，暗部曝光不足，反差较大。为了平衡影调，巧妙地运用构图，将明亮的天空用树冠遮挡，而被照亮的地面在画面下方不显眼的位置上。只有

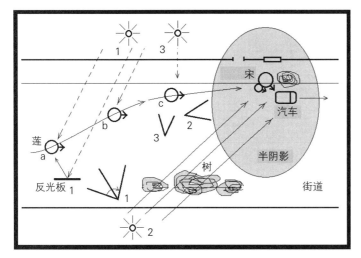

图 8-25

人脸和衣服亮面曝光过度，形成亮斑，与背景面反差较大。

画 a　起幅，可以看到人物身上背光面用反光板给予调节，见平面光位图 8-25，1 号机位光位图。人物走在 a 位置时，用反光板 1 修饰背光面，平衡光比，调节反差。

画 b　人物继续向前走去，镜头跟摇到 b 位置，离开了反光板 1 光区，摄影未用人工光修饰，保持自然光状态。

这是一个典型的外景运动镜头，利用人工光局部修饰的光线处理方法。在该处理方法下，虽然人物光线不统一有差别，但这种光的变化正是人物运动的再现，是运动造型的一种手段。

第 2 组镜头是莲的视线。从她的视角拍咖啡店门前大姐送丈夫出门的场景，共五个镜头。远景，半阴影处理，光影交错，刻画送别亲人不平静的心情。人物采用现有光照明，得到适当突出，见图 8-26。汽车驶去，妻子和孩子远望相送，中景画面，见图中 b。阴影中的人物采用平光照明，人物衬托在深色背景（房屋）中，无论是色彩还是影调都显得平淡。特别是传统的正面光照明，只显示出人物固有肤色，失去阴影中环境光复杂美丽的色彩，变自然光效法为传统光效法。方法的改变和戏的内容有关：这次分别的实质是去寻找各自的第三者，是幸福的失色。画面色彩应当贫乏而单调，这是对影片主题的暗示。

图 8-26

第 3 组是莲边走边望，去打招呼的场景。共 3 个镜头，见图 8-27。逆光照明，现有光拍摄，画面扬溢着青春活泼的气息。曝光照顾暗面，以现有光拍摄，充分再现出脸的背光面色彩，画面自然丰富、真实美丽。让黄色上衣受光面曝光过度，明亮的色块使画面增添明快气氛，生动地刻画出青春少女的活力，这里又发挥了"自然光三态"的优势。

图 8–27

纵观这场戏，空间统一，时间连续不断，但镜头之间太阳的位置却不断改变，见图 8–25。1 号机位，太阳处在侧逆光位；2 号机位，太阳位置发生 180° 改变，处在顺光位；3 号机位，太阳又一次改变，处在逆光位。三个机位，太阳也随之在三个位置上，这在现实生活中是不可能的，但是在艺术里却是可以的。一切都是为了艺术的表现和需要，而这正是艺术创作的本质体现。在光的创作中所谓衔接，不仅仅是真实的衔接，更重要的是光的气氛，光和艺术表现的衔接。

在光线处理方面，这场戏使用了多种方法：大姐送夫出走镜头（图 8–26b）是采用传统光照明方法处理，追求固有肤色的真实再现，色彩相对简单，影调平淡，这样处理是主题造型的需要。莲的镜头（图 8–27）采用自然光效法处理，用现有光拍摄，追求自然光三色的再现，造型需要时，采用人工光修饰法突出人物。

影视光线处理的最终目的是艺术的表现，不仅仅是对生活真实的复制，明白这个道理，才算是懂得艺术创作。

花园外景

二姐夫唐从凉台看到妻子在花园里洗衣服，来到花园，亲热中，妻子告诉他"我怀孕了"，这是一场充满美好希望的戏，需要美的造型、美的色彩，以渲染爱的情感。

这场戏是在烈日下以逆光拍摄，充分利用花园多彩的环境光渲染色彩。在具体拍摄中，采用多种方法处理光线。

（1）凉台上唐看到妻子的镜头，全景，见图 8–28（彩图 30）。

二楼凉台，逆光照明，人和树都在阴影里，亮度范围很大，阴影中的人物需要人工光平衡。用一盏散射光灯 a，在人物正前方（塑型光位），照明人和景（树）。其照度控制在：当远处阳光照射的楼房，在曝光过度时还能保持可见层次，此时人脸密度正好是阴影效果。一般比曝光点低 1~2 挡光圈。

这是一个具有传统性质的自然光阴影照明方法。使用柔和的散射光灯是自然光效法特征，塑型光位却是传统照明手段。这里二者混合使用：散射光消除影子，保持阴影光线特征，塑型光又具有塑造体的功能，二者结合，应当说是现代"阴影照明"的好方法。

图 8-28

（2）花园，日景逆光，见图 8-29（彩图 31）。

丈夫唐来到花园看妻子。这场花园的戏，景色拍得非常完美，虽然是在烈日下，却没有杂乱的阴影，绿色又是那样丰富多彩，色相和明度都具有细腻的层次，既和谐又明快。逆光的荷叶呈现半透明的绿色，显得非常艳丽，受光面的叶子，不单调而多变化……这些表象，在现实中都难以见到，在电影中出现就更难得了。

画中的树干，人工痕迹很明显，是假树干；花园是人工布置的花园；各种景物安放得很有技巧，为构图形式美的创造提供了方便。这样的拍摄点，在选景时，摄影师就要考虑拍摄时间（太阳位置）和画面光线处理。一座楼房将明亮天空挡掉，为亮度平衡造成方便，用大块白屏（蝴蝶布）遮挡阳光，变直射阳光为散射光，保持阳光的色温、强度和方向性（逆光方位），消除景物阴影，让影调柔和，同时色彩又不改变，再现出景物固有色彩。

照射在人物身上的阳光，实际上是用人工光模仿再现出来的。用一盏大功率镝灯 a 在太阳方位（逆光位）照明人物（唐）和周围景物（荷叶），有意使其曝光过度，形成明亮的高光斑，造成烈日效果，创造明快气氛。

从画面上看，人物背光面用人工光修饰过，而且是聚光灯照明效果，在不显眼的地方留下

图 8-29

不应有的影子。这盏灯 b 是在侧光位（人物的左前斜侧光位）照明人物背光面，起到副光作用，调节光比，再现出阴影中上衣的青色调。从色彩来看，这是白光照明，很可能是高色温镝灯而白光照在人脸上，会削弱脸部树阴下环境的绿色调。但银幕上人脸"绿色调"很浓重，很可能将 b 灯照在人脸的光线用绿色滤光纸（c）遮挡，减弱光强的同时也染绿了脸色，渲染了绿荫下的环境光特征。这种方法是追求"光色理论"的自然光效法的常用照明技巧。

夫妻悄悄话

　　这个场景中，二姐悄悄告诉丈夫自己怀孕了，见图 8-30（彩图 32）。这是夫妻间最美的时刻，所以要把人物拍得最美。从画面中可以看到，二姐的色彩最丰富，如同印象派画家莫奈的画一样，美妙极了。这是前一镜头的继续，花园的直射阳光还是被白屏柔化成散射光，人物选择逆光处理。同样是高色温聚光灯的主光灯 a，在靠近太阳方向的侧逆光位照明二姐，勾画出脸部轮廓；聚光灯 b 在头顶上方垂直照明头顶和左侧"太阳穴"，这盏灯用得很巧妙，类似中午阳光照明效果，给画面增添阳光感觉，在造型上，让脸部形成"夹光"效果，两侧是受光面（亮）中间（正面脸）是背光面，这样为丰富的环境光提供更多展现机会。二姐使用黄色塑料盆 d 洗衣服，阳光照在黄盆上，反射出来的黄色散射光投在其鼻底、下巴、脖子上，形成黄味的肤色。这束黄光如果强度不够，可以在盆底放置金色铝箔或用黄色吹塑纸代替水盆直接反光照明人物。照明二姐额头、眉弓、眼窝、颧骨等部位的光线，是来自对面丈夫蓝色上衣的反射光 e，所以这里又呈现出较暗的蓝味肤色。如果蓝衣现有光不足以达到照明要求，也可以用灯光直接照明蓝衣增加反光强度，或者在人物身后摄影机捕捉不到的位置上，用蓝色吹塑纸模仿蓝衣反射光照明人物。处理的方法很多，而根据现场可能因地置宜，就是灯光创作。

图 8-30

　　印象派光色理论主要体现在阴影上，照明阴影的光线是蓝色的天空光和彩色的环境光，与阳光相比，这些光都很微弱，即使用人工光加强，也不能与阳光平衡，因为平衡就会失去环境光的色彩感觉。所以外景阳光下，追求自然光三态的光色处理，多采取逆光、侧逆光照明。这在静态构图中容易体现出来；在运动镜头中，运动常常改变光线结构，一旦出现顺光、斜侧光、侧光结构时，影像会出现严重的不平衡。图 8-31 是长镜头中的三个画面

图 8-31

a：二姐边唱歌边洗衣服，这是镜头的主要画面，脸部处在背光面中，色彩非常丰富，影调完整。b：二姐抬起头看丈夫，背光面减少，受光面增多，出现曝光过度，亮斑增多，但还可以忍受。c：二姐仰起头，侧顶光照明，面部阴影减少，受光面严重曝光过度，失去应有的层次。

在传统照明方法里，这种不平衡画面不能使用。但在影片《夏天的滋味》里，摄影师李屏宾却大胆地多次使用。曝光过度造成的不平衡画面，有时能表现出阳光烈日的感觉，呈现出热带越南的环境特点。所以现代影视艺术是大综合的艺术，曝光过度、不平衡等手段，都可"综合"到作品里，成为艺术语言。

发现"幽会"

与上例相比，同一地点、同一机位、同景别，不同构图，可以作为对比，见图 8-32。（彩图 33）丈夫出差归来，妻子帮他在花园里洗手。照明方法与图 8-30 相似。不同之处有两点：（1）黄盆改成蓝盆。唐脸的暗部呈现出蓝味肤色，给人寒冷感觉，暗示夫妻间出现不幸的色彩（丈夫在外偷情）。灯 b 是小型聚光灯，专门照亮装水的蓝盆，反射光将唐的暗面脸部染成蓝味肤色，内盆中装有碎镜片，水的波动产生水纹反光，在脸上不时闪现，揭示内心有鬼的心境。（2）主光灯 a 在唐的顶逆

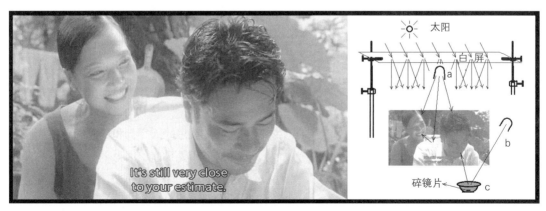

图 8-32

光位照明，将唐的背部白色衣服、头顶和妻子侧面脸照亮，白衣的反光又成为妻子的主光，将妻子背面脸照亮。随着妻子头部前后的动作，脸部忽亮忽暗，再现出光线的真实感觉。二人脸部色彩不同：一个是微弱蓝光照明，一个是较强的白光照射；人脸一个是阴暗的蓝色，一个是温暖的正常色彩；一暗一亮，形成鲜明对照，再现了纯情和欺骗。摄影师有意让白衣人脸曝光过度，形成明亮的光斑，大反差、强对比，具有不和谐危险的味道。

从这里可以看到，同环境、同机位、同景别、同人物，表现意图不同，光线处理应当不相同，要有微妙的变化，揭示不同心态，这是摄影师用光的目的。

8.3.3.3　日本电影《厕所女神》
母亲流产

见图8-33画1，全景光线处理，该场景表现回忆：因欠债母亲遭黑老大威胁，危难中流产，生下女儿花菜。这是外婆对花菜的讲述，是对母亲过去的赞美，而不是痛苦的回忆。

采用晴天逆光拍摄，大反差、强对比刻画对立情绪。不仅在光线上具有亮与暗的大对比，在色彩上也是大对比处理。恶人被赋予黑和红的色彩：黑既有力度，又是黑暗势力的表色；红色激烈、血腥，杀气腾腾，一付威胁相。母亲则是一身黄色，黄是光明的色彩，也是危险的色彩。明与暗，黑与黄不仅刻画出对峙的力度，也刻画出善与恶的对立。

镜头像是加了白纱而被雾化一般，笼罩一层雾状，这是塑造"回忆时空"的手段。

光线处理：采用传统的外景晴天逆光下拍摄，见画1。灯a在摄像机旁，从正面照明主要人物，再现人物阴影中肤色。光比较小，背光面较亮，不注重逆光的真实自然感觉。背景有群众，但是照明并不是均等给以照亮，画面中主要人物母亲和三个打手的亮度高于周围群众，中间亮、四周暗，是典型的传统的封闭式用光方法。

曝光稍有过度，明亮的受光面失去应有层次。这是摄像机宽容度较小产生的现象，在这里被当作刻画暴力对抗的手段，也有利于刻画"回忆时空"。

人物光处理见画2为打手的中景画面，逆光下拍摄，照明人物背光的灯a在摄影机旁，从正面照明人物阴影部分，这是平光效果，人物头部失去了应有的立体感觉，呈现出平面状。从造型角度来看是失败的，但这是回忆的场景，而回

图8-33

忆中的影像是朦胧的、不清晰的。因此打手中景画面照明的这种粗糙性，恰好是表现回忆影像的需要。

所以传统照明与现代自然光照明，仅仅是方法的不同，没有好和坏之分，更没有先进与落后的分别。在摄影创作中，哪种能生动地表现出自己的创作意图，就用哪种照明方法。

花菜男友在操场上练长跑

这是一个"对着太阳拍摄"的场景。

中学时代花菜的男朋友在运动场上练长跑，为了表现烈日下的刻苦训练，摄影师采用对着太阳拍摄的方法。明亮的太阳或烈日下人物背光面阴影的亮度范围很大，远远超过现有摄影手段能容纳的宽容度，所以拍摄这类镜头摄影难度较大。为了不让天空曝光过度而全部毛掉，必须缩小光圈，这样，逆光下的人物就成了黑色剪影。而戏剧需要具有最低层次，让观众看清这是谁，就必须使用强大的灯光给予平衡。最低要用5kW~10kW灯具在近距离位置上给予亮度平衡。一般都是采用传统照明方法，灯位有两个：一个在摄影机旁从正面给阴影全面照亮，另一个是在人脸前方即塑型光位照明人物。二者都可以平衡亮度，差别是体的表现功能不相同。这里采用的是后者，塑型光位，脸部正面稍亮侧面稍暗，具一定体感又保持了阴影光线状态，见图8-34。

图8-34

影片结尾

关于这部影片的结尾，见图8-35。

画1 镜1，晴天，大全景，斜侧光照明，现有光拍摄。

影片结尾，全家人走在宽阔的海滨大道上，畅谈着对外婆的爱。在她的关怀和帮助下，才有今天的愉快生活，这是本段的主题。宽广的空间、明媚的阳光、柔和的调子是摄影创作的意图。晴天下采用斜侧光照明，受光面较大，阴影较小，现有光拍摄就能真实地再现出景物的固有色，自然真实，没有任何人工痕迹，具有朴实欢快的气氛，这是对影片主题强有力的肯定。

画2　镜2，中景，花菜和家人在一起愉快生活着，侧逆光照明，人工光修饰。

该镜头为前镜反拍。海滨大道，以侧逆光照明，因为海拔低、湿度大，天空散射光较多，背光面照度相对高些，适当利用曝光控制，太阳附近曝光过度，白茫茫一片，失去层次，但大部分天空还保持了蓝色。人物背光面却表现出丰富的色彩关系。母亲、哥哥、姐姐的阴影在蓝色天光照明中，呈现蓝味色彩，真实感很强，自然美丽。从花菜的衣服上可

图 8-35

以看出人工反光板照明的痕迹，微弱反射光修饰衣服的背光面，估计有两个原因：其一，较暗的深色背心需要用光层次；其二，花菜是主体，需要用光给予修饰适当突出。这是自然光效法中，逆光拍摄时常用的光线处理方法，比传统方法节省大量照明器材。

画3　镜3，大远景，侧逆光照明。

现有光拍摄大远景镜头时，无法给人物打光，只能采用现有光拍摄。利用曝光控制影调，保持全场镜头统一衔接。构图上注意突出主体的处理，一般亮的主体放在暗背景上，暗的主体放在亮背景上，利用对比度适当突出主体。

这个画面的构图很有趣，充分利用堤坝线条透视，向远方太阳汇聚，蔚蓝的天空、明亮的太阳、傍晚天边的一抹红色，一家人向远方阳光奔去……摄影创作的诗意情调浓重，寓意深刻。

同一场景的不同光线处理

同一个场景可能在几场不同的戏中出现。戏的内容不同，光线效果应该不同，光线处理方法也应不相同。花菜家庭院在影片中出现了五次日景戏，每次摄影都给予不同的光线、色彩处理，见图8-36（彩图34）。

画1（第1次）　花菜在学校午餐时发现自己的便当里只有一个"国旗太阳"鸡蛋而没有菜，回家后才知道除了自己别人都有，怀疑妈妈有意不放菜，不喜欢自己；

图 8-36

再加上学校开家长会妈妈又拒绝参加，因此花菜更是苦闷，一个人坐在院子里。这时外婆发现了，拿着冰激凌出来安慰她。画面中充满了灰褐色，褐色是红加黑的混合色，既有红色的热度，又有灰暗的感觉，这正是花菜对妈妈行为怀疑的色彩情调；在光线上，用平光照明，大面积暗色块下衬托一块大亮斑，既平淡，又有强烈的亮块；构图杂乱，这些处理都生动有力地刻画出小花菜的心情。

光影结构明显是人工光照明，采用人工光再现的照明方法。日景人工光再现，一般是利用阴天、傍晚或夜晚时间，周围环境光较暗，景物完全利用灯光模仿日光效果给予再现。从画面光线结构来分析：a灯是一盏聚光灯，在画左逆光位照明，形成亮斑，模仿阳光效果，起到主光作用，是主光灯。b1、b2、b3是副光灯，照明阴影部分，正面光照明，不能产生影子，多用柔和的散射光灯，b3照明的效果，看来像是聚灯前加柔光纸产生的光效。灯c是修饰光，用来修饰房间内部景物，一般多用柔光灯，注意不要出现影子。

画2（第2次）　外公去世后，妈妈决定让花菜去陪外婆住。这事对花菜来说，既是好事（喜欢外婆），又是坏事（疑心妈妈不喜欢自己）。以逆光拍摄，镜头进光，大反差，暗部几乎无层次，构图简单。进光在本片多次使用，是花菜与外婆之间爱的象征，在这里是花菜喜悦心情的刻画；而大反差稍暗的调子，虽然还是灰褐色，色彩饱和度更低了，如果前者仅仅是猜疑，现在则是被推出家门。画面中还有点点绿色，让人品味：是希望，是未来的暗示。

这个场景多次出现，太阳进光效果相同，但色彩、光比等不相同，可以判断是灯光模仿的太阳光，是人工光再现的日景镜头。灯 a 模仿阳光照亮花菜家门、灯柱、地面，是塑造环境的主光灯。灯 b 是模仿太阳的效果光灯，一般用大功率聚光灯，在太阳方位照射镜头。灯 c1、c2 是副光灯，在摄像机两侧照明环境。灯 d 是环境修饰光，修饰"花架"下方景物（花盆、家具等）。

画3（第3次）　花菜在外婆家不愿打扫厕所。休息时，二人坐在屋檐下，外婆告诉花菜：厕所里住着一位美丽的女神，如果把厕所打扫得干干净净，就会变得像女神那样美丽，你不是想要变成温柔的新娘吗？说不定厕所女神会帮你实现。这是花菜人生立志的基础。机位角度、进光效果、色彩基调、画面构图等都与前者相似，但摄影师利用曝光控制使画面成为明亮的高调，阳光给画面笼罩一层白雾，使银幕增添朦胧的神秘气息。特别是前景绿树枝几乎占满大半个画面，在叙事上交待时间季节，在表意上，绿色是希望的色彩、成长的色彩、充满生命力的色彩。光、色都处理得非常优秀。

该镜头同样使用人工光再现方法。两个主光灯：灯 a1 在机位左侧较高的位置上，照明外婆、花菜、环境和地面。灯 a2 在右侧，模仿太阳光（稍后侧逆光位）照明花菜家门、地面等。灯 b 是效果光，同一盏较大的聚光灯，对着镜头照明，模仿太阳进光效果，注意这里太阳进光效果与前者相同（大小、方向、强度相同，说明是同一盏灯造成的效果）。两盏柔光灯 c1、c2 做副光，在摄像机两侧照明环境，从画面看来，副光灯照度较高，光比较小，便于造成曝光过度的高调画面，增添神秘色彩。

画4（第4次）　院子里妈妈在晾衣服。花菜为写"我的父亲"作文，问起爸爸的事，引起妈妈不满的回忆。寒冷的蓝灰色替代了温暖的灰褐色。顺光照明，调子平淡，红与蓝以及白与黑的服装色彩，刻画出母女不同心态。浅灰色调子、雾状影像刻画出母亲痛苦的回忆感觉，和花菜不甚明了的疑问心情。这是人工光再现的日景，机位和光线结构与第 1 次相似，灯 c 模仿阳光在画面里制造一个亮斑，主光灯 a 是一盏较大的聚光灯，在左侧较高位置上照明母女和环境；副光灯 b1、b2 是两盏较大的柔光灯，在两侧对画内普遍照亮；副光灯 b3 在左侧较远处对树后深处墙面照明，调节该处亮度；副光灯 b4 在房内，对透过门看到的景物照明，产生日景房间内应有的密度。光线结构与第 1 次相似，不同的只是光比和曝光不同。

画5（第5次）　圣诞节早晨，哥哥姐姐为争圣诞老人礼物而吵闹着，小花菜唱起圣诞歌，平息了不愉快，被姐姐称赞为"我们家的小绿洲"。镜头是院子里的外婆在聆听花菜的歌声。机位方面，每次拍外婆家都是同一角度。同样是镜头进光，光线结构与第 1、2、3 次相似，同一方向、同一强度、相同的效果，只是光比不同，反差相对柔和了，阳光不仅给画面罩上朦胧的雾状，多彩的"光点"（俗称"糖葫芦"）也渲染了美感。绿色调子、一点点红花、白门、白灯柱、白桌子等等都刻画出小花菜的纯洁、善良的性格和美好的未来。

光线结构与第 1 次相似，不同的是使用了两个主光灯：原主光灯 a1 还是在太阳方向模仿阳光在画中形成亮斑，主光灯 a2 在摄像机右侧原副光位置上照明人物和环境，这是一盏聚光灯，在人物身后留下影子。取消了修饰花架阴影的灯 d。加大副光灯 c。效果光灯 b 还是在原位模仿太阳，照射镜头，产生进光效果。光比加大了，曝光减少了，形成较暗的蓝绿色调，拉开与前几场色彩、影调、光线的差距。

8.3.3.4　日本电视剧《直率的男人》

街道　外　日　晴

松岛走在街道上的场景，见图 8-37。以逆光照明，深色背景和衣服，人物具有明亮的轮廓；以暗调处理，形体突出，但脸部较暗，从画面上看到，用柔和的散射光灯 a 在斜侧光位照明脸部，使面孔得到适当突出。

图 8-37

工地　外　日　晴

松岛与熊泽因为修改设计图纸问题，发生争论。对切镜头，见图 8-38。

画 1　镜 1 大中景，松岛和熊泽二人在争论，正面角度拍摄。太阳在摄影机右侧斜侧光位，以现有光拍摄。松岛正面脸是亮的，熊泽正面脸是暗的，一暗一亮，没有人工光修饰。黑色衣服、白色安全帽，黑白亮度差别很大，摄像机无法平衡，所以人脸、浅色灰衣曝光过度，特别是白色安全帽，受光面失去层次，白白一片。

画 2　镜 2 以松岛为前景，拍熊泽近景。在摄影机方向用人工光对人脸暗部进行照明，提高背光面亮度，显示出人物表情。在外景阳光下用反光板会更经济些。

画 3　镜 3 以熊泽为前景，拍松岛近景。现有光拍摄，反差很大，而且不用灯光修饰。更有趣的是人物光线来自人物的侧光位，这与镜 1 的斜侧光位不相同（太阳在摄影机右前方），改变了镜 1 的太阳位置。这样处理的原因可能有两个：其一，松岛是个性格梗直的人物，需要用大反差、强对比的侧光刻画他的形象。其二，摄影机位置正好是在人物的斜侧角位置上，太阳光也在这个斜侧光位照明，阳光和摄影机方向一致，画面必然出现平光效果，满足不了造型需要的大反差效果。所以改变阳光位置，不用任何灯光修饰人脸。这与上个镜头中熊泽近景的调子不衔接，一亮一暗。在电影中很少见到这样处理对切镜头的

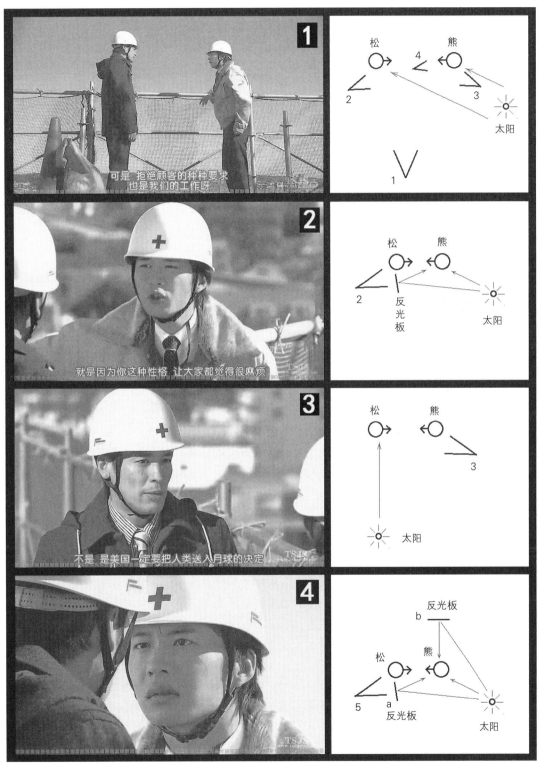

图 8-38

人物光线。在电视剧里，忽视艺术的整体美，突出局部美，则是常见的现象。就像曝光，只顾人脸肤色正确还原，白色安全帽、背景中的亮斑就不管了。这就是人们常说电视剧"影像粗糙"的原因之一。

画 4   镜 4，以松岛为前景，拍熊泽特写。在争执中，松岛的意见遭到熊泽强烈的反对。为了刻画出熊泽反对的力量，在特写镜头里，摄影师对熊泽的人物用光进一步刻画，在正面光基础上增加侧光 b 修饰人脸暗部，在暗面里造成次暗面，加强背光面层次，在造型上立体感更强，在表现上，背光面影调的改变突出了人物的反对力度。

从这场对切镜头的光线处理可以看到，空间统一、时间连续不断，但人物光线却不断改变，这是不真实的，在现实中是不可能出现的现象。但在现代日本电视剧里，这样运用光线，观众感受到的是光线变化造成的情绪上的感受，而不会注意它的真实性。看过这场戏的人不会提出光线的不真实问题，他们感受到的是戏剧情绪的渲染。

当前电视剧的用光，由于成本问题，在制作中，虽然达不到电影艺术那样的完美，但其光线处理还是不忘艺术的追求、光的表现。认为电视剧只是"讲故事"而不具有艺术表现的观点是不能成立的。

8.3.3.5　法国纪录片《多格拉之歌》

纪录片的特性是抓取现实的画面。现有光照明既真实又便于抢拍，是纪录片最好的照明方法。一般现有光照明的难题是亮度平衡，不可能每个镜头的摄影都能选到光线平衡的画面，因此画面上总是存在某些缺憾。但影片《多格拉之歌》（*Dogora*，2004）不同，导演兼摄影师帕特利斯·勒孔特（Patrice Leconte）把光的不平衡变成美的感觉。下面选几个逆光照明下，反差很大、光线不平衡的镜头画面，了解他处理不平衡的技巧，见图 8-39（彩图 35）。

（1）曝光照顾亮部。

让阳光照亮的部分正确曝光，再现出完美层次和质感，因此人脸曝光不足，就让它呈现为半剪影状态，表现出热带强烈阳光下的人脸亮度感觉，全片几乎人脸都是暗调的。

画 1   侧逆光照明，被照亮的毛巾色彩、质地都很完美，在暗色背景衬托中很醒目。阴影里的脸虽然昏暗不清，但还能分辨出来。妙在毛巾阴影，透过的一点点阳光刚好衬托出暗中的人脸，使人物造型独特美丽。

画 2   水边小孩。逆光下衬托在明亮的水面上，反差极大，摄影师有意选择这种大反差画面拍摄，按水面亮度曝光，让人物成半剪影。

（2）逆光照明利用半透明体制造美。

画 3   气球在逆光中呈半透明状态，衬托在暗背景上。充分表现气球的质地感觉。随意式的构图、虚实对比、似有似无的人脸……诗意味道浓重。

画 4   各种不同色彩的饮料瓶在逆光下呈现得五光十色，线条上垂直与水平的对比、

图 8-39

平与斜的对比……可以看出摄影师在现场抓取造型美的能力。

（3）利用逆光大气透视塑造美。

  画 5 大气透视的雾化效果、逐次变化的影像、红色的调子……热带傍晚的气息十足。

  画 6 同是大气透视，同是暖调，但美的感觉不同。

（4）曝光照顾暗部分。

  画 7 中午时刻水平面亮，垂直面暗，光线不均匀，反差极大。曝光照顾垂直的暗面。让阴影景物具有丰富的层次，明亮的地面曝光过度，白白一片。大反差画面被处理得十分美妙。

（5）折中曝光，两极调子。

画8   逆光对着明亮的天空拍摄阴影里的建筑物。折中曝光，黑的黑、白的白，点、线、面的构成等塑造出一幅现代派黑白版画的风格，非常美丽。从这类镜头的造型，可以看到摄影师的审美能力及审美修养的重要。

8.3.4   阴影和半阴影的处理

拍摄表演场面时，人物在不断地运动，有时在阳光下，有时在阴影中，甚至在同一个镜头里可能出现不同的光线环境。

遮挡阳光的物体不同，产生的阴影性质也就不同。大体分两类：其一，半透半挡的阴影，如大树下，透过树木缝隙的阳光斑斑点点洒在地面或景物上，此时阴影与光斑同时存在，被称作半阴影。其二是在房屋、凉亭等阴影里，其特点是没有光斑与阴影交错，景物都处在阴影中，被称作实影或阴影。

阴影里的光线是以天空散射光和周围的环境反射光照明。垂直的天空光在阴影里分布不均，水平面亮、垂直面暗。天空光色温较高，阴影里呈现出较暗的蓝灰色调，人物处在顶光照明中。因此阴影里的光线处理主要解决：

（1）阴影和非阴影的亮度平衡。被阳光照亮部分与阴影部分亮度反差远远大于动态范围。按亮部曝光，阴影区影像昏暗，主体不突出；按暗部曝光，阴影区虽然有层次，但阳光区域曝光过度，失去应有层次。

（2）阴影里主体人物处在顶光照明，被认为不美，需要用光重新塑造人物形象。

因此在影视作品中，阴影里的主体人物一般都需要用灯光给予适当处理。不同的照明方法，处理阴影光线的方法也不相同。

8.3.4.1   传统的处理方法

人物处在阴影里，自然光往往平淡而缺乏层次变化。因此传统的处理方法有两种：

（1）用机位光处理阴影中人物，提高主体的亮度。主体在正面光照射下可能显得平淡，因此常用侧逆光打一个光斑，丰富阴影层次。

（2）人物处在阴影里，可以用人工光重新布置主光、副光和修饰光。

如果背景里存在着阳光照射的明亮部分，人工光要考虑与阳光部分的平衡。

影片《昂山素季》

昂山将军是缅甸开国名将，被独裁者陷害。女儿昂山素季回国后遭软禁，影片描写她一生的事迹。画面环境是热带林荫，见图8-40。热带和亚热带阳光强烈，阴影与阳光反差更大。为保持阴影气氛的同时又突出主体，我们看到在主光灯a前加柔光纸，在人物视线前方照明人脸，正面较亮、侧面较暗，脸上没有影子，这是阴影里散射光特点。主光亮度低于曝光点，较暗的肤色虽然再现了阴影里的肤色，但对主体人物不够突出，因此用聚光灯 b，灯扉收缩，形成狭小条状光束，在斜侧光位照明眼睛部分，形成亮斑，突出主体形象。这是模仿透过树隙的阳光效果，是效果光。真实的环境里会存在树隙光束，但树木较高，光束边界不清楚，一般都是用人工光制造光斑。

这是典型的传统阴影照明方法。

图 8-40

影片《战马》

影片结尾部分，艾伯特获得了马匹，乔伊又回到身边，见图 8-41。人物在房屋的阴影（实影里），意外得到思念的马而喜出望外。需要让观众看清人物心理。阴影里的现有光不能满足摄影的造型，需要重新用光塑造人物形象。这里采用传统照明方法，主光灯 a 在侧光位照明脸部，半亮半暗的大反差给人力量感；副光灯 b 在视线方向照明脸部，正面亮侧面暗，有体感，又没有影子；修饰光灯 c 在侧逆光位照明人脸暗部侧面，使暗面中增加一个次暗面，不仅增加影调层次，也增加了立体感觉。再现出原有肤色。

图 8-41

8.3.4.2　自然光效法

自然光效法主要是根据环境提供的光线可能性和画面造型及其表现的需要，用人工光适当地加强，突出某些环境光线特征。下面有几种不同的自然光效法，具体处理还有差别。

阿尔芒都自然光效法

（1）影片《天堂之日》中的麦田外景。年青农场主萨姆与艾比谈话的镜头。环境是麦田收割机阴影里，见图8-42。透过空隙可以看到明亮天空和田野，亮度反差很大，用灯a加柔光纸在摄影机旁对画内进行普遍均匀的照明，再现出阴影里需要的层次。但人物光线太简单，缺乏体的塑造，通常要用灯光给予修饰。阿尔芒都的自然光效法主张少用灯或不用灯。这里就

图 8-42

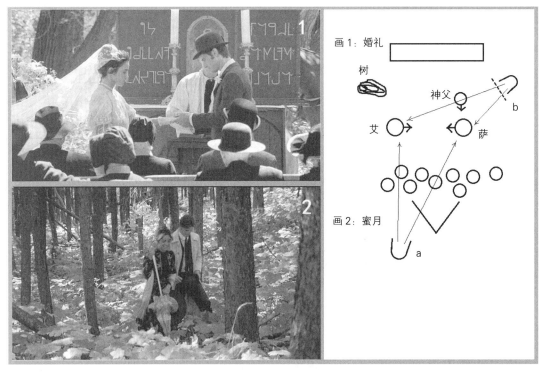

图 8-43

少用了修饰光灯。

（2）影片《天堂之日》中结婚和蜜月的两个画面，见图8-43。结婚这场戏是全片色彩最丰富、人物最美的画面。在绿色树林中进行婚礼，中午逆光拍摄，透过树木的阳光斑斑点点撒在人物身上，活泼、欢快、美丽。白纱黑衣在阳光阴影反差很大，用灯a在摄影机旁对画面进行普遍均匀的照明，提高阴影亮度，再现出温暖的肤色。用聚光灯b在侧逆光位修饰新娘脸部和新郎头部，增加形象美的感觉。阿尔芒都一般不用修饰光，但必要时仍会使用。

蜜月画面也是林中逆光拍摄，相似的环境、相同的光线条件，但处理方法不相同，这里采用现有光处理，没有使用任何人工光处理画面。两幅画面欢快的气氛明显不同，这就是阿尔芒都的光线艺术魅力。

前苏联自然光效法

（1）影片《自己去看》，环境为林中遮阴棚下。阳光被遮阴棚挡掉，照明棚下阴影里的格拉莎的光线是来自周围环境的反射光，见图8-44。林中光线较暗，棚下就更暗了。需要用人工光给以再现。灯c是柔和的散射光灯，在人脸正前方脚光位置照明脸部，亮度较弱，模仿地面反射光。灯a、灯b两盏加柔光纸的聚光灯，在两个侧逆光位照明侧面人脸，模仿来自后侧环境反射光和天空光，相对稍亮些，形成夹光结构，两侧亮中间暗，这是在20世纪80年代影视作品里很少见到的光线效果。

（2）同上影片，游击队转移，弗廖拉被遗留下来，在林中与格拉莎相见。环境是林中树阴下，一束阳光透过树隙，投在格拉莎脸上，见图8-45。随着人物动作，脸上的光斑时有时无，突出了主体，也刻画出二人相见的心情。这是典型的半阴影光线结构，采用自然光效法处理。现实林中树冠较高，透过树隙的光斑边界模糊不清。影视摄影再现这种效果，

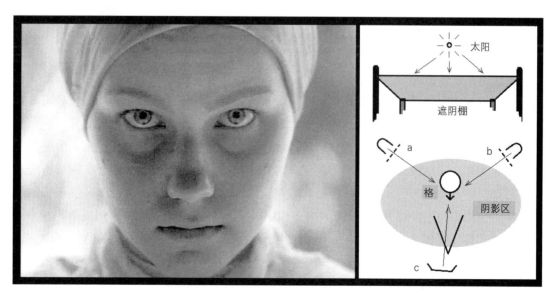

图8-44

图 8-45

一般都是用人工光模仿（灯 a）：在聚光灯前放树枝，让灯光透过树枝投在脸上，灯 a 是白色光线，正确地再现出肤色。调节树枝的距离就可以控制光斑的虚实。未被照明的阴影部分很暗，在传统照明里通常用灯在在视线前方照明人脸。而自然光效法要保持环境光的真实结构。从银幕上看，阴影部分用灯 b 打出色温较高的柔和的光线，灯前加淡蓝色滤光纸和柔光纸。灯位较高，在格拉莎头前上方，模仿天空光照明脸部。反光板 c 在人物右侧逆光位上照明人物，给脸部和肩部勾画出亮轮廓，再现出远处明亮的地面环境光特征，同时也完成造型任务。

苏联自然光效法注重光线结构的真实模仿，忽视环境光色彩的反应。

8.3.4.3 印象派自然光效法

影片《夏天的滋味》，日，外，树阴里的兄妹早餐。

根据印象派光色理论，人物在树阴下，处在绿色环境光照明中，人物应该呈现出绿味的肤色。但现实中树阴里的环境光很复杂，除了透过树叶的绿色透射光之外还会有很多其他周围环境色光影响。只有画家的眼睛能看到这些微妙的色彩变化，一般人察觉不到。当代电影摄像影质量虽高，但在这种环境下以现有光拍摄，也不一定能如实地再现出这些微妙的色彩关系。摄影师要想在银幕上再现出树阴里美妙的色彩，必须采用一定的技巧给予模仿再现。影片《夏天的滋味》的摄影师李屏宾在拍这个镜头时，有意加强环境色彩的创作，从上个镜头由室内摇到树下就餐的画面中，可以看到在餐桌上方，用塑料布装置了一个青色遮阴棚，见图 8-46（彩图 36）。在生活中，这可能是街边早点铺的遮阳环境。一般遮阳棚色彩多样，没有固定色。影片中采用青色的目的很明确，就是为了加强树阴空间环境光的青绿色调。

阴影里拍摄，透过塑料棚的天光往往强度不足，需要用灯光加强，一般 a 灯多用较大的高

图 8-46

色温镝灯，在天空方向垂直照射塑料棚，透过的青色光与树阴绿色光混合成青绿色光，这是树阴环境应有的环境光，做人物副光使用，因此人物脸上暗面呈现出青绿味肤色。哥哥海的白色上衣阴影部分很明显被染成青色，莲的青色上衣加上青光，色相没有明显变化，但饱和度提高了。二人正面脸较亮，如同被天空光照亮。从环境来看，如果透过塑料棚边缘的天空光，只能来自一个方向，树的左右两边就不可能出现相对二人正面都是受光面的情形。所以这是人工光照明效果，而且是采用交叉光处理人脸。这两盏灯（灯 b、灯 c）一般多用高色温冷光灯直接照明，这样更方便。

　　三种自然光效法中，印象派光色理论更接近真实情形。

8.3.5　影片实例

8.3.5.1　美国影片《战马》

　　战争结束，在处理战马的拍卖会上，德国农民博纳特买到战马乔伊。但是当乔伊看到原主人艾伯特时，跑到他身边。最后博纳特决定将战马送给原主人。这场戏的环境是营地街道，时间为早晨日出时刻。

　　较低的太阳把房屋的影子投在地面和墙壁上。人物的活动都在阴影中，见平面图 8-47，

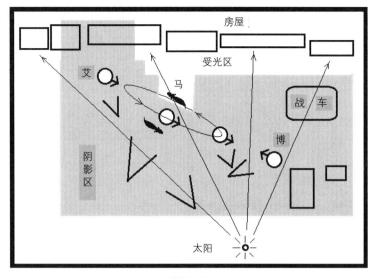

图 8-47

画面见图 8-48。

画 1 镜 1，马和人物都在阴影里，受光墙面非常明亮，半阴影结构，画面反差很大，为了突出人和马，使用灯光照明。灯 a 是一盏大功率聚光灯，在摄影机旁（顺光位）对画面进行普遍照明，展示出马和人的形象。灯 b 也是一盏聚光灯，在艾伯特身后侧逆光位照明人物轮廓，将艾伯特侧面脸照亮，形成一小块亮斑，使主体突出。无论是使用的灯具，还是照明方法，都是传统照明手段。（在斯皮尔伯格的现代影片里，传统的照明方法同样具艺术表现力）。

画 2 镜 2，晴天阴影里（实影，被阳光照亮的墙面消失不见），灯 a 在摄影机旁照明人和马，起主光作用，展示人和马的面貌。灯 b 在侧逆光位修饰人和马。主光（灯 a）和修饰光（灯 b）的亮度，由阴影中墙面亮度决定，灯光越亮，墙面越暗，反之灯光暗则墙面亮。人工光亮度决定画面影调，照明方法与上镜头相同。

画 3 镜 3，艾伯特虽然爱乔伊，还是决定把马还给博纳特，造型上为了刻画失爱的痛苦，艾伯特的造型应有力度感，还要给人以美丽心灵的感觉。摄影师在用光上进行细线刻画，灯 a 在侧光位照明艾伯特的脸，半亮半暗，发挥侧光有力的表现力，

图 8-48

模仿身后被阳光照亮的墙面反射光效果，起主光作用；灯 b 在视线前方照明人脸，这是人物副光，与主光形成较大光比，是获得力量感的重要手段；灯 c 在人物侧逆位置照明人物，给暗面里增加一个次暗面，起到修饰光作用，不仅修饰形体，也美化了人物形象。这是典型的传统人物光照明。

在半阴影镜头里决定灯光亮度的不是阴影（暗面）亮度，而是被阳光照亮的受光面：灯光越强，亮面变暗；灯光越弱，受光面越亮，甚至曝光过度白白一片。

画 4 镜 4，在阴影里的博纳特近景，实影照明。主光灯 a 在人物右侧光位照明人脸（主光与上镜明亮的墙面保持同一方向），副光灯 b 在视线前方将主光没照到的背光面照亮，与主光光比较小，刻画出心地善良、慈祥可爱的老人形象。修饰光灯 c 在人物左后侧逆光位照明头部，修饰背光面里的白发，美化了人脸形象。

8.3.5.2 《夏天的滋味》

莲和托安相爱的场景，日，晴，郊外的树阴，见图 8-49（彩图 37）。

画 1 镜 1，莲的近景，自然光效法。为了表现恋爱中女人的温柔，用散射光灯 a 在人的右斜侧光位照明莲的脸部。灯位稍高，照度较弱，刚好区分出体面关系，既有阴影光线特征，又修饰了人物形象。从光位来看是传统照明手法，从光的性质来看，散射光照明又是自然光效法。色彩比较简单，没有花园里的戏那样丰富。这应该与环境色彩有关，开阔的田野中，除了绿色的田野和黄色的土地外，色彩缺少多样性变化。

画 2 镜 2，二人中景。莲、托相爱，环境为树阴下，人物在阴影里。环境开阔，阴影里有足够的光线，可以采用现有光拍摄，能再现出绿荫下丰富的色彩，更适合渲染爱情主题。但摄影师采用传统照明方法处理阴影光线，主光灯 a 在后侧方位照明二人，副光灯 b 在摄影机旁修饰人物背光面，两盏灯都是柔和的散射光，光比较小，调子柔和，正是相爱人温柔心情的刻画。没有影子，说明环境是在树阴下的散射光中，用人工光修饰，消除树阴里多彩的环境光，再现出人物的固有色。强调白衣服的纯白以及少男少女纯洁的肤色。

这是影片里第三对男女的爱，是恋爱的"春天"，"春天的滋味"应与夏天不同。

图 8-49

"夏天"是生命的旺季，生长分枝的时期（婚外情）。夏天烈日下，多彩的环境光掩盖了事物的本色。而少男少女的初恋，是纯洁的爱，摄影要再现出"恋人"的本色，消除"环境"光对色彩的影响。

摄影师对三对爱情的色彩处理不同：婚后的夫妻，运用光色理论，强调环境光对色彩的影响，画面色彩丰富美妙，掩盖人的原本肤色；初恋的情人，采用传统光处理，追求本色的展现。

8.3.5.3　日本电影《厕所女神》

晴天阴影有两大类，其一，建筑物的阴影，如房屋阴影，此时照明阴影的光线是天空光和环境反射光；其二，凉棚下的实影，阳光和天空光都被遮挡掉了，只有环境反射光照明。前者属于"开放"的阴影，相对较亮，色彩丰富，多变化。后者属于"封闭"的阴影，光线较暗，色彩受环境色和遮挡物的色彩影响。

晴天阴影里光线处理一般有两种方法：现有光处理和人工光修饰，见图8-50。

画1　镜1，中学时代的花菜，一边上学一边练琴，还要与男友约会，感到力不从心，这对两人都有影响，因此，再相见时她向男友提出分手，让双方努力成长。

事情发生在学校操场旁，青藤架下，晴朗的上午时刻。人物处在青藤架下，背后又是一排树木，将阳光几乎都挡掉了。如果采用现有光拍摄，现代的感光技术（感光度）是有问题的。曝光若是照顾人脸，环境可能曝光稍过亮，阴影的特征不鲜明。在这场戏里采用

图 8-50

人工光修饰法处理阴影镜头。用一盏散射光灯 a 从人物正面修饰人物，这盏灯可以是较大的高色温冷光灯，也可以是高色温聚光灯，灯前加柔光屏。人物光的照度由画面气氛决定，人物亮，环境就暗，被阳光照射的高光部分有层次。否则相反，人物光弱，环境光就亮了，阴影气氛不足，而且阳光照射部分曝光过度，没有层次。

人脸亮度的处理，要低于曝光点，才能再现出阴影中应有的肤色感觉。

这场戏摄影师处理得很恰当，前景被阳光照亮的地面，虽然明亮但有层次，背景深色树木虽然很暗，但保持了阴影中树木的感觉。晴天阴影的气氛很浓厚。

从照明方法来看，这是传统的塑型光照明，是外景阴影照明的典型方法，在现代的影视摄影中照常使用。

画 2　镜 2，花菜的近景画面。空间缩小，背景失去亮部分，画面很暗。花菜提出停止交往，这是美好的行为，处理她的近景形象时要适当美化。黑色头发叠在深色背景上，形态不鲜明，人脸在绿树阴里也失去常态肤色，这都需要用光给予修饰。从画面上可以看到，在花菜两侧稍后的侧逆光位分别用了一盏低色温柔光灯照明人物：灯 a 在左侧的侧逆光位，主要修饰头发和面部。这盏灯用得很巧妙，低色温光线不仅使头发有了层次，也染上了一点金色，照在脸的侧面上（颧骨和鼻子的侧面）呈现出暖味肤色，柔和的散射光又不露光的痕迹。灯 b 在右侧的侧逆光位修饰头发，同样使头发具有层次和染上金色，这盏灯也照到颧骨，增加了体感。

人脸正面部分受透过青藤的天光照明，虽然微弱，却呈现出冷味的肤色（曝光要对这部分严格控制），与暖味的肤色构成微妙的寒暖对比，色彩非常美，有兴趣的读者可以观看原片来体验这种美感。

画 3　镜 3，男朋友的近景。背景是深色树木，画面低沉压抑。灯 b 是一盏低色温柔光灯，在人物背后，逆光位修饰头发，同样增加层次的金色。灯 a 是高色温柔光灯，在人脸前方（塑型光位）照明脸部，正面稍亮，侧面稍暗，立体感较好，但高色温光使面部呈现蓝味肤色，与花菜相比，失去温暖的色彩，增添一点忧伤的味道。

画 2 和画 3 都是近景镜头，在同一个阴影里，光线处理方法各不相同，表现出的味道也不相同。这主要是因为人物心情不同，摄影师创作意图不同，所以画面光线表现不相同。

画 4　镜 4，结局是花菜深情地吻了一下男友而分别。机位角度发生 180 °变化，从里对外拍摄，以蓝天白云做背景，阴影里黑暗的人物叠在明亮的天空上，反差极大。如果不想把人物处理成剪影形式，只能用灯光照明人物，给予亮度平衡。图中灯 a 是在摄影机旁对人物普遍照亮，使人身上呈现出最低的需要密度，成为半剪影状态，让观众认出人物形象。

8.3.5.4　日本电视剧《直率的男人》
松岛与田佳乃打招呼

见图 8-51，街边，太阳把一侧的楼房影子投在路面和对面楼房上。松岛站在街边与田佳乃打招呼。背景是光影交错的楼房，亮暗反差很大。亮度平衡需要大功率照明灯具，这对低成

图 8-51

本的电视剧摄制组是不可能的。摄影师巧妙运用构图，将人脸放在背景楼房阴影部分上，形成暗背景暗人物，缩小主体与背景亮度范围。然后用一盏较小的散射光灯 a，在人脸前方照明脸部，形成正面亮、侧面暗的结构。再用聚光灯 b 在人物侧逆位置上修饰脸部，在亮面里再造成一个亮面，这样面部三大面（正面和两面）得到区分，完美地塑造了体感，也突出了面部形象。此时阴影部分亮度可以平衡，但背景中被阳光照亮的受光面与阴影还是反差极大，没有平衡。摄影师采用不平衡曝光，曝光照顾阴影中景象，让人脸得到最低应有的密度，被阳光照亮的强光部分曝光过度，白色楼房失去层次。

栗田在街上散发餐巾纸

在街边派送餐巾纸的栗田小姐，把纸巾偷倒在路边小卡车里，被司机发现，这时时老板到来，把栗田炒了鱿鱼。这场戏是在晴天路边的人行道上拍摄的，见图 8-52。

阳光把树木和楼房照亮，人群处在光影之中。在现实中，亮度范围很大，以现有光拍摄，必然出现阳光下景物明亮、阴影中景物黑暗的反差很大、对比强烈的画面。但从这个镜头的画面上看并非如此，亮暗都有层次，影调平淡。

图 8-52

这种效果是摄影师利用电视摄像机"感光特性"造成的。摄像机存在信噪比和灵敏度问题，在规定的照度值和曝光量下，才能获得最佳影像：清晰、饱和度最高、层次最丰富、信号最强（曲线达到100%）。反之像质差、调子平淡。这里就是有意利用破坏信噪比的方法获得需要的影像。我们在电视剧里常常会看到，镜头调子差别很大，时而清晰艳丽，时而昏灰平淡。让人误以为是摄影技术不高，曝光不足，实则是摄影师有意的追求。

栗田近景

　　派送的困难惹栗田心烦，这是她的亮相镜头。栗田虽然是个"混世恶魔"（日本评论界这样称呼），但本质是好人，见图8-53。摄影师用低色温柔和的散射灯光a在斜侧光位对人脸做主光照明，清楚地再现出人物面部美丽的形象，特别是肤色在阴影蓝灰色衬托中显现出温暖感觉，灰色外衣裹着黑、红相间的衣裳，服装的色彩也准确地暗示人物性格。

图 8-53

栗田被炒鱿鱼

　　如图8-54，阴影里用人工光修饰。灯a在老板前顶光位照明人脸，起主光作用。灯b在视线前方照明脸部，灯前加柔光纸，脸上不留影子，起副光作用，光比虽小，但有一定力度感觉。将灯b照到栗田脸上的光线用灯扉挡掉，栗田采用现有光处理，这样二人光线完全不相同，一亮一暗，一暖一寒，一个有反差有力度，一个反差微弱无力。从真实角度来说，二人光线并

图 8-54

不真实，但从表现上，这种光线生动地刻画出二人地位的不同以及栗田倒霉的处境。这就是电视剧的用光特点，在低成本压力下，摄影师尽最大努力也要用光进行艺术创作。

8.3.5.5　纪录片《多格拉之歌》

纪录片一般采用现有光拍摄，晴天阴影里的亮度范围非常大，亮度不平衡的处理很困难。该片大胆地探讨了不平衡的处理方法，见图 8-55（彩图 38）。

（1）曝光照顾暗部牺牲亮部。

画 1　黑色遮棚全黑，没有任何层次，人脸保持最低可见密度，明亮的景物和天空严重曝光过度，白白一片。大反差强对比的两极调子在故事片中很少见。

画 2　同样牺牲亮部，保持暗部最低层次，巧妙地利用蓝色头巾逆光下透过的一点点密度衬托暗脸，具有形式美。

（2）曝光适当照顾亮部牺牲暗部。

画 3　亮部曝光虽然过度，但具有足够层次，暗部人脸曝光不足，但面孔刚刚能被分辨出来。

画 4　与画 3 相似，不同之处是亮部接近正确曝光，层次比前者好些。暗部相似，利用构图突出人脸轮廓，形式感更强些。

（3）曝光照顾亮部牺牲暗部。

画 5　逆光将阴影中的人物肩上黄色毛巾照亮，其他景物都处在阴影之中。曝光照顾黄毛巾，让受光面有足够的层次，具有完美的质感表现。阴影中的人物具有最低层次，头巾、面部大的形态、轮廓线条等都可分辨。注意摄影师有意利用几个色块的构成揭示形象，画面很美。

（4）暗调处理。

画 6　透过胡同的一小束阳光照在地面和小孩身上，亮斑很小。摄影完全可以不考虑亮斑，按阴影曝光以获得较好影像。但是在这里，摄影师有意曝光不足构成暗调画面，使画面显得非一般的暗，景物刚刚能被分辨出来，没有层次的亮斑在暗调画面中十分醒目和美丽。这显示出了摄影师的胆量。

画 7　这是最接近阴影常规的影像。亮部和暗部都具有良好表现，有色彩、有层次、有质地。景物亮度范围不是很大，像是假阴天光效，阳光不是很强烈，阴影有足够亮度。拍摄时摄影师利用构图减少明亮天空部分，为现有光拍摄创作条件。

（5）折中曝光。

画 8　景物亮度范围非常之大，采用折中曝光，亮的亮、暗的暗，中间层次也很少。

图 8–55

画面只有黑、白、灰三个调子。摄影师充分利用点、线、面、色块结构画面，形式感很强，形式美十足。

大反差、不平衡处理影像，往往令人遗憾。但在影片《多格拉之歌》中，不平衡却是美的表现，从中可见摄影师、导演高超的技巧。

8.3.6　人物光处理

8.3.6.1　不同景别人物光处理

景别不同，表现功能不相同：远景和全景画面空间大，人物影像较小，画面主要表现环境、环境中的人和物，在叙事中起到交待作用：交待故事发生的时间、地点、人物动作以及人与人、人与环境的关系。在表现上以空间环境为主，利用空间环境来渲染气氛，制造情调，表现情感，这是远景和全景光线造型的任务。中景空间不完整，人物相对变大，多用来叙事。近景、特写空间缩小，环境特征消失，只能做人物背景，起到衬托主体的作用，人物成了主体，光线多用来刻画人物形象、面部表情、内心情绪，表现细节。

在人物光处理上，不同景别的人物光要求不同，处理方法不能相同。

　　　远景、全景：以景为主，人物次之。在外景中要为远景、全景画面选择富有表现力的阳光结构，光线要在环境气氛上做文章。人物光要注重形体造型，刻画人物的动作和与环境关系，完成交待镜头的任务。

　　　近景、特写：主要用光塑造面部形象、展示面部表情、揭示心理状态。

　　　中景：用光注意人物动作、人与物、人与景的关系。

中国绘画讲究"近求质，远求势"，也是这样的道理。

例1：日本电视剧《仁医》（2009）病房里两个镜头，见图8-56。

　　　画1　中景画面里，我们看到在逆光照明中，躺在病床上、全身包扎的一动不动的病人，以及床前抢救的仪器。光线表现的是重病房的气氛和病危的形势。至于具体的人物是谁、长相如何、性别等都不重要。

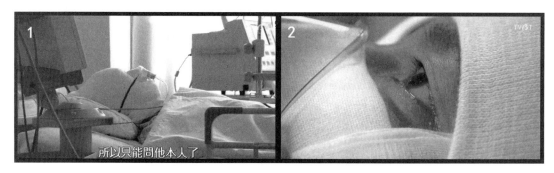

图 8-56

　　　画2　病人特写，空间消失，病房和仪器消失不见，只见裹着纱布的头和一只眼睛，人物形象明确了。顶光照明（对皮肤、纱布来说是侧光照明）生动地再现出皮肤和纱布的纹理结构、色彩感觉，质感强烈。

例2：影片《塔达斯传奇》男主角与农庄主女儿克里斯蒂娜初次相遇的一场戏。

这场戏中几个不同景别的人物光线的处理：克里斯蒂娜一人向池塘走来，在池塘桥上看荷花，不幸落水，被塔达斯和他朋友救起。调皮的塔达斯借着装死，吻了她一下，埋下爱的种子，见图8-57（彩图39）。

　　　画1　远景，克里斯蒂娜向池塘走去。逆光照明，人物衬托在暗背景上，形体完整，半透明的白色纱裙、少女的形体似隐似现。光不仅塑造人物的形象美，逆光下的树林、半

图 8-57

透明的绿叶、微微的闪耀等也渲染了环境气氛，渲染了少女的美丽。在这个镜头里，观众看到的是克里斯蒂娜的整体外形，至于具体的形态如人物的长相、面部的容貌等细节都看不到。光线在这里制造气氛，制造美的感觉，起到"借景生情"的作用。

画 2 大全景，表现来到池塘边，看见水中荷花的克里斯蒂娜欲采荷花的动作。这个镜头的任务是交待人与环境的关系，因此光线处理比较简单，改成阴天顶光照明，现有光拍摄。深色树木衬托白色人物，突出的是人物采花动作，完成叙事中的交待任务。人物的细节无须清楚刻画。

画 3 中景，被救的克里斯蒂娜看着一动不动的塔达斯，以为他死去了，低下头查看，为被吻动作造成机会。因此这是叙事的重要部分，摄影师改为阴天拍摄，去掉了强烈的阳光，给画面增添不幸的气氛。

在阴天的顶光照明中，天空光勾画出人物的的轮廓和稍暗的身体，白色纱裙褶皱在天光照明中纹理清晰，质地感觉很强。人工光 a 在侧逆光位照明三个人物，修饰了三人头部和胸部形态。特别是克里斯蒂娜的脸部形象，在斜侧光中轮廓清楚、线条优美。这是低色温灯光，使画面形成寒暖变化，丰富色彩、渲染情绪。人物的形体、画面情调都进一步得到光的表现，但是面部形象的细节还是不清楚。

画 4 特写，克里斯蒂娜低头试探着……被塔达斯吻了一下，特写空间缩小，环境特征消失，只剩局部作为衬底。二人头部是画面主体，因此用光塑造人脸形象是造型和表现的任务。画面阴天光效自然真实，人脸光线结构微妙复杂，现有光不可能这样完美，可见是用灯光塑造的效果。灯 a 灯前加柔光纸，模仿阴天天光做主光，人脸侧面、颧骨、鼻侧几大面清楚（亮、暗、亮结构）；灯 b 在侧逆光稍高的位置上照明躺着的塔达斯身体和脸部，面部轮廓光线条优美；灯 d 也是在侧逆光位，稍低位置上照明克里斯蒂娜背光面的暗脸，勾画一条美丽的轮廓线，同时也修饰胸前衣裳，刻画出白纱的透明、层次和质地感觉。光效结构复杂，色彩和层次丰富多样。

这是一场情感错综复杂的戏。小姐与奴隶、高贵与贫贱、爱与恨……最后成为拯救者的英雄美人的戏，是传奇影片中一笔浓墨重彩。远景逆光、半透明的白纱、似隐似现的少女身体，刻画出自由自在的美丽小姐。池边赏花的大全景，明媚的阳光消失不见，出现阴天温和寒意的散射光照明，深色的森林衬托着白色的少女和水边荷花，诗意的画面表现出少女的纯洁。落水被救、弯腰查看的中景，暖色的人工光刻画出小姐的温柔善良。面对面的特写，人工光的复杂、优美的轮廓、微妙的寒暖对比、独特真实的自然光效感觉。导演和摄影师利用不同景别不同的光线处理，表现出不同的美、不同的情感，赋予这场戏生动的艺术表现魅力。

8.3.6.2 一个人物的光线处理

《厕所女神》为例，见图8-58。

画1 顺光照明。太阳位于摄影机后方时，画面处在顺光照明中。景物得到普遍均匀的照明，有足够的亮度，不使用人工光就可以拍摄。但是画面影调构成中缺乏暗调子，色彩平淡，空间感不强；地面、建筑物、远山、天空等常常处在明亮之中，此时摄影师需要给画面制造暗色调。在照明中主要是利用景物阴影的选择来结构画面，平衡画面影调构成。

画2 斜侧光处理。在斜侧光条件下，主体受光面较大，约占脸部三分之二到五分之四面积，背光面较小。面部清晰明确，不用人工光加工就可以拍摄。

图8-58

画3 斜侧光照明。为了画面影调柔和以及戏剧气氛上的要求，也可以用人工光在机位方向对阴影进行光比调节。

画4 侧光的处理。主体一半亮一半暗，画面有明显的明暗对比。

传统的布光方法，需要对背光面进行人工光处理，方法与逆光照明相同。自然光效法，可以根据剧情的需要采用不同的方法处理。当剧情需要较大的光比时，可以不用人工光加工，直接用现有光拍摄。当需要较柔和的影调时，背光面需要用人工光加工。此时人工光必须遵守自然光的法则进行模仿，可以突出、强调和夸张某些环境光或天空光效进行暗面加工。

画5 侧逆光照明。太阳在侧逆位置上，人脸大部分处在背光之中，需要用光给予修饰，画面是花菜妹妹近景，用人工光给予修饰。可以用灯光，也可用反光板。

画6 逆光照明。在自然光效法里逆光照明时，人脸的背光面密度需要用灯光给予调节。一般都采用散射光灯照明，让阴影部分没有影子出现，保持阴影光的特征。但在艺术创作中，真实不是唯一目的，表现才是艺术本色。画面是花菜母亲的近景，她是一位很有个性、坚强不屈的女性。所以，逆光中背光面采用斜侧光照明，暗面里又有亮暗对比，刻画出坚强的母亲形象。

8.3.6.3 外景人工光照明方法

外景人工光照明有三种方法：现有光拍摄法、人工光修饰法和人工光再现法。

前两者在逆光和阴影照明中讨论过，这里从略，现在谈谈人工光再现法。

前文说过外景阳光非常明亮，现有的灯光无法与阳光相比，因此在外景中用灯光彻底改阳光结构是不可能的。

所谓人工光再现只是对主体人物和局部空间环境的阳光结构的再塑造。外景拍摄中往往环境光合适，人物光不合适。自然光效法喜欢用散射光照明。在烈日下，强烈的反差、中午的顶光等满足不了自然光要求，需要摄影师重造光效。总之，商品时代的影视创作不能再受天气、时间、大气状态的限制，不能"靠天吃饭"。

人工光的再现方法实际很简单，即将照明人物的阳光挡掉，用灯光重新布置出需要的光线效果。

见图8-59，在晴天直射阳光下，拍摄出散射光照明效果。从画面中可以看到，

图8-59

图 8-60

用白屏遮挡演员身上的阳光，变直射光为散射光，这是当代自然光效法在晴天里拍摄常用照明手段。

图 8-60 为日本电影《最后的艺伎》，影片中的街道建筑物都是外景场地搭制布景。为了创作那个时代的气氛，不需要强烈的直射阳光照明。因此在布景上方架起一块巨大白布（画1）遮挡阳光，将直射阳光变成散射阳光。具体拍摄时根据画面需要再用灯光创作出需要的光线效果。画2是场地远景面貌，可以看到架在铁架上的白布，晚间用大功率灯光将白布照亮，既可以拍夜景，也可以晚间拍日景镜头。不受天气、时间影响，还可缩短生产周期。

图 8-61 为阴天拍晴天的工作照。

画1　用一盏大功率灯通过树隙照明树下人物，将树影投在人物和周边地面上，制造出阳光效果。

画2　模仿阳光的灯具最少需要 10kW~24kW，做环境和人物主光。阴天的天光做副光使用。

广告摄影更需要形式美。外景的自然光满足不了需要，常常用灯光再现需要的光线效果。例如阴天光线虽然柔和，但照度和亮度都不固定，时大时小，满足不了摄影要求。图 8-62 是广告片工作照，阴天光线很暗，反差较小，为了制造需要的反差和柔和的影调，摄影师用白屏将天光挡掉，然后再用较大的灯具将白屏照亮，控制灯光位置、方向就可控制人脸光线结构，

图 8-61

图 8-62

降低顶光效果，增加散射光成分，满足创作的需求，必要时也可增加修饰光修饰画面。

8.3.6.4　两个人物的光线处理

传统的布光方法

（1）平光处理。

无论人物处在何种光线下，都在摄影机方位采用人工光照明，或者分别用两盏灯，在两个人物的视线方向对人物进行照明。前者人物光线较平，后者虽然还是平光效果，但人物脸部有较好的影调层次变化，有一定的立体感。如图 8-63，是影片《战马》中的一个镜头，照明泰德的灯光 b 来自摄影机方位，使泰德的面部光线结构而平淡，显示出负债农民形象。而照明债主莱昂的灯光 a 来自人物的视线前方，因此正面较亮，侧面稍暗些。同样是平光效果，但二人的面部影调结构、立体形态感却明显不相同，生动地刻画出讨债人和被讨债人的不同形象。

（2）交叉光处理。

对切镜头，两个面对面谈话的人物，太阳在侧逆光或侧光照明二人，其中一人处在侧逆光或侧光照明，正面脸较亮。另一个人物处在背光面中，正面脸较暗。二人脸部一亮一暗，传统电影观念认为在对切中，银幕上一亮一暗，观众视觉会不舒适，眼睛容易疲劳，而且背光面的人脸妨碍观看，认为这是光线不衔接现象，因此对第二个较暗的人脸用灯光照亮。照明第二个

图 8-63

图 8-64

人的主光要选在阳光相对的另一侧。两个主光在人物身后，呈现交叉状态，称为交叉光照明。图 8-64 是影片《塔达斯传奇》男女主角在河边对话的一场戏，阴天拍摄，为了消除阴天顶光效果，用人工光重新处理二人主光照明。镜 1 为二人中景，交待镜头，交待二人男左女右的位置关系。镜 2 是以克里斯蒂娜为前景拍塔达斯近景，主光来自灯 a。镜 3 是内反拍角拍摄克里斯蒂的特写，主光来自灯 b。两个主光都是在人物身后侧逆光位，成为交叉状态。交叉光照明，面对的人脸正面都是亮的，而且是最佳的斜侧光照明，二人主光成对称形式，能让观众看清谈话中二人的面部表情。灯 c 是塔达斯的修饰光，修饰侧脸，增加层次，塑造体感。从真实角度看，交叉光并不真实，在传统照明中，是对切场景常用的光线技巧。传统照明中两个主光都采用斜侧光位，直射光照明，对称结构。现代电影很少这样处理，多半用散射光代替直射光做主光。

混合法

　　自然光效法追求光的自然真实，传统方法注重造型，突出人脸。将二者结合起来是现代影视作品中处理对切场景的有力表现手段。图 8-65 是二人的对切镜头，散射光照明，但光线结构不对称：塔达斯的主光来自身后侧光位，光束被遮挡（c），人脸成光斑照明。克里斯蒂娜的主光也是来自身后，但不是侧光位，而是常规的斜侧光照明。二人正面都有光线照明，都有

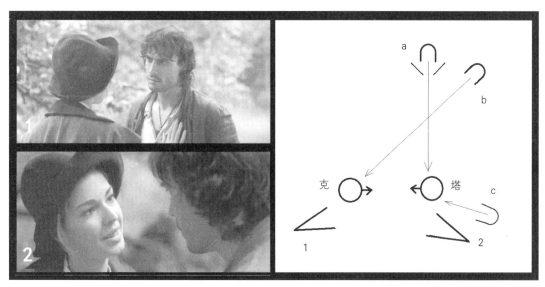

图 8-65

一定的突出，但二人光线结构不同，一个亮，一个暗，一个是最佳斜侧光照明，一个是光斑照明，二者差别显明，增加了光的真实感觉，又突出了二人正面脸。两个主光都在人的身后，呈交叉状态，是传统交叉光在现代照明中的变形使用。

自然光效法

　　自然光效法运用在对切场景中时，人物光要根据环境的现有光和造型需要来处理。光线既要自然真实，又要让观众看清人脸表情。

　　下面以日本电视剧《率直的男人》男主角松岛向栗田道歉这场戏为例，研究在电视剧中二人光线的处理。

　　因偷窃罪名，栗田被山口报警关了起来。当松岛知道这是山口诬告，惩罚了山口，同时也感觉到自己对栗田的指责不公，这位率直的男人约栗田相见当面道歉。摄影师这场戏的处理很有趣，环境是红色过街天桥，见图 8-66 镜 1。红色给画面暖调处理提供了依据，是对松岛的赞美；过街天桥是从一边到另一边的空间连接，寓含知错必改的道歉主题；天桥，是高于地面的位置，象征人物高尚品德。构图上水平线和垂直线的使用，都暗示着正义崇高的主题。二人相见时的

图 8-66　镜 1

图 8-67　镜 2

全景交待镜头，以侧光照明，现有光拍摄，大反差。

这场戏镜头很多，下面选择几个光线上具有代表性的画面研究光的处理：

松岛在天桥上焦急地等待栗田到来，见图8-67镜2。

松岛愧疚、不安地等待着。侧逆光照明，现有光拍摄，侧面脸很亮，正面脸很暗，光线结构象征着无颜以对的心境。大反差，较暗且单调的背景塑造出浓重的沉重和懊悔感，光线简单富有魅力。

图8-68是二人相见时对切的几个画面。

第1组：镜3、镜4，二人相见。晴天下午，太阳稍低，侧光照明，阳光从栗田背后照射二人。栗田的脸处在背光面中，面部无光，寓意不幸的受屈状态。面对太阳的松岛，脸部明亮，寓意直率之人的光明磊落。一暗一亮，正是道歉者与受屈者之分。太阳位置的选择巧妙，有力地提示出二人心情。

在光线处理上二者也不相同：

镜3 松岛近景。侧面角，侧光照明。现有光拍摄，亮暗分明，力量感很强，光线刻画出直率男人的坚强人格。

镜4 栗田近景。同样是侧面角，侧光照明。背光面的脸用人工光给予修饰。从效果来看，反光板是在脸的前方靠近摄像机一侧，面部较平，光影变化不大，主要是依靠暗树做背景，在暗调衬托中，脸的轮廓线优美、鲜明、突出。摄影师用线条的美展示栗田之美。对美的刻画很重要，预示人物。

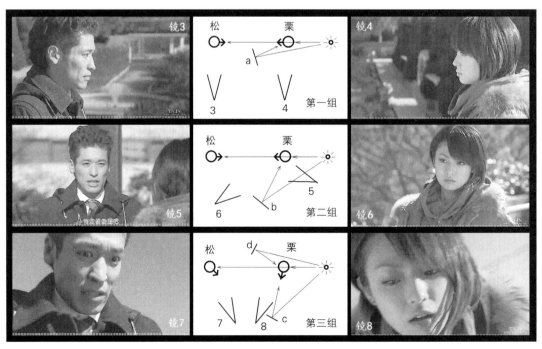

图8-68

第 2 组：镜 5、镜 6。这是道歉主题的重要镜头。

镜 5 是以栗田为前景拍松岛的近景，摄影机角度从侧面角改成正面角。角度的变化，暗示松岛道歉的严肃、庄重、认真的味道。正面光照明，只有受光面，不见背光面，亮面增多，影调平和，力度减弱。这是道歉后放下包袱的轻松感觉，也是平易亲和的表现。

镜 6 内反拍角拍摄的栗田近景。首先，角度改变，由外反拍角变为内反拍角，使后者得到突出。光线上采用逆光照明，对暗面进行人工光修饰，用反光板 b 模拟红色地面反射光，从脚光位置修饰人脸。与蓝色天光照明部分形成微妙的寒暖对比，柔和美丽。简单的背景、小景深、鲜明的虚实对比、远处树丛虚化的光斑等都有力地渲染了人物的美好品质。

第 3 组：镜 7、镜 8。没有偷钱，却偷了瓶名酒，为了还回名酒，二人发生争夺，镜 7 和镜 8 是瓶碎酒洒后二人的特写画面。

镜 7 松岛特写镜头。光线发生变化，正面光变成斜侧光照明，现有光拍摄，光影变化激烈，对比度很大，短焦距大仰角，人脸扭曲变形，这些都生动的有力地刻画出争夺中人物外部力量和内部情绪的激烈程度。

镜 8 为栗田内反拍角特写画面。太阳在侧光位照明，亮暗分明，背光面用光修饰。反光板 c 在顺光位照明人脸背光面，起到副光作用，控制背光面应有的密度。反光板 d 在侧光位将人脸侧面照亮，这是暗面中的修饰光，在暗面中增加次暗面。反光板反光色温不同，使背光面产生微妙寒暖对比，塑造了体感，丰富了色彩，增加了影调层次。面部影调的变化，特别是大块亮斑的运用，都有力地提示出栗田动作和内心激烈的程度。

这场对切镜头在光线上采用对比手法处理：

松岛的镜头采用现有光拍摄，以传统照明修饰法处理光线，追求肤色再现；栗田镜头则采用人工光修饰法处理光线，追求阳光三态的再现，追求天光和环境光对色彩的影响，色彩丰富美丽。

在低成本电视剧作品里，能如此地运用光线进行表情达意，能如此生动有力地用光刻画人物情感，并不多见，在艺术表现上，它丝毫不输于某些故事片。

一种特殊形式

外景对切镜头，当太阳处在侧光位时，面对面的二人正面脸必然一个是受光面，另一个是背光面，人脸一个明亮，一个黑暗，在银幕上造成忽亮忽暗现象。传统电影观念认为影调不衔接，摄影师需要用光给予平衡，二人脸可以被处理成亮调，也可以处理成暗调。

图 8-69，是影片《法国中尉的女人》中一场对切镜头。

画 1 查理和萨拉在山坡上向海边走去。太阳在背后，二人脸部都处在逆光照明中。

图 8-69

画 2　萨拉回头对查理说话时，脸部应该是面对太阳，应该明亮，但我们从画面上看到她的脸是暗调的，处在阴影之中。在这里摄影师是把太阳搬家了。

画 3　以萨拉为前景拍查理，查理的脸是暗调，但萨拉头上却有阳光。在银幕上二人正面脸都是暗调，但萨拉头上的阳光时有时无。空间位置不衔接，摄影师把人物来回搬动。

8.3.6.5　三人及多人的光线处理

三个人物以传统的布光法处理，方法与对两个人物的处理方法相同。采用正面平光处理，用一盏或几盏灯，在机位方向对人物进行照明。也可以将三人分成两组，然后采用交叉光处理。

人物众多时，根据动作情况确定，如果是激烈运动，观众需要看到的是运动状态，人物光可以采用现有光照明，只要构图上主次分明就可以了。若是动作缓慢或静态画面，需要用光处理。众多人物必有主次之分，光线处理不能平等对待，应将有戏的人物用光线给予突出强调，使之与其他人物有所区分。处理方法要根据戏的内容，采用不同光线结构，可以平光照明，也可以主副光结构，必要时也可加修饰光。图 8-70 是影片《夺宝奇兵 4》（*Indiana Jones and the kingdom of the Crstal Skall*，2008）里的一幅多人物画面，琼斯被苏联女特工艾琳娜绑架寻找"水晶头骨"，主角是琼斯和女特工二人。明显用了一盏灯 a 在侧光位照明二人，做二人的主光；灯 b 是散射光灯，在摄影机旁照明二人，调节光比，起到副光作用。这里用主副光只照亮二人，其他人物处在现有光照明中，不用人工光处理，画面主次分明。有趣的是琼斯呈现侧光照明，艾琳娜是斜侧光照明，同一盏灯光就刻画出二人不同处境，是大师的照明技巧。二人身边的两个人物在光区之内，也被照亮了，起到过渡作用。

图 8-70

自然光效法不同，三人的光线处理采用自然光线形态的处理。当现有光合适时，可以采用现有光拍摄，不用任何人工光处理。必要时也可以对主要人物进行人工光修饰，或者采用人工光再现法来处理。但是必须保征画面不露人工痕迹，人工光必须遵守自然光三种形态的规律，必须符合自然光的逻辑关系。

多人物的自然光效法同样采取主次关系的处理方法。如图 8-71，为影片《塔达斯传奇》中塔达斯把得到的土地契约交给伙伴莫提杰斯的场景。主体是莫提杰斯，首先利用构图使人物有主次之分。太阳在侧逆光位照明人物，在人物身上形成明亮的逆光，给画面增添欢快的胜利的气氛。主光灯 a 在另一侧的侧逆光位照明人群，让莫提杰斯的脸最鲜明。副光灯 b 是散射光灯，在摄影机旁照明全体人物。光线效果自然真实，又突出主体。

8.3.6.6　人物运动镜头的光线处理

运动镜头的光线处理以静态光线处理为基础，根据运动的性质，分为全面布光法和重点表演区布光法两种。如果人物在运动的全过程中，每时每刻都有戏，都需要让观众看清人物的表情和动作，即采用全面布光法处理；如果运动仅是为了改变表演空间，过程中没有表演动作，就可以采用分区布光法处理。但无论哪种方法，都是以静态布光法为基础。

图 8-71

　　横向运动，采用全面布光方法。在演员运动路线上每个点上都布置需要的光线，如图 8-72，太阳在逆光方位，人物在树阴里，横向跟移镜头。演员需要用灯光给予修饰。从图中可以看到，在摄影轨道后面竖立两个巨大的白屏幕，在屏幕后面用两盏大灯分别将它照亮。产生柔和散射光，照明范围很大，覆盖整个表演区。这样拍摄方便，无论运动到哪里，都有需要的光线。

图 8-72

　　将灯具放在地面上，照明方向和范围会受限制。现代照明技术可以把灯放在升降机上从高空照明表演区。见图 8-73，聚光灯放在高空升降机上对地面照明。如用 ARRI max 灯，其高度为 15 米，照明角 50°（扩散），光区直径 14 米，照度为 5982 lx，用 ASA100 度拍摄，光圈为 f / 7.4，阳光下可做副光照明。如果去掉灯箱，换成特制的白色散光罩（见画 2），照明范围更大，照度更强。如果拍摄水上镜头，高空照明是最理想的照明方法，可以不受小艇空间限制，运动起来更方便。

　　重点表演区布光法，例如固定镜头拍摄纵深运动，演员从远处迎着镜头走来。随着演员运动，景别不断改变。开始的远景画面，是交待人与环境的关系，走到近处成近景时，表现的是

图 8-73

人物形象及情感状态。运动过程中画面表现任务不同，因此照明方法不相同，开始远景画面用光要注意表现环境特征和人物关系，结尾近景用光要刻画人物形象，这一点在近景画面，用光要细致准确刻画人物。

在外景中，远景、全景可以用现有光拍摄，近景时用光修饰。见图 8-74，太阳在侧逆光位，人

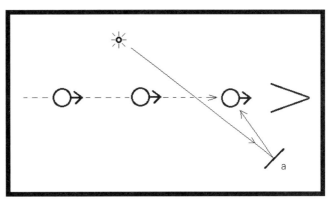

图 8-74

物迎着镜头走来。一般我们是在结尾时人物走到近处位置上时，用灯光或反光板对人脸背光面进行修饰，刻画人物面貌形象。

下面以选自影片《塔达斯传奇》中的一个运动镜头为例。晴天的外景，女主角克里斯蒂娜骑马来到河边与塔达斯相见。这是一个跟摇和跟移相结合的运动镜头，见图 8-75。镜头开始，克里斯蒂娜骑马迎镜走来，全景处在阳光照明中。这是纵深运动，摄影机固定不动，人物走到 2 号位时进入阴影区，在摄影机旁用散射灯 a 对着人物照明。1 号位全景时，人物处在阳光下，灯 a 光线很弱不起作用，画面处在现有光照明中，随着人物走近到 2 号位置成大中景时，进入阴影区，人物变暗，此时灯 a 将阴影中人物照亮。克里斯蒂娜下马，在镜前绕过，镜头开始跟摇，此时人物进入阳光区，处在侧逆光照明中，灯 a 只对背光面起到修饰作用，对阳光面影响微乎其微。人物转身向右后方走去，摄影机开始跟推。从 4 号位到 6 号位，人物又进入阴影区，灯 b 和灯 c 在摄机右侧连续照明人物，保持人物影调不变。克里斯蒂娜在树前停下，摄影机开始从她的右后方向右前方做弧形运动，摄影机边移动边下降，最后在人物右前斜侧角位置上停

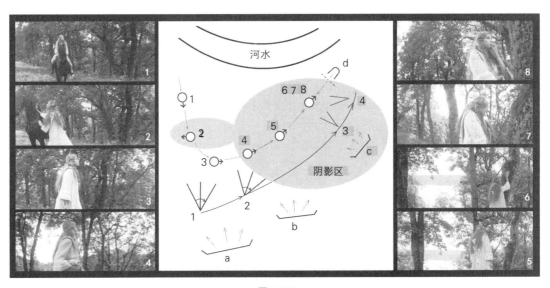

图 8-75

下，此时成大仰角画面。在人脸前上方的灯 d 对着人脸照明，人脸呈现逆光结构，正面亮侧面暗，人脸形象鲜明突出。

这是一个综合运动镜头，在光线处理上有重点表演区布光法（1~3），也有连续全面布光法（3~8）。

节省器材是运动照明的原则，能用一盏灯绝不用两盏灯。最好的方法就是一灯多用，把灯具安放在移动车上与摄影机同步运动，或者让照明人员手持灯具跟随移动，这是连续布光法节省器材的最好方法。

8.4　阴天条件下的光线处理

8.4.1　阴天的光线特征

阴天时，云层将阳光全部遮挡掉，照明景物的光线是来自天空的散射光，见图 8–76。

图 8–76

（1）阴天天空散射光垂直地照射地面，景物处在顶光照明中，光线分布不均匀，垂直面暗，水平面亮，见画 1。

（2）景物失去了直射阳光成分，没有明显的受光面、背光面和影子。地面景物亮度范围较小，适合宽容度较小的摄像机拍摄。因此很多低成本电视剧和电影多选阴天拍摄。

如画 2 的《厕所女神》阴天画面，失去直射阳光，画面没有高光亮斑，调子平淡灰暗。阴天光线比较稳定，阳光失去了方向性，也失去了时间概念。

（3）阴天的天空既是景物的光源，又是被摄对象。天空是画面最明亮的部分，但由于视觉适应能力和人的心理作用，总认为阴天天空是较暗的，造成错觉。此外，同时拍摄光源与被光源照亮的景物，画面亮度范围不是过小，而是很大，远远超出了摄像机所能容纳的范围。因此阴天拍摄，天空曝光往往过度，阴云消失，失去了阴天天空应有的形象。

见画3，影片《红气球之旅》中的巴黎塞纳河，阴天远景画面，现有光拍摄，曝光照顾景物，天空曝光过度，失去应有层次，失去乌云形象。

（4）阴天色温比晴天高，天空光光谱成分比晴天复杂。阴天环境反射光不明显，景物失去了彩色缤纷的艳丽，画面往往呈现出灰蓝色调，给人一种阴森、忧愁、悲伤的气氛。

8.4.2　阴天光线处理

8.4.2.1　传统照明方法

电影艺术以人为主，人物形象必须被处理得好看。阴天中的人物处在顶光照明中，被认为不美，有损人物形象。因此，传统的布光方法反对以阴天现有光拍摄。人物镜头必须用灯光消除阴天顶光造成的顶光效果，从而美化人物形象。

传统的处理方法是使用人工光改变阴天光线特征，冲淡顶光效果。在蒙太奇组接中，全景画面尽量把布满乌云的天空与地面景物分开拍摄，拍天空的部分以乌云为主，表现出乌云的阴暗调子（曝光要照顾天空部分）。拍地面景物时尽量少带或不带天空，曝光上照顾地面景物，让景物影调正确还原。此时天空可能曝光过度，显得明亮了，让天空面积小些，可以不管它。地面较暗的景物在必要时可以用人工光给予修饰。再利用蒙太奇，将它们组接成一场阴天的戏。分开拍摄对摄影师处理光线带来方便。

图 8-77

如图 8-77 是影片《战马》男主角艾伯特与不会耕地的马初次接触的一场戏。这是一匹性情刚烈、给家庭带来麻烦的马，艾伯特对它既爱又怕。导演选择在阴天里拍这场戏，天空的乌云是重要表意元素。摄影曝光要照顾天空，景物和人物必然很暗，因此，人物要用灯光给予处理。从画面上可以看到，照明人物的灯光 a 来自人脸的前上方（正面稍顶的光位），人脸很亮，肤色超过亮度，可见这是一盏大功率灯光，最少是 5kW~10kW 高色温镝灯，灯前加柔光纸。突出人物，保证肤色正确还原，又具有一定的阴天顶光特征。柔和的正面光照明是传统外景阴天照明的基本方法之一。

图 8-78 是影片《塔达斯传奇》中的阴天画面。女主角克里斯蒂娜在河边与情人约会。戏

图 8-78

图 8-79

剧内容需要把她拍得很美，摄影师采用斜侧光处理。斜侧光在戏剧电影时代被认为是最美的人物光效，是传统外景照明基本方法之一。同样需要用大功率灯具才能平衡天空亮度。

8.4.2.2 自然光效法

　　阴天景物亮度范围较小，更适合现代电影制作。在阴天里，同样可以拍摄出各种不同情调的镜头。自然光效法的阴天光线处理，主要是选择，要选择戏剧需要的画面进行创作。

环境光处理

　　真实地再现阴天顶光特征，是自然光效法追求的目的。因此，尽可能地利用阴天现有光拍摄，不使用人工光处理画面，既保持阴天的光线特征，又经济。见图 8-79（彩图 40）：

　　画 1　影片《战马》阴天远景以现有光拍摄的画面。灰暗的蓝色调、乌云密布的天空、低沉压抑的气氛等真实地再现出阴天的景象。摄影师利用曝光压暗天空亮度，再现出乌云形象，景物虽然曝光不足偏暗，但这正是阴天的特征。尽量选择具有亮斑的景物（河面），增加地面景物层次。在远景和全景里要处理好主体，使之突出，这里利用水面衬托主体。为了增加阴天的景物层次，可以放烟雾。

画 2　影片《塔达斯传奇》的阴天镜头。画面没有天空，森林占满画面，为了突破画面的单调，增加层次，摄影师施放烟雾。白烟改善了画面影调，突出了主体，增加大气透视，塑造了空间深度感。

画 3　日本电视剧《温泉杀手》（2009）的阴天镜头。影片讲述一个改邪归正的杀手，来到偏远的温泉隐居的故事。摄影选择秋天，充分利用多彩的树木，丰富画面色彩层次，白色芦花做前景，打破了平淡发灰的调子。虽然没有天空，但水面反射出的天光成了画面最高亮斑，一点点温泉潮气给画面增添朦胧感觉……清静、舒适、美好的感觉渲染了影片主题。

纵观前三幅阴天画面，具有三种不同的情调。可见阴天同样可以拍摄出富有艺术魅力的镜头。

人物光处理

（1）现有光拍摄。阴天人物光处理与环境光相同，主要是选择合适的人物光线结构拍摄。阴天光线来自天空的散射光，虽然方向不明确，但不等于没有方向性，上午来自东南，下午来自西南。摄影师要仔细地选择人物光线结构和背景色调的衬托关系，见图8-80：

画 1　影片《塔达斯传奇》阴天现有光拍摄的画面。人脸稍仰，来自天空的光线使人脸呈现顶光状态。在灰调森林背景衬托下，曝光可以根据需要控制人脸密度。透过树木的天空虽然曝光过度，但面积很小，可以不考虑。

图 8-80

画 2　电视剧《温泉杀手》主角近景画面。阴天树下的人物呈现半剪影状态，背景亮暗色调的搭配很漂亮，色彩丰富，影调柔和、舒适，隐居味道很浓。

画 3　前苏联影片《自己去看看》主角弗廖拉林中镜头，阴天现有光拍摄。在帽沿遮挡下，人脸几乎成了前剪影状态。同样是树林衬托，但给人的感觉与图1完全不同，透过树木的天空面积增多，明暗对比度加大，充满战争的残酷气氛。

人物的现有光拍摄同样可以表现出不同的人物心态。

天空是光源，对着光源拍摄，亮度难以平衡。在故事片里，摄影师往往避开天空。但是纪录片《多格拉之歌》却有意利用不利的影像变为艺术之美。见图8-81：

图 8-81

画 1　乘在卡车上的一群童工，摄影机位较低，背景必然是明亮的天空，运动中无法打光。纪录片又不主张人为照明。通常遇到这种场景都会避开，但导演兼摄影师帕特利斯·勒孔特却将摄影机镜头对着这群孩子以现有光拍摄，充分利用曝光，让天空过度，白白没有层次，人物曝光不足，层次压缩，灰暗的调子、阴天散射的顶光照明，生动地揭示出生活在现代社会中一群下层人物的形象。音乐声、颠簸、摇摆等，在高速摄影中影像呈现出优雅、舒缓又不失激情的节奏，真是苦中之美。这里将不平衡的影像，将人们不敢拍摄的影像进行激情的艺术表现。

画 2　如果说上例是不得不为的做法，那么画面中阴天站在暗处的小女孩，与明亮的背景形成难以平衡的反差，以现有光拍摄，同样结构上例的调子，就不能说是被迫了，而是有意的追求。

（2）人工光修饰。有时阴天现有的顶光效果不能令摄影师满意，需要更强烈的顶光形式；或者为进行欢快、轻松的心态刻画，摄影师可用人工光加强或削弱阴天的顶光效果。

图 8-82 是影片《塔达斯传奇》中的男主角特写。反抗的农奴领袖与庄园主女儿相爱，遭到伙伴怀疑。阴天顶光照明正是刻画这类人物的有力手段。但现有的阴天顶光不能让摄影师满意，于是采用人工光加强。聚光灯 a 在人脸正前上方，几乎是垂直照明脸部，光影明确，没有副光。眼窝、鼻下黑暗，鼻梁较亮，形态反常。一盏散射光灯 b 在人物右后侧逆光位修饰脸部，增加体感，美化人物。人物光线生动地刻画出遭人误解、性格坚强的领袖形象。

图 8-82

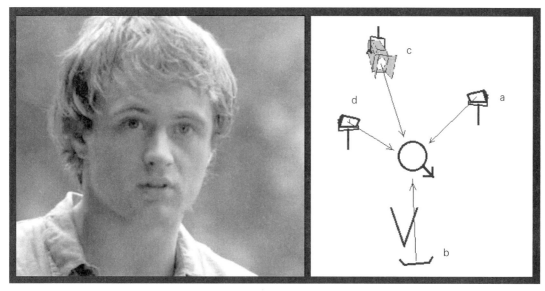

图 8-83

（3）人工光再现。由于某些戏剧因素，阴天光效不能满足造型需求，人物形象可以用灯光给予重新塑造。

图 8-83 是塔达斯的好友，为了塑造他可爱的形象，摄影师用灯光改变阴天光线结构。主光灯 a 是一盏散射光灯，在侧光位照明人脸，灯位稍微偏后，使受光面即脸的侧面、颧骨正面、鼻侧面有明显区分，三大面得到很好塑造。主灯位较高，眼窝、鼻下较暗，具有顶光味道。副光灯 b 在摄影机旁照明人脸，光比较大（阴天光效的需要）。修饰光用了两个灯，灯 c 在逆光位 照明头顶，勾画头部轮廓，灯 d 在暗面侧逆光位，照明人脸暗部，在暗面中再造一个次暗面，并勾画轮廓。除了逆光，其他都是柔和的散射光，消除影子，保持阴天无影特征。总体看来，人物光既不是阴天顶光，也不是传统的侧光照明，光效自然、优美、独特，又具有阴天味道。上述全部人物光都是灯光再现出来的。

8.4.3　阴天的补拍

阴天的补拍有两种情况：一是阴天补拍晴天镜头；二是晴天补拍阴天镜头。

（1）阴天补拍晴天镜头。晴天拍摄时，往往一场戏未拍完天就阴下来，这时需要在阴天条件下补拍晴天镜头。此时可以利用人工光模仿太阳光，在需要的位置上照明人物，做主光处理。问题是背景光处理较难，无法给远山、大河、田野等布置人工的阳光效果，所以对背景环境的处理是成败的关键。背景只能选择较亮的景物，而且不能有显明的物体面的区分，否则景物就应当有显明的受光面与背光面存在。也就是说，背景应尽量选择不具有阳光特征的平面景物。只要背景选择恰当，补拍便会成功。

图 8-84 是影片《战马》中小女孩在欣赏马儿的场景，借助女孩美丽的形象衬托马匹。该场景为阴天补拍晴天光效。首先远处树林体态消失，呈现单调的平面。主光灯 a 在斜侧光位照明，

图 8-84

在脸上形成鲜明的受光面与背光面，在衣服上勾画出白色上衣褶纹，刻画质地。副光灯 b 在摄影机旁照明人脸背光面，调节光比。修饰光灯 c 在人物的侧逆位置上模仿阳光照明人脸亮面，再现出阳光效果，同时使亮面中增加一个更亮的面，使立体感更强，在影调结构上制造一个亮斑，给画面增添活泼轻松气氛。

　　图 8-85 是影片《战马》中艾伯特看着心爱的马儿将要离开自己，被征上前线的场景，同样为阴天补拍晴天镜头。街道路口，模仿太阳的主光灯 a 藏在对面街道上，从侧逆光位照明人物，勾画出人物明亮的轮廓，同时也在地面上投下影子，这是一盏大型聚光灯，影子很实。灯 b 在同一方向上模仿阳光照明前景人物。灯 c 在摄影机旁较高位置上照明前景二人，做副光调节光比。灯 d 照明后景群众。实际上灯光很复杂，上述是几盏主要灯光，以示意画面光线结构。

图 8-85

　　（2）晴天补拍阴天镜头。阴天拍摄时，有时会遇到天气突然转晴，这样剩下的少量的阴天镜头，只能在晴天条件下补拍。

　　晴天补拍阴天镜头有两种方法：其一，在大面积的阴影中进行补拍，如在山区拍摄，太阳出来后，就转到山下，在山谷的阴影里进行补拍。因为山谷里的阴影光线特点与阴天相似，都是来自天空的散射光照明。如果是在城市里，就在高大建筑物阴影里补拍阴天镜头。其二，在黎明和黄昏时刻补拍，因为这两个时刻的光线特征与阴天相同，都是天空散射光照明。

彩图 1

彩图 2

彩图 3

彩图 4

彩图 5

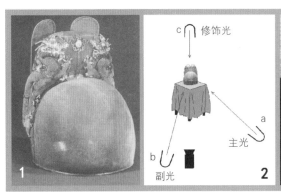
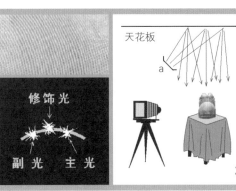
彩图 6

彩图 7

彩图 8　　　　　　　　　　　彩图 9

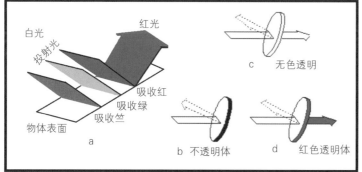

彩图 10

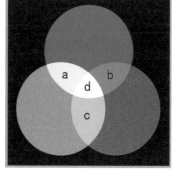

彩图 11

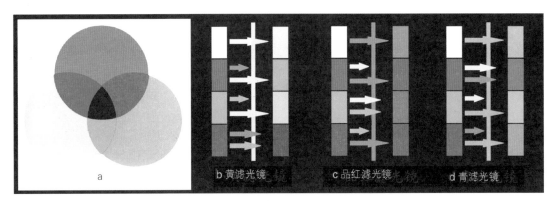

b 黄滤光镜 c 品红滤光镜 d 青滤光镜

彩图 12

彩图 13

彩图 14

彩图 15

彩图 16

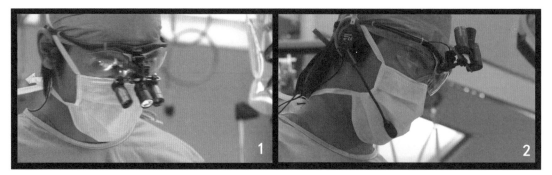

彩图 17

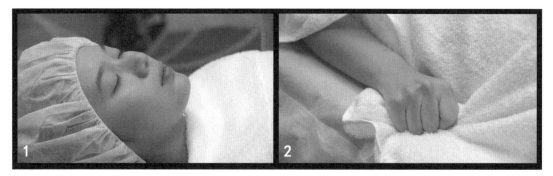

彩图 18

彩图 19

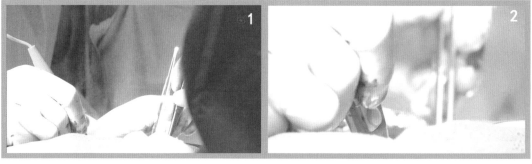

彩图 20

彩图 21

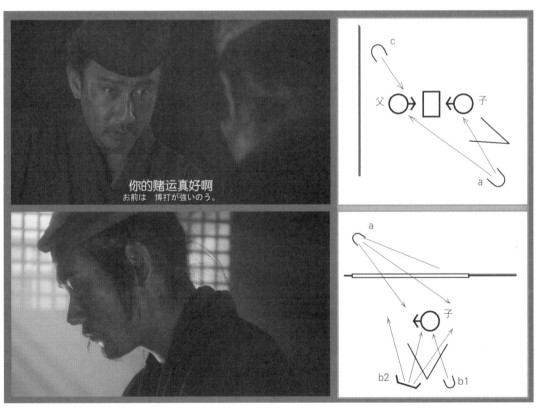

你的赌运真好啊
お前は　博打が強いのう。

彩图 22

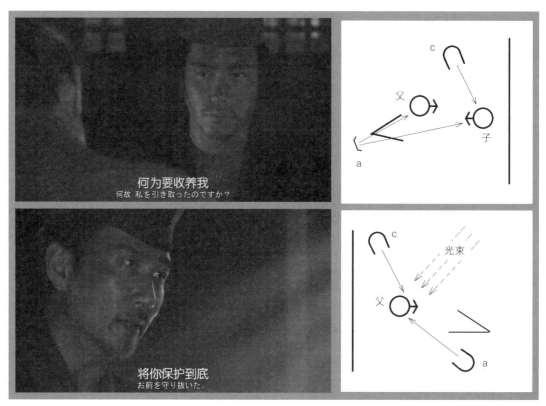

彩图 23

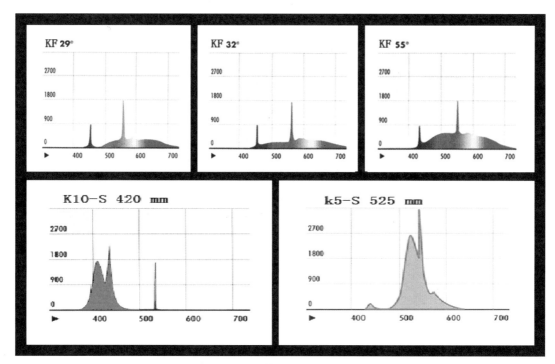

彩图 24

彩图 25

彩图 26

彩图 27

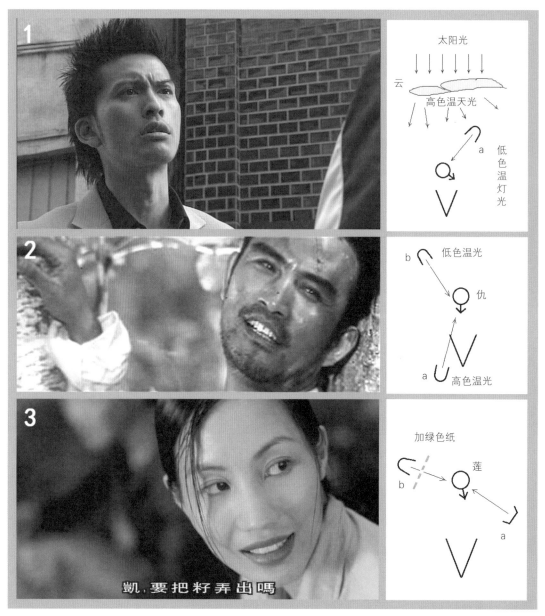

太阳光

云

高色温天光

低色温灯光

a

低色温光

b

仇

a

高色温光

加绿色纸

莲

b

a

凯，要把籽弄出嗎

彩图 28

彩图 29

彩图 30

彩图 31

彩图 32

彩图 33

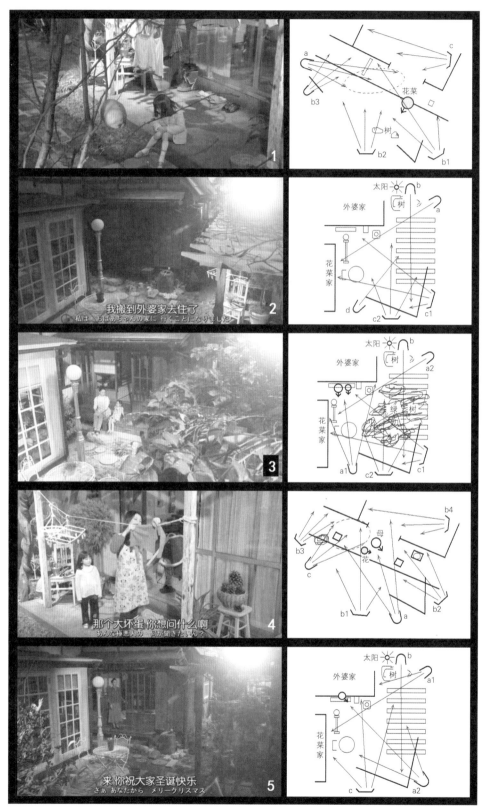

彩图 34

彩图 35

彩图 36　　　　　　　　　　　　　彩图 37

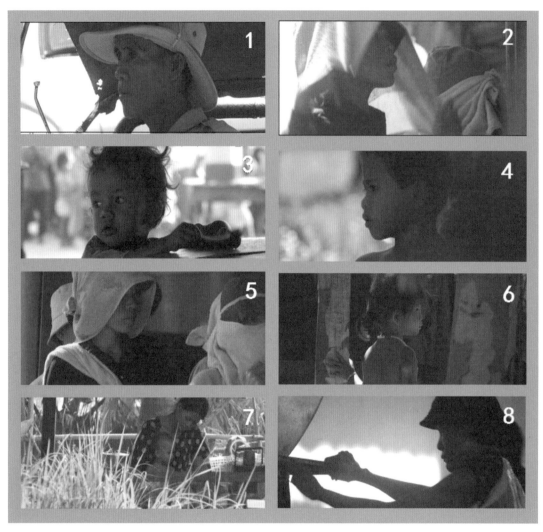

彩图 38

彩图 41

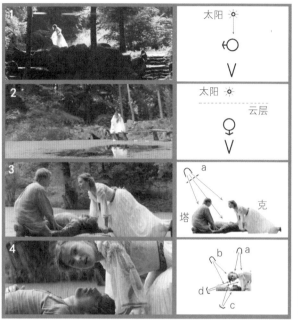

彩图 39

彩图 40

彩图 42

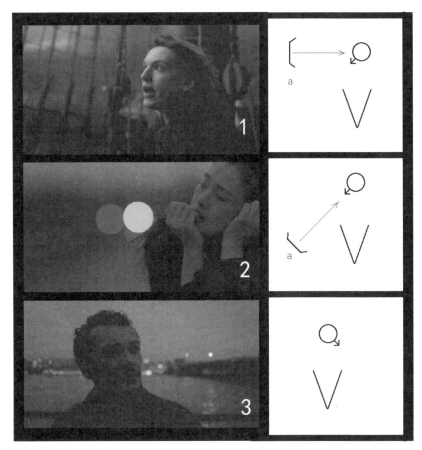

彩图 43

彩图 44

彩图 45

彩图 46

彩图 47

彩图 48

彩图 49

彩图 50

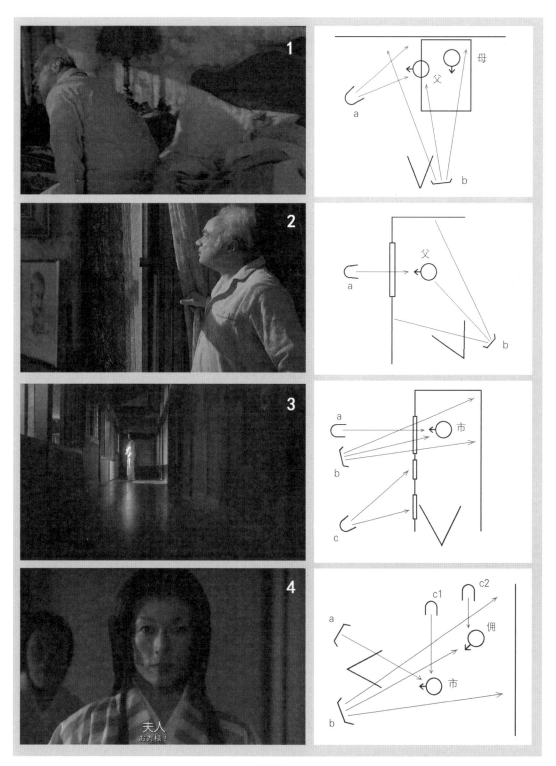

彩图 51

彩图 52

彩图 53

彩图 54

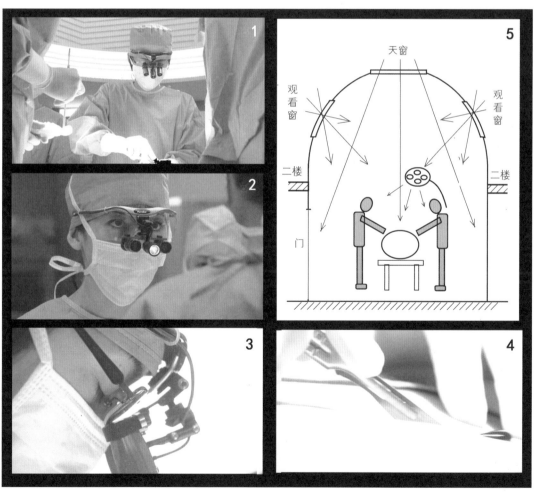

彩图 55

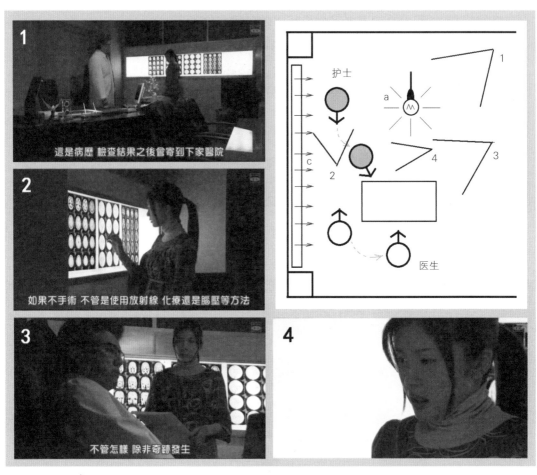

彩图 56

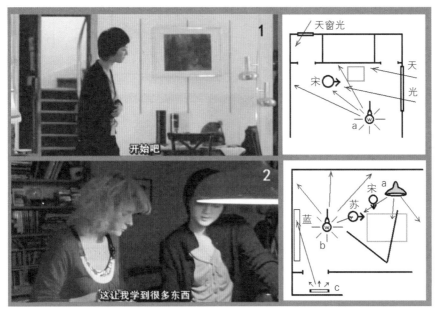

彩图 57

彩图 58

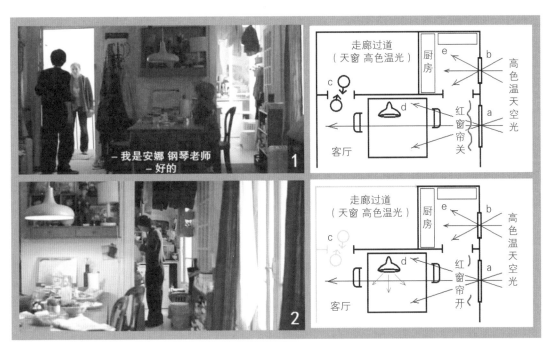

彩图 59

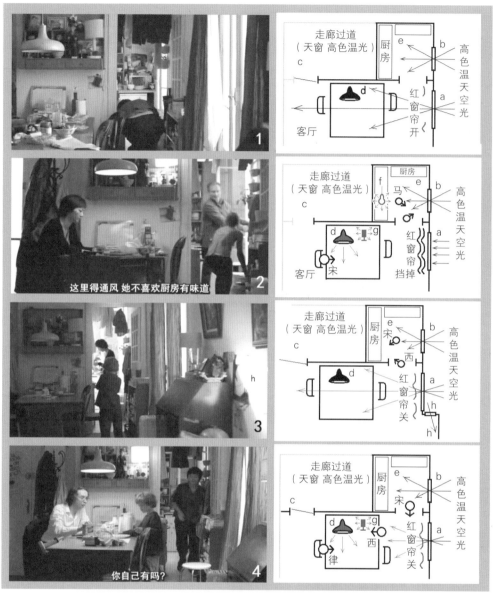

彩图 60

彩图 61

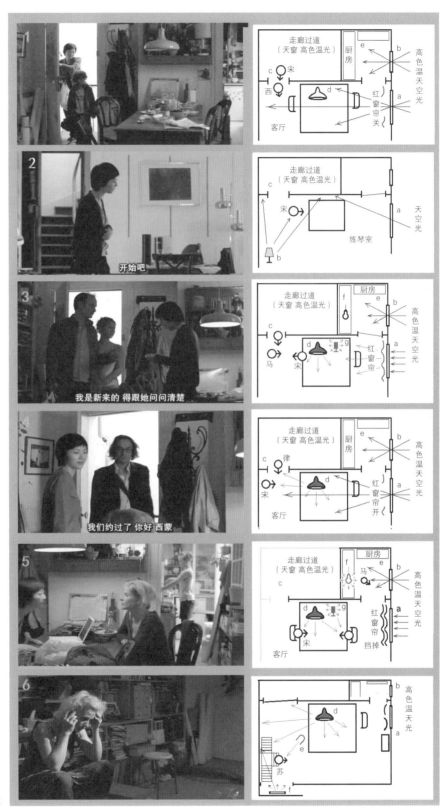

彩图 62

彩图 63

彩图 65

彩图 64

彩图 66

彩图 67

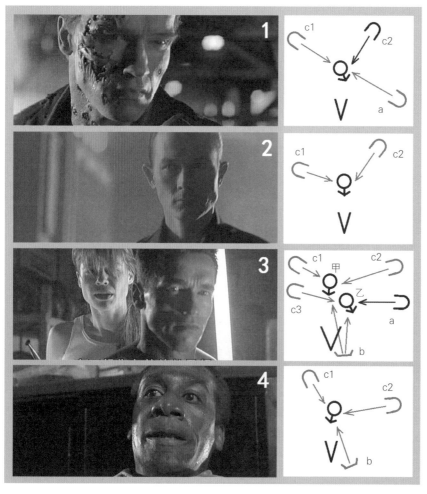

彩图 68

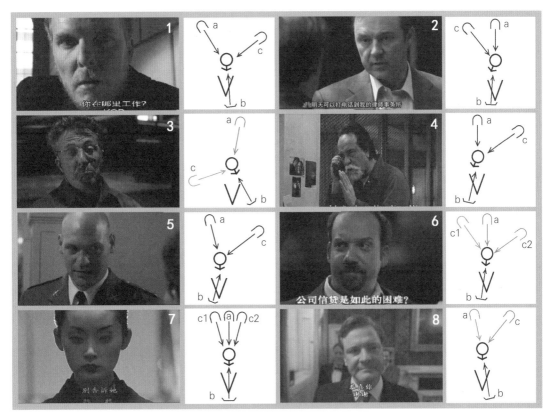

彩图 69

彩图 70

彩图 71

彩图 73

彩图 72

彩图 74

彩图 75

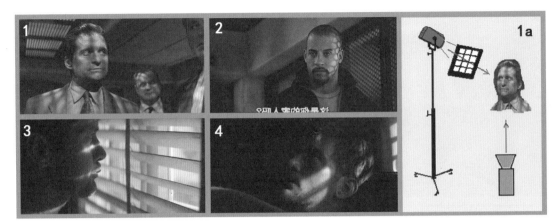

彩图 76

彩图 77

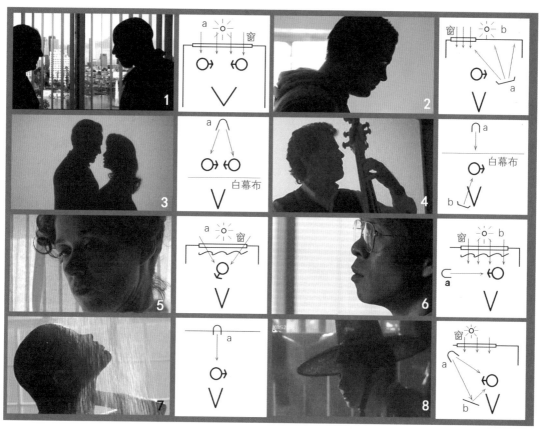

彩图 78

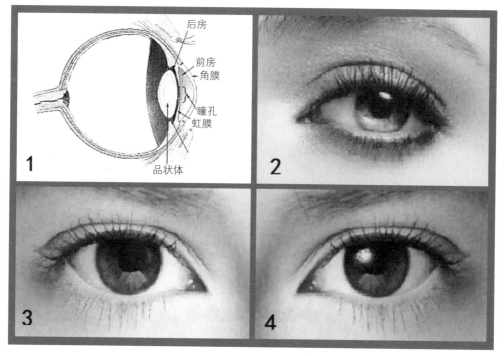

彩图 79

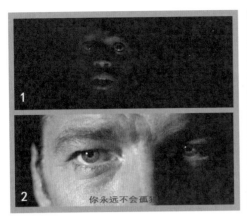

彩图 80

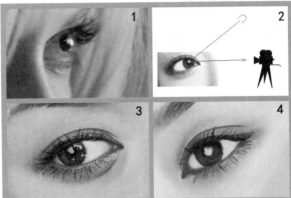

彩图 81

彩图 82

彩图 83

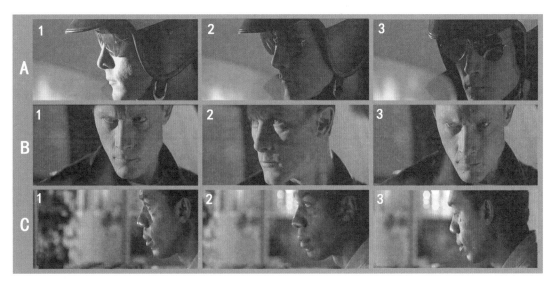

彩图 84

彩图 85

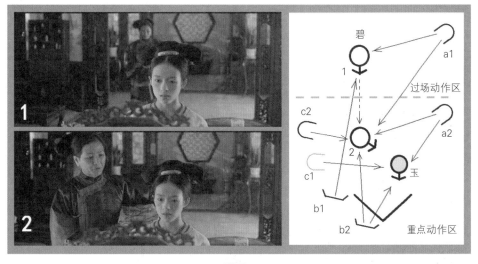

彩图 86

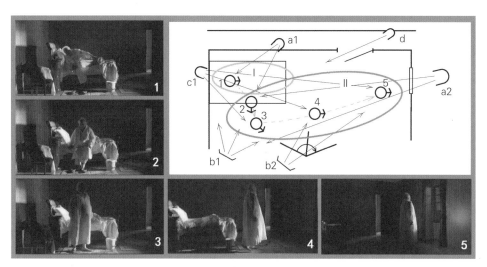

彩图 87

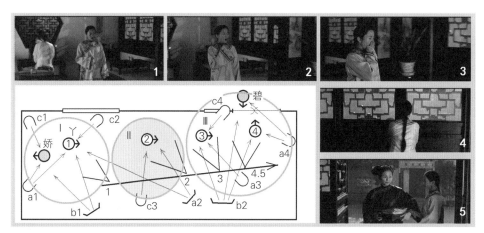

彩图 88

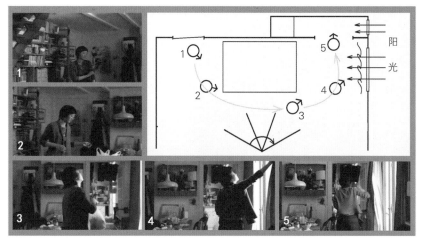

彩图 89

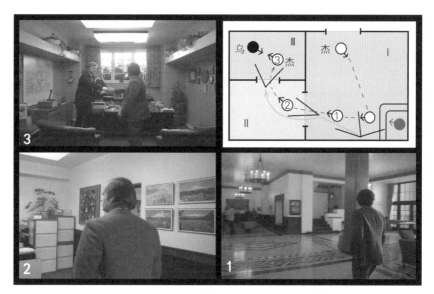

彩图 90

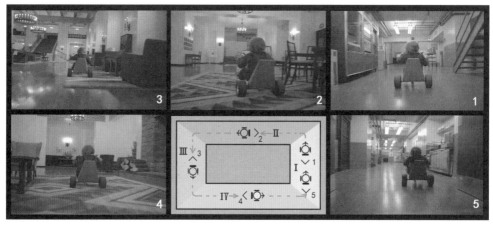

彩图 91

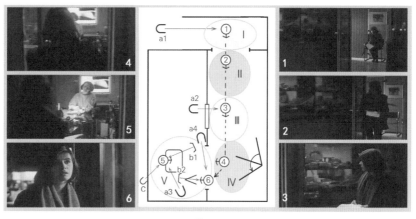

彩图 92

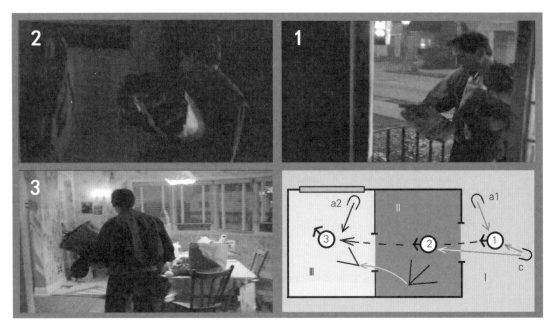

彩图 93

彩图 94

第九章

特定条件下的光线处理

9.1　日出日落时刻

日出日落时刻，明亮的直射阳光失去了耀眼的光芒，不仅亮度降低，色温也同样降低。蓝色的天空散射光却加强，景物受光面呈现出金色的暖调，背光面却呈现出蓝色冷调，见图9-1（彩图41）。该画面有良好的寒暖对比，色彩丰富，太阳位置很低，墙面上影子较高，地面上影子较长，因此，日出日落时刻被传统电影称为效果光时间，在现代电影中则被称为"黄金小时"。这段时期光线短促，光效复杂多变，转瞬即逝，摄影必须进行抢拍。光线处理有两种方式：太阳在画面中出现，以及太阳不在画面中出现。

图9-1

9.1.1　太阳在画面中出现

见图9-2，这是最有时间特征的镜头，往往用来交代日出或日落时间概念。

　　画1　太阳空镜头。透过云彩，一轮红日升起。拍摄太阳，一般要按太阳附近的天空部分曝光，让天空成为中级灰色，这样太阳就会明亮，而且失去耀眼光芒，成为暖色。

　　如果人物与太阳同时在画面中出现，人物处在逆光状态，画面黑的黑，白的白，反差极大。在远景画面里只能用现有光拍摄，曝光照顾太阳，可以将其拍成红色，也可将其处理成白茫茫的一片。而人物影像只能拍成剪影状态，构图上要注意主体的处理。

画2　影片《战马》结尾的镜头。战争结束，一轮红日升起，满天朝霞，艾伯特骑着马在远处地平线上向前奔驰。银幕上充满胜利者的喜悦，主体虽然非常小，但衬托在较亮的天空背景上，还是很醒目，倾斜的地平线向上的运动都非常完美。

画3　影片《巅峰冒险》的一个镜头。日落时刻，冒险者在耀眼的太阳光芒的衬托中，迎着镜头走来。曝光稍过度，头部影像被阳光"吃"掉。美丽的景色、绚丽的晚霞……同样是对胜利者的赞美。

在全景和大中景画面中，主体距离拉近，需要使观众看清主体形象，需用人工光给予修饰，见图9-3：

图9-2

画1　战场上归来的艾伯特与父母相见，这是影片中最具喜悦气氛的镜头。同样用太阳、朝霞渲染气氛，但需要让观众看到人物。摄影师用灯a在右侧光位照明三人，观众隐隐约约地看到父子三人，日出时刻的光效真实感很强。

画2　归来的马儿的大中景。与人物光处理方法相同，灯b在左侧光位修饰马的头部。这匹不会耕地的马，经历种种磨难，从战场上归来，迎着晨曦的太阳，屹立在院门，它是影片真正的主角。

画3　泰德的近景。身为一个穷人，斗倒地主，在嘲笑中把马领回家。他像马儿一样，屹立在阳光下，需要让观众看到最后胜利者的面貌。灯c在斜侧光位照明人脸，这是最好、最美的光位，用在了泰德的脸上，而影片也结束在他的脸上。

三个镜头、三个景别、三种光线处理，画1全景人物影像的朦胧恰恰是突出日出时刻美景，

图9-3

借景抒情；画2为马的大中景，马是影片真正的主角，灯光清楚地表现出其头部形象，这是对它的肯定赞美；画3为泰德的近景，他是真正的胜利者，也是三者之中面貌最清晰的一个。总观三个画面，主体影像都不是传统的清晰影像，主体的朦胧突出了环境光的表现，这是现代视听语言的特征，演员不再是表情达意的唯一主宰者，光成为视听语言的重要词汇。

9.1.2　太阳不在画面中出现

摄影机不对着太阳方向拍摄，画面中没有明亮的太阳，因此画内景物亮度范围回到正常外景亮度范围。亮度平衡的方法与晴天相同。摄影师选景构图时，要注意日出日落时间概念的造型。太阳位置较低、影子位置较高、地面上有长长的投影，是这段时间的特征。因此，在远景和全景画面里充分利用长长的影子以表现时间概念。见图9-4：

画1　影片《战马》中的日落时刻，骑兵在田野里行进，侧逆光照明，长长的影子投在前景草地上。注意影调结构，暗的主体衬托在较暗的田野上，因此明亮的轮廓光十分鲜明；前景主体的影子却是投在浅色草地上，对比鲜明，同样醒目。从光线构成上可以看出摄影师在选景构图时的刻意用心。而在彩色画面中，黄金小时的色彩特点，更突出了时间概念。

画2　影片《巅峰冒险》中冲浪高手的近景画面。以侧光照明，大反差处理，半暗半亮刻画出冒险者勇敢坚强的性格。有趣的是，手的影子投在胸上，影子的位置说明时间的特征为日出时刻。不仅利用影子完成时间造型，也造成有趣的视觉感受。

图9-4

9.2 黎明黄昏时刻

以黄昏为例，从太阳落山之后到夜晚降临之前，光线由亮到暗，变化迅速，能形成各种不同气氛的黄昏光效。在影片里，通常被处理成明快的黄昏和昏暗的黄昏。两类气氛不同，光线处理的方法也不同。

9.2.1 明快的黄昏

太阳刚落山，天空有较强的余晖，景物有足够的照度，虽然失去阳光下的细节，但层次还较丰富，景物开始显得朦胧。这个时段可以利用现有光拍摄，必要时也可以用人工光加以修饰。如图9-5，太阳刚下山，具有足够的照度，傍晚的炊烟增强大气透视，景物有足够的层次，可以利用现有光拍摄。水平面稍亮，垂直面稍暗，受光面与背光面不鲜明，没有影子。摄影师阿尔芒都称这个时段"光线微妙，不知道是从哪里来的，有一种特殊的美"。在他的影片《天堂之日》里的许多场景是在日出日落和黎明黄昏时段拍摄的。

图 9-5

在人物近景里，可以利用人工光进行造型上的修饰，增加形体表现。

日落黄昏时段，西方天空往往出现彩霞，影调、色调都非常丰富。将天空处理好，是获得气氛的重要手段。

9.2.2 昏暗朦胧的黄昏

太阳早已落山，夜晚即将来临，此时天光微弱，景物暗淡，失去细部和层次，一切都处在朦胧之中。在影片中，除了表现特定时间之外，多用来制造昏暗阴森的气氛。

这种镜头一般都是在明亮的黄昏时刻拍摄，利用曝光控制画面影调。

根据不同景别，分别采用不同方法处理光线。

　　远景和全景：画面中的人物较小而距离较远，打光困难，而且昏暗的画面里有点人工光就会暴露无遗，所以人工光不仅会破坏光效的真实，而且也很难隐蔽。因此只能采用选择光影结构的方法处理主体。如图9-6，选择明亮的天空、河水、地面等衬托主体，使主体突出。此时主体只能是剪影形式，观众只要在稍亮的背景上看到黑色人影的活动，就会知道有人物存在。当环境中不可能出现上述条件时，可以利用放白烟的方法，在画面深处适当位置施放白烟，不仅给景物增加层次，增强空间感，也可以借此衬托出主体。白色的烟雾正是黎明黄昏时刻特有的暮霭现象，可增加画面真实性。

图9-6

　　在中景、近景、特写等景别：空间较小，可以使用人工光照明人物。在传统的布光法中，人物光多用平光或主副光处理，人脸的亮度多处理在中级灰上。在现代的自然光效法中，照明人物的光线，多用散射状态的平光或侧光，在人脸上不留光影痕迹，而且亮度较低，多处理在订光点以下，见图9-7，灯a是一盏散射光灯在侧光位(人脸前方)照明脸部，造成昏暗的半剪影形式，保持昏暗黄昏光线微弱的特征。人物光线只要处理得让观众知道这是谁就可以了。

日出日落和黎明黄昏的光线结构相同，不同的只是色彩的处理。日落和黄昏时段，由于大

图9-7

地被炎热的太阳照射了一天，地面景物和大气温度很高；另一方面，傍晚空气污浊，阳光色温偏低，景物色彩偏暖、偏红。黎明、日出则不同，经过一夜大地的温度散发，黎明时刻地面的温度最低，空气中的灰尘都已降落，早晨空气最清新，所以黎明和日出阳光的色温相对较低，色彩也相对冷些。

9.3　雨景的光线处理

对雨景的拍摄，主要是要表现出雨丝的形象。在现实场景中，由于雨丝光线微弱，现有的技术难以拍出其质感，必须用人工光给予加强。而在雨中安放灯具是危险的，也就难以实现人工光照明。另一方面，拍摄进程也不允许长时间等待雨天的到来，所以电影电视中的雨景一般是利用人造雨景拍摄的。

传统方法是将几根钻有多个小孔的自来水管架设在摄影机前方及演员表演区域的前后，通水后便可形成落下的雨丝。这种方法现在只在摄影棚内使用，在没有自来水的外景中无法使用。

现代常用的人工造雨方法是用消防栓喷洒雨水，在野外则用消防车喷洒。选择阴天拍摄，开拍之前将画面内的景物和地面用水喷湿。消防车制造的雨水，在画面中雨丝方向混乱，没有前者真实。而且拍摄濛濛细雨较困难，雨丝大小不易控制。一般需要两台或两台以上消防车，一台工作，另一台运水。选景时要注意尽量选择离水源近些的地方拍摄。

光线处理方面，雨丝是由小的水珠构成。水珠是透明体，在顺光下，大部分光线穿透水珠，反射光很少，因此其光线暗淡，显不出雨丝形象。拍水珠要用逆光照明，水珠像透镜一样把光线集中，使微弱光线明亮起来。在外景中，无法打逆光，只能采用侧逆光照明。

雨丝的亮度与照明光强和光线角度有关，照明灯功率越大，雨丝越亮。灯光角度越靠近，逆光位雨丝越亮。通常用 5kW 聚光灯，距离要适当远些，光线要均匀，避免出现光束现象，造成光效失真。

雨丝的表现与背景有关，背景越暗，雨丝越明显。拍摄时要有足够的景深，否则雨丝模糊一片。

雨丝的粗细与使用的镜头焦距有关，长焦镜头易于将雨丝变粗，而短焦镜头易将雨丝拍细。一场雨由若干镜头组成，应注意镜头的使用和雨丝大小的统一。

例如影片《夏天的滋味》中的雨景镜头拍摄，见图 9-8：

画 1　莲打着雨伞在雨中行走。该镜头是在城市中拍摄，到处都有消防栓，利用其喷水很便利。

画 2　照明示意图。灯 a 在侧逆光位照明雨水，同时也照明人物；灯 b 在摄影机旁照明二人，起副光作用，修饰人体亮度。拍摄时，工作人员举消防喷头对空喷洒，水滴落在演员身上和摄影机前方。拍摄时，摄影机、照明灯具以及电线都要做好防水准备，保证安全。

画 3　开拍前对景物和演员洒水浇湿。

图 9-8

图 9-9

表现暴风雨气氛时，可以利用鼓风机把雨丝吹碎，为了加强雨雾的效果，可以适当在鼓风机后面放些白烟，造成烟雨气氛。

人物光的处理方面，在远景、全景中，利用照明雨丝的灯光勾画人物，人物光可以不另行处理。近景、特写时，可以用人工光对人物进行必要的修饰。具体做法视画面情节而定。图9-9是影片《夏天的滋味》雨中莲的近景。灯 a 在脸的斜侧光位照明人物，做主光突出脸部形象，灯 b 在摄影机旁从正面照明脸部，起副光作用，修饰光比。

表现雨夜的气氛，用光方法与白天相同。在城市街道拍摄夜晚雨景，可以充分利用大型照明灯具。图9-10是影片《慕尼黑》夜晚雨景画面，从画面光线效果可以看到，一盏大灯（ARRI max 18）放在对面高层楼顶，对着整个街道照明，光区范围广，雨地空间很大，雨景感觉很真实。拍摄前在地面洒水。

要注意，靠近灯光部分的雨水会出现光束现象。夜晚，在潮湿的马路上，水洼表面会反映出环境光源的效果或照明雨丝的灯光效果。要避免穿帮失真，可以利用它们调节画面影调，以及增加环境光源的真实感。

拍摄雨中行驶的汽车，在运动中喷水、照明都有困难。影视照明中，一般采用"假运动"拍摄。图9-11是影片《心动的感觉》（*The Student*，1988）夜晚汽车里的镜头，透过前窗，看到二人在谈话。实际拍摄见下图，汽车原地晃动作行驶状，

图 9-10

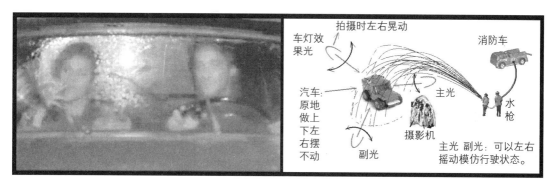

图 9-11

消防车洒水模仿雨水，灯 a、灯 b 分别做主光和副光，照明车内二人；灯 c 是效果光灯，在车后方对着后车窗照明，模仿远处行驶的汽车光效。拍摄时，三盏灯左右摇动，模仿行驶中的动态光效。

喷泉、撒水、雨滴、露珠等的拍摄照明处理与雨景

图 9-12

相同。图 9-12 是纪录片《多格拉之歌》中的洗车镜头，在逆光照明中，喷枪、水流、雾气都很鲜明。

9.4 雪景光线处理

电影电视中的雪景氛围三种情况：降雪的景象、雪后阴天的景象和雪后天晴的景象。

9.4.1 降雪景象的再现

下雪天都是阴天，照明景物的光线都是来自天空的散射光，垂直照射地面，所以水平面较亮，垂直面较暗。而水平面铺满白雪，环境反射光很强。由于大气里充满雪花，起到雾化作用，大气透视效果鲜明。黑色不黑、白色不白，反差较小，调子平淡。由于环境光复杂，人脸光效不鲜明，既不是顶光，也不是脚光；肤色较暗，缺少调子变化。图 9-13 是影片《远方》（*Uzark*，2002）中真实的雪景镜头。

图 9-13

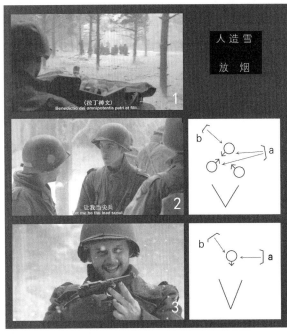

图 9-14

画 1 中景，雪花与环境无法区分，从银幕上无法辨别纷纷大雪，只有在黑色衣服的衬托中才显得似有似无、很不明显。摄影师充分利用景物层次，展现大气透视效果，近暗远淡、近实远虚，结构完美。

画 2 人物近景，以现有光拍摄，影调平淡，缺乏立体感，但自然真实。

画 3 大远景画面，摄影师利用横向树干结构画面，有意给画面增加黑色，加大调子范围，改善雪天的平淡。

影视作品一般是在在雪后阴天里进行人工降雪模仿降雪场景。如美国电视剧《兄弟连》（*Band of Brothers*，2001），见图 9-14。雪后阴天的景物亮度范围较小，调子平淡灰暗，为了增加层次，摄影师施放烟雾，增加大气透视效果。

画 1 大远景，现有光拍摄，烟雾使前景变暗，层次丰富，雪天气氛很浓。

画 2 人物中景，人工光修饰，灯 a 在侧逆光位修饰主体侧面脸部，同时勾画前景人脸。灯 b 在另一侧侧光位照明主体脸部，构成夹光结构，两侧亮、中间暗，以反常结构塑造降雪天的光效。两盏灯都是散射光灯，不会形成影子，这是阴天雪景光特征。

画 3 人物近景，散射光灯 a 在侧光位照明脸部，造成半边亮半边暗的效果，灯 b 在另一侧侧逆光位修饰人脸暗部，给暗部增加层次。

画 2、画 3 背景都施放烟雾以雾化背景，不仅增加空间，而且增强亮暗对比，突出主体。影视作品中的雪景大多是人造雪景。早期用纸屑、盐、米波罗造雪，现代有舞台专用造雪

图 9-15

机。雪花是不透明的六角形结晶体，在逆光照射下不会提高亮度，照明雪花的光线必须采用顺光照明，这样也同时解决了照明人脸的光线。所以降雪的景象多使用大面积的灯光在机位方向照明整个画面。

图 9-15 是影片《天堂口》（2007）中下雪场景画面，雪花较大，而人造雪便于控制雪花大小。

> **画1** 主光灯 a 在侧光位照明二人，勾画人物形态；副光灯 b 在摄影机旁调节人物光比，同时照明雪花，提高雪花亮度，展示雪花飞舞状态。
>
> **画2** 特写人物光照明。主光灯 c 在人脸正前上方，顶光位照明人脸；副光灯 d 在脸前方，塑型光位照明脸部。两盏灯都是散射光。

雪花的再现同样需要暗背景的衬托。降雪天气的反差虽大，景物层次却很少，画面影调往往显得平淡呆板。传统的用光方法常常用侧逆光修饰人脸，造成一小块较亮的光斑，从而改善影调层次。

9.4.2 雪后阴天雪景再现

雪后阴天的光线特征与降雪景象相似，都是来自天空的散射光照明，反差小，环境光复杂。不同的是雪花消失，大气透过没有下雪天强烈，画面空间感差。地面雪景单一色调，没有变化和层次。在远景和全景画面里以现有光拍摄，摄影师只能运用选景解决影调构成。图 9-16 是雪后阴天镜头，画 1 是影片《横穿西伯利亚》大远景，覆盖白雪的大地成了单调的灰色，摄影师利用两侧暗色森林与白雪交错，增加调子变化，改善呆板调子。画 2 为公交车全景，天地不分，同是一个灰色调，因此，主体色调选择很重要，只能利用主体与环境色差来突出主体，构图上利用路边树丛等物调节影调。画 3 为《远方》雪后阴天镜头，摄影师利用线条、色块构成

图 9-16

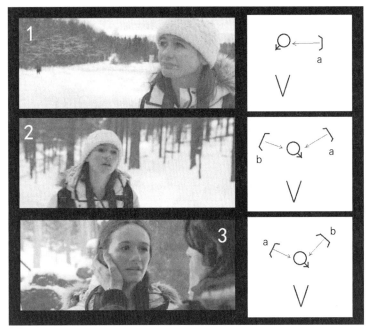

图 9-17

形式感较强的画面。这是很多影片雪后阴天景色处理采用的技巧。

雪后阴天人物近景、特写的光线处理方面，传统方法同阴天的光线处理相似，以平光或塑型光做主光，也可加副光和修饰光。自然光效法是在现有光基础上加人工光修饰。图 9-17 是影片《横穿西伯利亚》中女主角的三个近景画面，不同环境光线结构、光比处理都不相同。

画 1　空间较开阔，修饰光 a 在侧逆光位修饰人脸侧面，散射光灯光线微弱，做环境的反射光，自然真实，美化了人脸。

画 2　环境相对变小，夹光照明，两盏散射光灯在两个不同高度的侧逆光位照亮脸部。a 灯在脚光位置，模仿地面白雪反光，b 灯在顶光位置，模仿天空光效果。自然真实而富有变化。

画 3　处在较暗的废墟前方，光线结构与 2 相同，但光比不同，影调不相同。夹光效果更显著，面孔更黑暗。

三个镜头具有三种光效，暗示着人物从安全空间逐步进入危险空间。在自然光效法里，光的处理既要自然真实，更要富于表现，这才是真正的光线处理艺术。

雪后阴天没有明亮的阳光，景物亮度范围虽然较小，但给亮度平衡带来方便，用较少的灯光就能取得平衡的画面。因此许多影视作品的雪景戏都采用雪后阴天拍摄。而雪后晴天的景象多用来美化、点缀银幕，往往起到修辞作用。

9.4.3　晴天雪景的再现

雪后晴天的景色优美，摄影造型上要用光塑造雪地的形态和雪的质感。不平的地面被白雪覆盖，失去原有的色彩变化，变成单调的白色大地，此时只有在逆光、侧逆光和侧光条件下才能揭示出大地的起伏不平，以及白雪的层次和形态。图 9-18 画 1 是影片《黑暗之家》（*The Dark House*，2009）晴天雪景画面，在侧光照明中，白雪覆盖的大地的起伏不平形态得到生动的揭示。晴天雪景中，天空和地面都很明亮，曝光要照顾天空和白雪，因此暗色景物往往曝光

图 9-18

不足，远景和全景画面构图时注意选择不同影调的搭配。画 2 为雪的近景。雪花是白色的结晶体，白色雪堆缺乏色彩变化，因此，以逆光、侧逆光、侧光照明，能展示雪层的结构和厚度感觉，能表现出雪的质感。画 3 为顺光照明时，覆盖大地的白雪白茫茫一片，没有层次和变化，呈现单一白色。所以摄影师在构图时，要充分利用暗色前景，改善画面影调构成。

晴天雪景人物光处理与晴天人物光处理相同，主要解决人脸与白雪的亮度平衡。传统方法多采用正面光或塑型光 (在视线前方照明) 方法处理。在自然光效法中，不仅要解决亮度平衡，还要保持雪景自然光的特征，照明人物的光线多来自地面的白雪反射光——以脚光形式照明。副光采用来自摄影机方向的水平光位，目的是要在脸上不留下影子，避免人为痕迹。

图 9-19 是影片《黑暗之家》中的传统照明方法。

画 1 太阳在顺光位照明，以现有光拍摄。景物有较好层次，但地面白雪白白一片，没有影调变化。

画 2 太阳在侧逆光位，阴影和背光面人脸较暗，需要用人工光修饰，散射光灯 a 在乙的正前方 (塑型光位) 照明人脸，散射光灯 b 在摄影机旁照明甲、乙背光面。

画 3 太阳还是在侧逆光位，将二人侧面脸照亮，正面脸较暗，副光灯 a 在人物视线方向照明二人，调节光比。用散射光灯在机位旁或人物视线前方修饰人脸暗面。

自然光效法追求晴天雪景光线自然真实的感觉。如图 9-20 是美国影片《冰雪勇士》(*Saints and Soldiers*, 2003) 中的晴天雪景人物镜头。

画 1 纵深运动镜头，人物

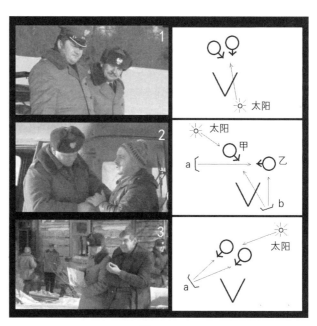

图 9-19

图9-20

由远到近出画。地点是森林边缘，太阳在侧逆光位，以现有光拍摄，曝光让背光的人脸刚刚有层次，放烟使背景雾化。浅灰调子衬托深色主体，很突出醒目，层次丰富，雪后晴天光效很明显。

画2　趴在地上的战士的中景，太阳在顶逆位置，脸部处在阴影之中，来自雪地的反射光将左脸照亮。反光板在人物右后侧修饰右侧脸部，人脸呈现夹光效果，光线柔和较暗，再现雪地晴天光效，背景放烟，在浅色衬托中，主人公脸部突出，光线自然真实。

画3　战地医院门前的人物中景，雪后晴天，太阳在人脸左侧偏后位置上，将脸部照亮。大部分脸处在背光之中，反光板a在另一侧侧逆光位修饰人脸暗部，在暗面中形成一个次暗部。侧逆光效果下，人脸体感很强，衬托在较暗背景中，主体很醒目。

光线是视听语言，不同类型的影片，光线处理方法不应相同。故事片追求艺术表现，追求有意味的形式美；奇幻片是梦幻的时空，需要弄假成真，因此光线处理多采用自然光效法处理。图9-21是故事片《西伯利亚的理发师》（*The Barber of Siberia*，1998）和奇幻片《最后的风之子》（*The Last Airbender*，2010）雪后晴天人物光线不同处理的比较。《西伯利亚的理发师》讲述漂亮的女子像理发一样征服西伯利亚所有男人。塑造美丽女人形象，是人物光造型的首要任务。影片采用平调光照明，柔和的影调，刻画女人的温柔、可爱的形象。不分春夏秋冬，也无论阴天晴天，在外景里都是相似的平调光处理。

《最后的风之子》则与之不同：

画4　二人逆光中景，修饰背光面的反光板a不是在摄影机旁，也不是在人物视线方向，而是模仿雪地的反射光，处于左前脚光位置。

画5　人物近景，太阳处在侧逆光位，反光板a在正前方脚光位置上模仿雪地反射光照明脸部。反光板b在摄影机旁做副光照明，调节与脚光光比。晴天雪景背光的人脸影调清晰真实。

画6　斜侧角拍摄，太阳在人脸侧光位，反光板在侧逆光位置上，照明暗面，在暗面中再产生一个次暗面，基本上是夹光结构，两侧亮中间暗，明亮的受光面衬托着人脸"中

故事片《西伯利亚理发师》 　　奇幻片《最后的风之子》

图 9-21

线轮廓"的优美曲线，以和谐的比例，生动地刻画出人脸美丽形象。所以科幻片光线造型不仅真实，也要美丽。

9.5 夜景的光线处理

　　夜晚光线微弱，在晚间现有光条件下，摄影师常常无法拍摄，因此影视中的夜景大部分都是在白天或黎明黄昏时刻拍摄，因此夜景气氛的处理及画面质量是很重要的，会相应地影响影片内容的表达、造型形式的完美和技术质量的高低。

　　关于夜景的特征，不同时期的摄影师理解不同。在电影技术低下的时期，有人认为曝光不足就是夜景，理由是夜晚比白天黑暗，因此把明亮的白天景物放在特性曲线的趾部曝光，造成昏暗的画面，将其当作夜景。

　　也有人认为，夜晚暗处无光线照明，是黑色的，而晚间的灯光非常明亮，因而形成强烈的明暗反差，缺少中间层次，这才是夜景的特征。

　　这些认识都有不足之处，为了明确夜景的特征和再现的要求，把影视中的夜景与日景作一比较，是十分必要的。

　　日景、夜景共同之处：日景、夜景画面在影片中都要清楚、准确、富有魅力地表达戏剧内容，都要通过人物细致的表情动作传达内心世界。造型上都要主次分明、形态准确，并具有立体感、空间感和一定的质感。画面影调要丰富、层次分明，具有一定的色彩感。

　　日景、夜景不同之处：主要是光线分布的不同。日景中，太阳光普遍均匀地照明一切景物，景物照度均匀，不受距离远近的影响。而夜景中，虽然月光也是普遍均匀地照明景物，但光线强度远远小于阳光，光线微弱。无月光的夜晚，照亮景物的光线是微弱的天空星光，更加微弱暗淡。在暗淡的星空光线下，只有近处的景物还能朦朦胧胧显出一点影像，远处已是模糊一片，什么都看不清楚。

夜晚起主要作用的光源是环境中的人工光源，如路灯、橱窗灯光、广告霓虹灯、各种车辆的灯光等。在无月光的夜晚，这些光源就更加显眼。人工光源属于点状光源，物体的照度与光源距离的平方成反比，距离越大，照度越小，景物越暗，而且照明的范围有限。

月光虽然有一定的亮度，但夜晚天空的散射光更加微弱，所以景物的受光面与背光面反差极强，接近无限大，远远超过白天的反差。夜景明暗面之间缺少中间过渡层次。

夜晚的天空虽然光线微弱，但是在人的视觉感受上还是有一定的亮度。它不是夜晚景物里最黑暗的部分，相反在视觉上有足够的亮度和层次，只是和白天相比显得暗淡。

9.5.1　夜景的光线特征

（1）夜景接受的普遍照度很低，所以夜景是暗的。特别是由于人们的心理作用，长期的生活经验使人们在主观感觉上认为夜景是暗的，所以影视夜景画面大部分应当处在暗调之中。但空间要有层次，有一定的空间距离感。

（2）夜景中的光源是多种多样的人工光源，如路灯、橱窗灯、霓虹灯、车灯。色温各不相同：有高色温的高压汞灯、日光灯，低色温的钠光灯、白炽灯，以及有色和无色等各种灯光。环境中最亮的光源是人工光源。它们都是点状光源，照明范围有限，景物反差较大。

（3）虽然夜景天空光较弱，但是它不是环境中最暗的部分。夜晚的天空不是黑暗一片，而是有一定的亮度，有一定的层次，有一定的色彩感觉：青蓝色。

（4）夜晚景物色彩感受与白天不同，这主要是由视觉生理特性造成的。视网膜上有两种感光细胞：锥状细胞和柱状细胞。锥状细胞的"感光度"较低，只有在白天强光下才起作用，而且对光波波长敏感，能很好地区分各种不同的色彩。柱状细胞"感光度"极高，只有在夜晚昏暗的弱光下才起作用，能分辨出微弱的层次。但它对可见光光波不够敏感，所以不能感受物体的色彩。但是对光谱短波端有一定的感受能力。所以，晚间景物暗部分虽然没有色彩特征，只有明暗的变化，但蓝色的物体在昏暗的光线下却比其他颜色的物体显得明亮些。心理作用使人们产生夜晚暗部分景物是蓝色的错觉。这种错觉首先被画家们发现，并用来做夜景画面色彩处理的依据，把夜景昏暗的景物部分画成蓝色调，而明亮的灯光附近的景物却画成缤纷的色彩。在绘画中如此，在电影电视摄影艺术中也是如此。

即使有明亮的月光，在目前的摄影技术条件下，也不能使感光元件获得应有的曝光量。月光只能刺激人眼对月夜的感觉。因此电影、电视夜景的造型，需要有比夜晚光线更强的光照明，只能利用自然界较强的现有光。所以夜景拍摄有四种方法。

9.5.2　晴天拍夜景

夜景画面有天空、远山、大海、湖泊等较大的空间范围，以及有明亮的月光时，真实的晚间因光线太弱，无法拍摄这些远景、全景。黎明、黄昏时刻，景物虽然具有夜景需要的亮度，但拍摄时间短促。当镜头数量较多时，只能在晴天条件下拍摄月夜镜头。

白天，用太阳光代替月光，造成月夜气氛。拍摄时需要解决两个难题：一是必须把明亮的天空变成昏暗的夜晚天空；另一是，画面必须有大面积的暗色调。

天空的处理

白天拍夜景，必须将明亮的天空压暗，其方法有三种：

（1）利用滤色镜将天空压暗。

在黑白片中，可利用红系统滤色镜和渐变滤色镜将天空变暗。用红滤色镜拍摄时，需要对曝光量给予补偿。

在彩色片中，一般不能使用红系统滤色镜压暗天空，通常是使用灰色滤光镜。当景物与天空交界线较为平直时，或者亮暗过渡平缓时，可以利用灰色的渐变滤光镜将天空挡暗。如图9-22是影片《三剑客》（*The Musketeer*，2001）白天拍夜景镜头。

如果交界线起伏较大时，或者前景有高大的景物，人物影像叠在天空部分，渐变滤光镜会造成景物或人物影调不统一，天空部分变暗，地面部分变亮，造成滤光镜穿帮现象。此时最好使用灰色明胶片。早期的明胶片是用骨胶制成的灰色薄片，现代多用塑料的灰片。拍摄时先确定构图、焦点距离，把机位、角度锁定，见图9-23。选择适当密度的灰片放在镜头前，用笔把天空的边界线画下来，然后用剪刀剪掉地面景物部分，放回原处，对准位置，用胶布贴牢，即可拍摄。利用灰片与镜头的距离，可以控制交界线的虚实，根据景物交界线情况，确定虚实程度。这种方法的不足之处是摄影机不能做运动摄影，否则会造成滤光片穿帮；人物或者某个运动体不能进入天空部分，否则也会穿帮。这种方法只适合拍摄固定镜头，人物只能在天空以外的景物中活动。

用偏振镜将天空压暗。晴天，在太阳成90°角的天空里存在大量偏振光。例如夏日中午时刻，从东方经过头顶到西方的天空存在着大量的偏振光。所以向东方和西方拍摄，可以利用偏振光将天空压暗，但是只能做推拉运动，不能做横向摇摄。否则向南向北银幕上的天空会逐

图9-22 渐变滤光镜挡暗天空

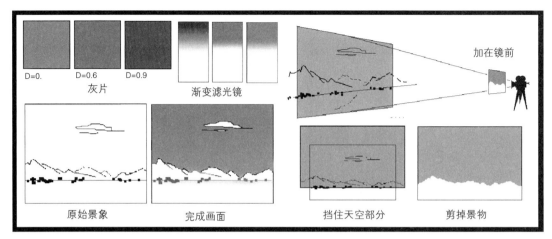

图 9-23 用灰片挡暗天空示意图

渐变亮，失去夜景特征。

天空压暗程度的确定：简便的方法是通过摄影机取景框，旋转镜头前偏振光滤色镜的角度，直观天空亮度的变化，调节到天空亮度合适时为止。将它放到曝光表前测量天空的亮度，与不加滤色镜相比较，即可得到天空变暗的倍数。将变暗的天空亮度，放在订光点下一挡半到三挡位置上，即通常所谓的天空曝光不足一挡半到三挡光圈，具体由夜景气氛（黑暗的程度）决定。

上述三种挡暗天空方法在当代影视创作中很少使用，可能是因其过于费时费力的缘故。

（2）利用曝光方法将天空压暗。

选择具有强大光斑的画面，如河水、湖泊等水面在逆光照射下反射出的强烈光斑，其亮度几乎等于太阳本身的亮度，远远高于天空的亮度。拍摄时，按光斑亮度曝光，理论上光斑在底片上处在中级灰密度。而天空的密度低于此点，处在曲线下半部分。实际上，光斑远远高于中级灰，因为太阳亮斑用曝光无法准确测量，高于中级灰，在画面中呈现亮斑。夜景有丰富的层次，底片可以保证有足够的密度，在后期印片时根据气氛的需要，再进行适当的调整。这种方法可以拍出优美的夜景气氛，如图9-24：

画1 影片《陈奂生上城》（1982）中的一个夜景。如果把太阳拍进画面，月夜气氛更加美丽。

画2 影片《我是一只候鸟》晴天拍月夜镜头。把太阳拍进画面，太阳变成月亮，景色抒情美丽。

画3 日本电影《大和号》中夜晚浩瀚的大海以及一艘潜艇。

画4 日本电视剧《仁医》月夜画面，月夜气氛浓郁沉重。

按亮斑曝光，势必采用很大的光圈值，景深加大，画面中前后景物都很清楚，影像很实，失去了夜景应有的朦胧气氛。为此，我们可以利用镜头前加灰片、降低曝光量、开大光孔的方法控制景深，造成除主体以外的景物都具有一定的模糊度，增加夜景的真实性。

图 9-24 晴天拍月夜

　　人物处于逆光照明中，除了明亮的轮廓之外，影像都处在较暗的背光面中，需要用较强的聚光灯给予照明，一般用 5kW~10kW 低色温聚光灯照明人脸，尽一切可能把人脸打到最大亮度，因为人脸最亮也不会超过太阳光斑的亮度，所以它总是处在中级灰以下，画面中的人脸是较暗的半剪影状态。

　　拍摄时，电影摄影机镜头前不加雷登 85 校正滤色镜，电视摄像机色温调到低温挡。印片时按人脸低色温部分校色，这样人物肤色正确还原，而背景偏蓝，这正是夜景需要的色彩，见图 9-25《大和号》的人物光处理。灯 a 为大功率低色温聚光灯，在侧逆光位照明人脸，在脸上形成亮斑，突出主体。灯 c 在摄影机旁做副光照明人物背光面，灯 b 做乙的主光。

　　利用亮斑压暗天空拍夜景的方法在当代很多电影电视剧中采用。一场夜景戏有一两个带有亮斑画面，与其他没有亮斑画面的镜头同样可以组接成一场完美夜景。

9-25

图 9-26《塔达斯传奇》

（3）选景时避开天空，或尽量少带天空。

当天空在画面中占有较小面积时，可以利用遮挡方法，将天空挡掉，如用树枝做前景挡掉天空，避免处理天空的麻烦。例如影片《塔达斯传奇》的林中夜景爱情戏，见图 9-26。森林夜景戏很难拍，因为空间大，打光容易把不该照亮的树木照亮，造成光线穿帮。晴天拍夜景相对比较容易，选择太阳在逆光位，虽然太阳不在画内，但构图注意太阳位置，后景施放烟雾，显现出光束方向。

画 1　太阳在画面上方。利用白烟雾化背景，提高亮度，增加影调层次，展现空间，也突出了人物。不用打光就可以用现有光拍摄。

画 2　中景画面构图，注意主体人物衬托在稍亮的背景上，人物成剪影或半剪影。

画 3　人物近景画面，背景放烟，突出主体。根据造型需要，人物可以打光，也可不打灯光处理成剪影或半剪影，用灯光处理人物，灯光必须柔和不露痕迹。

环境的处理

月夜中，照明景物的是月光。月亮与太阳一样都是天空的星体。月光同样在地面景物上造成受光面、背光面和影子，所不同的仅仅是强度的不同。我们可以用曝光的方法把阳光减暗到月光程度。但是画面并不像夜景，仅仅是日景的曝光不足现象。原因主要是人的心理在起作用，经验使人们认为夜晚比白天黑暗。虽然二者光影结构相同，仅仅强度差别还不够，还必须使画面保持有大面积的黑色调，这样才能像夜景。白天拍夜景，画面中必须有大面积的暗色调。为此，需采用如下办法：

（1）必须选择逆光拍摄，使画面景物处在背光面中，保证有足够的暗调子。

选景时充分利用大面积的阴影做前景，如用森林、树木、房屋、高楼等影子做前景。

当前景的地面和景物较亮时，利用遮挡、洒水等方法使之减暗，造成阴影或暗调子。有时还可以利用渐变滤光片或灰明胶片在镜头前进行遮挡，造成较暗的前景。

（2）在画面中尽可能制造一个小亮斑。

如果画面中不带天空，而且有大面积阴影时，可以利用画面中最亮的景物确定曝光点。这样画面调子处在中级灰以下，影调必然灰暗、平淡，出现曝光不足现象。选择逆光照明，使景物具有明亮的轮廓形式，可以克服曝光不足现象。但是并非所有情况下景物都具有明亮的轮廓光。当画面中缺少明亮的光斑时，可以人为地制造一些亮斑。如果画面中有水面，可以利用灯光在恰当的位置上给水面打一个亮斑；也可以在前景地面、树木等洒水，利用阳光的反射产生一个亮斑；还可以利用较大的灯光在侧逆位置给人脸打一个亮斑。总之，想尽一切办法在画面中产生一小块亮斑，画面就不会发灰。

色彩处理

夜景画面的色彩，应当在大面积的灰暗蓝色调中，保持一小部分色彩正确再现。主要是人的肤色要正确还原。

白天拍夜景，摄像机色温挡要用 3200K（1 挡或 2 挡）。这样整个画面偏蓝，而照明人物和主要景物的光线，要用低色温钨丝灯照明，使人物和主要部分环境色彩正确还原，避免出现单色蓝色调画面。

人物光处理

白天拍夜景，近景画面尽可能不带天空，这样便于人物光处理。人物选择逆光和侧逆光照明，保证人物身上有较亮的轮廓光或光斑。近景一定要选择较暗的景物。可以按人脸较亮部分曝光，获得夜景人脸应有的光效。必要时，也可以利用较亮的灯光对人脸进行修饰。常用的方法是在侧逆光位照明人物，在人脸上制造一小块光斑，既可修饰人物，又保证画面具有高光点。

白天拍夜景，最大的优点是用灯少，节省器材。特别是对镜头数量较多、在一个黄昏时刻里难以拍完的场景最为适宜。但是对那些灯火辉煌的城市夜景则无能为力。因为街道上的灯光强度有限，远远小于白天的光强，无法与阳光平衡。

9.5.3 阴天拍夜景

阴天拍夜景适合表现无月光的夜晚。阴天拍夜景难度较大，要获得成功，必须解决几个难题。

阴天照明所用的光线是来自天空的散射光。它均匀普遍地照明景物，景物亮度范围较小，缺乏高光部分。阴天拍夜景，用曝光方法把景物压暗，必然出现画面灰暗平淡，呈现出曝光不足现象，而不是夜景应有的调子。所以阴天拍夜景必须保证画面中具有较亮的高光部分，这是能否成功的条件，而阴天中的亮斑又是难以得到的。

解决的办法是，用较强的灯光在环境中必要的位置上制造出一块亮斑来；也可以借助景物的选择，如选择一些亮的水面，构成亮斑；还可以选择较暗的背景环境衬托较亮的景物，形成较大的反差，使画面具有一小块明亮的部分，保证画面不灰。如图 9-27 的苏联影片《自己去看》的森林中的夜景戏就是利用阴天拍摄，利用密林、顶光使人脸产生一小块明亮的顶光，背景树木黑暗，利用曝光使画面出现夜晚气氛，拍得很成功。

图 9-27

阴天里的天空是景物的光源，又是被摄对象，压暗天空是最大的难题。只能利用渐变滤光镜或灰明胶片进行遮挡，别无他法。因此最好在选景时，避免天空在画面中出现，这是最有效的办法。

阴天拍夜景，画面里不仅须有一个亮斑，同样要有大面积的暗调子，其方法与晴天拍夜景一样，即用选景、遮挡等方法制造暗调子。选择黑色物体做前景或背景是很有效的方法。

拍摄时按画面最亮的高光部分曝光。

照明人物和景物的人工光源应当使用低色温大功率灯具。

9.5.4　黎明黄昏时刻拍夜景

电影电视中的夜景大部分是在黎明黄昏时刻拍摄的。因为白天拍夜景时天空部分很难处理，生活中的光源（路灯等）无法再现。黎明黄昏时刻正是天空由暗变亮或由亮变暗的过渡时期，只要我们掌握好时机，选择好需要的天空亮度，拍摄的画面就能获得满意的夜景画面，而且生活中的光源很容易再现出来。图 9-28（彩图 42）为黄昏时刻拍夜景镜头。

画 1　土耳其影片《远方》中的夜景画面。湖泊、城市、远山重叠、伸向远处的路……旷野空间非常大，晚间拍摄景物无法照明，白天拍摄又无法再现汽车红色尾灯，只能利用黎明黄昏时刻拍摄，利用天空余晖照明景物很方便，微弱天光也能显现出红色尾灯。更有趣的是天空的一抹红云，给画面增添一点神秘色彩，影片表现穷山僻壤的男孩投奔远方亲属的遭遇。这点红云暗示了影片未来的主题。以现有光拍摄，非常方便。

画 2　美国影片《波拉克》黄昏时刻拍夜景画面。同样空间很大，无法打灯。通过黄色车灯及红色尾灯在画中的移动表现出汽车的运动。窗子的亮光一般需要用摄影灯光给予加强。

画 3　韩国影片《浪漫满屋》（2004）黄昏拍夜景画面。透过窗子的灯光的亮度一般由天空亮度决定：拍摄时刻天空越亮，室内灯光越暗。一般室内灯光亮度需要用摄影照明灯加强，其亮度大小由摄影师拍摄计划决定。

画 4　影片《战马》中施罗德因为保护马而被军队枪杀的镜头。夜晚森林边拍摄，汽

图 9-28　黎明黄昏拍夜景

车灯光照亮刑场，暖色的光束、暗蓝色天空画面很美，这是对盗马人的赞美。黄昏拍夜景时施放烟雾，造成车灯光束。前景风车页，暗示事件发生地点。

天空亮度的确定

夜景天空亮度的处理主要是天空亮度与人脸主光的亮度比值的处理。一般情况下，天空亮度不能超过人脸亮度值，最低应当保持夜景天空应有的密度。这主要由画面气氛决定。明朗的月夜、抒情的夜晚，可以把天空处理得亮些。一般处理在比人脸主光低一挡半。黑暗阴森的夜晚，天空亮度要暗些，处理在人物主光以下 2~3 挡光圈。这和摄影机的挡次、动态范围有关。

人物的光线处理

黎明黄昏时刻，人物处在微弱的天空散射光照射下，光线很暗。自然光效法要求人物光保持环境光源的真实感觉，如图 9-29（彩图 43）是无光源夜景人物光处理。

画 1　影片《理发师陶德》黄昏拍夜景的人物近景画面。夜晚伦敦桥上，天空有密度。在斜侧光位的高色温散射光灯 a 模仿天空光照明脸部，不用副光，大反差再现无光源夜晚光线特点。

画 2　影片《周渔的火车》（2002）夜晚乡村小站等火车镜头。黄昏拍夜景，去掉雷登 85 滤色镜，画面呈现出夜晚的蓝色调。

在视线前方用低色温散射光灯 a 照明脸部，照度微弱，刚刚与天光有所区别，脸部色彩以蓝调为主，具有微妙的寒暖对比，不仔细观看无法察觉。大光圈小景深使远处信号灯

图 9-29

影像变成两个超大的红绿圆圈，给静坐的人一种浪漫的引人遐想味道，意境深远美丽。

画 3　影片《远方》海边夜景，隔海相望远处的城市。去掉雷登 85 滤色镜，再现蓝色夜晚景色。以现有光拍摄，人脸呈现朦胧的半剪影。

有光源的夜景，人物光线需要用人工光加强。人物的主光方向、性质、色彩、强弱等尽量要与环境光源相一致。可以利用房屋窗子透射出的光线为依据，也可以利用路灯、霓虹灯做人物主光的依据。通常采用侧逆光、逆光和侧光光位照明人物，在人物身上、脸上造成光斑并表现出环境光源的特征。

环境光的处理

黎明黄昏时刻，照明景物的光线是来自天空的散射光，虽然很弱，但普遍均匀地照明景物。只要选择恰当时机拍摄，环境景物能得到较好的表现，并有足够的夜景层次。环境不需要人工光照明。

图 9-30

有时远处景物较暗，缺乏层次，又不可能用人工光补助时，可以适当地施放白烟提高景物影调，增加画面层次。

夜景环境光处理，一定要在画面中安排几个亮斑。这不仅在技术上保证画面不灰，而且可以使画面形成明暗对比，使该暗的部分暗下去，同时光斑也是夜景光线的特征，能使人感觉更真实。

在野外、原野里，环境中常常没有亮斑。而戏剧的动作又不许人物具备某种光源。例如，不许人物拿手电筒。这种情况下，摄影师和照明人员常常人为地在画面里制造一个亮斑，方法见示意图 9-30。用木条钉一个窗架或门框架，形状似战士打靶的靶架，有一根长的靶杆，贴上白纸。拍摄时把它插在画面深处适当的位置上，在后面放一盏小灯把窗架照亮，看起来像是远处村落亮着的窗子。如果远处有一座房子，把它叠在上面就更显逼真，即使没有村落为依托，周围漆黑一片，也会让观众想象那里似乎是村庄，这是一个制造亮斑行之有效的方法。

色彩的处理

摄像机在低色温挡直接拍摄。人物要用低色温光照明，在画面上保持人物肤色正确还原，使背景环境偏蓝，造成夜景特有的色调。摄像机要使用 3200K 色温挡拍摄，在人脸位置上（低色温光照明区域内）打白平衡，方法与电影相似。

抢拍

黎明黄昏时刻天空光变化非常快，电影电视每场夜景戏至少有 8 个镜头，多则十几个或几十个。在短短的时间里完成这么多的镜头是非常紧张的，必须做好拍摄计划，进行抢拍。

抢拍要注意以下几个问题：

（1）提前进入拍摄现场。导演排戏，演员走戏，把具体的场面调度确定下来，摄影师把每个镜头角度、机位、拍摄方法等确定下来，照明师把每个镜头的主副光灯位、方向等确定下来。

（2）拍摄顺序：先拍远景、全景镜头，然后再拍中景、近景，最后拍特写镜头。因为远景、全景空间范围大，无法使用灯光照明，必须充分地利用现有天空光拍摄，必须抢在天光暗淡之前把这些镜头拍下来，否则遇天光暗淡之后无法拍摄。而近景、特写镜头空间范围较小，可以在天光消失之后用人工光拍摄。

（3）摄影师确定了夜景气氛，也就确定了天空亮度与人物主光亮度的比值。根据使用的感光度计算出曝光的光圈值，列成一表。如天空亮度与人物主光亮度比值确定为 1∶2，即天空亮度比人脸亮度低一挡光圈。人脸曝光不足 1/3 挡光圈，光度为 ASA500 度，见表 9-1。

拍摄顺序	天空亮度	人物主光亮度	光圈 f/ 值
1 远景	f/ 4	f/ 5.6	f/ 6.3
2 全景	f/ 2.8	f. 4	f/ 4.5
3 中景	f/ 2	f/ 2.8	f/ 3.2
4 近景	f/ 1.4	f/ 2	f/ 2.2
5 特写	f/ 1	f/ 1.4	f/ 1.6

表 9-1

将此表一式两份，分别由照明组长和副摄影掌握。拍摄时，副摄影用曝光表测量天空亮度，随时报告亮度变化值。当副摄影宣读天空亮度为 f/ 4 时，照明组长立刻把人物主光调到 f/ 5.6，并宣布完成。负责光圈的第二助理，把光圈放到 f/ 5.6 过 1/3 处，即 f/ 6.3。各个部门完成后立既宣布完成，摄影师就可以宣布开机拍摄。这样可以避免现场混乱。拍完后立刻转移到下一个机位开始新的拍摄。如此这般，顺利进行，一个黄昏时刻可以完成 8 个镜头。拍摄顺序：按远、全、中、近、特顺序拍摄。如果未完成，天空就黑暗下来，无法拍摄。剩下的都是中、近、特等小景别画面，可以利用人工光模仿黎明黄昏的光线，继续拍摄夜景镜头。

9.5.5 晚间拍夜景

夜晚的环境有两种：无光源的环境和有光源的环境，两种环境照明方法不同。无光源的环境必须全部用人工光照明；有光源的环境，能满足造型需要时可以采用现有光拍摄，满足不了时，可以采用人工光局部修饰。

9.5.5.1 无光源夜景光线处理

环境中没有光源，或者有戏的空间没有光源，无法给照明提供理论光源依据时，摄影和照明可以任意处理，只要有夜景感觉就可以。常用的方法是把前景人物和周边环境照亮，背景大面积黑暗处就是夜景。

例1：日本电视剧《仁医》讲述一位名叫南方大夫的现代医生，穿越时空来到江户时代的故事。这场无光源的夜景戏，是现代时空的男主角站在楼顶露台上的场景。露台空间开阔，远离光源，以天空为背景，无法给天空打光，所以在夜景处理上采用最原始的观念——画面中大部分黑暗就是夜景，见图 9-31。主光灯 a 靠近摄影机将人物和近处栏杆照亮，然后用修饰光灯 b 在逆光位勾画轮廓，将黑色头发与黑色背景区分开。背景黑暗的天空和景物都不区分，这就是早期电影拍夜景常用的方法。在现代影视作品中，也是在无环境光源情况下比较可行的照明方法。

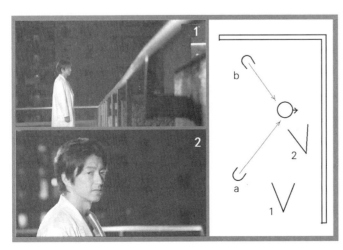

图 9-31

例2：影片《后人》（*The Descendants*，2011）中，父亲带着女儿来到情敌家准备了解事故情况，见图 9-32。环境是空旷的院子，晚间院内无光源，在人物前方较远处是有灯光的房屋。人物光采用传统主副光处理：主光灯 a 在斜侧光位照明二人脸部，这是一盏聚光灯，明暗分明。副光灯 b 是散射光灯，在摄像机旁照明人脸背光面，光比较大，表示夜晚时刻。修饰光 c 在侧逆光

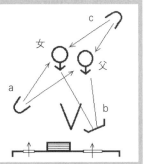

图 9-32

位修饰人物轮廓，将暗色主体与暗色背景区分开来。地面环境是采用黄昏时刻天光照明。从真实角度来看，人物距离远处房屋很远，光线不会这么亮。照明人物轮廓的光线无环境光源依据，也是不真实的。传统的照明注重造型，不追求真实再现。

例 3：日本电视剧《你教会了我什么最重要》（2011）中，女主角夏实与出了问题的男友修二相见的这场戏选择在夜晚公园里拍摄，见图 9-33。附近没有灯光，属于无光源夜景，晚间拍摄需要全部人工光再现。

画 1　从全景中可以看到，主光灯 a 来自夏实斜侧光位，副光灯 b 在摄影机旁，修饰光灯 c 在逆光位修饰人物轮廓。这是典型的三角光照明。背景不再全黑暗无光，环境光灯 d 在右斜侧位照明后景矮树丛，给背景增添层次。曝光将人脸密度控制在中级灰以下，造成无光源夜晚人脸暗淡的色调。有趣的是背景中的灯 e，对着镜头照明，使周围空气产生光芒效果，增加夜景气氛，在影调平衡上给画面增加亮斑，保证调子暗下去。这盏灯实际上并不是环境中的原有光源，而是摄影师将平光灯放在那里，照明矮树轮廓，同时也有意制造画面中亮斑。将照明灯具拍到画面里是一种穿帮，是摄影师的失误，本应避免。但在这里摄像师有意将"穿帮"变成摄影造型表现了。这场戏有几个运动镜头，有意让照明灯具在镜头内"穿帮"，用"穿帮"制造银幕节奏。所以说在艺术创作中，任何技巧都可使用，在有才华的创作者手中，甚至失误也可变成艺术语言，成为摄影的表现技巧。

画 2　夏实的中景画面，光线结构不变，只是这盏穿帮的灯不见了。

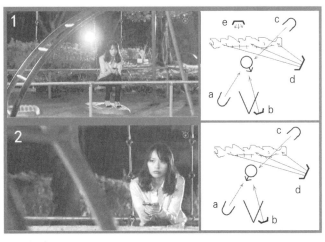

图 9-33

例4：影片《惊世情未了》中的森林夜晚无光源场景，见图9-34。必须用人工灯光照明。方法很多，最简单最方便的方法就是施放烟雾，用灯光在逆光位置上将烟雾照亮，让烟雾衬托人物形体动作。这是一个全景画面，在中、近景人物镜头里可以根据造型需要为人物另行布光。

随着当代科学技术的发展，摄像机感度的提高以及大功率灯具的发明，为晚间拍夜景创造了新的可能和新的方法，解决了晚间拍夜景这个难题。摄影师将24kW灯吊在高空上，就可以将环境普遍地照亮，做主光、副光或底子光使用，不足的地方，再用小型灯进行修饰，就可以完成夜晚的拍摄。

图9-34

将灯具吊在高空，最简单的方法是用升降机，建筑用的起重机、吊车等都可以把灯具吊在高空，见图9-35。

画1　晚间拍夜景现场的白天工作照，起重机将装有蓝纸的大型灯具吊在拍摄环境上空。

画2　其晚间现场工作照。除了吊在高空的大灯外，还有几盏较小的灯具也都吊在较高的位置上，这些小型灯提供人物的主光、修饰光或者是效果光。大灯是环境副光，普遍地将环境照亮。这种现场拍摄起来很方便，任何方向、任何机位都有需要的照明光线。

画3　晚间体育场竞技比赛灯光装置。照明竞技场的灯光装在高架上，右心是一盏或几

图 9-35

盏大型灯具，安放在场地四周。这样观众从任何角度都看清现场比赛状况，也为现场电视直播提供方便。

在电影电视中，某些体育场竞技的戏也可以采用相似方法处理照明光线。

　　画 4　晚间比赛时刻画面。

　　画 5　广告片雪地汽车镜头。旷野夜晚环境里没有任何光源，摄影师要拍摄出像质完美的影像，必须使用灯光。这里同样是把大型灯具吊在高空，把整个拍摄现场照亮。给摄影提供方便。

　　画 6　画 5 完成画面。

　　例 5：韩国电影《兔子和蜥蜴》（2009）讲述美籍领养儿童李媛善回到韩国寻根的故事。她来到童年生活的地方，物在楼空，深夜惆怅地坐在铁道旁，乡镇小站环境空旷，远处一点点灯光。属于黑暗无光源夜晚环境，摄影师必须使用人工光照明，见图 9-36。

　　画 1　大远景。画内放烟，大功率灯具，架设在升降机上，在远处铁道上方，对着镜头照明，逆光将烟雾照亮，使黑暗的环境有了雾化层次，一盏灯就可以解决大远景画面的照明。

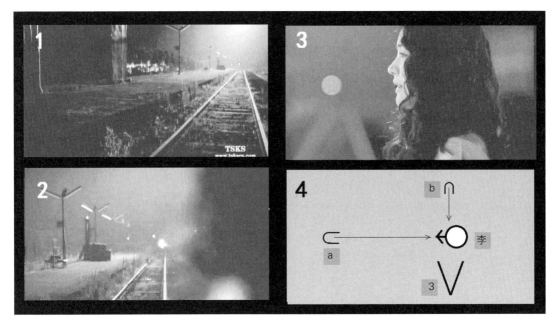

图 9-36

　　画2　以李媛善为前景，拍摄火车进站。照明不变，还是远处高空灯光照明。

　　画3　人物光处理。主光灯 a 在视线前方照明人脸，修饰光 b 在远处斜侧的脚光位修饰脸部轮廓，突出侧面角度的人脸曲线，美化人物形象。人物光的处理并没有光源依据，是从造型需要进行打光。这里追求的不是光线的真实感觉，而是人脸美的形式。远景、全景光线比较真实，近景人物追求造型美。

9.5.5.2　有光源夜景光线处理

　　有光源夜景分两种情况：其一，环境中有光源，但数量少，不能为摄影提供照明需要的光线。其二，有足够的光源和照度，可以用现有光拍摄，但光线结构不能满足造型要求。

有光源但照度不足的情况

　　（1）人工光修饰法。

　　韩国影片《兔子和蜥蜴》中，领养儿李媛善回到韩国质问姑姑"为什么把我送人"的一场戏。环境为夜晚小街道上，见图 9-37。环境光源较少，画面上没有出现环境灯光影像。

　　画1　照明环境的灯光 c，吊置在姑姑身后上方，垂直照射路面，模仿路灯效果，同时也照明了人物，在人物身上勾画出一道轮廓光，修饰人物形态。主光灯 a 在斜光位照明人物，副光灯 b 在摄影机旁，光比较大，保持夜景光线效果。不平的路面在顶光照明中呈现出亮暗交错的几个色块构成，给人一种震撼不安的感觉，刻画出被质问者内心的状态，光线成为重要的表意语言。

图 9-37

画 2　李媛善的特写，主光 a 来自右下方脚光位置，模仿路面反光照明人物，脚光是反常光效，刻画出"被送人的"人物的内心痛苦感觉。副光灯 b 在摄影机旁，修饰光 c 在侧逆方位勾画头部轮廓，使黑发与黑背景分离，暗调子大反差，沉重痛苦的气氛很浓。

自然光效法光线自然真实感较强，同时也生动地刻画出人物心理状态。追求光线自然真实并不是目的，目的是艺术表现。

（2）人工光再现法。

台湾电影《命运化妆师》（2011）中一场城市街道的夜景戏，环境光源并不很多很亮。拍摄时需要人工光照明。

开始，女主角敏秀的汽车行驶在夜晚街道上。从画面中可以看到空间较大，街道两旁还有较大空间，见图 9-38。环境光较暗，远处几盏路灯远远不能提供需要的拍摄照度。摄影师在汽车后面的街道上空吊装一盏大型灯具，画面内放白色烟雾，逆光照明，烟雾使远处景物产生雾化，黑暗无光的背景出现影调层次，衬托出前景黑暗的树木和汽车，展现出环境空间形象。拍摄前在地面洒水，路面在逆光中产生明亮反光，衬托出主体汽车，也给画面增添亮斑，制造出一点紧张气氛。这是现代电影电视拍摄夜景时使用最多的一种照明方法。

图 9-38

图 9-39

车祸现场的环境光处理见图 9-39，为大全景交待环境镜头。救护车、警车、抢险车很多，
空间较大。摄影师同样放烟雾、洒水。除了环境中装饰性灯光和红绿灯之外，使用了很多大型
灯具，在不同的逆光位置上，对着镜头照明，白烟雾化景物，突出了主体，增加空间深度感觉。
摄影照明灯具成了环境光源，解决了拍摄照明任务，同时也塑造了环境气氛，将"穿帮"的灯
光变成合情合理的环境光源，是一种巧妙的手法。

（3）人物光处理。

在环境光照明中，根据镜头位置、角度和造型需要处理人物光，见图 9-40 几个不同景别
人物光的画面。

画 1　全景，以环境光为主，两个主光灯 a、a1 在侧逆光位模仿远处环境光照明甲乙

图 9-40

二人脸部。修饰光灯 c 也是在侧逆光位修饰甲的背光面脸，在甲的脸上形成夹光结构，两侧亮中间暗，乙是侧逆光结构，二者不同，主次有别，都具有环境光的真实感觉。

画 2　二人中景。敏秀（甲）在安慰车祸受伤人。环境光处理得很好，两盏灯 a1、d 分别在两个侧逆光位将烟雾照亮，雾化背景，造成大透视效果，近暗远亮、近实远虚，层次丰富，主次分明，同时也再现出现代化城市明亮的街道气氛。人物光处理方面，灯 a1 不仅是照明环境的灯光，也是照明人物的灯光，修饰轮廓和侧面脸部。灯 a 是丙的主光，在斜侧光位刻画出受伤人痛苦的面部表情，对甲是侧逆光，与灯 a1 相配合形成夹光照明，两侧亮、中间暗。这样甲和丙的人物光有鲜明之别。

画 3　甲的特写。环境光不变，人物光有所调整，由于脸的方向稍有变化，环境光灯 a1 成为人物主光，在侧光位将甲的主要脸部照亮，突出刻画出脸的"中轴线"形状，表现出优美的线条（曲直、比例等）结构，美化主角。修饰光 c 在侧逆光位修饰暗面，在暗面中产生次暗面，增加人脸体感，使人脸造型更完美。这种光线结构是传统和现代的电影电视中，在关键时刻美化人物的有效方法。

画 4　多人物光线处理，表现敏秀的助手还击叶姐嘲讽。环境光不变，主光保持来自画左后侧逆光方向。灯 a 将前景司机和助手照亮，两人主光相同，呈现侧光形态，半边亮、半边暗，光比很大，表现出愤怒的心情。在女助手脸上成为偏后的侧光照明，形成脸上的高光斑，摄影机旁的副光灯做女助手主光，刻画出脸部形态，在其脸上亮、灰、暗三大面结构清楚，这是画面主体人物，是反击者，面部表情需要细致刻画。灯 a1 照明后景叶姐做主光，成为侧逆光处理，正面脸暗淡无光，表现出嘲讽别人的下场。三人脸方向不同，呈现出三种不同人物光线结构，生动细致地展现出不同人物的心态。主次分明，形象生动。

（4）色彩的处理。

现实生活中夜晚街道的高压汞灯是蓝色光，钠光灯是黄色光。影片充分利用寒暖光强烈对比处理车祸不幸的场景。图 9-41（彩图 44）是这场中两个具有代表性色彩画面。

画 1　十字路口远景画面，近处红光照明，远处蓝光照明，红、蓝间隔着无光的黑暗地带。这是绘画中处理不和谐色彩，使之和谐的方法：在两个对比色之间用消失色间隔。近暖远寒是塑造空间的色彩法则，强烈的色彩对比暗示着不幸的到来。

画 2　车祸现场，黑与白，蓝与红的对比，杂乱的线条等塑造出不幸的现场气氛。

图 9-41

（5）传统光效法。

以日本电影《盛夏猎户座》（2009）的一场夜景戏处理为例，影片讲述"二战"末期，日本潜艇在舰长仓本指挥下与美国海军对抗，因一首"盛夏猎户座"的歌曲幸免死亡的故事，这首歌是上前线时，女友志津子送给他的护身符。本场戏发生在海军司令部门前，有泽送仓本离去时，志津子（有泽妹妹）到来的场景。战时日本缺灯少电，司令部院里光源很少，只有楼房门口和院门口有灯光，院内黑暗。拍摄无法用现有光拍摄，影片采用传统照明方法处理这场戏，见图9-42。

画1　有泽送仓本走到楼门口处。大全景画面，空间范围较大，光源很少，只有楼门口一盏灯。从画面上可以看到，照明人物的主光灯a在门口对面较高的位置上照明二人头部和身体。副光灯b是一盏大型高色温散射光灯，在摄影机旁对人物和环境普遍照明；照明远处背景的灯也是一盏大功率散射光灯c，在侧光位将远处树木地面照亮，环境光亮度较小，光比较大，这是夜景光线特点。效果光灯d是低色温灯，在楼门里照明二人，模仿楼内灯光效果，给画面增添一点真实感觉。这里照明人物和景物的灯光，除了效果光灯d之外没有任何光源为依据，完全是为了造型和表现戏剧内容的需要而任意设置的。这是典型的传统夜景照明方法。

画2　二人转身向院门走去，突然停下脚步，看到志津子走来。

人物离开楼门，主光灯位置改变，在人物右侧光位模仿透过楼房窗子的光线照明人物，主光灯a是一盏低色温聚光灯，在脸部形成暖色侧光照明，刻画出军人的刚强形象。副光灯b在摄影机右侧对人物和环境普遍照明，高色温散射光灯把阴影部分染成蓝色调。灯c是修饰光，在人脸暗面增加一块蓝色亮斑，不仅在造型上加强体感，也在表现上使军人形象更加有力。灯d是效果光灯，对着楼门照明，增加楼门灯的光线效果，也使暗调背景增加点亮暗和寒暖的变化，效果光灯e在楼内对着窗子照明，再现出灯光效果，也为人物主光a提供光源依据。

画3　院门口的志津子的大全景。一道墙、两根门柱、一片树木，景物很简单，两只门灯是环境中唯一光源。人物主光来自摄影机机右灯a，低色温聚光灯模仿来自楼房门灯光效果。副光灯b和灯c是两盏较大的高色温散射光灯，分别对院内外环境普遍照明。修

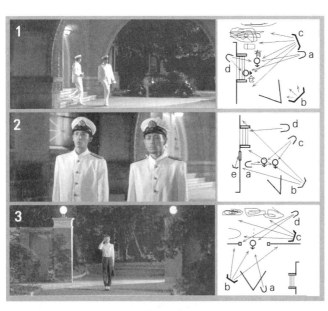

图9-42

饰光灯 d 在侧逆光位对人物、地面、门柱照明，形成明亮的轮廓线和亮斑。大面积的暗蓝色衬托一小块暖黄色，这正是夜景的色彩，也暗示出"爱"的主题。主光、副光、效果光、修饰光清楚明确，是典型传统光照明方法。

二人对切镜头，见图 9-43。

画 1　仓本特写。光线结构与图 2 相同。侧光照明，色彩、亮暗都是大反差大对比，特别是正面构图，呈现出一付庄重、威严的军人形象。

画 2　以仓本为前景拍志津子特写，主光灯 a 是低色温聚光灯，在斜侧光位照明人脸，副光灯 b 和 c 是两盏高色温散射光灯，分别在摄影机旁和远处照明人物和背景环境。人脸亮暖暗寒，修饰光灯 d 在逆光位勾画志津子暗部轮廓。两个对切画面为交叉光结构，大反差、大光比，寒暖对比强烈。不同的是主光形态不同：一个是侧光照明，另一个是斜侧光照明；一个是正面角拍摄，另一个是斜侧角拍摄。光线生动地塑造出战争中男、女性别不同，但人格相同，都是坚强的人物形象。

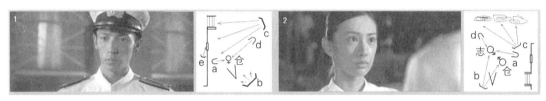

图 9-43

在无光源或缺少光源的环境里拍摄夜景镜头，还要用光揭示人物性格，采用传统照明方法是最方便的方法。

当有足够强的光源时

（1）现有光拍摄。

例 1：《闪电舞》（*Flashdance*，1983）。传统电影技术时代，因晚间光线微弱，无法拍夜景，自从出现高感光胶片，使晚间拍夜景成为可能。从 20 世纪 70 年代末开始，许多大师都

图 9-44

图 9-45

探讨了晚间现有光拍摄的可行性，阿尔芒都在影片《天堂之日》、《青青珊瑚岛》（The Blue Lagoon,1980）利用晚间篝火光拍摄夜景镜头。摄影师唐·彼得曼（Donald Peterman）在早期低照度照明影片《闪电舞》中试验用汽车灯光拍夜景，见图 9-44。夜晚女主角阿历克斯拒绝男朋友迈克开车送她回家，一人骑自行车在前，男友开车在后。这是一条没有霓虹灯、没有明亮橱窗光，只有几盏路灯的宽广街道，拍摄前路面撒水，增加反光能力，给路面增加影调层次。但天空是黑暗的，汽车灯虽然把阿历克斯的自行车和浅色裤子照亮，但暗色的上身叠在黑暗的背景天空上消失不见。反拍镜头摄影机放在道具汽车上，在前跟拉，迈克的汽车跟在自行车后面，车灯将路面照亮，衬托出骑车的阿历克斯，同样只见下半身，不见上半身。作为影片过场镜头，只交待回家动作，算是完成任务。如果此时人物面部有戏，这样处理就失败了。

例 2：《创战纪》（Tron，2010）中夜晚街道现有光拍摄画面，见图 9-45。

画 1 城市大全景，地面洒水，利用环境现有光拍摄。从画面光线效果来看，有的是经过后期电脑调整过，如街灯在路面上的反光远近透视不合比例。

画 2 街道上行驶的摩托车。放烟，利用跟随在后面的汽车灯光将烟雾照亮，衬托出前景摩托车。方法与唐·彼得曼拍《闪电舞》相似，只是一个放烟，一个没放烟。

画 3 人物光处理，利用路灯照明人物。

（2）人工光修饰法。

例 1：台湾影片《一页台北》夜晚在小吃街的场景。男主角小凯和女主角书店店员茜西相遇。这是一场属于少男少女的欢快的戏，见图 9-46（彩图 45）。导演选择在灯火辉煌的小吃街上拍摄。首先，街道狭窄，人物众多，便于处理热闹气氛；其次，大排档灯光明亮，灯种繁多，色彩丰富多样，为摄影光线处理提供方便。环境光可以不必考虑，利用环境现有光便足以拍摄，因空间窄小，有足够的散射光照明，就可拍出影像。但只这样，人物光就要受损失，自然的状态满足不了艺术表现的需要。从银幕上可以看到几个有戏的人物，不论走到哪里，脸上都有柔和的寒暖光照明，如同多彩的环境灯光在脸上的自然反映，但实际上是摄影灯光处理的结果。

画 1 小凯和高高无意中看见远处的茜西的画面。主光来自右前方斜侧光照明，是红色的散射光灯 a 照明效果，修饰光是蓝色散射光，从左后侧逆光位照明人脸侧面，像是来自后方的蓝色环境光效果，但仔细观看，小凯的修饰光源位置上不是蓝色，恰恰相反是红色光线，可见脸上的蓝色光线是摄影制造出来的。

画 2 茜西中近景。画 3 小凯中近景，这是 2 个对切画面。有趣的是，人物光的处理都是寒暖光照明，而且主光都是红色，修饰光都是蓝色，主光呈现后交叉光形态。从照明人物光线的性质、色彩、人物光与环境光的呼应关系来看，照明方法无疑是自然光效法，但交叉光处理又是人工痕

图 9-46

迹很鲜明的传统照明方法。所以说这场戏的光线处理是现代的两种照明方法的混合方法。

窄小的空间、多种光源的环境中有足够的散射光，拍摄中只要处理好人物光就会获得令人满意的夜景影像。

（3）夜景光源的选择。

晚间拍夜景，对于场景固定的戏，摄影师在选景时要注意环境光源的选择，如果有光源，要考虑光源数量、种类（色温）、位置和创作意图等，为拍摄照明提供方便和依据。如图 9-47，黑社会打手阿洪要与小凯和茜西相见这场戏。环境是立交桥下，空间隐蔽，直（垂直的柱子）斜（楼梯）线条的构成都是对立元素。环境中唯一光源是左上方墙壁上的灯。高高的灯光展示了空间高度，对人物来说是在人物右侧上方，侧光照明，可以出现大反差光影结构，这些都是戏剧内容需要。环境光源的选择决定了人物光的结构，也为人物光照明提供依据。摄影师只要在光源方向，在前景柱子后面放置灯具照明人物和人物背后环境就可以了。

（4）运动镜头散射光处理。

夜景运动镜头光线处理，由主体运动范围和运动形式决定。如果运动范围较小，一个大型灯

图 9-47

具的照明光区就可以覆盖，那就用一盏大型灯具照明，见图9-48。

　　画1　美国影片《黑色大丽花》（*The Black Dahlia*，2006）夜景运动镜头现场工作照。当代最简单的方法就是把大灯装在升降机上，从高空对运动范围进行照明，只要主体在光区之内活动，就可以自由拍摄。

　　画2　日本影片《命运化妆师》用上述方法拍摄的画面。路面洒水，将大型灯光吊在深处高空，逆光将路面照亮，衬托行驶的汽车，镜头跟拉运动。

　　画3　《黑色大丽花》夜晚街道上打斗场景，人物活动范围较大。摄影师将灯光装置在铺设轨道的升降机上，拍摄时高空灯在轨道上跟随演员移动。

　　画4　该场戏拍摄的画面，人物众多，活动范围很大，动作激烈。采用多机手持拍摄，摄影机动作灵活，高空照明光区范围大，灯光在轨道上移动方便，适合大场面激烈动作场景照明。

　　画5　影片《巴黎人》（2004）夜景运动镜头工作照。一个女人身后跟随一群男人走在巴黎的街道上，路线曲折多变，长镜头运动范围较大，一盏大灯无法涵盖。摄影师将摄影机和照明灯光安放在汽车上，跟拉摄。环境利用现有环境光照明，人物光在汽车上跟随同步运动，无论走到哪里，人物身上都有光线照明。

　　画6　画5镜头拍摄的画面。夜景拍摄光圈较大，景深较小，演员跟随距离很难保证不变，因此，主体影像清晰度是个难题。解决的办法是将车身下方延伸一块木板，演员站在木板上，这样可以保证演员与摄影机、灯光距离固定不变，不管做任何运动，人物影像都是最清晰的，从而获得人脸亮度固定不变的影像。

　　画7　柯达公司高感光度胶片夜景试验片。夜晚街道环境有足够光线照明，拍夜景只

图 9-48

要对人物进行适当光线修饰即可拍摄。将照明灯泡装在白色特制散光罩内，用木杆挑在演员前上方适当位置上，拍摄时摄影机、灯光和演员保持同步运动，保持固定距离，不管运动路线多复杂，人物影像都会保持需要的影像。这种方法是现在经常使用的方法。

画 8　画 7 镜头拍摄的画面。

第十章

棚内光线处理

摄影棚是电影电视创作的重要场所。一切现实环境中不存在或者不具备拍摄条件的戏剧环境，都可以在摄影棚内通过人工搭制布景环境进行拍摄。

摄影棚内是黑暗的，四面无窗，没有阳光。一切布景环境的光线效果，都是摄影师和照明人员利用专用的照明器材模仿出来的。利用人工光线模仿自然光效，这是摄影棚里光线处理的方法，为完成这个任务，对摄影有两个要求：

（1）要求模仿得逼真。在布景中，利用人工光线模仿自然光效和气氛必须做到"像"，真实、使人信服，这是最低要求。

（2）仅仅真实还远远不够，艺术要激发观众的思想情感，引起共鸣，所以棚内光线处理，是通过真实可信的各种光效，再现气氛，揭示、渲染、衬托剧中人的思想感情和内心活动。光线处理要有艺术魅力。

棚内布光方法不同于外景和实景。例如室内日景的布景，唯一光源是太阳光。如果用一台大功率回光灯在太阳的位置上，对着布景的门窗照射，模仿太阳光效，室内除了透过门和窗的亮斑之外，其他环境都是黑暗的，光效与现实并不相同，并不真实。因为棚内不存在自然界的散射光，这就使棚内光线处理比外景和实景复杂。

电影电视中的人物是运动着的，有时处在阳光下，有时处在阴影里，有时光线正常，有时又处在反常的光线之中。英国电视台照明指导杰拉德·米勒森（Gerald Millerson）说："在现实生活中，我们的眼睛能看穿阴影，而且我们的脑子在不断地解释我们所看到的东西，使我们不觉得异常。"这是人的心理活动调节时的本能。人不仅有感觉，还有知觉和意识，知觉是凭借一定的经验完成的，因此我们在看事物时，知觉和意识在不知不觉之中起作用，产生了有选择的观看。在生活中你认为是美的人物，无论光线对她的外貌有多大的歪曲，在你眼中看到的她都是美的，这是心理的作用。但摄影机没有这种"心理活动"，我们在感觉中不注意的东西，摄影机却能把它们拍摄下来，使你对银幕上的事物感到吃惊。初学摄影的人在光线处理中常常能体验到这种现象，所以摄影棚内的布光，需要锻炼眼睛冷静的观察能力。

摄影棚用光方法同样存在传统方法和自然光效法，以及将两者结合起来的第三种方法。

传统的用光方法也是多种多样的，有的强调造型，有的强调表现，也有的使用固定型态的光效处理人物和环境。总之，传统的方法在真实和表现之间，不把光线的真实性放在第一位，而是强调表现意义。

自然光效法，自从在外景实景中被大量运用之后，在摄影棚里，也有人开始试探性地运用，并取得一定的效果。

目前大多数人是将两者结合起来，在光源方向上强调真实性，而在造型和表现上又运用某些传统的方法，这就是第三种用光方法。他们认为：光线处理既要模仿得真实，也要注意光线的造型、表现功能，不能一成不变地把现实中的光效搬到银幕上。用米勒森的话说："有时只有故意用假的东西模拟真的东西，才能创造出一种令人信服的环境。"在大多数情况下需要有所选择，而不是碰到什么就是什么，因为有意设计出来的东西，能有充分的机会去感染观众，达到令人信服的表现效果，这是强调艺术的真实。

光线处理是摄影造型和表现的重要手段之一，它不能与摄影的其他手段分开，也不能孤立地强调光线的作用而不顾画面的构图、色彩和运动等手段的作用。而影视艺术作为一种视听语言，往往需要现场录音，话筒位置决定音质音色，而与灯光常常产生矛盾，因此好的摄影师必须全面考虑，与其他各组人员互相关照、互相配合，共同完成影视艺术创作。

随着当代科学技术的发展，摄像机高感光度的功能、低照度技术，特别是灯具的小型化为棚内照明开创了新的照明方法。

本章主要讲述棚内环境光线处理。

10.1　布光前的准备工作

摄影师在案头工作时已经与导演、美工师等主要创作人员交流了创作思想和意图，形成统一而完整的创作构思。全片摄影基调已形成，每场戏的时间概念、环境气氛、各种自然现象（风、雨、闪电等）的运用都已明确。摆在摄影师面前的问题是在未来的拍摄中如何用光来将其再现。棚内布光与美工师的设计、布景的结构及制作等有关，因此需要与相关方面人员进行具体的磋商。

10.1.1　与美工师磋商布景

棚内主要拍摄对象是演员及其活动的环境——布景环境。电影电视布景在许多方面不仅决定了演员的场面调度和摄影机的角度，而且也决定了照明光线的处理。摄影师必须与导演、美工师共同研究，寻找富有表现力的布景形式，并符合摄影在处理光线时的要求。

主要从以下方面来研究：

（1）布景形式的民族、时代、地域特点。
（2）布景装饰和陈设道具要符合人物身份、年龄、性格等方面的要求。
（3）布景必须能够提供表现时代背景、事件发生的时间、季节等光线处理所需的条件。
（4）布景的设计必须和摄影师光线处理意图相统一，保证所需要的光效能顺利地实现。

在布景设计初期，摄影师要与美工师商量，确定未来的布景中能为摄影提供多少环境光源以及光源的形式。

如在日景中：布景的建筑物有几扇门窗，都开在哪几面墙上，窗子大小，是玻璃结构还是窗纸结构，是茶色玻璃还是透明玻璃，是否有窗帘以及窗帘质地、颜色等等。

如果是夜景：房间里有多少灯光，电灯还是油灯，吊灯还是落地灯，灯具位置、灯的形式等都要求具体明确。这些光源要能为摄影师光效的创作，提供光源依据及创作的可能性。

布景的色彩包括墙面、道具、服装等色彩的构成，特别是阶调上的构成，对摄影光线处理具有十分重要的意义。它不仅决定影片总的色调和基调，也决定了摄影照明手段和照明水平。布景色彩恰当，能给照明工作带来方便，有利于光线处理。

一般夜景场面布景的色彩要暗些，日景则要亮些，这样便于打光。如果日景夜景同时具备，则先拍日景，然后将布景刷暗些再拍夜景。

电视剧的布景方面，由于摄像机宽容度较小，白墙反光率不应超过 60。不要刷成纯白色的墙面，最好刷成浅灰色，夜景则应再暗一点。

10.1.2 与制作部门商讨

制作期间应与制景部门商讨，提出对布景装置的要求：

（1）布景形式尽可能为光线处理创造有利条件。

要求景片与天片之间保留恰当的距离，以便放灯。布景装置多留有打光的空隙，或多利用活动景片以便安放灯位。非自动化灯光的摄影棚，要考虑灯板高度、位置，要便于打光。有顶棚横梁的布景要做到能够灵活装卸，便于不同镜头拍摄时的照明。

（2）为了光线处理的要求，有时可以在不影响生活真实的前提下改变布景的局部结构，比如多开几个窗子，多搭活动景片等。

（3）加强布景环境的真实感。

布景是电影电视创作的重要造型手段，也是一项复杂的技术工作。它和舞台布景不同：舞台布景直接面向观众，与观众之间保持一定的空间距离，因而舞台布景假定性很强，舞台本身就是假定的戏剧环境。电影电视则不同，布景必须通过摄影机与观众见面，其与观众之间空间距离大大缩短，特别是在中景、近景中，可以在近距离上观看布景，一切细节都比舞台清楚。

电影电视布景比舞台布景要求更大的真实感。电影电视布景是通过摄影师的镜头和光线处理之后与观众相见的，布景的表现力和真实感是摄影师与制景、照明人员通力合作的结果。

布景的表现力与真实感，是把真真假假、平面与立体、远与近、虚与实有机地结合起来，通过摄影机镜头与光线处理来完成的。

几个应当注意的问题：

- 一场棚内院落布景，有花草树木。要把真正的花草树木安排在前面，或光线较为突出的地方；假的花草则放在后面较远的位置上，利用镜头焦点景深使之虚化不突出，或者把光线处理得暗些，使之不显眼。对于墙壁表面或道具陈设等，细微或粗糙的部分，也应利用光线和景深给予揭示或掩盖。墙的新旧、色彩深浅应和道具有机地配合，和谐统一。墙面挂图与窗户裱纸，都必须与墙的新旧和亮度相统一。

- 较大面积的道具，在阶调上应避免与周围环境反差过大。如白色的瓷瓶、玻璃镜面、浅色炕席等。
- 布景中的各面墙在结构上应是多种多样，多起伏变化，为光线处理提供多种形式光影结构的可能性。

10.1.3 布景完成时的验收工作

摄影师要与导演、美工师一起验收布景。除了检查布景表面结构、颜色、做旧程度和效果是否符合设计要求之外，主要查看安放灯具的位置是否合适，是否需要调整。

布光前的准备工作除了就上述与美工部门磋商之外，还需要向照明人员阐述光线处理的意图、要求和方法，一起研究灯种的使用、数量和安放位置，以及所需的特殊照明设备。

如果需要使用油灯，可以采用能产生更亮火焰的双重灯芯油灯，或者将油灯改制成内装电灯泡的油灯，但必须使用遮光罩加以伪装。如果剧中人持灯走动，可以考虑用电池做能源。在彩色片中，电池光源亮度往往不够，拍摄全景时可另用灯光给予模仿，在中近景里将油灯装上足够强的灯泡，导线可通过人物服装隐蔽起来。

美国摄影师阿尔芒都在影片《去南方》（Goin' South，1978）中使用了3种煤油灯：台灯、提灯和马灯。这3种灯都接上电源，从而获得足够的主光亮度。台灯和提灯用100W电灯泡，台灯灯泡外面装一个橙色滤光纸以降低色温，构成油灯光色；提灯灯泡外面涂上黄色透明漆，然后用小刀在漆面刮成S形条纹，这样提灯运动时的晃动可造成油灯火焰闪动的效果，增加真实感。每个灯具都是通过一个小的调压器控制亮度。拍摄时，为了增加真实效果，将冒烟的小香头放在灯罩里面，获得灯芯燃烧的效果。

这些特殊的照明设备都要在布光准备时期完成。

10.2 照明设计

英国摄影师弗瑞迪·杨说过："布光是非常需要动脑筋来处理的事，而且经常需要进行大量的即兴制作。"[1]不动脑筋是创造不出生动感人的光线气氛的，而且光线的具体处理只有在拍摄现场，在布景和演员面前才能进行，这是摄影师创作的现场性表现。电影、电视摄影创作不同于单幅照片摄影创作，每场戏的光线处理，只是影片总谱中的一小段"音节"，它和全片发生密切关联，每场戏的光线处理不仅影响着未来影片的基调变化，而且在创作中也受全片基调构思的约束。所以电影、电视光线处理不仅仅是即兴创作，而且需要提前进行大量的案头工作，光线处理的设计是摄影师构思的一部分。影片光线设计产生于布景设计之前，完成于布景制作之后，由两部分构成：光线处理的总体设计和分场设计。光线的总体构思是摄影师创作构思的一部分，也受导演创作意图的控制，例如影片《一个和八个》（1983）

---

① （美）弗瑞迪·杨:《电影摄影工作》,中国电影出版社,第99页。

的光线总体设计，导演和摄影师在摄影阐述中写道：为了造成黑白对比产生中的"力度美"，光线处理很简单——大反差。在内景中，利用房屋结构造成明暗光区；在外景中，运用强烈阳光造成亮面和阴影。全片采用自然光拍摄，个别内景中用少量灯光。该片光线总体设计完全体现了导演和摄影师对影片造型创作的意图。又如影片《寒夜》（1984）的光线总体设计：影片表现抗战胜利前夕，大后方小职员受尽社会煎熬、家庭分裂的悲惨命运。一场黑暗的悲剧将迎来黎明的曙光，这是影片的主题思想。摄影师在摄影造型上，采用了很灰的陈旧的暗调子作为全片基调，光线不能处理得明亮。为了表现出旧社会黑暗压抑的生活，摄影师采用反常的顶光处理；另一方面，扮演身患重病的男主角汪文宣的演员许还山本人身体健壮，要把一个大块头健壮的人物塑造成瘦弱憔悴的形象也需要用顶光处理，所以摄影师在创作构思中采用了独特的光线设计：

（1）不使用直射光照明人物和环境。

（2）光源位置高些，处于顶光效果。在具体使用上，是把灯光打在天花板（反光板）上，产生散射的反射光做人物和环境的主光。

（3）不使用眼神光，加强人物病态感觉和悲剧气氛。

（4）很少使用副光、侧光和修饰光，反差很大，必要时暗部阴影处用反光板给予少许补助。

从上面例子可以看出，摄影的光线总体设计要从多方面考虑。不仅要考虑影片的主题，也要考虑到影片各种具体因素的影响（如演员造型等），它是摄影师体现创作总体意图的重要部分，也是光线运用的基本原则。

摄影师的光线总体设计，产生于阅读剧本之后，美工师设计布景之前。在设计前要与美工师仔细探讨光线处理意图，使美工师在设计布景时就考虑到怎样才能实现摄影师的设想。

10.2.1　分场设计

分场光线设计是光线总体设计的具体表现，它是在布景制成之后进行的。它既要考虑到光线处理的总体设想，也要考虑布景环境的具体特征和提供光线处理的可能，然后进行具体的光线设计。

摄影和照明人员的分场设计方法和形式，因人而异，不同摄影师可以采用不同的方法进行设计。常用的有三种方法：文字说明法、绘画加技术条件说明法和平面灯位图法。

文字说明法

将每场戏的光线处理的设想和光效用文字给予说明。例如影片《一个和八个》分场光线设计：

（1）破砖窑谈心。戏的内容：大家对王金的举动不理解，感到奇怪，于是攀谈起来，犯人之间的对立情绪有所缓和。造型选择窑洞，看起来像一口井，或者说如同地狱，有强烈的顶光效果，使人脸显得有些畸形。采用反衬法，使用顶光先丑化人物外貌，进而衬托出多数人内心仍不乏善良和美好的情形。拍摄时不使用辅助光，以免冲淡顶光效果。摄影师还强调了眼窝、面颊颧骨中大块的阴影，造成环境的真实光效。

（2）夜审。戏的内容：由于战争的需要，必须处决这些犯人。造型上的光线处理：一盏小油灯放在地面上，做环境的唯一光源，从底部照亮进来的每一个犯人，把他们长长的影子投射到身后的墙上。这种脚光照明，加上不断摇曳的影子，造成动荡不安的临刑前的气氛。同时也代表了八路军许志刚判处王金死刑时的混乱心情。

分场光线设计的文字表述，是摄影阐述的一部分，与摄影师在构思中运用的其他技巧紧密结合在一起。

绘画加技术条件说明法

用绘画把一场戏主要镜头的画面光影结构、光效气氛描绘出来，再注上技术条件和简单的文字说明。

例如影片《寒夜》中汪家屋内一场戏的光线设计。内容是带病工作一天的汪文宣，深夜还在家里抄写稿件，妻子曾树生不忍见到丈夫的劳累，起身劝他休息，并代他抄写，见图10-1。

这场戏要求浑浊昏暗，以柔光照明，人物大部分处在灯光暗部（阴影中），为追求真实效果，可考虑用"薄膜照明"法。这也是屋内"电灯光照明"最暗的一场戏[1]。

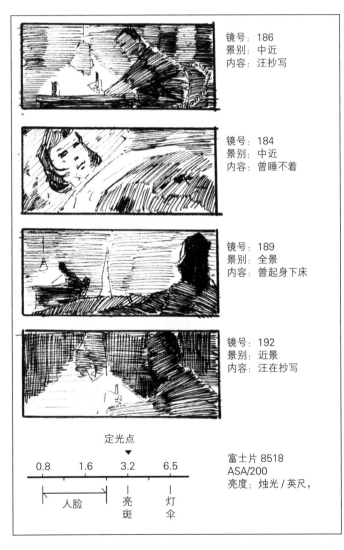

镜号：186　景别：中近　内容：汪抄写
镜号：184　景别：中近　内容：曾睡不着
镜号：189　景别：全景　内容：曾起身下床
镜号：192　景别：近景　内容：汪在抄写

定光点
0.8　1.6　3.2　6.5
人脸　亮斑　灯伞

富士片8518　ASA/200　亮度：烛光/英尺，

图10-1

[1] 摘自北京电影制片厂摄影师罗丹在影片《寒夜》中的摄影创作手稿。

平面灯位图法

用线条和符号将拍摄现场平面位置图画出，并标明灯具位置、种类和照明方向等，如图10-2。

这是棚内一场 20m² 普通房间日景的光线设计。

拍摄条件：

感光度：ASA500度

光圈：f/4

a：主光灯。可选择用 500W~1kW。

a1：聚光灯，在窗子附近模仿阳光将窗影投在对面墙上，照度 f/4.5。

a2：模仿门外阳光。

b：环境光灯，吊装在布景上方，垂直照亮白屏幕，经过白屏幕扩散后的散射光再将环境照亮。用 1kW~2kW 聚光灯。

c：天片灯。可用大面积的天片灯照明，500W~1kW。

数量根据拍摄范围决定。

这种平面灯位图法，一般是把一堂布景的主要灯位、灯种、方向等标记出来。它和演员场面调度、摄影机运动相配合。

平面图中常用符号：

◯→ ：代表一个人物，箭头表示人脸方向或运动方向。

∨ ：代表摄影机位置和拍摄方向。

∪5k ：聚光灯，右下角数字代表该灯具功率数值。

̄|1k ：平光灯，下面的数字代表该灯具功率数值。

∪ ：聚光灯，灯扉收拢状态。

∪ ：聚光灯前加纱遮挡光线。

⁓⁓ ：表示布景墙面。

∟ ：表示窗户位置。

—•— ：表示门，单开的门。

—•—×— ：表示门，双开的门。

····◯→ ：运动中的人物。

∨ →：表示运动摄影，箭头表示摄影机运动方向。

注：不存在标准通用符号，不同摄影师会使用不同符号，只要能表达出设计内容即可。

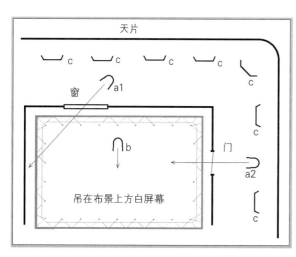

图 10-2

下面是美国影片《盗梦空间》（*Inception*，2010）中一场戏的灯光设计。

场景: 莫罗公司，528室走廊，见图10-3中画1。空间狭小，约9m² 左右。全封闭空间，无打灯位置。

摄影师构思巧妙地利用建筑物光源位置，做拍摄照明光源。现实生活中建筑物光源照度有限，满足不了摄影需求，因此专门设置了一套可供拍摄照明需要的建筑光源装置。

在过道上方安装"灯池"(见画2和画4)，四边暗置1kW 灯管a12 只，将灯池照亮，再反射到走廊空间，成为散射的环境光，做副光使用。

在灯池中部吊置一盏扁圆形吊灯b，内置环形450W灯管2个，

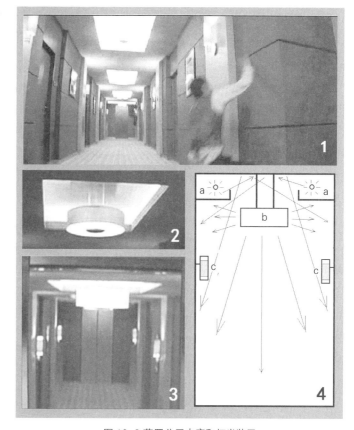

图10-3 莫罗公司走廊和灯光装置

高度离开灯池，在棚顶下方，做环境和人物主光。灯位较高，墙面上亮下暗，因此采用暖色的、有一定阻光率的灯罩，调节墙面上下亮度适当均衡。透过灯口，照明人物的光线是白色光，再现出灯下方人物固有色彩。光线不匀，光区中心亮四周暗，因此在灯口圆心处，放置一块圆形黑色挡板，调节光区亮度使之均匀。

过道两侧装置壁灯c，内置100W灯。在构图中起到调节画面亮斑分配、平衡视觉感受的作用。在照明上，主光在上方，人物处于顶光照明，壁灯c处在侧光位，冲淡人物脸部顶光效果，控制主、副光光比。

长廊空间很深，"灯池"照明范围有限，因此全廊共设计有六组"灯池"装置，每组之间光线相互衔接，完成全廊照明，人物运动在任何位置上时都有需要的照明光线。

图10-4是该场戏摄影照明灯光装置图（摘自《美国电影摄影师》，2010 年第 7 期）。

用灯量:

1kW	灯管 72 只	共 72000W
450W	灯管 12 只	共 5400W
100W	灯光 15 只	共 1500W
2kW	灯具 4 盏	共 8000W，供 528 室照明和人物光照明用

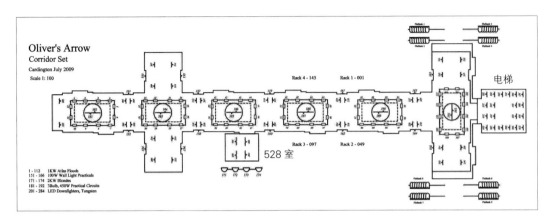

图 10-4 长廊灯光设计图

LED   84 只   电梯和过道顶棚

共用电量：8 万瓦以上（不到 10 万瓦）。

10.2.2   照明设计从几个方面进行

布景环境光源的设计

环境光源决定未来画面主光方向和光影结构。在布景中，能提供哪些光源、位置、光源性质，哪一种光源适合做造型的主要光源，哪些又可以做效果光源使用，演员在不同位置上，分别是哪几个光源在起主导作用，都需要做具体的设计和思考。

在环境光源设计时，应考虑下几点：

（1）从剧情需要和演员场面调度出发，设计光源性质和位置。

光源的种类和性质是构成戏剧气氛的重要因素。明亮的阳光与阴霾的天光，日光与月光，电灯光与油灯光，都会造成不同的戏剧气氛。

戏是通过演员表演的，因此演员在场景中的活动，对戏的表现具有重大意义。而环境光源位置的确定，直接影响演员的表演。所以重点表演区域的存在与环境光源位置的设计有重要关系。

环境光源位置确定之后，基本上不再变更，无论人物走到哪里，环境光源位置不能变动，即照到人物身上的光线方向不是随意安排的，必须遵守光源方向的规律。

（2）室内日景，光源主要是来自门窗的光线。因此窗子的大小、多少、开在哪几面墙上，都有着重要意义，在布景设计中都要明确。

（3）夜景的光源除月光之外，主要是不同性质的灯光。这些灯光的选择有较大的灵活性，可根据需要来安排。

灯光种类和位置的设计

环境光源设计后，要进一步设计主光、修饰光、轮廓光和底子光的灯种选择和位置。

灯种的选择（参看前节）是根据灯具的各种功能而进行合理使用。用最少的数量获得最佳效果，是用灯的原则。

在自动化摄影棚里，灯光处在地板上以及悬吊在空中的自动灯架上。

灯光位置取决于下列因素：

重点表演区区域，季节、时间与阳光方位，将要使用的灯具大小与数量，特殊的光线效果，摄影机的方位和镜头视角大小。

亮度设计

亮度设计决定棚内照明光量水平，恰当的设计既能获得最佳艺术效果，又能节省器材，降低成本。

亮度设计比较复杂，受各种因素制约：

（1）受感光度制约。感光度决定订光点的亮度水平，而动态范围决定亮度范围——最高亮度和最低亮度值。

（2）布景空间的大小决定光圈值的选用。画面必须保持恰当的景深范围，空间越大，光圈值也越大；反之布景空间狭小时，光圈值也可小些。在棚内拍摄，光圈值一般是f/2.8~f/4，确定后不可变动，以便保持曝光点不变，方便布光。

（3）受画面调子、影片基调的制约。摄影师曝光上主要控制曝光点亮度和最低亮度。在亮度范围之内的各部分的景物亮度，除受物体自身影调影响之外，主要受画面调子的处理影响。暗调子画面，各部分可能暗些，亮度偏低；反之，亮调画面各部分亮度值偏高些。画面调子又是由全片基调所决定，所以每个镜头亮度设计要考虑到全片基调。但是，布景各部分亮度配置不是任意的，光源位置、布景结构决定各部分亮度分配，景物亮度与光源之间保持着逻辑关系。作为艺术创作的光线亮度设计，必须遵循客观规律，才能获得真实可信的光效。

摄影师拍摄之前，需要进行一系列技术和艺术的试验和掌握，其中就包括景物亮度和光比的试验，这是校正亮度设计的有效方法。

亮度设计虽是未来的蓝图，但只是纸上谈兵，在以后的实践中，也会需要随时调整。曝光表仅仅是测量亮度的技术手段，要想布置出令人满意的光线效果，摄影师必须学会用眼观察，用视觉感受光线的结构、光比大小以及艺术气氛是否达到设想的目的。通过镜头画面和看光镜，配合曝光表不断地调整光线亮度，是最有效的布光方法。

10.3 棚内光线处理的两种方法

10.3.1 布景照明中的几种光线

在现实房间里，光线的结构是复杂的，形态也是千变万化的。但大体上可以把它们分成两大类：光源构成的主光和环境造成的反射光。

房间里的光源，白天主要来自门窗外的室外阳光。它有多种形态：晴天是直射的阳光，能在房间里的墙壁、地面、家具以及人物身上形成明亮的门窗投影；它也可以是散射状态的天空光，或室外环境的反射光（如高楼的墙面反射光等）。夜晚，室内的光源主要是来自各种灯光：电灯光、油灯光、蜡烛光，或通过门窗的月光、星空光等。

这些光源形成室内物体的受光面，构成主光光效，也是环境主光的依据。

另一方面是环境造成的反射光。房间里的主光照亮了墙壁、地面和家具，同时也有一部分被反射回空间，形成了环境的反射光。这些反射光又照亮了墙壁、地面、家具和人物的背光面（阴影）。

室内背光面的光线结构比主光还要复杂。背光面亮度和色彩受墙壁、家具、地面的颜色和反光率的影响，也受建筑物结构、门窗的多少，及建筑光源的影响。

在拍摄中，用人工光如实地模仿环境的反射光，比模仿门窗的主光要更困难。

在棚内拍摄布光中，为了方便工作，可以把复杂的室内光效概括成几种简单的光线种类。

主 光

环境主光的设置由戏剧内容和摄影创作意图决定。同样是有太阳的晴天，可以让阳光照射进房间，也可不照射进来。因此，有阳光的环境主光要用聚光灯的直射光模仿，没有照射进来的环境，要用散射灯光模仿。

现代的电视作品都采用散射光做环境和人物主光。

主光要求与环境光源保持一致，保持真实的逻辑关系。

副 光

（1）传统的方法：由于背光面光线结构复杂，如实地再现十分困难，因此传统的布光法将副光简化，只保持受光面与背光面亮度的比值——光比。

照明背光面的光线要求不留下光影，没有方向性。因此灯具都是照射面积大、光线均匀柔和的散光灯（平光灯）或散射光灯，大场景可以用大灯照明白屏幕产生散射光做副光。灯位最好在地面上，位置稍高点，也可以从布景上方垂直照明整个环境。

主、副光光比处理方面，在传统的布光法里是根据人物性格和剧情的需要，以及创作意图、创作风格来决定。人物性格、剧情不变，光比是不变的。因此传统影片的光比处理常常是固定不变的。

（2）自然光效法：自然光效法的副光注重环境光的再现，副光的位置、方向、光质、色彩都要尽量保持与环境光的关系，保持副光的自然真实性。因此副光处理更复杂些，主要强调环境反射光的特征。利用有色灯光或有色反光板模仿室内环境的各种反射光，做副光处理。要如实地再现出室内复杂的环境反射光，在棚内照明中有一定的困难。所以棚内自然光效法对副光的处理，并非自然主义的如实再现，只要能表现出室内环境反射光的特征即可。所以自然光效法棚内副光的处理多用柔和的散射光照明，灯位考虑反射光源的位置和方向。

修饰光

修饰光能表现出布景和道具的形态、景物的起伏，增加环境空间的造型。

修饰光执行着微妙的艺术造型任务，需要精确地配置在需要修饰的部位上。因此用来做修饰光的灯具不能太大，必须具备良好的限光设备，便于控制光束的大小和照射的范围，而不至于影响其他光效。

修饰光灯具的大小、种类的选择，由修饰的任务决定。

无方向性的散射光做修饰光最为便利，但有方向性的直射光也可做修饰光。通常修饰光没有方向，不表现光源位置和性质，但有光源方向和性质的修饰光更能加强光效的统一和完整，更能增加光效的真实感。

利用效果光做修饰光，能造成生动有利的光效。可借助于某些微弱的或较远的光源光效，也可利用主光在环境中产生的某些反射光效做修饰光的依据。

修饰光的运用以有利于造型、影调和色彩，及不破坏主光光效的完整和统一，不失光效的真实感为原则。

效果光

效果光的含义比较广。

（1）指主光之外的各种光源效果。在外景中，阳光作为主光时，环境中除了做主光的阳光之外，可能还存在着其他光源，如水面反射光、闪电光、各种火光等。在室内，白天除了来自门窗的明亮的阳光做主光之外，还可能存在着各种环境灯光，比如现代的建筑物内部，白天除阳光之外还开着各种电灯光源。夜景光源更为复杂，除了做主光的电灯之外，还存在着许多灯光，如各种各样的装饰灯：吊灯、壁灯、火光、油灯光、蜡烛光、火把光、行驶的车灯、霓虹灯光等。再现各种光源的光线效果，是效果光的任务。

（2）指现实中某些特定时刻特定环境中的光线效果，如月光、日出日落时刻的光效、树阴下的半阴影光效、无光源环境透过门窗光线效果等，见图10-5，这是影片《终结者2》（*Terminator 2*，1991）中终结者的母亲被关在精神病房里，幻觉丈夫出现的场景。摄影师在造型上为了渲染思念的美好时刻，采用施放烟雾，制造光束的手段衬托人物心情。

（2）指为了制造某些戏剧气氛而使用的特殊光效。如影片《蓝》中表现闪回时刻蓝色镜头进光效果。

以上这些光效统称为效果光。

图10-5 影片《终结者2》

10.3.2　棚内两种照明方法

传统照明方法与自然光效法的区别在外景章节中已做了较详细叙述，这里不再赘述。现以两部影片片段为例分析两种方法的特点。

以注重光线自然真实为主的《铁娘子》（*The Iron Lady*，2011）和注重造型的《艺术家》（*The Artist*，2011）为例，见图 10-6。

（1）人物光的不同。

图 10-6 两种方法比较

　　画 1　影片《铁娘子》女主角撒切尔夫人近景。以散射光做主光，不用修饰光，光效与光源保持逻辑关系，简单自然真实。

　　画 2　影片《艺术家》男主角瓦伦近景。主光是聚光灯 a 来自右侧斜侧光位的光线。修饰光灯 c 位于左侧后逆光位，勾画人物轮廓。效果光灯 d 在左后模仿来自后面的壁灯效果，在脸的亮面里增加一个更亮的面。副光用柔和的散射光灯 b 在摄影机旁照亮背景面。五种光效俱全，光种鲜明，为典型的传统人物光照明。

自然光效法在没有光源依据时不用修饰光，多用散射光灯照明，五种光线效果不明确。传统方法则相反，大量使用修饰光，多用聚光灯，五种光线效果鲜明。

画3　《铁娘子》撒切尔全景。站在窗前的撒切尔，主光来自窗户的散射光照明。透过窗子照到墙面上的窗影光效也都是散射光状态。修饰光c在左后方侧逆光位修饰人物（脸）暗面，在脸上形成侧光照明，光比较大，体感较强，光线柔和，刻画"铁娘子"的形象。所有照明光线都是柔和的散射光（聚光灯前加柔光设备）。

画4　《艺术家》中二人打斗全景。效果光灯d在窗外对着窗子照明，将窗影投在对面墙上，窗影图案清晰，为太阳光投影的效果。背向窗子的人物，受光面是暗的，而暗面的脸却是明亮的，人物光不是来自窗户，主光违反真实。使用修饰光。直射光照明光种清楚明确，具有传统照明特征。

（2）特殊光效的处理。

画5　《铁娘子》中，晚年的夫妻在家中跳舞的场景。以半透明的百叶窗为背景，人物影像呈现剪影形态，自然真实。

画6　《艺术家》中女主角米勒在百叶窗前的画面。人物影像不是剪影，而是半剪影，主光灯a在头上方的侧顶光位照明人脸。没有光源为据，任意主光处理，这是传统照明观念的体现。

从上述比较中可以看到两种方法的处理观念不相同。

两种方法的比较

传统的方法	自然光效法
主光的处理	**主光的处理**
⊙主光亮度不变	⊙主光亮度可以变化
⊙强调光的造型作用	⊙强调光效的真实性
⊙人物多用斜侧光照明	⊙人物主光方向多变化，随光源位置而变
⊙不强调光源性质、色温等的再现。一律用直射光照明	⊙强调光源性质、色温等的再现，多用散射光做主光
⊙使用假定性光源	⊙不使用假定性光源
副光的处理	**副光的处理**
⊙多用平光加纱或纸	⊙用散射光做副光
⊙在机位方向照明	⊙不一定在机位方向照明
⊙光比固定	⊙光比不固定
修饰光的处理	**修饰光的处理**
⊙多用修饰光	⊙少用修饰光
⊙多用逆光	⊙少用逆光
⊙必须使用眼神光	⊙不一定使用眼神光
⊙多使用色光	⊙没有光源依据不使用色光
⊙棚内不用反光板	⊙棚内使用反光板

10.4　棚内照明的方法和步骤

10.4.1　棚内灯光装置

现代的摄影棚是高度自动化摄影棚。摄影棚顶部由经、纬轨道组成井字形网络，在每个小"方框"内装置一个可摇控灯架和灯具，形成满天星式布局。可以摇控每盏灯上下、左右、前后运动及灯头 360°转向，布光很方便，见图 10-7。

画1　灯具都安装在布景上方的自动灯架上，地面留给演员和摄影机活动。

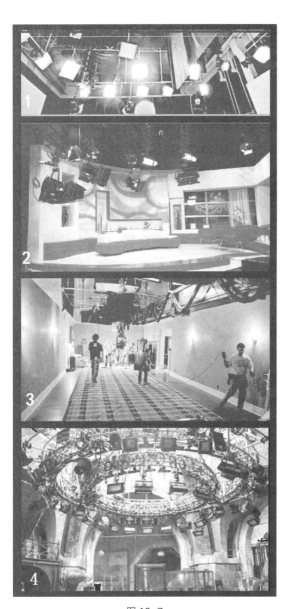

画2　装置灯具时，可以将灯架先降落下来，方便安装。

画3　拍摄时的工作照。灯具高于布景，在吊杆上的摄影机可以在布景空间里随意运动。

画4　某些大型布景或特殊形式布景，可以采用特制"金属构架"做吊灯装置。如圆形布景，灯具装置在两个同心圆形金属支架上，然后再用顶棚自动灯架将它吊在布景上方。

这种灯光装置设备除了摄影棚，在实景、演播室或外景场地照明都很方便。例如，足球竞赛现场直播主持人的光线处理，一般演播室临时设置在现场观众席上，在主持人上方置一圆型金属构架，根据需要设置灯光装置，照明主持人。既不妨碍观众视线（设在观众席上方，不会引起观众注意），又保证主持人画面影调统一，不受天气状态影响。

10.4.2　照明的方法和步骤

一场戏的照明处理常常分三步进行：

（1）在布景验收之后，照明人员就开始装置照明器材。

（2）在导演、演员进棚之前，摄影师和照明人员单独进行布景工作，有时和摄影师的技术掌握同时进行。开拍前的技术掌握

图 10-7

是导演和摄影师对分镜头剧本的落实，是对演员和摄影机调度的落实，也是拍摄角度最后确定以及各种特殊技术手段、特殊效果的落实和掌握。现场的技术掌握也是摄影师对布景光线处理的开始，要把这场戏主要光效布置好，特别是环境光的布置要完成。

（3）每场戏或每个镜头开拍之前，导演会给演员排戏，摄影师可以根据演员活动路线、布景使用范围及气氛的要求，开始给人物具体布光。即使导演排完戏，演员撤离现场后，还可以利用替身演员"走位置"，继续进行布光工作。

10.4.3 布光程序

光线的处理必须从摄影的技术、艺术角度来考虑。布光的方法因人而异，但必须有条不紊、一盏灯一盏灯地逐步进行，每盏灯都应起到最大的作用，每盏灯的目的必须明确。根据被照明的对象和要解决的任务，选择与其相适应的灯种和恰当的功率，充分发挥灯具的功能。各种灯光最后的综合，才是我们设想的光效和意境的再现。

布光程序没有固定的规定，这不仅由于现场拍摄的情况复杂，也由于个人工作习惯的差异，但不论哪种方法，都与布景结构有直接关系。

不论哪种类型的布景，它们的结构基本上都可以分解成三个部分：

（1）天片部分。天片也叫天幕，是一块大型的白布，垂直地悬吊在远处背景的架子上。天片上有时绘制所需的天空、云彩、远山、树木、建筑等远景，有时会利用幻灯制造出这些景象。

（2）布景墙壁部分：墙面、楼梯、柱子、窗户等。

（3）道具部分，包括室内外的道具，如家具、壁饰、塑像、树木、花草等。

布光的方法虽然各有不同，但在处理布景光线程度上有着共同的普遍规律。如：

先天片光，后环境光（墙壁）；

先主光，后副光；

先副光，后修饰光；

先环境光，后道具光；

先全景，后中、近景。

布光范围，包括全部布景环境和人物活动的范围。这就是说整场戏的全景镜头光线布置完毕，一切小于全景的中景、近景的光线在拍摄全景时基本上也已完成。拍摄中景、近景时只须做局部调整即可，这样便于保持全场戏的各个镜头之间影调的统一，又可节省时间。

棚内布光是一盏灯一盏灯分别进行的。当一盏灯照射范围不够时，就接上另一盏灯，光区要互相衔接。一个光区的灯光布置完毕后关掉，再布置另一光区光线。如一面墙的灯光布置好后关掉，再布置另一面墙的灯光，逐一进行。这样既省电，又便于纠正不恰当的灯光效果。最后将全部灯光打开，进行光效全面检查，调整不恰当之处。这时可以通过看光镜观察光线整体气氛、各部亮度比例是否达到设想的效果。如果整体气氛能令人满意，再进行局部的观察：亮度对比关系、明暗层次、立体感、空间感、轮廓形态感等各种光效是否符合要求。在局部光线调整中，随时观察整体气氛，不可因局部而破坏整体光效气氛。修饰光的运用要恰当，不可为了局部光的细致，而牺牲整体光效的真实和完美。

布景和道具光布好以后，演员就可以进入现场走戏。布景的光线如果投射在演员身上，其亮度不足或过强时，要加以调整，一般以人物亮度为准。如果人物光亮度不足，则加灯光提高亮度；如果人物光亮度过高时，则灯前加纱或纸予以减弱，但不可影响环境光效，遮挡光线的操作要准确。如果环境光照射在人物身上不符合人物光线处理的要求，需要调整环境光灯位，避开对人物的影响，另用灯光处理人物。

在环境光与人物光布好后，再进行具体的亮度测量和调整。

10.4.4　天片光处理

天片在不同的场景中，所占位置不同。内景时代替天空部分的是天片，只能通过窗子或门才能看到，其面积并不大。但在外景中，如院落、原野或广场等棚内外景时，情况就不同了。特别是全景或摇镜头，天空部分占画面绝大部分，成为重要的被摄对象。

天片是布景中的背景，也是布景的一个组成部分。它对构成场面气氛和情调起着重要的作用。蓝蓝的天空，漂浮着朵朵白云，使人有风和日丽、明朗活泼、轻松愉快、安详和平之感。反之，乌云密布、光亮昏暗，会使人有乌云压顶、沉重烦闷、透不过气来的压抑，预示着即将发生灾难，给人恐慌不安的感觉。

所以天片光的处理是造成戏剧气氛的重要因素之一。

一年之中有春、夏、秋、冬，一天之中有清晨、正午、傍晚、子夜，随着季节的交替、时间的推移，天空的情况都不一样，况且还有阴晴雨雪，瞬息万变，一切情况都可能在影片中出现。摄影师必须恰当地根据这些千差万别的天空条件，去创造合乎影片内容要求的天空气氛。

天片有几种形式：

（1）绘制景物的天片。
（2）白色或有色天片。
（3）喷涂景物的天片。

绘制景物的天片现在很少使用。绘制的景物不如将照片喷涂在天片上真实。白片或有色天片有时还在使用，在电视剧、演播室用的较多。

白色或有色天片的照明一般用照度均匀的散光灯，上下对称照明，如图10-8。一盏灯 a 可吊在天片上方的自动灯架上，另一

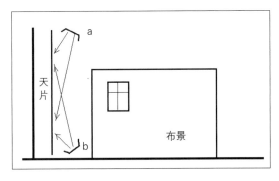

图 10-8

图 10-9

盏放在地面相对位置上，二灯衔接要均匀。灯种的使用没有统一样式，常用条状散光灯、长形冷光灯、陶瓷灯等发光角大、光线均匀的灯具，功率有 500W~1000W 即足够。喷涂照片的天片，采用白色半透明片基。在天片和墙壁之间装置经纬结构灯架，架上布满冷光灯，将半透明的天片照亮，控制透射光强度，达到画面窗外景物需要的亮度。见图 10-9，喷涂城市景物的天片在透射光中层次丰富，影像逼真。

　　天片与布景之间，要有足够的空间距离，便于装置照明布景的灯具。如果空间太小，灯 b 与布景窗子距离短，窗影变虚；空间过大，透过窗子见到的天片面积大，浪费天片光。

　　棚内布光首先要确定天片光的亮度：亮度高，器材多，布光难度较大。当天片光亮度确定之后，布景其他部分光线亮度的确定就有依据。一切景物的亮度要以天片光亮度为基准，所以天片光亮度确定要恰当，过高会造成布景总的光亮水平升高，造成人力、物力和电力的浪费。而天片亮度过低，则会造成拍摄中的技术困难。

　　在日景里，天空的亮度是处在人脸亮度和画面最高亮度之间。

　　天片常绘有建筑物、树木等，这些人工绘制的景物在画面上易于失真，所以在拍摄时，应巧妙地运用环境中提供的物体，如真实的树木、院墙、柴堆、门楼等给予遮挡掩盖。如果剧情允许，可以利用烟雾、纱布来柔化天片上绘制的景物线条，既可增加画面大气透视，又可掩盖失真。

　　一般天空部分占画面较大的景物不适合在棚内拍摄。

10.4.5　布景环境光线处理

　　现代布景照明，多采用大面积散射光，从布景上方对布景、道具进行整体（全面）照明。具体方法根据布景大小、戏剧气氛的不同而改变，见图 10-10。

　　画 1　小布景，拍摄柔和影调的镜头，可以在布景上方置一块较大的白色散光屏（俗称"蝴蝶布"），用灯光将白屏幕照亮，透过白屏的散射光均匀地将布景内所有景物照明，

图 10-10

景物没有光影,调子干净。人物光处在顶光照明,往往需要用灯另行处理。在图中我们看到,在女演员正前方和左斜侧方向,布景墙面上挂有白布,这两块白布是两块反光板,用灯照亮白布。正面是主光,斜侧面是修饰光。现代棚内照明的这种方法简单方便,能够节约时间、降低成本。布景较大时,可以在布景上方置多盏加有白散光屏的灯具(如画2),对不同空间不同景物分别给予照明处理。

　　画2　布景上方多灯装置。中间较大的灯是主光灯,四周灯具是修饰光灯,分别修饰布景空间里的不同景物。

　　画3　造型需要墙壁上暗下亮的影调结构,而如画2那样在布景上方置大面积散射光灯,不能满足这种造

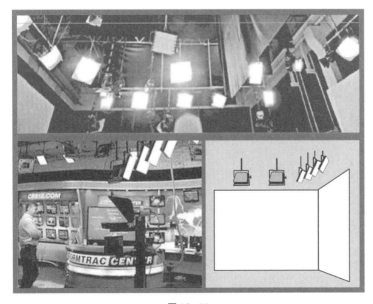

图 10-11

型要求，需要对来自布景上方的散射灯光加以控制。方法是用黑布（黑纸）在灯口四周围成圆形限光罩，将墙面上方光线挡暗，散射光不可能像直射光那样容易挡掉。

画4 当布景空间很大，用加有白屏幕的灯具方向受限制，不可能将布景均匀照亮，此时可以采用加有白色桶状灯罩的灯具照明。画面是美国影片《曼哈顿》（*Manhattan*，1979）的工作照。从图中可以看到，棚上方有三排挂有白色散光罩的灯具，大量散射光将整个布景环境照亮。

最简单的方法是用散射光灯沿着景片上方对布景照明，如图 10-11。但这种方法用灯多，只能照亮墙面，缺乏影调变化，很难兼顾人物光照明。

10.4.6 人物光处理

当环境光确定后，人物光的处理是在环境光基础上进行适当加工。根据情节内容、人物性格、人物的空间位置，对人物进行光线刻画。

以法国影片《荒谬无稽》（*Ridicule*，1996）中的一场棚内戏为例：影片讲述 18 世纪法国下层官员米泰尔，为了治理沼泽地，进宫求见国王的故事。见国王不是易事，要过大臣亲批这道关，米泰尔在男爵贝卡尔的帮助下参加上层沙龙活动，神父和伯爵夫人设下命题作诗游戏，想以此为难米泰尔。

这场戏的光线处理见图 10-12，为神父在朗诵诗歌的大全景。在布景上方用大面积散射光照明环境，在灯光四周用黑布将墙面挡暗，只让大厅中间稍亮，突出了主体人物。透过窗帘缝隙，透出一部分亮光，成为画面高光亮点，显得大厅更加昏暗，这是影片主题情调的表现。远景里人物光效是环境光照明的效果，没有另行光线处理。

图 10-12

在全、中、近、特景别里人物影像变大了，再用环境光兼顾人物光就不行了，不同人物形象有不同心态，不能用一个"模子"表现所有人物形象。人物光需要表现出不同的人物性格。在这场戏里，人物都身处环境顶光照明中，如果不仔细看，不会发现差别，但会让观众感觉到有所不同。人物光处理得微妙复杂，生动地揭示出不同人物此刻的心态，见图 10-13。

画1 神父，人物光与环境光一致，顶光照明，暗示这是个险恶人物。

图 10-13

画2　伯爵夫人，虽然为人不善，但身为女人，顶光效果明显减弱。同一个环境光下利用人物的位置、脸的方向不同，人物光的结构产生了微妙变化，画1和画2是两个不同人物的全景画面，刻画出男女性别的不同形象。

画3　画4　二人中近景画面。四个人物都是顶光照明，但两幅画面光线结构不相同：画3是神父（甲）和伯爵夫人（乙），脸上有侧逆光修饰轮廓，亮斑增添人物盛气凌人的力度。画4是米泰尔（丙）和贝卡尔（丁），脸上没有任何修饰，没有亮斑，灰暗平淡，这是两位处在劣势地位的人物。特别是两幅画面影调处理不同，前者背景有明亮窗子；后者则一片昏暗。一个调子明快、笑容满面；一个暗淡满脸灰色。同一环境、同一光线下，两种截然不同情调的人物光处理，很是高明。

画5　画6　人物近景画面。一个是神父，一个是伯爵夫人。在同一个光源下，一个是顶光照明，一个是平光照明。光线刻画出男女之别，也刻画出二人性格上险恶程度的不同。

画7　画8　两个特写画面。一个是抓签的手，一个是作弊的手。一个平光照明，缺少影调变化，一个侧逆光照明，调子多变。调子的不同让人感到一个光明磊落，另一个则是阴暗歹毒。

从照明方法来看，画7可以理解成环境顶光照明效果，在环境现有光照明中就可以直接拍摄，无须另用光线处理。画8则不同，画面光线结构与环境光毫无关联，需要重新布光。

现代的人物光照明与传统截然不同。传统棚内人物光多用直射的聚光灯照明，五种光线清楚，结构分明，被称为"五光俱全"。现代棚内人物光多用散射光照明，虽然有主光、副光、环境光、修饰光和效果光，但结构不清楚，让观众看不出光种的存在；人物很少使用修饰光，需要时，也必须有光源为据。虽然如此，不等于将人物光放任不管，相反是追求更加生动细腻的刻画。

10.5　棚内照明实例

10.5.1　《最后的风之子》

美国影片《最后的风之子》中一场棚内戏的光线处理，见图10-14。

风之子安昂来到北水善城，想学习御水术，遇到火族侵略，于是联合水公主，展开一场水火之战。

图10-14是介绍环境的一个镜头的两个画面。从中可以看到场面宏伟、气势磅礴、冰天雪地的场景，但其却是摄影棚内的搭制的布景，天空部分采用绿屏抠像合成。

戏剧内容是弱小的水族遭到强大的火族的攻击，对弱者来说，正是处在冰天雪地、阴森寒冷的生死存亡的时刻，摄影采用阴天气氛，散射光照明，灰暗寒冷的调子正是表现戏剧内容的需要。另一方面，以散射光照明，处理这样上百人的宏伟空间，给照明工作带来方便。

从图10-15的工作照中可以看到：摄影棚上方布满了灯具。从灯的形状可以判断是大功率聚光灯（或者裸灯泡）加白色"散射光罩"形成散射光源，采用满天星式布置，形成垂直的大面积均匀的顶光照明。这正是阴天来自天空的散射光形态，是阴天的真实光线效果。

从灯具大小和空间高度来判断，这些灯具不像是10kW以上的灯具，如果用5kW高色温聚光灯，距离为18米，光束开角为30°，光区直径为9.6米，中心照度为1366 lx（见照明器材章节），加上白色散射光罩，亮度减弱一挡光圈，即683 lx，使用感光度ASA500，曝光时

图10-14

图 10-15

间为 1/50 秒拍摄，光圈为 f / 5.6。拍大场面有足够景深，实际"满天星"式布光，照度远远大于 f / 5.6，光圈可以达到 f / 8 以上，有非常好的景深。

从棚顶灯具形式来看，除了满天星式的桶状灯具外，在场景中心部分上方还装置了更大的条形白色散射光屏罩，后面装有多台灯具，目的是加强场景中间部分照度，这是主要的表演区域，在构图上便于突出画面主体。

拍摄远景或大全景时，顶光照明，人物身上垂直面光线较弱，曝光不足，特别是身着黑色服装，可以临时在摄影机后上方增加副光照明。

这样处理光线拍摄方便，在任何机位任何角度上都可以拍摄，灯具不需改变，必要时只需开关进行亮度调节。

阴天光线效果是这个场景的基础光线结构，在一般的剧情里，可以直接在这种照明中拍摄，如图 10-14 场面。随着剧情变化，可以在这些基础上增添某些修饰光或效果光。如图 10-16（彩图 46）是安昂初次到来的场面，为了制造友好、欢迎气氛，摄影师在阴天光线基础上增加了暖色调，从画面看，这是早晨太阳刚刚升起时刻，寓意未来戏剧的发展。低色温灯 a 在侧逆光位照明安昂三人，灯 b 也是在侧逆光位勾画前景水公主二人，在人物身上形成暖色块，再现早晨暖色阳光效果；灯 c1 和 c2 照明门洞内的墙面，模仿阳光效果，是效果光。c3 照明画右侧建筑物，形成暖色块，灯 d 在在画左照明地面，这两盏灯也是效果光。

这些低色温灯光来自左侧较低位置，可以看出有的灯具是在摄影棚地面上照明的效果。

这是初升太阳光效的真实模仿，也说明这种光线处理方法的特点：拍摄中随镜头内容不同，可以随时随地地进行光线调整，在地面上布光很方便，不必改动棚顶灯具。

拍摄小全景时，人物得到突出，摄影需要做气氛上的渲染，环境光需要调整，见图 10-17。在敌人火族的到来时刻，人们惊慌地集聚在广场上。从背景环境光中，可以看到与前面阴天光

图 10-16

图 10-17

线有所不同，画面背景中间部分亮度提高了，很明显这是一盏聚光灯，将中心部分照亮。在构图上形成周边暗中间亮的光线结构，这正是传统封闭式构图用光特点，以此突出画面中心部位的主体人物。

这种调整体现出随镜头内容、构图的需要，在"基础光效"上进行局部光线调整，处理起来很方便，不必大动干戈，只须在原有灯具布置上增加一台（或几台）灯光做修饰光，修饰需要的部位；或做效果光使用；也可做人物主光、副光使用，重新刻画人物形象。

安昂在水族面前展示御风神力时刻的镜头，见图 10-18。原有的阴天光效，阴森寒冷的气氛及顶光效果，不能刻画出人物此刻神奇而美丽的形象。

画1 从工作照中可以看到人物光和画面色彩都重新作出调整。画面深处两个并列的方形灯具发出柔合的散射光，做人物主光。

画2 完成的镜头画面。从色彩上可以看到这两盏灯是低色温散射光灯，再现出人物的自然肤色。

在中景镜头里，人物和环境在银幕上都得到突出，摄影在光线上需要对人物和环境进一步

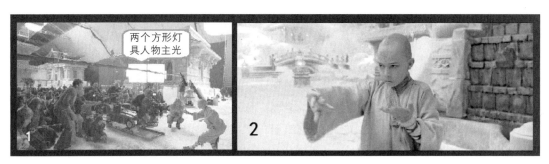

图 10-18

图 10-19

刻画和塑造，见图 10-19（彩图 41）。从画面中可以看到傍晚时刻的光线效果，基本环境光没有改变，只做了亮度调整，关掉上方几盏灯，形成夜景需要的亮度和光比。主要在效果光和修饰光上做文章。环境中增加侧逆光灯 c1 和 c2 将门洞侧面照亮，造型上塑造了建筑物的体感和质感。人物光变化鲜明，灯 a 在逆光位修饰人物轮廓，勾画安昂的轮廓形态。从光线位置和方向来判断，人物轮廓光和环境修饰光都是来自同一方向两盏不同灯照明的，灯 c 在地面上，灯 a 在布景上方高处。

环境和人物的修饰光都是采用低色温灯具照明，在造型上是夜晚街灯光效，在色彩上构成寒暖对比，提高了色彩和明暗对比度，这是有光源夜景的特征。大对比使银幕具有温暖的感觉，又有一定的力度感觉。

为了明确交待这是夜景时刻，在画面右侧安排了一盏街道路灯的道具，微弱的暖色灯光，为画面色彩的构成提供了理论依据，增加了真实感。

近景特写中更应注意光线对人物形象的刻画。人物不同，环境不同，情景气氛不同，因此人物光需要多样性处理，见图 10-20（彩图 48）。

画 1　美丽的水族公主，主光灯 a 采用低色温散射光在侧光位照明人脸，副光灯 b 提供高色温光在视线前方照明人脸背光面，形成寒暖对比。既温柔美丽，又有一定力度感觉，侧光照明暗示出公主具有超凡神力，生动地刻画了人物形象。

画 2　强大的火族进攻前夕，公主和妹妹在战前等待时刻的画面。低色温散射光灯 a 在斜侧光位照明人脸，光线微弱，与高色温环境基础光混合，降低了 a 灯色温，在脸上构成灰暗平淡的冷色调肤色，既有临危不安的味道，又具有女性温柔之美。这里的主光不是来自上方的光线，而是来自画左侧稍高的位置上，是来自摄影棚地面上的灯具照明的效果。

画 3　水族的力量来自月神，当月神被敌人封锁，安昂又消失不见的危机时刻，公主影像暗淡，成半剪影形式。高色温灯 a 在侧光位照明皇妹二人，是二人主光，同时也照亮了公主的白发，是她的修饰光。低色温散射的副光灯 b 在摄影机旁正面照明三人脸的背光面，在脸上高低色温光的混合，形成微妙的寒暖对比，再现出特定情况下的肤色。逆光灯 c 是较大的高色温聚光灯，在布景上方修饰人物轮廓，它的光线勾画出公主形态，也突出

图 10-20

了长长的白发，在灰暗的蓝色调中，白发显得更加惨淡。皇妹等人处在稍亮的侧光照明中，显示出一定的力量。剪影的形式生动地刻画出公主的心理状态。

现代影视照明处理不再刻意追求光源、方向、亮度、色彩等的统一和衔接，而追求视觉效果、银幕气氛这些形式味道的艺术表现。

10.5.2 《仁医》

《仁医》讲述现代医生南方仁穿越时空回到江户时代的故事。他搭救了橘家武士恭太郎的命，却造成恭太郎的妹妹笑为学医而拒绝出嫁，给橘家带来不幸。太郎母亲荣夫人因郁闷成疾，拒绝治病。

中景光线处理

这场戏表现南方医生到橘家给不友好的荣夫人看病。在他的坚决要求下，恭太郎带他来见母亲，见图 10-21。

此为中景光线处理，二人在外间等待进入母亲房间。晴天阳光棚内景，光线处理意图很明确：人物前方空间较暗，后方较亮，亮暗的分配暗示着医生将要进入的房间是他不受欢迎的房间，是一种不友好的空间。

模仿阳光的灯光 c 在摄影机左侧，灯前加挡板，将近处墙面上方和医生上半部挡暗，下边照亮，形成阳光照明效果，构成画面亮斑。主光灯 a 是散射光灯，在摄影机旁脚光位置上对内景照明，模仿外环境散射光效果，是人物和环境主光。副光灯 b 也是柔和散射光灯，在

图 10-21

画右侧照明主光阴影，不留影子。与阳光亮斑相比，室内光线暗淡，没有鲜明的光、影对比，昏暗平淡的调子也预示着医生将要进入的空间是困难的空间。摄影机反常的角度——大仰角拍摄，也展现出用光意图。该场景以自然光效法处理，光线自然真实，没有鲜明的"五种光效"效果。

全景光线处理

见图 10-22，荣夫人房间，日，内。

画1　门被拉开后，恭的母亲荣夫人突然拔出刀子，医生吓得向后退避。夫人对医生说："你就像这把刀子，在保护我的同时，会要了我的命。如果没有你，恭太郎不可能活到现在，但是我女儿笑也不会离家出走，恭太郎也不会被禁足了吧。"光线处理上，银幕从前镜的暗调突然变亮，反差加大，造成紧张气氛。聚光灯 a1 对门照明，是外间照明环境的主光。在地面上形成亮斑，模仿阳光效果，也为医生主光提供依据，照明医生的主光灯 a2 是聚光灯，在侧光位照明医生脸和上身，没有副光和修饰光，在脸上形成半边亮半边暗的效果，结构清楚，光影强硬，反差很大，表现出医生内心惊慌恐惧的状态。荣夫人的主光灯 a4 也是在侧光位模仿来自右侧窗子的散射光照明。光源有据，真实感较强，其主光强度相对较弱，有副光和修饰光，相对光影结构较柔弱，刻画出二人心态不同，"非真心要杀人"。恭太郎的主光 a3 采用斜侧光照明，斜侧光是"正常"的光线，与前者都不相同，刻画出他是中间人物。修饰光灯 d1 在侧逆光位模仿透过窗子的散射光修饰人脸暗面。主光、副光、修饰光结构明确，明暗对比鲜明，刻画出对母亲意外行为的着急以及对医生南方仁的担心。

三个人物有着三种光线结构，刻画出三人不同心态。

环境光处理方面，散射的副光灯 b1 在摄影机旁。在主光另一侧对人物和环境普遍照明。照亮环境的同时也照亮人物背光面，没有影子。副光灯 b2 在外屋只对背景环境照明（挡掉投射在人物身上的光线）。效果光 c1、c2 在室外分别照明窗子，再现出窗外明亮阳光的效果。

无论是人物光还是环境光都有鲜明的光源依据，光线方向、光线质地都得到真实的模仿和再现。

画2　荣夫人同意看病。病人房间，房门被关上。主光灯a1、a2、a3在窗外对窗子照明，透过窗纸的散射阳光，将室内照亮，是环境的主光。照在人物身上的光线可能亮度不足

图 10-22

或光影结构不能满足造型的需要，需另行处理。灯c在窗子方向照明医生，在医生身上形成侧逆光效，勾画人物轮廓，形成亮斑，加强人物表现力度，在构图上突出画面主体。灯d也是在窗子方向照明荣夫人上身头部，光区较小，造型上强调了病人形象。恭太郎的主光是透过窗子的环境主光兼顾，在脸上呈现斜侧光效果，灯e是修饰恭太郎的修饰光，在左前脚光位照明人脸下半部，形成亮斑，再现窗子的光线效果，亮度较小，与医生明显不同。副光灯b在机位旁对画面景物全面照明，既是环境副光，也是人物副光。

分别用灯f和灯g在侧逆光位修饰医生和恭太郎脸的暗部，形成次暗面。

三个人物反差不同：医生最大，暗示治病的艰难；母亲最弱，展现病人的虚弱；太郎介于中间。反差对比度也刻画着三个人物的不同状态。

比较画1和画2，影调有鲜明不同，画1环境较亮造型，人物对比度较大。画2相对环境较暗，人物光对比度降低，环境光对比度加大（较小的地面亮斑和大面积的明亮窗子）。特别是摄像机镜头焦距和角度使用，前者平视角拍摄，长焦距镜头压缩空间，人物距离拉近，有利于紧张危险气氛的表现；后者广角镜头拍摄，空间变形，加大空旷感觉，大俯角形成反常气氛。

比较两个镜头光线处理和摄影造型，表现意图非常鲜明，当代电视剧不再仅仅是讲故事，也会给观众美的享受，摄像也是艺术创作。

近景人物光线处理

这场戏中，医生和夫人有三组对切画面，头两组（图10-23中画1与画2，画3与画4）空间位置固定不变，医生在门外，夫人在门内，光线结构不变，但是主光和副光强度有所变化，随着对话内容不同，人物光比发生显明变化。

画1与画2　第一组，医生和夫人初见时的近景。二人都是侧光照明，光比较大，给

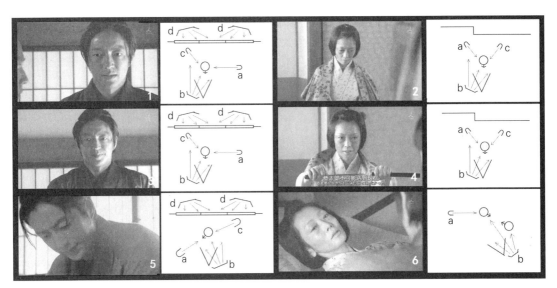

图 10-23

人一点不安的气氛。

　　画3与画4　第二组，还是二人对切近景。夫人拔出刀子，医生吓得向后躲闪。二人空间位置不变，但是人物光线发生微妙变化，画3医生主光变亮，副光和修饰光变暗，光比加大，刻画出他的惊慌恐惧的状态；夫人主、副光稍有加强，特别是修饰光很明显变亮，光比减弱。与画2相比较，夫人病态感削弱，复仇味道加重了。

　　画5与画6　第三组，夫人同意看病。医生坐到病人侧面。画5以仰角拍摄，以明亮的窗子做背景，主光很暗，来自窗子方向的修饰光，修饰了人脸背光面，影调层次很少，光比很大，背景明亮的窗子几乎"毛掉"，光线刻画出惊险后的医生看病心态。仰角拍摄（夫人视线）暗示医生的崇高行为。画6为夫人近景，平光照明，没有光影，单调的背景，光比很小，让人感觉面色苍白无力，突出病人形象。以俯角拍摄，与医生的仰角相呼应，强调了二人关系。

　　时空不变，人物空间位置变化很小，但是三组对切镜头，人物光有明确的不同。光线变化生动地刻画出不同的心态，有力地表现出不同的戏剧内容。

　　在光线处理中，改变人物光结构并不难，难的是既要改变得合情合理，又不失真实感。摄影师在照明中，需要巧妙地利用环境光特点和人物动作，为人物光的变化找到合情合理的依据，这也是摄影师的基本功。

特写光线处理

　　这场戏中有两个特写镜头光线处理得很精彩，见图10-24。

　　画1　夫人拔出的匕首特写。逆光照明，刀刃闪闪发光（充分利用了刀的反光），在

图 10-24

暗背景衬托中，明亮的刀子给人以威胁力量。逆光不仅给刀增添威力，也勾画出夫人的手臂轮廓，突出直硬的线条、锐利的拐角、强烈的亮暗对比等，这些都给画面增添威力。

画2　医生把脉的手。暗调画面，逆光照明，突出了夫人手指的轮廓形态。这是有气无力的病人的手，与画1握刀的手截然不同。医生把脉的手光线虽然暗淡，却会给人一种温柔关切的感觉，两只手表现出不同的情感。出色的演员能充分利用手的表演，但手的表演在这里离不开摄影的光线处理，如果换成平光照明，味道绝不会相同。

10.6　夜景光线处理

夜景是以晚间光源为依据表现出特定光源性质和特征的。布景中的夜景有三种：无光源夜景、有灯光光源夜景和月光光源夜景。

10.6.1　无人工光源的夜景

开灯前室内黑暗，实际上并非完全无光，眼睛稍微适应一下，就会逐渐看见一些模糊的景物。无光源的黑夜并非无光，可能有来自门窗外的天空星光、周围环境的反射光，也可能有远处的路灯或房屋的灯光，这些光源在画面中未直接出现，而是透过门窗影响着室内光线构成。只是它们的强度十分微弱，仅使人眼隐约感知不清晰的景物，而远不能使摄影机感光元件曝光。

在电影电视中再现这种光效，需要用人工光给予加强，提高照度水平，使之达到感光的目的。在光线处理上有几种方法：

（1）在布景中心上方，吊一盏球形散光罩灯具，对布景进行全面照明，使画面各部分景物得到最低的照度，获得隐隐约约的影像。

如图 10-25 画 1 是日本电视剧《家族八景》（2012）棚内无光源的夜晚。布景中心上方吊一盏圆柱形下方有开口的散射光灯，将环境普遍照亮，透过下方开口的光线较强，正好对着主体上半身，突出画面主要部分。

（2）利用摄影机旁副光照明，使景物处于黑暗的朦胧影像。靠近镜头的景物较清晰，远处景物模糊不清。在近景和特写画面里可以用修饰光修饰主体。如画2是日本电视剧《江：公主

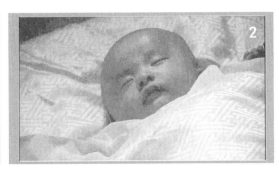

图 10-25

们的战国》（2011）中无光源夜晚，大姐市看着睡着的孩子的镜头。在摄影机上方，柔和的散射光灯 b，对画面进行普遍均匀照明，这是以副光灯做主光使用，再用小型光灯 c 加柔光纸在侧逆位置上修饰人脸，突出主体，适当美化主体，具有较强的真实感。此方法多用在人物中景、近景中。

（3）无光源夜景同样可以使用主光、副光、修饰光、环境光、效果光等处理画面。画 3 是美国影片《铁娘子》中撒切尔夫人半夜里在床上接儿子的电话的场景，没有开灯。在逆光位用聚光灯 a 勾画人物轮廓，采用假定性光源，假设在背景画外有扇窗子，透过窗子，一束光线照在撒切尔身上。副光灯 b 是小型散射灯，在脚光位照明人脸，反常的脚光增添无光源夜晚的气氛。环境光灯 d 在侧面照明人物背后环境，突出"床头"形象。

在画 4 的特写画面里，光线同前不变，人脸呈现侧光照明，非常优美。

10.6.2　有人工光源的夜景

现实生活中，夜晚室内光源是多种多样的。有电灯、油灯、烛光、炉火等，每类灯光又有多种形式，如电灯有蓝色的日光灯、白色的白炽灯、各种彩色的灯伞灯泡，还有吊灯、台灯、落地灯。这些不同的光源，为夜景提供了不同的气氛，为戏剧的表现、摄影的创作提供了可能。

不同光源光线效果不相同，主要体现在环境各部分光线分布结构上，特别是墙面光线亮度分布结构不同。夜景光源是点状光源，因此景物的亮度要遵守着点状光源的照度定律和亮度反射定律；靠近光源的景物就比远离光源的景物亮。从墙面上看，两面与光源距离不同的墙，近者亮，远者暗；在同一面墙上也是如此，靠近光源部分亮，而远离光源部分暗，光线在墙面上的分布与光源距离保持一定的规律性。与日景光线结构相比较：画面光线分布不均匀，亮暗反差较大，呈现块状结构。

全景光线处理

图 10-26 是影片《铁娘子》一场以床头灯和壁灯为光源的夜景戏。在全景中（见画 1 ），两盏床头灯效最亮，离开光效范围的景物就暗淡，画面亮暗交错，呈现块状结构。

现代摄影棚内拍摄用高感光度（一般用 ASA500 度）降低照明水平，采用低照度拍摄。因此，要充分利用环境中的道具光源进行照明。适当用人工灯具对不足之处进行补充和修饰，达到摄影需要的光线效果。

照明方法：

（1）将布景中所有道具灯打开。在这里打开卧室两盏床头灯和厨房壁灯，呈现出布景环境光线效果。此时影调结构杂乱，亮的亮、暗的暗，亮暗不均匀。床头灯照在墙面上的效果与灯伞有关，调整灯伞以确定墙面光效。

（2）先调整卧室光线。根据造型需要，在道具灯光基础上进行调整。按设计值确定画面最高亮斑亮度值，即画面中最亮床头灯光效的亮度值（一般要比订光点高一挡光圈左右）。

（3）当最高亮斑亮度值确定后，再确定卧室画面中最暗部分的照度值。此值是由副光灯决定。因此要确定副光灯 b 的位置、方向。光强由画面最暗部分照明决定，最低照度由黑电平决定，保证足够的信噪比，没有杂波。

（4）卧室最高和最低亮度确定后，再调整环境光线结构。也就是说对环境中某个部位的亮度进行调整和修饰。如两盏床头灯之间的墙面光线较暗，需要用灯光修饰，就在 d

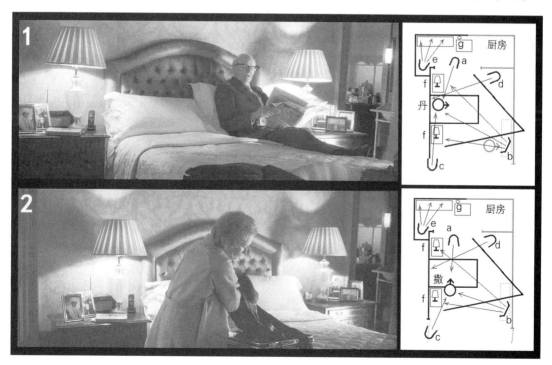

图 10-26

灯位对这部分墙面进行照明,这部分是主体人物的背景,为了突出人物,需要提高墙面亮度。

（5）厨房光线处理。透过房门见到部分厨房景象,摄影师对这部分在色彩上采用蓝色调处理。高色温镝灯 e 在侧光位对景物照明,让景物呈现蓝调,为了突出蓝色感觉,厨房壁灯 g 装有色温 2850K 钨丝灯泡,呈现出暖色,与厨房蓝色构成寒暖对比,增加了夜景色彩特征,同时也塑造出不同的空间形象,使画面色彩更丰富。厨房的亮度应当暗于卧室。如此,对画面环境中不满意的景物或道具进行灯光修饰,达到满意为止。

（6）环境光完成后,演员入画,明确路线,确定人物主光方向和照明灯位。这里是固定镜头,撒切尔的丈夫丹尼尔坐在床上,主光来自左侧床头灯,处在灯伞光区里,因此主光灯 a 在床头方向,用小型聚光灯,灯前加柔光纸,模仿透过灯伞的散射光照明人脸。副光用环境副光灯 b 兼顾。人物主、副光与环境灯光相呼应,光比较大,光效自然真实。但身体两大面没有区分,呈现一个扁平面。需要在人物背后侧逆光位用聚光灯 c 模仿床头灯光效,照明铁娘子后背,在身体上增加一个次暗面,完成形体塑造。

（7）如果是运动镜头,在人物运动路线上,每个点上都要处理好主、副光位置、方向和光强。

中景光线处理

在一场戏里,当全景光线确定后,其他景别光线处理则比较容易。画 2 是撒切尔夫人在床边整理衣物的镜头。环境光基本不变,根据构图需要,可以适当调整环境光结构,如画 2 右侧床头灯亮度提高,比画 1 亮些。人物光需要重新调整,从图中可见,人物主光灯 a 和修饰光灯 c 位置变化、方向有明显改变。不管怎样变化,都需要保持人物光的自然真实,保持主光与环境光源的自然逻辑关系。

近景人物光处理

近景以人物面部为主,人物形象得到突出。因此摄影师需要用光对人脸面部进行细致刻画。图 10-27 是这场戏中撒切尔夫人两个近景画面。

画 1　撒切尔坐在床边,床头灯在画内是人物主光的"理论光源"依据。实际上,主光灯 a（加柔光纸）在光源（床头灯）前方,这样在人脸上呈现为柔和的斜侧光照明。床头灯照在脸上的光线效果,是来自侧逆光照明的亮斑。照明"亮斑"的灯 c 并不是来自床头灯方向,而是来自稍后的侧逆光位置上。为了形体的完美,又用修饰光灯 d 在逆光位修饰人物背光面轮廓。

人物形象很完美,环境光在原有照明基础上基本没有变化。

画 2　人物站在床对面的衣橱前。画内没有出现道具光源,主光灯 a 来自人物左前方斜侧光位。从环境空间来看,是床头灯照明的效果。副光灯 b 还是在摄影机旁。修饰光灯 c 在人物后面稍高的逆光位照明人物背后,修饰暗面影调层次。这盏灯既完成人物形体塑造,也展现了镜中人物影像层次。环境光 e 照亮衣橱下方,形成背景影调层次变化。

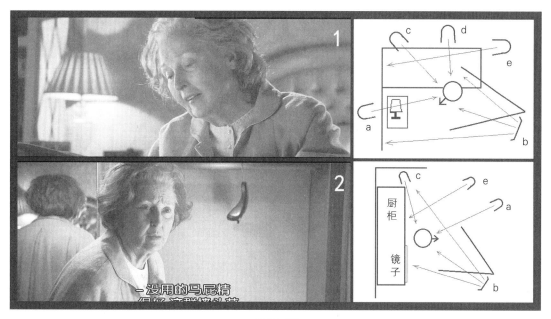

图 10-27

　　从人物光处理中可以看到，人物主光尽量保持与环境光源一致，保持光线的自然真实感觉。

特写镜头光线处理

　　这场戏有个床上衣箱特写镜头，见图 10-28。特写空间缩小，环境特征消失，两个床头灯不见了，只留下床面局部空间。因此特写光线处理只需考虑手提箱的特征和质地塑造。主光灯 a 在侧光位照明手提箱，灯位较低，展现出箱内起伏不平的结构，同时也把床面照亮，展现出床面布料质地感觉。副光灯 b 在摄影机机旁，光线简洁，形体完美。

色彩的处理

　　在外景夜景光线处理中我们谈过夜晚光线特性：视觉在弱光下有蓝色感觉特性。因此棚内

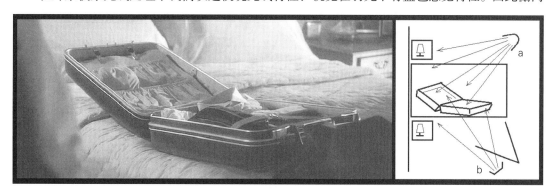

图 10-28

图 10-29

夜景色彩也是如此，见图 10-29（彩图 49）。

画 1　灯光照射的亮面色彩正确还原，背光暗面具有蓝色感觉。夜景照明中，主光多采用白光照明，摄影机按主光打白平衡，副光或环境光多用蓝味光线照明。

画 2　撒切尔夫人在放光盘，主光是暖色的，副光是蓝色的，形成鲜明的寒暖对比。

人物的主光也可以用蓝色光照明。画 3 人物主光和环境光都是蓝味光线照明，构成冷调画面。

色彩处理不是自然主义的再现，色彩是艺术表现。因此，棚内夜景色彩的处理，是由色彩艺术表现任务决定的：

画 1　作为首相的撒切尔，准备参加议会。这是一个庄重、严肃的时刻。主光采用白光照明，正确再现肤色，环境有微妙的蓝调味道。

画 2　老年痴呆的撒切尔，放光盘回忆美好过去，因此主光需要有色的暖光照明，画面形成鲜明的寒暖对比，色彩表现出对回忆美好的感觉。

画 3　孤独的撒切尔，站在门前看着空空卧室。人物和环境都是淡淡蓝光照明，冷调的夜晚正给人凄凉的感受。

不同性质的光源，其色温、光线性质、光区分布灯都不相同。如烛光和电灯光有明显区别：烛光色温低，呈现金黄色彩，光区较小，反差较大，点状光源的特征更明显。

图 10-30（彩图 50）的画 1 和画 2 是日本电视剧《江：公主们的战国》第一集中织田家大公主市与夫君浅井长政的对话，以烛光为光源。真实的蜡烛光照度很小，这里的蜡烛是用电灯泡模仿出来的，通常采用汽车灯泡加变阻器，外面围上"纸罩"做灯伞。调节阻抗控制灯泡亮度和色彩，达到蜡烛光效果。用汽车灯泡代替蜡烛可以起到照明作用，画 1 中的烛光 e 正好在人脸前方，对人物来说是正面光照明，起到人物副光照明作用。市公主是个有性格的人物，她爱哥哥，又为了家族利益而出嫁，因此采用灯光 a1 在斜侧光位照明人脸，对市公主进一步刻画。照明画面深处的浅井长政的光线是环境中同一个烛光灯 e，距离较远，光线较弱，造型

图 10-30

上需要用光给予突出，因此灯 a2 在斜侧脚光位照明长政。实际上灯 a2 是长政的主光。这是采用假定性光源处理，假设在这个方向画外有一盏蜡烛光源存在，对长政产生的照明效果。两个人物主光都是脚光照明，充分利用脚光的反常效果，增加蜡烛光源特征。

副光灯 b 是散射光灯，在摄影机旁对画面全面照明，光强由背景环境亮度决定。

为了刻画市公主内心的不平静，在她的身后背景中，燃烧着一堆闪耀的火光，给画面增添了激动的情绪。

在构图上，画 2 长政的背景是两扇黑色的窗子，暗淡的光线下，黑暗的窗子正是失去亲爱之人时内心生动的刻画。

画 3 和画 4 是法国影片《荒谬无稽》中棚内烛光夜景。该场景为宫廷沙龙，场面很大，点燃了很多蜡烛。环境光源蜡烛仅仅是环境中的道具，不足以照明环境和人物。

画 3　宴席的全景画面，采用后交叉光处理，在两侧用散射光灯 a 照明对面人物。副光灯在摄影机两边照亮人物背光面（大场面可以用多盏副光灯在不同距离上照明人物）。按烛光曝光（控制"火苗"亮度，曝光过度，火苗变白毛掉，不足则色彩暗淡发红），因此照明水平很低，属于低照度照明。画面很容易出现光线"死角"，为此采用放烟雾弥补。烟雾也是这种场面气氛的特征，在表现上也是"污烟瘴气"的人物刻画。照明烟雾的光线可以由环境烛光和人物主光兼顾。

画 4　近景人物主光可以根据造型需要采用任意处理。这里用斜侧光灯 a 照明人脸，副光灯在摄影机旁，以蜡烛为背景展现环境光源特征。近景范围较小，拍摄现场为节省往往关掉无用灯光，因此，有时照明烟雾光线不足，可以用环境光灯 c 在逆光位照明烟雾和人物，展现烟雾状态的同时也可修饰人物轮廓。

大场面烛光夜景，采用自然光效法处理有一定难度。用传统方法，使用假定性光源，追求造型就比较容易。

不管哪种方法处理烛光夜景，都采用暖色光照明。摄影机选用高色温（5600K）挡，在棚内用低色温灯照明，获得暖色调最方便，比灯前加暖调橙色纸获得的色彩更丰富。

10.6.3　月光夜景

室内月光，布光方法与无光源夜景相似，以微弱的散射光普遍照明景物，使之具有最低密度和层次，环境隐约可见。然后通过门窗将月光照射进来，用高色温聚光灯直接照射门窗，模仿月光光效。光斑可投在门窗附近的墙面、地面和道具上，如图 10–31（彩图 51）。

画 1 和画 2 是美国影片《月色撩人》（*Moonstruck*, 1988）中棚内两个月夜镜头。年老的父亲，在月光下，情不自禁地走到窗前。

　　画 1　床前坐起的父亲，透过窗子的蓝色月光撒在墙面和人物身上。高色温聚光灯 a 在斜侧光位照明人物和墙面下半部。副光灯是低色温散射光灯，在摄影机另一侧照明人物和环境。利用不同色温光线构成寒暖对比，再现出蓝色月光效果，这是典型的无光源月夜的光线处理方法。

　　月亮虽然微弱，但在画面影调构成中是最亮的部分。它低于灯光亮斑强度，一般也要低于人物主光亮度（当人物主光为 f/4 时，月光亮度应低于 f/4 半挡到 1 挡光圈为宜）。

　　画 2　走到窗前拉开窗帘，明亮的月光照在人物身上。室外用高色温聚光灯 a 模仿月

图 10–31

光对着窗子做主光照明。人物处在侧光照明中，窗格影子投在身上，增加真实感。副光用低色温散射光灯 b 在摄影机另一侧照明人物和环境，形成寒暖对比，展现月夜色彩特征。月光亮度可以处理在曝光点上，也可低于曝光点。主、副光光比较大，亮度由创作意图决定。

画 3 和画 4 选自日本电视剧《江：公主们的战国》第一集，夫君要与哥哥为敌，到底要不要事先通知哥哥，市站在长廊里对着明月难以取舍。

画 3 大远景，透过窗子的月光投在浅色衣服上，是画面最高亮斑。高色温聚光灯 a 对着窗子照明，灯位较高，只把人物中段和背景环境照亮。副光用高色温散射光灯 b 在主光灯 a 同一方向，从较低位置上对窗内照明，人物上身处在较弱的副光照明中，光影的结构增加了思绪的表现。环境光灯 c 在窗外照明靠近摄影机的窗子，不仅再现出窗子结构，同时透过窗子的微弱光线，又将长廊内近处的环境照亮，起到副光作用。在这里，微弱的月光成了画面最高亮斑，远远高于曝光点，因此在绘画摄影造型技巧里，亮度的感觉是相对的，一束微弱的月光在黑暗的环境中可以给人最明亮的感受。所以月夜镜头中月光的亮度是由造型意图决定。

"抛光"的地面，反射出明亮的身影，不仅改善暗部影调层次，也给画面增添美的感觉。

画 4 窗前已经作好决定的市公主的近景，正面角度拍摄，人脸应该呈现为顺光照明，但画面上却是侧光效果。透过窗子的明亮月光此刻变成侧光状态（c1 位置），这与前个镜头月光方向相矛盾。人物主光 a 也不是来自窗子方向，而是偏左成斜侧光状态。副光在另一侧，散射光灯 b 对窗内人和景物照明。人物光呈现为大反差侧光照明，光影结构刻画出的市公主不是一般的女人形象，而是位性格坚强的有力度的女性。光线结构的改变完全是由艺术内容所决定的。

微弱的蓝色调画面不仅再现出无光源月夜的意境，也给人一种蓝色理性的美感，塑造崇高的感觉，配合此时市为了正义及坚守自己的爱情而作出的背叛哥哥的决定。

10.6.4 棚内夜晚外景

图 10-32 是《美国电影摄影师》杂志中一幅"乡村街道夜景"棚内照明工作照。从画面上可以看到，街道两旁的木板房是搭制在摄影棚里的布景。摄影棚上方有七排，每排各十几盏加蓝纸的散射光灯，从天空方向模拟夜晚天空光，对整个景物进行全面照明。地面铺满人造雪，充

图 10-32

分利用夜晚街道路灯和生活照明灯光，这些灯大部分是低温灯光，发出暖色光线，与"棚顶蓝色天光"形成寒暖对比，再现出夜晚村庄街道应有色彩。在某些有戏份的地方，再用灯光模仿环境光对人物做主光、副光、效果光或修饰光照明。从画面看来，摄影师是以环境中生活照明灯光控制照明水准。如前景木板房角上的照明灯，在现实生活中也就是100W钨丝灯泡。当然，摄影棚照明中可以把瓦数提高，以此灯照明墙上的光效亮度为基准，确定主光或其他光线强度。因此，照明水平不会很高，属于低照度照明。虽然场景很大，占满整个摄影棚，但用电量却不是很高。

这里的照明方法与《最后的风之子》相同，采用"满天星"式的照明方法。拍摄街道任何部位镜头都很方便，只需要对人物光适当修饰照明，环境光基本不变。

10.7　棚内照明中的几个问题

10.7.1　有直射阳光的日景

一场充满阳光的日景，首先要确定太阳方向和高度。

一旦确定了阳光位置也就确定了布景环境的主光方向，在这个方向上，用一盏聚光灯模仿太阳光照射窗子（见图10-33中a），将窗影投射在需要的布景墙面上，造成阳光效果。再用一盏散射光灯b在布景上方同一方向模仿透过窗子的天光和环境反射光，照明布景中没有被"阳光"照明的部分，起着一部分环境副光作用。当人物离开主光照明光区时，它又可以做人物的主光。注意光比，既要真实，又要满足造型需要。

副光方面，散射光灯c在布景上方照射有窗子的这面墙。传统方法的环境副光都是在相对方向照明，目的是不使人物的影子投射在墙上，一般环境的副光是由几盏灯共同完成的。

当主、副光还不能使环境光满意时，可以利用修饰光修饰环境。修饰光的位置、方向、强度根据修饰需要而定。

环境光的灯位一般都放在布景上方的自动灯架上，应尽可能避免在地面上打环境光，这样便于演员活动和摄影机运动。

灯具的运用

（1）模仿太阳直射光的灯具

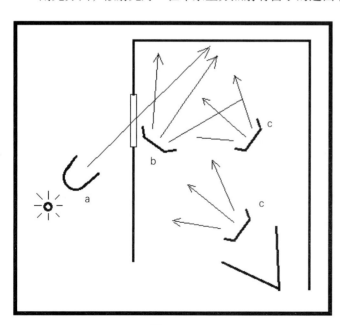

图 10-33

a，一般是使用大功率 1kW~2kW 聚光灯或回光灯，这种光线要求投影清晰、明亮。

（2）模仿天空光的灯具，一般用散射灯。

（3）环境的副光用散射光灯照明。

（4）修饰光根据具体的需要，使用各种型号的灯具，一般都用小型灯具。

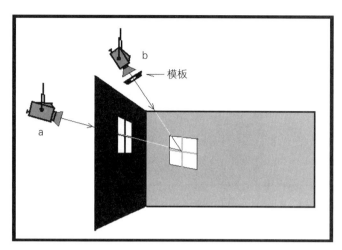

图 10-34

窗影亮斑的再现

摄影棚布景中光斑光效的再现，是用强烈的直射光线模仿。照明方法有两种：一是用灯在布景外面直接照射窗子，使其影子投射在墙面需要的位置上，然而必须调节灯具亮度和距离，控制光斑亮度和形状，如图 10-34 中 a。这种方法受布景结构和灯具亮度限制，光斑位置常常不理想。另一种方法是在布景上方的灯架上照明，如图中 b。

这种方法也有两种做法：一是在直射光源前加一个小窗子的模板。二是利用幻灯将窗子模板影像投在墙上。这两种办法都较前者方便，便于控制光斑位置和形态。

半透明窗帘遮挡时的光斑再现

如图 10-35，可以在窗外用一盏灯（图中灯 1）直接照明窗帘，在墙上相应地形成一个光斑，此种方法效果真实，但技术难度较大。当窗帘亮度合适时，墙上的光斑亮度常常不足，需要另用灯光给予补助。方法是在窗子上方灯板上，用聚光灯补助照明，利用遮挡板将灯光光束遮成窗子形状，照在墙的相应位置上（如图中灯 2）。为了表现出窗纱质地，可以在灯前加上树枝等物，把影子投在窗帘上，如果透过窗帘还能看到景物，可用灯 3 在布景上方的灯板上给予照明。还可以利用灯 4 在窗子附近照明人物。

图 10-35

窗影高低表现时间概念

一天的时间变化，主要表现在太阳位置的高低和物体影子的大小。在室内，主要是门窗影

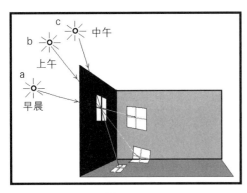

图 10-36

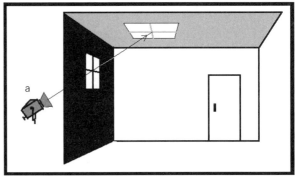

图 10-37

子位置的变化，如图 10-36。

早上，窗影较高；上午和下午，窗影开始下降；中午时刻窗影投射在地面上。上午下午，窗影在室内方向不同。一般上午窗影在右墙上，下午在左侧墙上。早晨和傍晚，光斑较暗，光线色彩偏暖。

窗影投射在天花板的特殊情况

如图 10-37。表现靠近南、北极地区或高层建筑物里的早晚气氛。

如前苏联影片《无脚飞将军》中飞行员被德国人击中打伤后，送往医院养伤，他躺在病床上，早上醒来看到的景象——天花板上的窗子投影。影片借此表现地点特征——苏联北部靠近北极的区域。

窗影大小可以表现出不同的气氛

窗影是制造戏剧情绪的重要造型因素。窗影越大，房间明亮、整洁；窗影越小，房间昏暗、压抑。

如图 10-38 为前苏联影片《乡村女教师》中的效果图，表现沙皇时代的教室，窗子很小，室内光线昏暗，有一束小而亮的光斑投射在墙上。而十月革命后的教室，窗子高大，窗影巨大明亮，室内明朗。不同窗影表现出不同的时代特点。

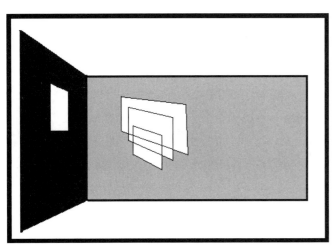

图 10-38

10.7.2 没有直射阳光的日景

与前者不同之处，在于模仿

直射阳光的回光灯被换成聚光灯，见图 10-39。

灯前加柔光设备（磨砂纸或白屏幕）。

处理方法有两种：其一，透过窗子照明对面墙壁；其二，在布景窗子上方照明，此时需要控制光区形状，模仿透过窗子的天光效果。

10.7.3　黎明和黄昏

黎明和黄昏时刻的用光方法与前者基本相同，只是主光的色度有所不同。日景用白光做主光，而黎明和黄昏时刻，主光色温较

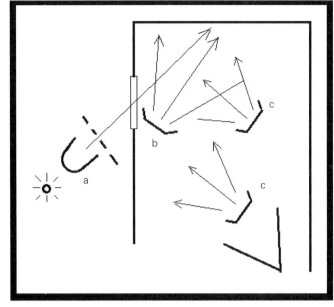

图 10-39

低，红、黄色的散射光做主光。窗子投在墙面的光影位置稍高些。

复杂的布景仅仅是在修饰光上做文章，使布景各部分的光效符合环境光源的规律。

10.7.4　挡光技巧

房间里的每面白墙，在具体光源作用下，各部分的亮度不会是均等的，有的部分亮些，有的部分暗些。这些光线的微妙变化，用灯光直接照明难以真实地再现，必须利用各种遮挡的技巧。

挡光是布光中的重要技巧，它能造成墙面明暗变化，丰富影调层次，如图 10-40。

画 1　利用灯具前的遮扉将墙面上半部挡暗，形成影调变化。

利用灯具上的遮扉遮挡光线，影子边缘较虚，有一个过渡范围，该范围大小与灯种和灯扉大小、远近有关。光源直射光成分多，影子较实。灯扉越大，边缘越远，影子越实。

画 2　也可以利用不同形状的实挡板（不透光的挡板），在布景上造成各种形状的阴影。

画 3　用一个凹型曲线的挡板，在墙面上造成一个具有弧形的阴影，模仿带灯伞的吊灯投影。

实挡板（不透光的挡板）造成的影子反差较大，阴影部分无光线照明，常常需要另用灯

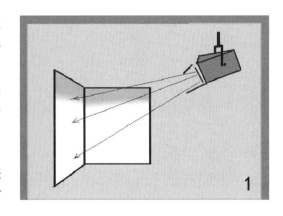

 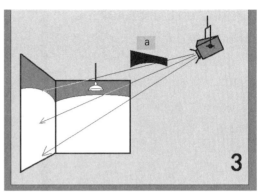

图 10-40

光给予弥补。也可以利用半透明的纸或纱做挡板，利用一部分透射光照明阴影部分，使阴影具有一定亮度。

一个简单的日光效果的模仿，往往需要用许多灯光进行。灯具多，相互干扰就多，抵消了每盏灯照明效果，同时影子也就多了。消除干扰的方法只有遮挡，将不应被每盏灯照亮的光线挡掉，如：

（1）布景中某个局部亮度过强时，也可以利用半透明的纱或纸进行局部遮挡，减弱其亮度。

（2）当墙面上需要微妙的影调变化时，可以利用不同形式的"纸条"进行局部遮挡。

（3）当墙面上出现多余的影子时，可以利用"纸条"在灯前适当位置上造成的"虚影"，消除墙面多余影子，这是打光中消除影子的有效手法。

（4）遮挡时应仔细确定挡光板或挡光纸的位置，遮挡的部分可能是一直线、一个角或一个不规则的形状。这一切都是由照明灯具位置、照射方向以及挡板位置和形状决定。

（5）某一特定的光效，可能要利用聚光灯上的挡光板进行控制，使其更加集中；也可能需要利用反光板的反射使光束扩散，柔化；或者需要调节灯具上的调焦设备，使光区收缩或扩展，加强或减弱。

一位有经验的老照明师说过："打光就是挡光"，这说明照明的光线效果是靠遮挡出来的。这句话要铭记心中，理解了这句话，就相当于学会了打光技巧。

10.7.5　墙面亮度的处理

在某个光源照射下，一面墙壁的各部分亮度应当有所区别，墙与墙之间更应该有明暗之分，要表现出环境光源在墙面上的光线效果、空间关系。首先要理解处理墙面光线的方法。

墙面光线明暗分布，应有一定光源依据，见图 10-41。

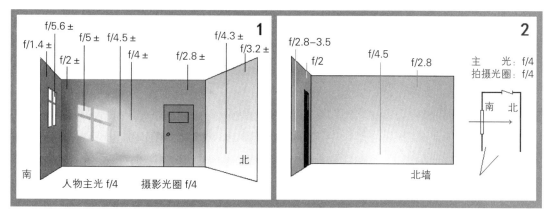

图 10-41

画1 例如，一间简单的四面墙的房子，朝南有一扇窗子，是房间唯一的光源。在上午9到10点钟，阳光透过窗子投射在西面墙上，此时，房间里四面墙亮度各不相同，而且每面墙上各部分的光线也不相同。正对窗子的北墙可能是房里最亮的墙，西墙上虽然有一个明亮的窗子投影，是画面中最高亮斑，但亮斑以外其他部分不一定是房间里最亮，因为它处于侧光照明状态。南墙是最暗的，由于它受光照最少，同时与窗外明亮的景物形成对比，使它显得更暗些。东墙可能是次暗的墙面。

每面墙的各部分亮度也不相同。正对窗子的北墙面，与窗子相应部分就比其他部分亮些。西墙除了明亮窗影之外，靠近南墙部分可能暗些，离南墙越远越亮，各部分亮度如图10-41画2。一般情况下，墙面下部比上部亮些。

总之，在一个特定的光源条件下，屋里各面墙的亮度或每面墙各部分的亮度都是不相同的。墙面亮度的分布与光源之间存在着必然的规律。在布景的光线处理中，能够真实完整地再现出墙面与光源之间的亮度规律，其光效都具有真实性。

摄影中对布景各部分亮度的处理，与感光度、动态范围、反差等技术条件有关。图10-41中各部分亮度，是用美能达 IV 型表测得，亮度为相对光圈值。这是一场有直射阳光的日景：窗外天片亮度为f/5.6+，背光的南墙为f/1.4~f/2；侧面西墙、窗子亮斑为f/5，其他部分为f/2~f/4，面向窗子的北墙为f/2.8~f/4.5。拍摄时，按人物主光亮度f/4订光。

画2 环境光源没有在画面中出现，墙面的亮度应当按照实际存在的光源位置、性质、强度等进行处理。如果造型上需要，可以进行适当的调整，也可以在一定程度上作假定性光源处理。只要观众没有发现光线的不合理即可，以不失真为原则。

真实再现墙面亮度（环境光亮度）是镜头光线自然真实的重要因素。但是，真实不是艺术的最终目的，艺术追求情感表现，墙的亮度是决定镜头调子的重要因素，见图10-42，影片《国王的演讲》中三个不同影调画面：

图 10-42

画 1　墙面暗，画面就暗，呈现出暗调画面。

画 2　墙面亮就是亮调画面。

画 3　墙面是不亮不暗的灰色，就是灰色调。墙的色彩影响画面色调。

10.7.6　道具陈设光处理

布景中的道具包括：室内家具、生活什物、书架、文具纸张等；室外树木、花草、柴堆等。道具的摆设主要是为了体现人物的性格、爱好、职业、兴趣、年龄等内容。道具不仅能增加环境的真实性，更重要的是要有戏剧表现意义。

道具光的处理有两种情况：

其一，照明环境的光线和照明人物的光线也照射到了道具，只要适当调整，即可处理好道具光。这种兼顾的方法，最大的优点是能保证画面光效统一完整。特别是对于靠近墙面的道具，可避免在墙上产生杂乱的影子。

其二，上述环境光和人物光虽然照到了道具上，但解决不了造型的需要，必须另用灯光单独给予处理。例如：

（1）室内光线很暗或者是夜景，一部分具有戏剧意义的道具在远离光源或无光源的地方，微弱的环境光不能表现出道具的形象，这时可以利用正面柔和的光线适当地给予照明，也可以利用顶光和轮廓光给予勾画，但亮度不能过强，不能破坏画面的完整统一；也不能太弱，太弱起不到应有的强调的作用。顶光和轮廓光的运用要慎重，尽可能有环境光源作依据。

（2）某些道具如红木家具颜色较深，需要用灯光单独处理，但要注意投影不可杂乱。有些道具表面较亮，也要适当遮挡。

（3）对剧情和人物性格有特殊意义的道具，需要用光给予强调和突出，方法

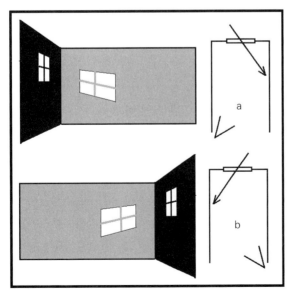

图 10-43

是可以提高道具亮度；利用轮廓光予以强调；加大道具与背景的反差等。

道具光线处理必须保证环境光效的统一。因此，道具光实际是修饰光的一种，修饰光不能破坏环境主光光效。所以，道具光是在观众"不知不觉中"完成造型任务。道具光的修饰，主要是刻画道具的形态、立体感、调节影调关系，使其在构图上具有恰当的表现。道具光在造型上有突出、强调、掩盖和增加真实感的作用。

（4）在道具中有许多具有镜面反射的物体，如金属器具、瓷器、玻璃器皿、塑料制品的表面均会产生强烈的反光，分散观众注意力。为消除这些不必要的反光，方法有如下几种：

- 常用的方法是在反光部位涂抹防反光涂料，专用的无光喷漆。也可用蜡、肥皂、细土、白粉等，都可以减少反光。但这种做法有时会使物体表面"花乱"而失去真实。
- 改变反光面的角度，只要稍稍改变一下家具位置就可以避免反光。
- 改变摄影机位置，避开反光。但这样做可能会引起构图变化。
- 利用偏振光滤光镜消除反光，但这要作曝光量补偿，对棚内拍摄得不偿失。
- 移动摄影中反光的消除，主要利用蜡、肥皂等涂抹，还可利用遮挡光源的方法消除反光。

上述各种方法，根据情况选用，也可几种方法综合运用。

10.7.7　环境主光方向的处理

确定主光方向是制造光线效果的首要任务。主光方向代表着光源位置，它的高低、左右表现出特定时间的光线特征。高低表现一天中时间变化：早晨、上午或中午。而左右常常用来表现上午和下午时间特征。

传统的布光方法，主光方向的处理具有一定的假定性，随着不同的布景结构形式（多窗、少窗，成套或单一等）和不同的场面调度（是一场戏还是多场戏）而不同。这一切都为光线处理的构思与设计带来广泛的可能性。

主光方向的假定性，以不失真为原则。在不破坏环境光源方向的统一原则下，可以进行一定的假设。

在拍摄中有几种情况可供参考：

（1）一场小布景，只有一扇窗户，是房间唯一光源，阳光透过窗子可照射房间。主光方向的选择是由拍摄总角度确定的，见图10-43。假如有两个总角度可供选择，从左向右拍（图中a），主光可选择从左向右墙照射，反之（见图中b），主光可选择从右向左墙照射，这样便于画面造型。

（2）同一环境，如果先后有两场戏，为了表现符合内容的两种不同气氛和时间，在总角度不变的情况下，可以如图10-44画1这样处理。

图中a墙面上有明显阳光投影，而b墙面上没有明显的阳光投影。

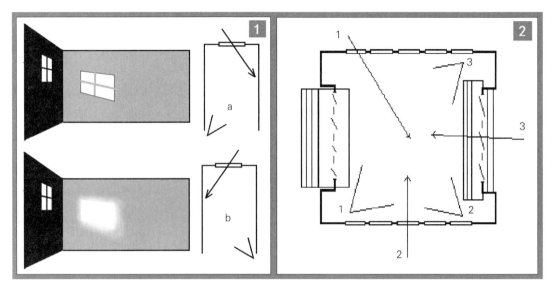

图 10-44

（3）一个大的布景中，一场戏往往有几组镜头（几个总角度）。为了有利于创造环境气氛，有利于处理人物光线，不破坏银幕影调的统一，应随着每组镜头总角度而安排几个假定性主光方向，如图 10-44 画 2。

10.7.8　烟雾、光束效果的再现

烟雾和光束是现代视听语言中使用最多的词汇之一。

烟雾能再现出某些特定环境特征（如烟雾腾腾的酒吧）、时代感（烧木材的时代），增加生活气氛，创造某种意味。在暗的环境里，透过门窗的阳光把空气照亮，形成一道光束，这在造型上很美，很有表现力，是现代摄影创造视觉效果的有力的造型手段，见图 10-45（彩图 52）。

烟雾是飘浮在空气里的尘埃，在逆光或侧逆光照明中才能显现出来。烟雾能雾化景物影调，增加大气透视，展现空间深度。

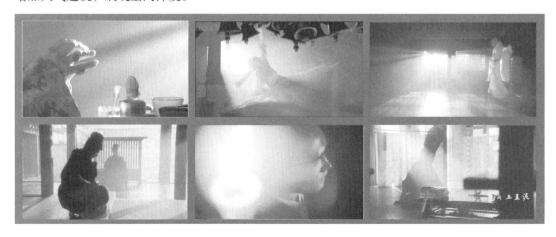

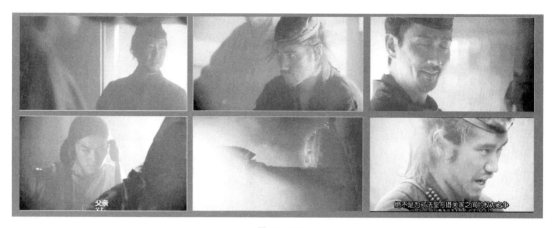

图 10-45

　　如果是顺光照明，大气透视效果削弱或消失，只能给画面蒙罩一层淡淡的白色调。见图10-46中画1日本电视剧《黑板》（2012）中的一个烟雾镜头。人物采用顶光照明，有明暗层次，但摄影机旁采用较亮散射光对画面进行全面照明，烟雾明亮，失去大气透过效果，造成画面只有灰与浅灰两个层次，画面平淡，没有空间感。

　　拍摄烟雾，背景光要暗些，才能显示出烟雾存在。

　　光束的制造与烟雾相似，需要逆光或侧逆光照明烟雾，背景光要暗些。在烟雾基础上，利用遮挡形成光束。遮挡方法：如果是来自窗子的光束，可以充分利用窗子形式制造光束，将灯光放在窗外一定距离上对窗照明，调节灯位距离、方向、控制光束形状。照明光束的灯具也可以放在布景窗子附近，见图10-46画2。光束形态需要用黑色挡板遮挡制造出来。

　　光束亮度与烟雾浓度、光线强弱、背景亮度等有关。注意摄影时，烟雾要均匀，空气要稳定，否则光束密度不匀，烟雾流动，易造成穿帮。

图 10-46

第十一章

实景光线处理

实景拍摄是指对建筑物、汽车、火车、飞机、轮船等内部景物的拍摄，也包括院落景物的拍摄。其与摄影棚相比，景物是非布景的真实景物。在光线上既不是棚内那种完全依赖人工光的模仿，也不是外景那种依靠自然光的选择。实景光线处理是人工光与自然光的结合。

实景是新闻片、科教片进行拍摄的场所。在故事片领域，是二次世界大战后由意大利新现实主义发展起来的方法。

为了能更好地掌握实景光线处理特点，必须了解实景拍摄的特性。

11.1　实景拍摄的优越性和局限性

11.1.1　实景拍摄的优越性

（1）实景拍摄可以获得较强的艺术环境的真实性。人工搭制的布景无论制作技巧多么高明，还是会缺乏真实生活的气息，无法与现实环境相媲美。

（2）实景中充满了生活、劳动、工作等大量痕迹。这些痕迹有的对表现影片内容直接有利；有的可能是暧昧不明确的，因此往往被许多人忽略或者被认为是多余的累赘。但是对影视艺术来说却是难得的宝物。一切人工布置出的环境、一切制作的布景道具，无论技巧多高明，都达不到真实环境和道具的完美，都缺乏"暧昧"的东西和生活痕迹。实景中，环境完整、道具统一、生活气息浓厚，形成了实景和谐的整体美。这种美感是一切造型艺术努力追求，而又难以获得的东西，实景却可以方便而"廉价"地呈现给我们。如图 11-1 为维吾尔族院落，墙面一部分刷了白灰，另一部分则是原来的土色墙。为什么会是这样？谁也说不清，在电影布景中，难以想象美工师会设计出这样的布景。

图 11-1

（3）实景拍摄符合影视行业生产特性，可以缩短生产周期，大量节约生产器材，降低成本。如果将实景环境在摄影棚里用人工搭制成布景，制作上需要大量的时间和经费，特别是镜头数量不多的场景，充分利用实景既经济，又省时间。

（4）实景中，可以充分地利用自然光照明，用人工光作辅助，甚至有时可以不用人工光拍摄，节省大量灯光器材和电力。

（5）演员在实景中表演，能获得较强的真实感觉，容易进入角色。演员们对此深有体会：一进入摄影棚，到处是黑暗或灯光，下意识感到今天是来演戏。而在实景中，一切都是真实的，就不会意识到演戏，自我感觉良好。

11.1.2 实景拍摄的局限性

（1）布光难度大。实景的空间有限，面积、高度固定不可变，不像布景具有活动的墙壁、活动的顶棚，可拆卸移动，因此布灯打光有一定的困难。

（2）拍摄角度受限制。窄小的空间难以拍摄全景镜头。特别是从一个房间运动到另一个房间的运动摄影，可能无法摆放移动轨道。

（3）受时间的限制。自然光的变化直接影响实景内部光线变化，所以实景也存在选择、等待、抢拍光线的难题。

11.2 实景光线特征

11.2.1 实景光源特点

实景的光源是透过门窗的阳光，其有以下有以下特点：

（1）门窗既是景物光源，同时又是被摄对象。因此，景物与光源亮度难以平衡，这是实景光线的主要特征。

（2）通过门窗的阳光由三部分构成：直射的太阳光；天空散射光；室外环境的反射光。因此实景的亮度与天气、时间和空间环境有关。其中天气变化和时间演变使实景光线随时都变化着。

（3）门窗大小、数量多少、方向、在几面墙上有门窗，决定了实景照度水平和光线结构。门窗越大、数量越多，室内就越亮。向南的门窗比向北的亮些，两面和多面墙上有门窗，比一面墙有门窗亮些，光线结构也复杂些。

（4）门窗的玻璃、窗纱和窗纸的不同，直接影响实景光线性质和照度水平。

（5）被摄人物靠近门窗就亮些，离开门窗就暗些，这种变化比外景明显。

11.2.2 实景的环境光

透过门窗的光线照亮室内墙壁和家具，一部分光线被物体吸收，另一部分又被反射回室内空间，形成室内环境反射光。

人物的主光来自门窗的阳光，而背光面则是室内环境光照明。所以实景中的人物"副光"结构复杂。但是，现实中室内光线比室外暗得多，而室内环境光线就更暗了，因此，背光面复杂的光线结构不易察觉。

影响实景环境反射光的因素，主要是墙壁颜色和道具色彩。这些不仅影响室内亮度水平，而且影响景物反差。

11.3 实景光线处理方法

实景光线处理的目的是：真实模仿室内自然光效，创造戏剧要求的气氛和赋予画面富有表现力的光线形式。

实景光线处理有三种方法：现有光拍摄法、人工光修饰法和人工光再现法。

11.3.1 现有光拍摄法

实景中的现有光是指现实生活中通过门窗的阳光或者建筑物内部原有的光源设备发出的光线。

现有光拍摄法是指在实景环境光条件下直接进行拍摄，不使用任何人工光照明。

实景现有光拍摄必须具备两个条件：其一，建筑物内部必须有足够曝光需要的亮度。其二，实景内的光效符合戏剧要求。

例如影片《故乡的旋律》中，一位维族大学生路过清真寺作祈祷的场景。我们选择的是新疆库车的清真寺，它当时是国内最大的清真寺，据说可容纳 5000 人同时祈祷。空间很大，为套层结构，大殿之中又有厅殿，见图 11-2 平面图。两侧窗子狭窄而高大，殿堂一端是没有窗子的墙；另一端是开放式天窗，阳光可以直接照射进来。厅内光线昏暗而不均匀。夏日的新疆阳光灼人，殿内凉爽。因种种原因不可打灯光。因此，只能采用现有光拍摄。用曝光表测量，在距天窗一定距离上用 T200 胶片最大光圈 (f/2) 可以获得正确曝光，再远一点则曝光不足。根据剧情需要，我们设计了三个不同影调区域，即曝光过度、曝光正确和曝光不足三个区域。

画 1   对着天窗方向拍摄，曝光过度，让演员从白茫茫之中走进圣殿。

画 2   正确曝光区，看清人物形象。

画 3   曝光不足区域，远离天窗的光线勾画出人物背部轮廓，人脸处在昏暗朦胧之中，刚刚有点层次，给人一种神秘而圣洁的感觉。

现有光照明法，让我们在无法或无条件打光的场景中完成拍摄任务。

现有光照明法主要是采用选择法处理光线，选择需要的光线效果进行拍摄，因此，选择光线效果时要注意远景和全景光线的选择，只要大景别光线合适时，中、近景人物光处理就方便了，可以在现有光基础上直接拍摄，如果光效不令人满意，可以采用人工光修饰或人工光再现法处理。

现有光拍摄，为了获得足够的亮度，选景时必须注意建筑物的结构和室外环境。室内要亮，

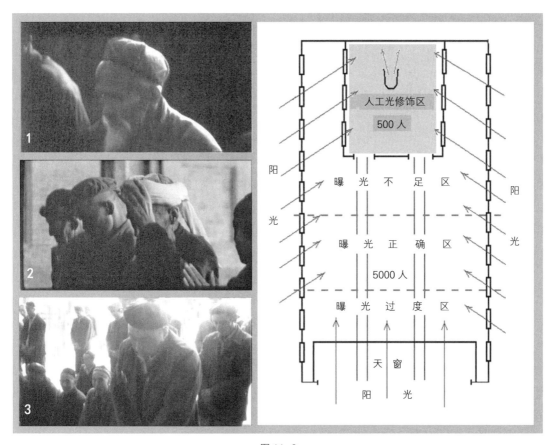

图 11-2

门窗大而多，墙壁和家具尽量选择浅色。室外环境应当空旷些，景物色彩最好深些、暗些，室内有充足的光线照射。一般室内环境亮度都比外景弱，所以在技术上采用高感光胶片拍摄。

现有光拍摄可以充分地利用建筑物内部灯光设备，调节画面光线气氛和影调、色调的构成。如图 11-3（彩图 53）是白天鹅宾馆的日本餐厅，影片《来了个男子汉》的主角为了调换工作，

不得不违心地在这里请客。画面需要热情、欢快中又隐藏着不安和内疚的气氛。这是一场主人公内心充满矛盾的场面，餐厅里那些日式的装饰灯发出柔和的暖色光与那些高色温的自然光形成微妙的寒暖对比，正是所需要的色彩和气氛。但是装饰灯里的现有光微弱，即使用超快胶片也达不到理想表现，又不能采用电影的

图 11-3

图 11-4

人工光给予加强。因为现代化的大建筑物电源安全系数较高，线路设备中不允许超荷负载，电路中不能接通电影照明灯具，否则就要跳闸。因此我们把建筑物内部原有的许多装饰灯的光源，从 100W 灯泡换成了 300W 灯泡，提高光源发光强度，使室内暗部分有足够的光线照明，而低色温的 300W 灯泡与高色温的阳光构成了画面所需要的寒暖关系。拍摄时不再另行处理，在这种环境的现有光中进行拍摄，很好地完成了摄影的光线表现任务。

现有光拍摄包括建筑物内部原有的照明电光源的使用。要充分利用建筑物内一切可利用的光源。选景时注意，光源越多，对我们拍摄越有利。环境中现有光源光强不足时，可以更换灯泡，提高发光强度。图 11-4 是《美国电影摄影师》杂志上的一幅照明工作照。从画面上可以看到这是一幅坐在桌前的儿童的画面。在桌子上方有一盏方形灯伞的吊灯。摄影师充分利用方形灯伞发光特点，通过灯伞侧面的光线做环境光照明，透过下方灯口的光线做人物主光。通过灯口光线越亮，环境光就越暗，可以通过遮挡，调节通过灯口光线的强度，控制主光和环境光的比值（光比）以完成影调控制。

11.3.2　人工光修饰法

当实景中有足够的亮度，环境光效也符合要求，只是局部造型上令人不满意或者气氛略显不足时，可以使用人工光线进行局部照明修饰画面。

例 1：某餐厅（见剧照图 11-5）三面墙上有门和窗，室内有足够的亮度，只是主角人物面部光线平淡不突出，为了造型上的需要，使用 5kW 聚光灯，打在白色反光板上产生散射光修饰人物。

例 2：库车清真寺（见前"现有光"照明），殿中殿空间，阿訇的空间，见图 11-6（彩图 54）。这里的光线更暗，现有自然光只能做底子光使用，将教堂原有的两只 100W 吊灯换成

图 11-5

图 11-6

500W 灯泡，加大环境散射光，还是不够。因此，用 1kW 聚光灯 a，吊在顶棚上照明对面墙面，打出 500W 灯光效果，做主光使用，突出了阿訇形象。低色温 1kW 聚光灯 a 与透过窗子的高色温自然光形成强烈的寒暖对比，增加了教堂内应有的神秘气氛。

　　人工光修饰法是以自然光效为主，人工光为辅的用光方法，要求保持自然光线效果的真实感，同时又要照顾画面造型和戏剧气氛。

11.3.3　人工光再现法

　　当环境中的现有光在亮度上或光效上不符合创作要求时，可以利用人工光模仿自然光效，给予全部的再现。

　　人工光再现法是以人工光做主光、副光和修饰光使用。环境原有的自然光仅作为底子光或部分副光使用。

　　如图 11-7，这是一场亲切友好的会见场面，实景房间窄小，只有一面墙上有门和窗子，室内现有光较暗，光线呆板沉闷，不符合戏剧情绪的要求，因此采用人工光再现法，重新布光：

图 11-7

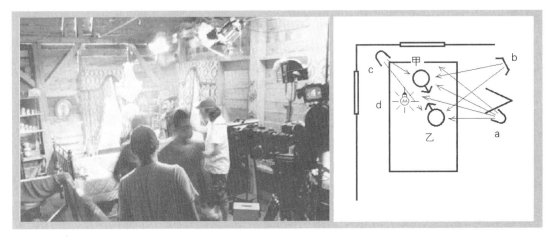

图 11-8

用 5kW 聚光灯 a 经反光板产生散射光模仿透过门的天空光，做室内人物主光。再用 5kW 聚光灯 b 照射在墙面上加强室内散射光，做副光使用。画面中的主、副光均由人工光再现出来。自然光在这里只起底子光作用。

图 11-8 是一小型实景的照明。木质结构，墙面结构复杂、梁柱较多：便于灯光装置。室内有一盏道具灯 d 做环境理论光源。主光灯 a 在摄影机上方，顺光位照明人物和环境，副光灯 b 在摄影机右侧照明环境和人物。修饰光灯 c 在侧逆位（挂在墙角处）修饰二人轮廓。这是一个简单的室内日景照明。

11.4　实景环境光处理

11.4.1　主光的处理

自然光效法要求环境主光必须与画面光源保持统一。如果画面光源是窗子，则环境和人物的主光必须来自窗户。

具体处理有三个灯位：

（1）人工光源在窗外通过窗户照射室内做环境和人物主光。如图 11-9 中 a 灯位，一般都用高色温 5kW 聚光灯直射照射，模仿直射的阳光。如果模仿天光做环境主光，用散射光灯照明或用聚光灯照射反光板产生散射光通过窗子照明室内。如图中灯 a1，这种灯位光效真实。

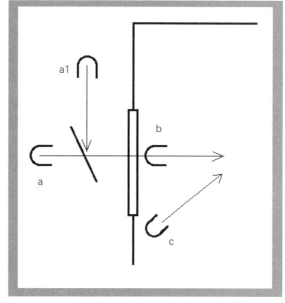

图 11-9

（2）主光灯位在室内窗子上方，模仿通过窗子的阳光，做环境和人物主光，如图中的 b 灯位。有时窗外无放灯位置，如在高层楼房，窗外无法摆灯，可以吊在室内窗子上方打主光。

如果模仿的是通过窗子的天空光做主光时，可以在窗子上方吊一块白色反光板，然后打上灯光造成散射光照明室内做主光。也可以将灯具倒挂在窗子上方的顶棚上，直接照射顶棚，产生散射光做室内主光。

（3）有时窗子上方到顶棚间距太小，没有放灯位置，可以把主光灯放在靠近窗子的附近，照明室内做主光使用，如图中 c 灯位。

光源在室外

现实中通过门窗的光线不稳定，随着时间进展，光影结构不断变化。对拍摄照片影响不大，但对拍摄影视作品影响很大，会在一场戏里造成影调不衔接。因此实景中通过门窗的主光采用人工光模仿室外阳光效果，方法是在门窗外面用大功率灯具对门窗照明。见图 11-10。

画 1 两盏大型聚光灯对着窗子照明，模仿晴天阳光效果，需要时可以利用挡板遮挡窗子，控制窗影投在室内适当位置。

画 2 大空间多窗子环境。每个窗子外面都摆放一盏聚光灯，模仿阳光效果，做环境主光。

画 3 用反光板在门窗外面将阳光反射到室内，做环境主光照明。反光板反射光线较柔和，具有散射光性质，窗影不实，难以再现出窗子"图案"形式。只能模仿阴天或没有直射光的天空光照明效果。可以多块反光板从不同方向反射阳光，增加室内照明范围和光线强度，运动恰当也可起到主、副光作用。

画 4 一盏 18kW 大型聚光灯对着窗子照明，窗前加柔光屏，将聚光灯趋向性光线扩散成散射光状态。

图 11-10

画 5 在三层楼房外面，用一块巨大柔光屏遮挡三层楼多个窗子，几盏大功率聚光灯同时照明柔光屏，这样可以同时将三层楼多个房间照亮，摄影机很方便地在多层多个房间进行穿越式拍摄，这是拍长镜头、运动镜头最简便的照明方法。

画 6 上述大型白屏幕的另一种用法，二层楼下面每层各有四个窗子，楼房侧面还有门窗。两大块白屏幕不是正对门窗，而是在门的斜侧方位不同角度照明门和窗，这样不仅透过门窗将室内照亮，而且也把楼门外面部分景物照亮。另外。两块白屏幕也是如此照明楼房侧面门和窗。这样的处理便于演员在楼房内外穿行运动。

实景拍摄中天气常常变化，时阴时晴，时而有雨雪（画 8 为下雪天），有时工作很晚，阳光西下，天光变暗（画 7 ），采用人工光做主光，在实景中就可以继续拍摄，延长了拍摄时间。

光源在室内

某些原因可能导致实景门窗外面不能摆灯，如高层楼上窗外无平台，平房门窗外空间窄小等，因此主光灯只能放在室内。环境主光灯一般多放在窗子附近，有三个位置：门、窗框上方；门、窗两旁；靠近门、窗棚顶上。

图 11-11 是教堂实景，环境光源来自高处窗子。地面上的人物远离光源，照度很低，影调平淡，需要人工光加强。照明人物的主光灯 a、b 如果放在窗子外面，需要架设高台，而且距离较远，很不经济。现放在教堂内部，靠近窗子附近的位置。模仿透过窗子的阳光，a 灯照明前景一组人物，b 灯照明后景一组人物。主光灯在室内，虽然靠近窗子，但照明范围、光线效果可能不如灯具在窗外自然真实，灯具多光线相互干扰，需要进行适当遮挡。图中挡光板 c、d 就是用来挡掉不需要的部分光线。

图 11-11

高大实景照明

在高而广的宏伟建筑物内拍摄，照明有其特殊性。把灯光放在外面对着门窗照明的常规方法有困难：首先，窗子离地面距离很高，需要解决相关设备；其次，在宽广的空间里，通过门窗的光线有限，只能把窗前景物照亮，大部分空间还是昏暗，缺少光线。

方法是把灯具吊装在建筑物棚顶上，见图 11-12。这是教堂内某种仪式活动，上百人的大场面。靠窗的光线无法拍出这样明快的画面，于是像在摄影棚中拍摄一样，把大型散射光灯吊在棚顶上，对全场进行普遍的照明。在中景、近景人物画面里，再临时在地面上安排灯光，处理人物光线。

吊在棚上方的散射光灯照明，在墙面上的光线分布必然出现靠近灯光的上方明亮，远离灯光的下方变暗的情况，违反造型所需要的光影结构。因此灯具要选择大型的带有"深度"挡光罩的散射光灯。从画2 中可以看到有半球形、方形

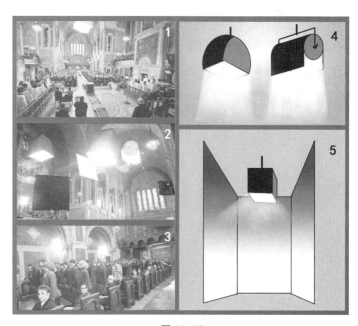

图 11-12

和圆桶形三种灯具。只把墙面下方照亮，上方变暗，节省了遮挡，见画5。

但是因为空间巨大，需要多盏灯照明。灯多光线杂乱，可以利用杂散光线照明阴影部分，做副光使用。当杂散光线影响照明效果时就需要对其进行遮挡。所以从画2中可以看到，棚顶上除了吊装的灯具外，还吊装了许多挡光板。

拍人物全景、中景、近景时，画面空间缩小。可以在地面上布置灯光，根据造型需要处理人物光线。

11.4.2　副光的处理

照明室内背光面的光线，除环境的反射光外，还有非主光的门窗光线。所以现实环境中的副光是很复杂的，如实地再现很困难，也并无必要。实际拍摄中，对副光有两种处理方法：

（1）以某个墙面的反射光做副光，如果亮度不足，可以用一盏灯照射墙面产生反射光，模仿该墙面的反射光，做环境人物副光使用。

如果房间空间很大，如工厂大车间，直射照射墙面产生的反射光不足以做副光使用时，可以利用反光板在较近处代替墙面，用灯照射，产生反射光做副光使用。

（2）利用环境中的非主光光源——门窗和建筑物里现有的灯光设施，做副光依据，然后用专业照明灯给予加强，或者重新模仿。

具体方法可根据模仿的光源性质给予具体处理。可以把环境中的道具灯换成大功率灯泡直接照明，充分利用这些光线，做副光使用。

11.4.3　阳光光斑的再现

太阳光透过窗子将明亮、美丽的窗影投在室内墙面上或地面上，在光线处理中，将其称为光斑或亮斑。窗影是塑造时间、天气状态的造型手段，也是摄影师美化和渲染画面气氛的手段。

在实景照明中，现实中的太阳透过窗子的光影很难控制，需要出现光斑的墙面往往阳光照射不到，不需要光斑的位置上却会出现光斑。特别是时间问题，一场戏需要阳光光斑的镜头往往不只一个，第一个镜头抢拍到光斑，第二个镜头拍摄时，随着时间，光斑移位或消失，无法拍摄。因此，实景光斑都是人工光再现出来的。方法很简单，见图11-13画1。用大功率灯具，

图 11-13

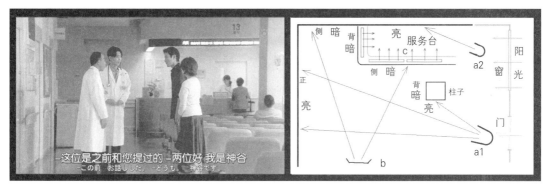

图 11–14

在窗外对着窗子照明，将窗影投在需要的位置上，调节灯光方向和高度，控制光斑照在墙或地面需要的位置上。画 2 是光斑效果。

11.4.4　环境的塑造

实景空间有限，在窄小的空间里，灯光常常互相干扰，破坏了环境特征，因此利用光线刻画环境十分必要。

环境的塑造有两个因素：一是正确表现建筑物结构，二是环境的空间表现。

正确再现建筑物结构

在一个简单的只有四面墙的房间里，其中在一面墙上有门窗，是房间里唯一光源。所谓正确再现环境结构，即正确表现出各面墙的空间位置和方向。从造型角度来看，就是利用光源对不同位置的墙面造成的光影变化来再现建筑结构。例如，将有窗子的墙面光线处理得暗些，而侧面墙处理得亮些，面对窗子的墙面就更亮些。这样就可以将各个墙面区分开，所以表现建筑结构的方法就是合理运用光线的明暗对比。

图 11–14 是日本电视剧《流星》中医院大厅的画面，光源来自画右门窗（在画外），主光灯 a1 在门窗方向对着正面墙照明，a2 对着服务台靠近门窗的侧面墙照明。副光在摄影方向对侧面墙照明。利用主、副光亮度光比，造成正面亮、侧面暗；靠近光源亮、远离光源暗的情况。

服务台边缘内装有日光灯管 c，向着服务台内部照明，形成内亮外暗，又区分了大厅与服务台空间区别。柱子则正面亮侧面暗。

光线使建筑结构的每一个转折面都得到恰当的不同亮度表现，环境结构中大的部件表现得很清楚。

空间的塑造

光线处理对空间的塑造，主要是利用大气透视和对比原理，塑造空间深度感觉。

图 11–15 是日本电视剧《平清盛》走廊空间的一个镜头。纵深有三道空间，三个人物处在

图 11-15

不同远近距离上，画面纵深空间很远。

三道空间可以看到五个墙面：画右 a、b、c1 三面墙由近到远形成暗／亮／暗结构；画左 d、e、c2 三道墙面由近到远形成亮／灰／暗结构，大的空间得到区分。但是第一和第二两道墙面虽然有亮度差，对比度较弱，为此利用近处深色门框 f 给予再次间隔。f1 是迎着亮窗的门框，被阳光照亮，形成亮条，所以 a、b 两面墙之间不仅有暗色线条，也有亮色线条，双重间隔，空间塑造得非常完美。由近到远的亮度构成也体现出大气透视原理。摄影师为了增加大气透视效果，有意施放一点烟雾，在侧光照明中，更增加了大气透视现象。

空间感的表现除了利用明暗对比之外，还可以利用色彩的寒暖对比，在实景中可以利用光线色温的变化塑造这种寒暖关系。例如将近处景物用低色温灯光处理，形成色彩正常表现，而远处景物处在高色温自然光照明中，相对构成近暖远寒的效果，加强空间感。

如果是两个套间结构，也可以把近处房间用低色温灯照明，深处房间用高色温灯照明，形成近暖远寒效果，加强空间表现。

11.5 人物光处理

11.5.1 实景中人物光线处理特点

由于实景打光不方便，实景光线处理原则是尽量不用灯、少用灯；要充分发挥每一个灯具的照明作用，往往是一灯多用。在照明方法上，采用整体布光法，一次就把实景空间的各部分光线布置好，环境的主光也是人物的主光；同样，环境副光也是人物副光。只是在拍摄具体镜头时，如果人物所处位置光线不适合，可以临时调整，或者局部加光修饰，甚至重新布置。

人物光处理三种方法：现有光处理法，低照度照明法和人工光再现法。

11.5.2 现有光处理法

首先选择拍摄环境，建筑内部光源都要符合戏剧环境。其次拍摄时环境中必须有足够的光线，能满足曝光需求。满足这两点，就可以采用现有光拍摄。

下面是日本电视剧《医龙3》中手术室现有光线处理。

手术室空间是有限、无菌、恒温、清洁、不许杂人进入的环境，一般不允许拍摄。影视中的手术室当然是在非手术时刻，借用手术室环境拍摄的镜头。

在手术室里拍摄，空间有限，打灯困难，只能采用现有光拍摄。现代大宽容度的高清摄像机，在现有光低照度照明中带来新的可能。

如图11-16（彩图55）平面图，这是一间现代教学示范用的手术室。套层结构，在二楼上的四周有一圈观看窗，屋顶有天窗，室内四面八方都有散射光照明。加上无影灯光，手术室里有足够拍摄需要的光线。

现有光拍摄的难题是亮度平衡。即使选择景物，避开不平衡画面，在空间有限的手术室里也是难以做到的。因此，只能采用选择不平衡和平衡相结合的方法处理。

画1 医生的中景画面，景物亮度范围很大，曝光只能照顾中、低密度，明亮的

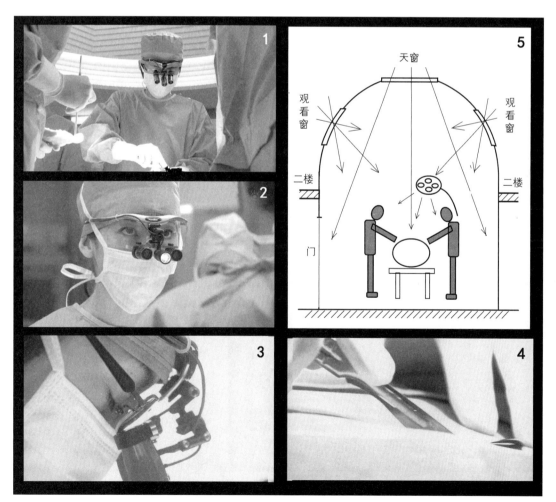

图 11-16

高光部分（手部和背后明亮的观察窗）曝光过度，失去应有层次，这在常规摄影技术中，被认为是摄影师的失误。不平衡的处理并不困难，牺牲亮部，保持暗部，只要掌握好曝光点就可以了。难的是把"失误"当成表现技巧来运用，这就要求把不平衡的画面变为镜头内容表现的需要。

这个镜头表现的是老师意外受伤，只能由胆小的、从未做过手术的实习医生伊集院主刀。开刀前的镜头中，这种不平衡反常的影调，正是他紧张、胆怯心态的生动刻画。

画2   经验丰富的加藤医生，在关键时刻到来的特写镜头。摄影师精心选择景物亮度范围，避开明亮的高光部分，最亮的是头戴式开着的小手术灯，最暗的是两个黑色显微镜管。最亮和最暗都是一小部分，大部分处于中间影调，有黑有白，层次丰富，优美和谐的调子正是加藤医生形象的表现。

画3   手术中遇到意外难题，在病人生死关头，主宰生死大权的加藤医生的特写。摄影师有意选择明亮的窗子做背景，按人脸曝光，窗子曝光严重过度，白白一片，没有任何层次，大反差的反常影调，衬托着生死抉择的困境。

画4   手术台上正被切开的腹部特写。曝光严重过度到只能分辨出手、刀和一滴血的红色块，这是似有似无的影像。从光线角度来看，对着手术台拍摄，曝光是不成问题的，只要正确曝光，就能获得完美的影像，不至于曝光过度，更不可能过度到如此程度，这只能是摄影师有意曝光过度，有意不平衡地处理。首先从镜头内容来看，白晃晃画面的茫然感觉正是胆小医生的写照，要在恩师肚子上下刀，正是那种心中无底感的揭示。其次，从艺术美学上来看，古典美学认为丑和恶是不登大雅之堂的，只会让观众感官刺激，引起反感恶心。因此，血淋淋的真实画面不宜出现在观众面前，因为它们产生的只能是恐惧，而不是美的享受。这种观点虽然早已被美国的恐怖片打破，但我们在一般正常题材的作品中仍然习惯回避这种真实。

摄影师把被切镜头曝光过度、虚化，让观众保持一定距离，不愿打破此刻最该引人关注的角度，不能让观众"出戏"。

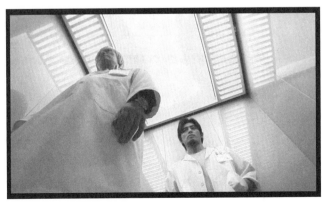

图 11-17

现有光拍摄，在某些环境中大有用武之地。见图11-17，这是黑木医生和朝田医生在电梯里相遇的场景。电梯空间狭小，根本没有打灯和放摄影机的地方，只能利用电梯内部现有光拍摄。电梯里的灯光都设置在顶部，大仰角对着顶部光源拍摄，这是大胆的处理。曝光照顾人脸和白色衣服密度，让光源曝光过度。

　　黑木和朝田是医界两位高手，是朋友，也是对头。大仰角、大变形、不平衡的影调正是其超人形象的刻画。

　　图 11–18（彩图 56）是日本电视剧《没有玫瑰花的花店》（2008）中一场院长利用护士美樱父亲即将脑癌手术，要挟她为院长女儿报仇的戏。环境是院长看片室，除了明亮的 CT 看片箱的灯光 c 之外，室内上方有一盏微弱的吊灯 a。

　　画 1　院长和护士的全景画面，身穿白大褂的院长在微弱的吊灯 a 的光线下得到突出，深色衣服的护士衬在后景明亮的灯箱前，也得到了突出。吊灯既是主光，也是环境副光，使墙面获得了较暗的层次。

　　画 2　护士美樱观看父亲的 CT 片。灯箱 c 发出的青色光线做人物主光，也是环境的主光，吊灯 a 成了副光。灯箱有意留出空白部分，成为最高亮斑，衬出人脸轮廓，暗部层次丰富，完美的暗调画面，真实感很强。

　　画 3　院长威逼美樱。此时二人主光来自低色温的吊灯 a，暖色的人脸与寒色的灯箱光形成寒暖对比，揭示出要挟的主题。有趣的是，从灯箱缝隙露出的一束光线正好叠在院

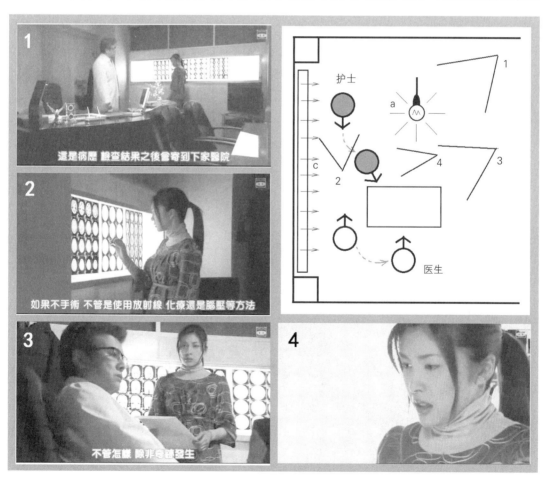

图 11–18

长头上，光芒如同一把利箭指向美樱，这束光在此之前可从没"漏出"过，这是摄影师有意的处理，是用光高超的技巧。

画4　被逼无路可退的美樱特写。低色温吊灯光a做主光，衬托在明亮的青色灯箱前，寒和暖、亮与暗的强烈对比揭示出痛苦的内心状态。

现有光处理具有高度的真实感觉，但不能没有选择、自然主义地运用，摄影师必须在有限的现有光中找到造型需要的光线效果，赋予艺术表现魅力。

11.5.3　低照度照明法

实景光线处理的原则是尽量不用灯、少用灯。最好的办法就是采用低照度照明，充分利用建筑物内所有光源设备。光亮不足时更换灯泡，将小瓦数灯换成大瓦数，提高环境照度水平。摄影机要采用高感光度拍摄。

图11-19（彩图57）是法国影片《红气球之旅》（2007）中的两个实景画面。

画1　室内日景，利用室内原有吊灯做照明光源，从画面色彩来看，这是一盏低色温钨丝灯，将画面染成黄色调。画右有窗子，距离较远，透过窗子的高色温阳光与低色温灯光混合，呈现出蓝绿色调。左后门外楼梯空间处在阳光照明中，高色温天光透过天窗将楼梯空间染成淡蓝色。深色人物衬托在黄色背景上，很是突出。

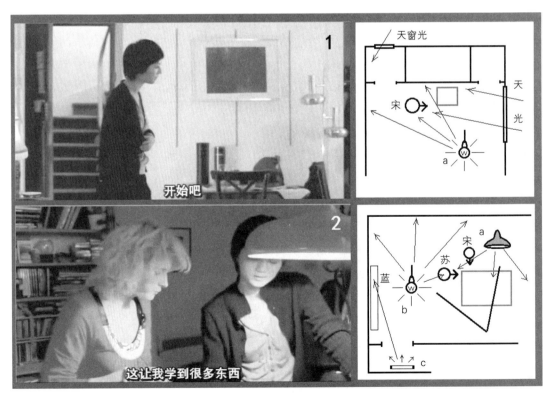

图 11-19

画2 室内夜景。需要刻画面部形象，此时脸上要有足够光线和照度。在低照度照明法中，要给人物安排一个环境中的光源做主光，让人物在光源一定距离位置上，按人脸订光，保证人脸肤色正确还原。这里苏珊站在吊灯a旁，面部正好处在光区中，面孔清晰。宋的脸处在吊灯后面，虽然处在顺光状态，但是面部处在阴影里，脸部较暗。

两个人物都处在吊灯a旁，但人物光线形式大不相同，一亮一暗，主次分明。副光灯b是室内的低色温吊灯，将环境普遍照亮，控制主光灯a和副光灯b的亮度比值，控制了画面影调。

在苏珊背后书架上黄色减弱，出现一点点蓝色，这是画外另一空间里的高色温日光灯c造成的效果，这一点点蓝色在色调构成上起到非常重要的色彩平衡作用，在暖色调里一定要有一小块冷色，这样才能让人感觉到这是彩色画面，而不是单色画面。

低照度照明法中，人脸位置非常重要，前后稍有改变，人脸密度就会有鲜明的变化。在静态镜头里，摄影师要严格控制演员与光源距离，保证人脸曝光正确。在运动镜头里，要掌握演员运动路线和光源空间位置关系，准确选择人脸在运动中正确曝光点的空间位置，在这个运动点上，人脸肤色得到正确表现，走近光源，曝光过度，人脸变亮；远离光源，曝光不足，人脸变暗。光的变化体现出人物的运动。

11.5.4 人工光修饰法

现有光不能满足人物造型时，可以采用人工光修饰人物面部。图11-20是日本电视剧《平清盛》中两个人工光修饰画面。

画1 得子夫人近景，她在宫中是位不幸的女人。环境一面无墙，与外连通大厅。散射的天空光在侧逆位置上勾画出人脸轮廓，正面较暗，因此在视线前方用散射光灯a照明脸部，突出人脸形象，又不失体感。

画2 平中盛（平清盛父亲）近景。在厅内对着外面拍摄，厅外一片明亮，厅内昏暗，因此，主光灯a在斜光位照明脸部。厅外环境的反射光c投在脸的侧面上，形成亮斑，侧面亮、正面暗，

图11-20

体感较强。副光灯 b 在摄影机旁，主要照明脸上明暗交界面，保持应有的过渡层次。人物光与环境保持应有的逻辑关系，既真实，又独特，给人一种男子汉的力度感，大仰角的拍摄也增加了这种力量的刻画。

11.5.5　人工光再现法

当现有光不能满足人物形象造型的需要时，可以采用人工光再现法。所谓再现，即指人物的主光、副光、修饰光都采用人工灯光处理。

图 11-21 的三个画面是人工光再现法的例子。

画 1 和画 2 是美国电影《盗梦空间》中的两个画面，为了完成任务，男主角柯布来到巴黎向老师请教。环境是阶梯教室，一面墙上有几扇大窗子，天光透过窗子照亮室内。人物离窗（光源）较远。用高感光度在现有光中拍摄可以得到影像，但影调不会是如此大反差暗调子，画面可能平淡。

画 1　柯布近景。为了塑造大反差暗调子，摄影采用聚光灯 a1 在柯布的侧光位照明

图 11-21

人物右侧脸部，揭示柯布形象。副光灯 b1 在摄影机旁照明背景面。修饰光灯 c1 在侧逆光位模仿阳光照明人物，在人物身上勾画轮廓，光影鲜明，阳光感很强。大反差暗调子有一定的力度感，生动地刻画出这位超凡人物的形象。

画 2　老师近景。主光灯 a2 在斜侧位照明人脸，副光灯 b2 在摄影机旁，修饰光灯 c2 在侧逆位置上修饰人脸背光面，在暗面中形成次暗面，脸部有一定体感。比较两个画面：一个是反常的暗调子结构，另一个则是常规斜侧光结构。人物光刻画出两个人物的不同心态。

画 3　电视剧《平清盛》中高阶通宪近景画面。这是位多才多智的人物，在御前会议上巧妙地反驳了内大臣藤原家正。环境是一面与外界相通的圣殿。摄影机对着外面拍摄（法皇的视角），身后是柱子，两侧是明亮的景物。人物光采用夹光照明，一盏大功率聚光灯 a 在厅外模仿直射阳光照明人物左侧脸部；散射光灯 c 在另一侧照明脸的另一侧面；副光灯 b 在摄影机旁照明人脸背光面，形成两侧亮、中间暗的夹光结构。有趣的是，模仿直射的阳光在高阶通宪光秃的头顶上形成耀眼的光芒，借此揭示闪闪发光的智慧。

与旁侧的藤原家正影像相比，一个是光芒四射，另一个则是平淡灰暗。人物光线生动地刻画出胜与败、智慧与平庸、正义与邪恶的对立形象。人物光线处理不仅再现出光的自然真实感觉，完成造型任务，更重要的是刻画人物精神状态和艺术表现任务。

上述三个画面的人物光都不是现有光照明，而是通过人工光的处理完成造型和戏剧表现任务。

11.6　夜景光线处理

实景中拍夜景有三种处理方法：夜晚拍夜景、黄昏拍夜景和白天拍夜景。

实景是现实生活中的景物。晚间在实景里拍摄往往要影响主人的休息，给人造成不便。因此多采用白天拍夜景，只要将门窗挡暗即可。遮挡门窗要根据造型要求进行。如果画面需要透过门窗看到外面夜晚景色，就采用灰片遮挡。否则就用不透光的窗帘、黑布等将外面阳光挡掉。

如果透过门窗景物的镜头不是很多，可以采用黄昏时刻在室内拍摄夜景。方法是在室内布置好夜景光线，等待黄昏天空变暗到需要的亮度时进行抢拍。

由于实景空间的限制，摆灯困难，不允许使用较多的灯光器材，因此最方便的方法是使用高感光度、低照度。在充分利用环境光源现有光基础上，进行少量的人工光处理。首先加强环境现有光源的强度，如将 60W 的电灯泡换成 100W~200W 大灯泡，将一般油灯灯芯加粗，或使用"多灯芯"灯具。有时用小的电光源代替油灯灯芯。总之加大光源强度，以便直接利用光源光线做环境和人物的主光。其次，利用人工光照明摄影机附近墙面，模仿环境反射光，做环境和人物的副光使用。

图 11-22 是日本电视剧《流星》一组医院病房夜景画面。

画 1   躺在床上等待换肝的玛丽娅。主光灯 a 是一盏落地灯，不透明的灯伞将光束投在床上，只把病人照亮，副光灯是柔和的散射光灯 b，在摄影机旁照射周围阴影部分。光线很简单，没有修饰光。从亮度上看，一般的落地灯泡最大是 100W，但在这样的距离下达不到这种质量效果，需要换成大一点的灯泡。

画 2   反拍画面，落地灯 a 在画内。对着光源拍摄，亮度范围较大，暗部需要灯光修饰。副光灯 b1 是一盏小型聚光灯，在帘幕内对着落地灯背后墙面照明，制造出光源周围较亮的效果，也拉伸了空间深度。副光灯 b2 在是散射光灯，在摄影机旁对画面空间照明，

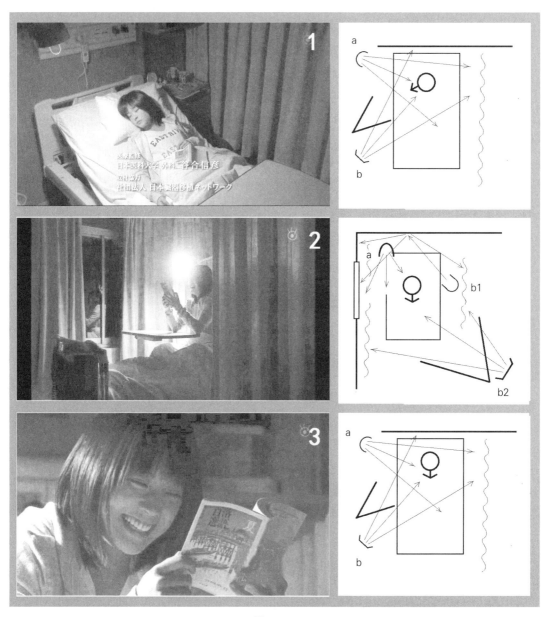

图 11-22

控制画面暗部影调层次。近暗远亮，塑造出空间深度。人物充分利用环境主、副光照明，在逆光状态呈现出半剪影形态，真实美丽。

　　画 3　玛丽娅的特写，落地灯在画外的侧逆光位置上将玛丽娅头发照亮。人脸处在背光面里，利用书本做反光板，照亮正面脸。书本很小，反光有限，只能控制最低密度，因此，一盏小型散射光灯 b 照明人脸下方白色床面，产生反射光修饰脸部，所以人脸呈现出脚光结构。背景处在落地灯和床面反射光照明中，形成下部稍亮、上部较暗的暗调背景。

充分利用环境中现有的光源，加一点人工光补助，是处理实景中夜景的照明思路。

图 11-23 为日本电视剧《没有玫瑰花的花店》中晚间花店老板英治、女儿霞、菱田太太和直哉餐桌前的一场戏。

　　画 1　全景画面，从光效来看光线很简单，餐桌上方有一盏带挡光罩的吊灯 a，垂直地只把餐桌和四周人物照亮，模仿房间的吊灯光效。周围环境处在灯光阴影里，在摄影机旁用大的散射光灯 b 做副光照明环境和人物背光面。人物处在垂直的顶光照明中，控制主、副光光比达到夜景光线效果。

　　画 2　直哉起身走到英治身旁，此时直哉上身离开主光灯 a1 光区，因此用小型聚光灯 a2 在斜侧光位照明他的上半身，看起来这是主光灯 a1 效果，但亮度、方向稍有不同，这是另一盏灯模仿 a1 的效果。副光不变，还是在摄影机旁全面给予照明。

　　画 3　英治特写。看起来像是头上方吊灯 a1 顶光照明，水平面头顶和肩膀较亮，垂直面较暗。但面部不是顶光结构，而是斜侧光线照明效果，摄影师有意避开吊灯投在脸上的光线（借位，躲开吊灯光线），另用一盏小型聚光灯 a2，用灯扉将多余光线挡掉，在斜侧光位照明人脸。英治是主角，是位心地善良的人物，消除顶光效果，采用斜侧光照明，准确地刻画人物形象。

　　画 4　直哉是个伪装的小混混。近景里，吊灯光只投在眉弓骨、鼻梁上，其他部分处在阴暗之中，如果这样，顶光就太夸张了，因此采用小型聚光灯在斜侧位修饰了暗面，适当削弱夸张效果，顶光的结构准确地刻画出这位混混的形象。

全景和大全景画面可以简单地用吊灯做人物和环境的主光。在近景和特写画面里，由于人物性格不同、心态不同，人物的光线可以另行处理。

实景里拍夜景镜头的最好方法是把环境中的光源拍进画面里，如图 11-24。晚间英治来到美樱家走廊敲门。两个壁灯、一个顶灯都在画面里，这些灯光是环境的道具，也是照明环境的光源，在画面里的出现使夜晚的特征更加鲜明。

现代的高清电影摄影机，感光度高，动态范围大，在微弱光线照明中就可以拍摄高质量影像，为实景夜晚低照度现有光拍摄提供新的可能。图 11-25（彩图 58）是奥斯卡最佳影片《为奴十二年》（*12 Years a Slave*，2013）中一场以烛光为光源的夜景戏。

　　画 1　成为奴隶的普莱特，夜晚偷写家书的画面。以桌前蜡烛光为光源，既是环境的

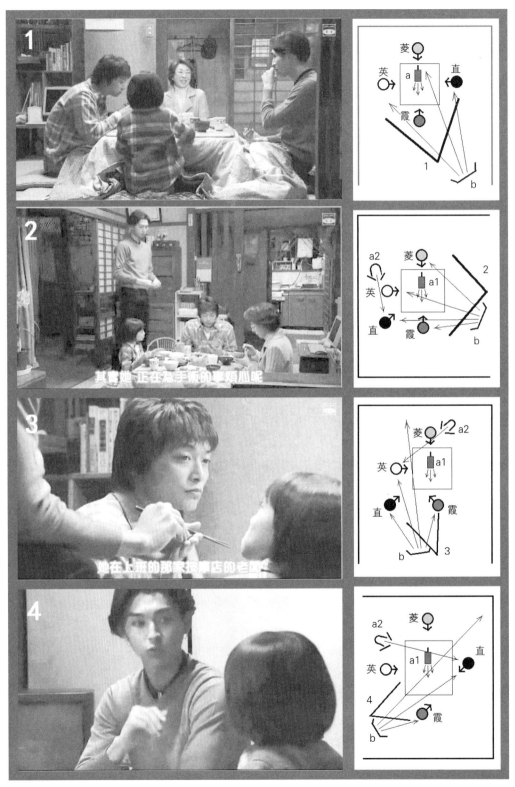

图 11-23

图 11-24

道具，也是照明人物的主光源。随着人物书写的前后动作，照在人物身上的烛光相应忽明忽暗变化着，光线效果非常真实。这里完成人物照明的光线就是微弱的蜡烛光线。也就是说，现代高感光度 CCD 或 CMOS 传感器可以在 1 个烛光（ct）下拍摄到这样完美的影像。从画面中看到，在画左下方有一盏小灯，修饰了人物右臂轮廓。画面暗部的黑色清透纯洁，没有杂波。这里照度处在黑电平位置上。黑色调不等于没有光线照明，像电影胶片一样，暗部需要有足够的照明光强，让密度处在灰雾加 0.1 的位置上（D0+0.1）。在数字摄像机里，最低照度要保证处在黑电平位置上，这样才能有足够的信噪比，保证暗部清透没有杂波。照明环境暗部的这盏灯 b 一般放在摄影机后上方稍高的位置上，选择小型散射灯光灯对画面进行普遍均匀的照明，起到底子光作用。照度很低，当主光为 1 个烛光（ct）时，底子光要低于主光四挡光圈。这样低的照度，现代的电影曝光表很难测量准确。比如影片《白日焰火》（2014）的夜景画面有时会出现暗部黑色不纯洁，黑的黑不下去，灰茫茫的曝光不足的效果，这是因为暗部照度低于黑电平的缘故。

　　画 2　黑奴普莱特想收买白人工头安斯比，替他寄信的镜头。还是以蜡烛为光源。从背景墙面上可以看到烛光照在墙面上的真实效果。为了获得环境主光足够的强度，采用三只蜡烛并列在一起，加强光源亮度。两个人物处在前景位置，远离背景烛光，照在人物身上的光线很弱，因此采用人工光给予模仿再现。从画面人物光线结构上来看，照明普莱特的主光 a 和修饰光 d 是来自两个侧逆光位的高色温蓝色光线。照明安斯比的主光 c 和修饰光 e 同样也是来自两个侧逆光位，不同的是采用低温灯光照明，形成画中人物一寒一暖的对立形势，刻画出两个身份不同的人物形象。

图 11-25

11.7　实景照明设备及灯光装置

实景空间有限，结构固定不可改变，因此布光拍摄有较大困难。在窄小的房间里拍摄全景镜头，除摄影机两侧之外，很少有放灯的地方。特别是无法把灯放到画面中需要的地方，逆光就更困难了。解决办法有两个：其一，必须有适合实景中使用的照明设备。其二，解决把灯光放进景物中去的方法。解决了这两个难题，就可以在实景中自由拍摄了。

11.7.1　实景的照明设备

日光灯是单波段光谱，色彩指数很差。后来出现三基色日光灯，改善了日光灯光谱结构，低温度、柔和散射光质，为现代影视照明提供了新的散射光源。二极管 LED 光源的发展，为灯具的小型化创造了条件。许多影视器材公司生产出各种不同型号的轻便、小巧、高光效的实景照明需要的小型灯具（见 7.4、7.5 章节）。

11.7.2　灯具装置

为了将灯具安放在"画面"之中，而又不被观众看见，需要从两个方面进行解决。其一是选景时注意建筑物提供的可能性，其二是巧妙地使用实景照明设备。

对实景选择的要求

实景空间有限，为了给摄影机留下足够的活动空间，除了副光灯在地面上之外，其他灯具应尽一切可能安置在空中。灯光的装置对实景要求如下：

（1）实景空间应适当大些，特别是房间高度要高些，顶棚越高越好。只要有足够高度，就可以在顶棚上安置灯具，而不会被拍摄到画面中。

（2）顶棚的结构最好有变化，具有横梁的结构最好，便于悬挂灯具，也便于掩盖灯具。最忌讳的是光滑平整的天花板，它不能为灯具安放提供任何条件和方便。

（3）墙壁同样要有较大的起伏结构，如墙柱、墙角等，给灯具安放、掩藏提供可能和方便。窗框上方悬挂窗帘的支架、墙角的暖气管道、建筑物里的木制结构等，都可能为悬挂灯具提供便利。

（4）如果画中需要再现阳光窗影等，选景时要注意窗外是否有放灯的空间位置。一般用人工光再现窗影光斑，灯具和窗子之间要有足够的距离，并且有放灯的位置和高度。通常选择底层楼房，利用屋外地面放灯。在高层楼房拍摄，要注意窗外必须有足够大的凉台，方可再现光斑效果。

灯光的装置

实景灯光装置，不像摄影棚有整套的方法和规律。实景方法因地制宜，充分利用建筑物提供的可能条件，将灯具安放到需要的位置上去。原则上除副光灯外，一切灯具都可悬挂在空中，可以吊在顶棚上、墙壁棱角处、窗棱上或大型家具后面等。充分利用夹子将灯具夹在一切可夹的地方。

可以利用撑杆将灯具吊在天棚上，撑杆有几种用法：

（1）最简单的方法是在环境的主要光源——门窗上方架设撑杆，撑杆与天棚之间留有足够距离，以便吊挂灯具。将环境和人物的主光灯吊在窗子上方撑杆上，这样人物在运动中影子上墙时也是真实的。

（2）实景空间较大，人物场面调度复杂，仅仅窗子上方的主光远远不够用，或者画面光效复杂多变时，需要在多处放置灯具，一根撑杆不够用时，可以利用多根撑杆在顶棚形成一个网络，可以在任意点上置灯，其网络结构可以是目字形，互相平行；也可以是井字形，互相交叉；也可以根据需要组成任意形状。在实际应用中，可以用木方代替撑杆，由制景人员将木方装置在天花板上，代替撑杆网络。装置必须牢靠，通常与建筑物和吊灯座、门窗框架等连结在一起，保证安全可靠。

（3）撑杆除水平方向使用之外，也可以垂直方向使用，可以竖在地面和天花板之间。如果在画面中出现，必须做好掩盖工作，可以利用家具遮挡，也可以在撑杆上挂些衣服，当做衣架进行伪装，最好放在墙角当做水暖管。如果是木方，靠墙时，可以裱糊壁纸，涂刷颜色，进行伪装。

（4）当网络支架设置完毕，就开始装置灯具。灯具要用各种夹子夹牢，将灯放到需要位置上。调节照明方向和照射范围，将不必要的光线用灯扉或挡光板遮挡好，挡出光线效果和气氛，同样调节好灯光亮度。

灯光布置同样要一盏一盏逐步进行，严格控制每盏灯照明范围和作用。按照事先设计方案，进行布光工作。

（5）电缆的设置方面，顶棚灯具电缆要顺着撑杆铺设。将电缆捆绑在撑杆上，靠近灯具部分要多留些电线，以便调整灯位。靠墙的电缆要顺着墙角、门框、窗边引到地面，借助这些物体掩盖电缆。地面上的电缆，凡是在画面之中的，都要进行伪装掩盖。把电缆集中到画外某一个空间——最好是靠近现场的房间、走廊等处，放置闸盒，进行灯光控制。将灯具与闸盒开关进行统一编号，以便灵活及时地开关任意灯具。

实景中由于空间限制，布光麻烦，费时间，因此多采用一次性整体布光法。将整个环境各部分光效，一次全布置好，拍摄哪部分都有光线，仅在必要时做一下局部调整，不必重新布光。

灯具的掩饰

场面较大时，必须把灯具放到画面深处照明。在地面上的灯具可以借助建筑物结构、大型家具等物进行掩盖，吊在上方顶棚上的灯具，可以借助建筑物原有的横梁等掩盖，也可以让美工师设计某些适合于环境的建筑构件进行掩盖，如用景片做一个假横梁吊在灯前遮挡。在大工厂里，可以利用某些标语牌、广告牌等吊在灯前遮挡灯具。如美国影片《猎鹿人》（*The Deer Hunter*，1978）的结婚舞会实景，美工师专门设计了在顶棚上悬挂的彩绸，既掩饰了照明灯具，又渲染了结婚舞会的热闹气氛，一举两得，设计巧妙。

实景布光要因地制宜、灵活应变，进行巧妙的处理，实景同样能制造出高超的光线气氛，满足电影电视艺术的要求。

图11-26是实景灯具装置示意图：

画1　撑杆a装置在棚顶两墙之间。

画2　撑杆b垂直地装置在顶棚和地面之间。c灯安放在顶棚横梁后面，利用横梁遮挡。d利用标语、装饰布遮挡。

画3　实景灯光装置实例：两个相连的卧室和餐厅空间。用木方代替撑杆。Ⅰ：墙边垂直立柱，作为架设灯杆的支持柱。Ⅱ：架在卧室上方的灯杆，上面挂着小型聚光灯e，是床上甲的主光，f是散射光灯甲的副光。Ⅲ：架在餐厅上方灯杆，吊挂着聚光灯g是乙的副光、丙的主光；灯h是乙的主光、丙的副光。

画4　架设在顶棚的灯杆可以利用门窗上方突出棱角、吊灯支柱等作为固定物。

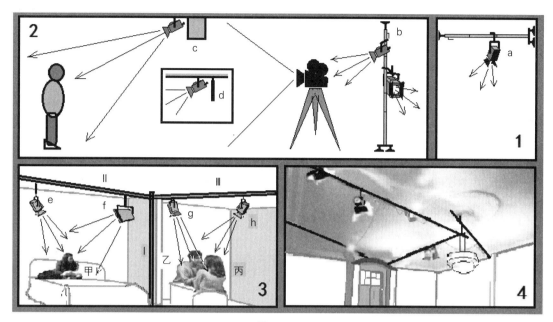

图 11-26

11.8　实景光线处理实例

11.8.1　《家政妇三田》

日本电视剧《家政妇三田》（2011）讲述一位心灵受到创伤、曾经自杀过、失去感觉的女人，拯救了一个破碎家庭的故事。

故事开始的第一场戏：阿须田家餐厅，早晨，晴。

内容：失去母亲的孩子，生活一团忙乱。突然门铃响起，一位机械人似的家政妇三田出现在大家面前，开始了家政妇工作。

有三个小段落：忙乱的早晨、三田的到来、家政任务。

实景空间有限，打灯困难，灯光语言受到限制。在实景拍摄中，如何运动光线进行艺术表现，是摄影师处理光线的思考难题，也是摄影师基本功的展现。这场戏光线的处理很值得我们学习。

三田到来的光线处理

门厅窄小昏暗，房门突然打开，在耀眼的光芒下，一个黑影出现在门前，见图 11-27。摄影师用光意图很明确，一束强光闯进昏暗的家庭（见画 1），带来光明，这是三田到来开始时的光影现象，也是全剧主题的暗示。

半剪影的三田那男式装束以及"幽灵"般的形象，正是"机械人"般性格的刻画。

进门后换鞋画面（见画 2），门半开，机位右移，有意避开明亮的天光。反差由强烈变成柔弱、平淡、灰色的调子，值得品味。

图 11-27

　　光线处理很简单，画 1，只用一盏散射光灯 a 在摄影机旁对门厅进行全面照明，控制开门后门厅景物最低密度。开门后的曝光采用折中曝光，让门外曝光过度，产生"光渗"现象，造成光芒四射效果。在惠一身上，门外光线产生逆光效果，在白色上衣造成亮斑，造型上有突出惠一的作用，在表现上将三田和惠一产生关联。如果开门后的现有光不足，可以用灯 c 在门外给予加强。

两个全景画面光线处理

　　图 11-28 是全景画面的光线处理。空间结构复杂，有餐厅、厨房、门厅、卧室等。透过窗子的阳光是照明环境的光源。

　　摄影师用效果光灯 c1、c2、c3 在窗外的斜侧光位（阳光方向）分别对三个窗子进行照明，并在调子上形成亮斑，塑造晴天早晨光线效果。主光灯 a1、a2 在不同空间深度位置上，模仿透过窗子散射光照亮环境和人物；副光灯 b1 在摄影机旁照明背光面；b2 在母亲卧室，从摄影机方向对卧室进行普遍照明。曝光有意让窗子过度，甚至失去层次。人物主光亮度较低，与背景环境影调区分不鲜明；整个环境光较弱较暗，与窗子构成强烈明暗对比，表现出"破碎"家庭的不和谐状态，也有利于三田突然到来造成的意外效果。

　　画 2 是三田进屋后站在全家人面前的画面。光线处理与画 1 相同，机位移到餐桌一端，形

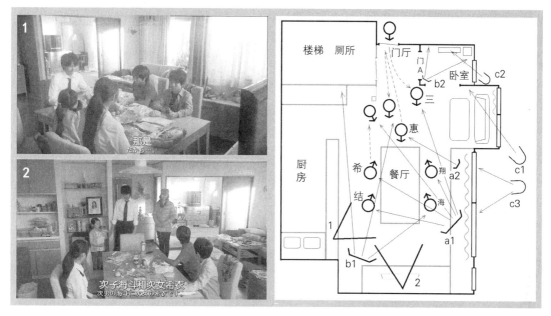

图 11-28

成对称构图，加强严肃气氛，将明亮窗子减少，影调上扣高环境光密度。这样处理削弱了杂乱气氛，降低对比程度，暗示出三田到来，恢复了常规家庭状态。

惠一和三田画面光线处理

二人近景，见图 11-29。

画 1　二人中近景，以客厅和卧室做背景。影调与全景不同，反差降低，调子柔和，给人协调的感觉。男主人惠一的主光来自斜侧光灯 a1，三田的主光来自正面灯 a2(兼顾惠一的副光)。副光灯 b 对人物和环境全面照明。

人物主光不相同，一个是斜侧光照明，有一定体感的层次；另一个是平光照明，影调平淡。光线刻画出二人身份地位的不同，也暗示出不同心态：一位焦急之中有了救星；一位冷若冰霜，"机械人"般得无所谓。但是摄影师加强了"机械人"身后卧室空间的塑造，阳光透过窗子投在墙上形成亮斑，副光 b2 将卧室照得明亮，卧室亮度的处理不仅区分了不同空间，也衬托着三田这个人物，有突出、加强、渲染人物的作用。

画 2　男主人的特写，画面结构明显说明人物位置发生移动。摄影"借位"以明亮卧室做背景 (比较画 1 和画 2)，低沉压抑的气氛消失不见了，出现轻松的调子，主光灯 a 还是在斜侧光位，副光灯 b 在摄影机旁，卧室灯光不变。

画 3　三田特写，机位方向变化不大，距离靠近了。构图和影调有明显变化，消除了斜线，突出了垂直线条，空间一半是门厅，一半是"母亲的卧室"，面对门厅，空间稍暗，背靠卧室，空间明亮（注意：画 2 和画 3 卧室阳光光斑的过渡层次不同，

图 11-29

前者生硬，后者柔和）。构图和影调也暗示着故事的主题和未来的发展趋势。

构图很简单，母亲卧室有两扇门分别朝向餐厅和门厅，这两扇门在不同镜头里时开时闭，影响着画面影调。在画 1 里三田到来时，门 A 是关闭着，门厅很暗，在画 2 和画 3 则是打开的，特别是在画 2 惠一的背后，开着的门 A 对亮调画面起到很重要的作用。在银幕上开门关门的动作并没有交待，违背现实的真实性。

孩子的光线处理

面对突然到来的三田，三个孩子心态各不相同，见图 11-30。

画 1 长子翔和次子海斗。翔性格急躁，海斗理智沉着。看到三田突然到来，翔是正面脸，主光灯 a1 在侧光位照明，副光灯 b 在摄影机旁，反差较大，刻画出满脸疑惑的神情。照明海斗的主光灯 a2 在窗外，是模仿照明窗子的太阳光，在他的脸上呈现出侧逆光效果，正面脸较暗，虽疑惑，但不像翔那么强烈。注意背景窗帘关闭，只留一道狭窄缝隙，透出一小块亮斑。环境光灯 d 在侧光位照明窗帘，勾画出起伏不平的质地，形成较暗的背景环境。暗调子处理，大反差，生动地刻画出失去母亲的孩子见到生人的疑惑。

画 2 当翔知道三田将要代替母亲做家务时，表现出强烈的反对，并质问姐姐。还是侧光照明，但主光灯 a 和副光灯 b 位置调换，主光从右侧改到左侧，人物和拍摄方向都没

图 11-30

有变化，主光的改变在现实中是不可能的。背景被遮挡的窗帘，也拉开一半，在短短时间里，没有交待拉开窗帘动作，窗帘就被拉开了，这也是不可能的。而且从拉开的窗子上可以看到窗外有一盏强光灯 c 对着窗子照明，有意加强窗子亮度，使亮斑更强。这一切都是为了制造大反差，造成强烈的明暗对比，目的是刻画翔的激烈情绪。在这里为了艺术表现，可以不考虑真实的光线状态，可以根据艺术表现的需要，随意地改变光线结构。

画 3　结是长女，在母亲不在时，长姐要代替母亲对弟妹行使母亲的责任，但她什么都不会做，无法完成这个使命，在翔的责问下很是茫然。光线上处理成灰色调。主光灯 a 用散射光在靠后 (接近侧光位) 斜侧光照明，近似侧光，又不是侧光。副光灯 b 在摄影机旁，主副光比相对柔弱，人物光既有疑惑，又有茫然感觉，不像翔那样激烈。背景处在副光平调光，缺少影调变化，唯一的亮窗子又被厚窗帘挡暗，呈现出灰暗的调子……照明生动地刻画出人物性格特点。

家政任务

三田开始家政后，拉开院门，看着院内枯萎的花草，说着今天给花草浇水的工作……这段戏是从室外对着室内拍摄，见图 11–31。

画 1　强烈的阳光在顺光位做主光，照在三田和惠一身上，一片明亮。室内人物用散射光灯 a 斜侧位照明人物，做室内人物主光。充分利用透过窗子的散射光阳光 (天光和室外环境反射光) 做环境副光。因此，室内相对较暗。曝光照顾暗部层次，有意让惠一和三田身上的阳光部分曝光过度，呈现出明亮的"白色块"，与暗的室内形成强烈的亮暗对比，严重失去亮暗平衡。

摄影师这样处理光线，从效果来看有几个特点：

（1）受实景空间限制，要想平衡室内必须用较多的大功率灯具，但实景室内空间有限，灯具多摆困难，只能少用灯，用小灯节省器材，降低成本，这是电视剧制作特点。

（2）曝光过度，失去亮度平衡，造成外亮内暗的强烈对比，既是失去主妇的家庭生动写照，是三田未来工作困境的暗示，也是对她性格的刻画。在这里曝光过度是摄影的造型技巧，是视听语言，是艺术表现。

（3）实景照明的最大困难就是室内、外的亮度平衡。在传统的电影照明中，亮度不平衡是摄影的忌讳，在现代影视创作中，则可以将不平衡处理成艺术表现，成为视听语言，特别是在电视剧创作中的应用更为明显。

画 2　三田问去世女主人房间怎样处理时，翔和海兄弟二人表现出不同的意见，发生了小小争执。镜头是从室内向外拍摄。透过窗子的阳光做惠一的主光，从画面上可以看到，利用门帘将照在惠一头上阳光遮挡掉，只照亮脸部，造型上突出透过窗子的阳光感觉。三田和孩子们的主光灯 a 是散射光灯，在侧光照明人物，副光灯在摄影机旁。门外景物曝光过度，室内、外反差极大，保持了影调和语言的前后完整和统一。

　　画3　三田准备工作时的特写。站在门口面对室内，阳光从侧逆位置将她的头发照亮。刻画出丝丝头发，在逆光中呈现出暖色调，主光灯 a 在左侧脚光位照明人脸，脚光给人一种特殊与众不同的感觉，副光灯在摄影机旁，对人和环境普遍照明。曝光让室内呈现灰暗调子，室外阳光曝光过度，白晃晃一片，又是强烈的对比。构图很有趣：身后门帘垂直的纹理线条与头发的曲线形成曲直对比，既刚强，又不失柔软味道；影调大块的暗与小块的亮的对比，既强烈，又不失艰难的感觉；稍仰的角度；线条的繁与简对比 (复杂多样的线条集中在画左半部) 等都让人品味，具有某些暗示的感觉。当代的电视剧，确实已不再是往日的"讲故事"了。

图 11-31

换衣服的镜头

三田换衣服准备工作的镜头是在门厅里拍摄的，见图 11–32，有两个画面的光线很有趣。

画1 挂在衣架上三田特有的帽子。这个画面在叙事上有一定分量，说明她在这个家庭落脚了。理论上是以透过门上小窗子的阳光做主光，实际上是用一盏小型聚光灯 a 在侧逆位置 (门窗方向) 勾画帽子亮边轮廓。副光较弱，形成暗调画面，"男式"帽子形象很鲜明。

画2 换好装束的三田近景。主光灯 a 在摄影机旁左侧斜侧位照明人物，副光灯 b 在摄影机旁，利用透过房门的光线做修饰光，勾画出漂亮的轮廓光，人物光结构是很典型的肖像光照明。有趣的是，半开的门 (何时打开没有交待) 又是严重的曝光过度，从门上"光渗"现象来看，这不是阳光直接照射效果，而是人工光照明，两盏大功率聚光灯 c1、c2 在门外分别对着门上小窗和半开门缝向镜头照明，有意在昏暗的画面上产生三个"渗光点"，造成光芒四射感觉，美化渲染三田，非常精采。在电视剧里追求如此有趣的艺术表现，非常优美。从这里可以看出，光线处理不再仅是再现、造型，更是美的语言。

从这段戏的光线处理中可以看到实景照明的发展和趋向：

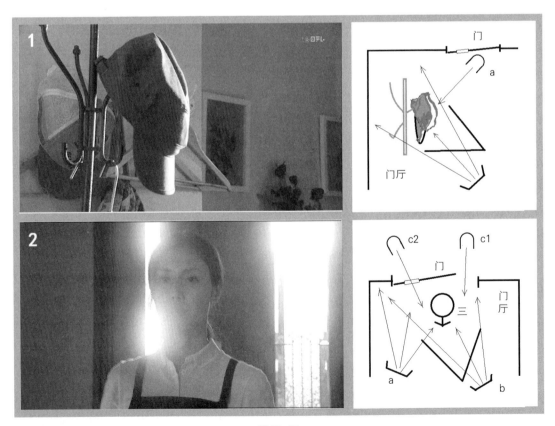

图 11–32

（1）实景拍摄的环境可以随着创作需要进行任意改动：房门、妻子卧室门、窗帘的拉开或关闭，沙发道具的移动（通向院门内沙发位置的变动），都可以根据创作需要任意改变，不需要做戏剧上的任何交待，这在传统电影观念中是不允许的。从时空角度来说，实景拍摄可以自由地破坏时空真实关系，真实是感觉上的真实，不再是自然的真实再现。

（2）实景拍摄，将有限空间对照明造成的不利因素，变成摄影造型的追求。如实景照明中内外亮度难以平衡的问题，现在利用"曝光过度"轻易解决了。不平衡、曝光过度在传统电影摄影中被看成是摄影师技术上的失误，在电影制片厂里是要被剪掉重拍的，现在则被发展成了摄像艺术的追求。实践也证明，这些非正常造型技巧正是当今崭新的视觉语言和艺术表现。

11.8.2　《医龙3》

现有光处理，首先选择的拍摄环境要符合戏剧发生的环境。建筑的结构、内部的光源都要符合戏剧发生的环境，其次拍摄时环境中必须有足够的照度，能满足曝光需求。满足这两点，就可以采用现有光拍摄。

一场戏有若干个镜头，每个镜头都采用现有光拍摄是不可能的，只能部分镜头采用现有光拍摄，其余的采用人工光修饰或人工光再现法处理。

医疗说明会

下面是日本电视剧《医龙3》中一场医疗说明会，加藤医生向全体团队说明难产病人剖腹方案，见图11–33。

环境是明亮的教室，一面墙上有几扇窗子，几乎占满墙面，窗上装有百页窗。天花板上有几排日光灯管，环境里有足够亮度。

画1　从窗子方向拍摄的全景画面。空间深度很大，靠近和远离窗子的空间亮度差很大，难以平衡。因此，百页窗处在全开状态，将直射阳光变成散射阳光，减弱近处阳光强度，达到远近亮度平衡。将环境中间部位的日光灯c打开，补充空间深处亮度；在墙面上形成亮斑，调节影调层次；同时也将中间部分的人物照亮，这部分曝光稍有过度，成为画面中最高亮斑，造型上突出了主体，丰富了层次。

这是现有光拍摄，充分利用双管长型日光灯做光源。从画面我们看到，靠近窗子的景物明亮过度，天花板上的日光灯也没有全部打开，说明现有光拍摄并不是"原样"的建筑光源照明，而是需要选择、调节，以及控制光源的使用。

画2　对着窗子方向拍摄，窗外阳光强烈，室内较暗，反差较大。应该将天花板上的日光灯全部打开，提高室内亮度。但从画面看到，这些日光灯管却处在关闭状态。如果打开日光灯管，将会造成窗子和天花板都处在曝光过度、白茫茫一片的状态，教室结构就不清楚了，失去环境，空间就具有虚化现象，失去真实感。关闭日光灯，用两盏较大的散射

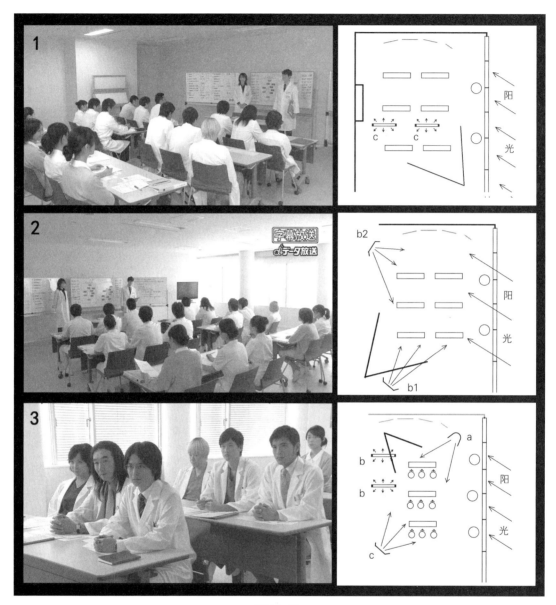

图 11-33

光灯 b 做副光照明，提高远离光源景物的亮度，达到亮度平衡，这里采用人工光修饰。

曝光令透过窗子的阳光过度（打开百页窗），形成光芒四射的感觉，这在表现上很有意义，是对这些认真钻研的医生的赞美，是视觉上的独特性。在技术上，实景中要让窗外亮度平衡，曝光要正确，必须提高副光的强度，就需要增加灯具数量和功率，在有限的实景里打灯就更加困难了，灯具越多、灯光越亮，效果越失真，是个劳民伤财的事。

画 3 对着窗子的人物中景画面。为了亮度平衡，将百页窗关上。人物在亮背景衬托中呈现出暗调子。因此，主光灯 a 是一盏聚光灯，在斜侧位照明人物，在人物脸部形成鲜明的侧光结构。修饰光灯 c 在侧逆光位修饰人物暗面，在暗面中形成次暗面。副光是利用前两排人物上方的日光灯 b，照明主光 a 和修饰光 c 之间的暗面，让人脸呈现出良好的暗调层次，亮度平衡，属于完美的高调画面。

主持医生的光线处理

如图 11–34，站在前面的主持人，活动范围有限，距离光源窗子有一段距离，处在散射光照明中，人物光缺少变化。摄影师充分利用白色写字板上的反射光形成的亮度，调节影调层次。

画 1　利用改变写字板角度，控制白板反光形态，形成几块稍亮的光斑。

画 2　机位角度与画 1 相似，都是斜侧角，空间范围稍大，把光源窗子拉进画面，再现出光芒四射的效果。注意两块白板位置角度有所改变，靠近窗子那块明显变斜，处在背光之中，避开了明亮的反射光。另一块保持了明亮的反射亮斑，但与画 1 亮斑形式不相同。

画 3　正面角拍摄，两块写字板恢复与墙面平直状态，消除白板上的反光亮斑，画面灰暗平淡。

图 11–34

三幅画面，有亮斑与无亮斑，大亮斑与小亮斑……表现出三种不同意味的感觉，在艺术表现上，刻画出主持人说明的内容不相同，以及人物心情的不同。

在这样的空间、机位有限的条件下，摄影师能如此创造出光线的表现魅力，很不容易。

在主持人的近景画面中，也可以看到这种技巧的运用：人物近景由于戏剧内容的不同，应当给予不同的光线处理。

画4　加藤医生在叙述病情难度，机位较正，亮斑消失，画面显得灰暗，给人低沉感觉。

画5　医生讲述手术存在高强风险时，机位较侧，写字板一半反光明亮，一半较暗，加大了影调对比度，刻画出医生面对危险时刻的心情。曝光有意照顾人脸，让反射光曝光过度，造成大反差，但具有11挡光圈宽容度的摄像机，保持了高光部分最低的层次，白茫茫之中，隐隐约约还能看到白板上书写的字影。

画6　会议结束后，主刀医生加藤收拾病案时的大特写。柔和的散射照明，正面脸稍亮，侧面稍暗，具有较好的体感。一直平淡的背景也出现变化，特别两个小亮斑，在虚焦状态下呈现，似乎在闪耀着，直线与曲线的构成、对角线式的构图灯，给人沉稳、信心、美丽的感觉，非常美丽。

11.8.3　《红气球之旅》

环境光处理

苏珊家客厅，自然光效法，现有光拍摄，见图11-35（彩图59）。

画1　客厅全景。两扇门分别与厨房、走廊过道相通。透过厨房窗子b，高色温天空光将厨房照亮，房内呈现蓝色调；高色温天光通过客厅窗子a时，被红色窗帘过滤，成为红色光线，将客厅染成红色；c门外是楼梯空间，透过顶棚天窗，过道被高色温天光照明，呈现蓝色调。过道、客厅、厨房三个空间光线照度不同，亮度反差很大，在现有光拍摄中，无法平衡亮度范围。摄影师采用不平衡曝光方法处理，让楼梯过道曝光严重过度，呈现出蓝味的白茫茫；厨房空间照度相对暗低些，虽然曝光过度，但层次比过道好些；客厅天光被红色窗帘遮挡减弱，照度最低，呈现出较暗的红色调。

画2　透过客厅拍厨房。打开客厅桌上方低色温吊灯，将墙面染成黄色；拉开窗a红色窗帘，让天光进入，在客厅空间里形成高、低色温光线混合，构成微妙寒暖色变化，十分美妙。厨房光不变，还是透过窗b的天光照明，呈现蓝色调。利用玻璃窗的开关状态，控制室内照度。从银幕上来看，a窗全开，光线最亮，b窗是有色玻璃窗，有一定密度，相对较暗些。曝光照顾d墙面亮度和色彩，再现出吊灯的真实光线效果。因此窗a曝光过度呈现白色光斑，厨房呈现稍暗的蓝色调。

低照度照明一般不使用电影专业照明灯具，而是充分利用建筑物内原有灯光设置。原有灯具功率较低，拍摄时根据需要换成较大瓦数的灯泡就可以了。在这里桌上方的那盏吊灯，一定

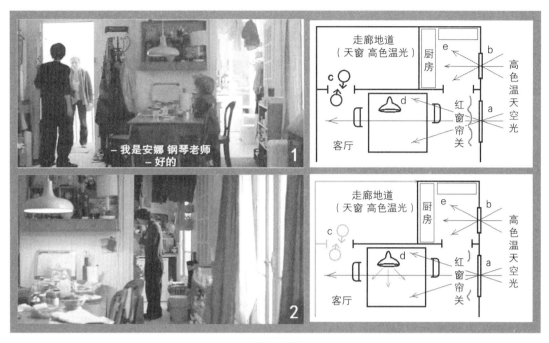

图 11-35

要换成大灯泡。

混合光照明，色温处理有三种样式：

（1）按高色温光平衡，低色温光呈现暖色调；

（2）按低色温光平衡，高色温光呈现蓝色调；

（3）折中高、低色温光平衡控制色彩。选择二者之间某个平衡点处理色温。这个点的选择，在视频摄像中比较好选择，将白纸放在日光和灯光都能照到的位置上打白平衡，通过白纸上两色温光的混合比例，控制寒暖对比程度，这些在监视器上可以直接看到。有三种方法：

A. 用色温计确定平衡"点"。

B. 布光时通过肉眼观察控制画内色彩的寒暖关系，达到满意时就开机拍摄。影片《良家妇女》（1985）摄影师云文耀先生就是通过眼睛直接观看，当高色温蓝光与低色温黄光在某个"点"上（景物中某个位置上）呈现出白色时，即完成平衡，就开机拍摄。

上述两种方法都需要通过试验片，最后确定这个平衡"点"。

C. 后期调色时最后校正寒暖对比程度。

同一个空间多次使用

同一个空间在影视作品里常常多次出现。每次戏的内容不同，要给予相应的不同光线处理。这在棚内灯光照明中不成问题，重新布光就能完成各种不同光效创作。但在实景照明中却有一定难度。实景受阳光限制，特别是低照度照明法，建筑物原有光源有限、固定、色温不变、不能移动……创作多样性光线效果有一定难度。

在这部影片中，我们看到摄影师李屏宾先生在同一空间里制造出多种光线形式，给影片增添了艺术魅力，见图11-36（彩图60）。

画1 关掉桌上方吊灯，去掉环境中低色温灯光效果，让高色温日光照明景物，拍摄

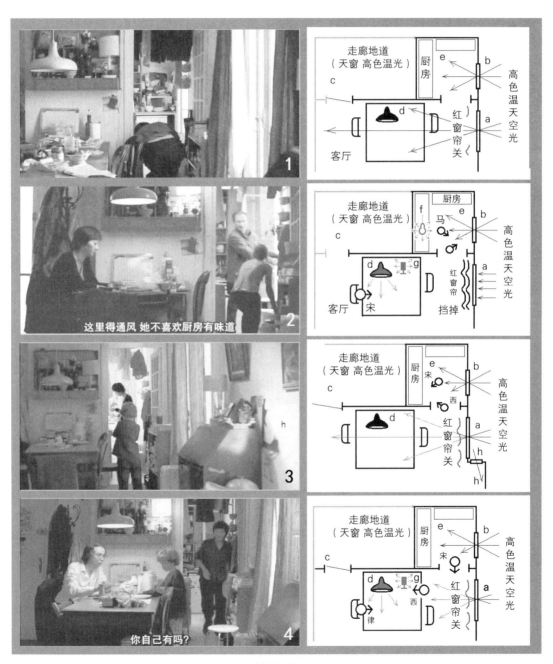

图 11-36

时灯光型胶片不加雷登 85 校正滤色镜，画面呈蓝色调，后期制作时再调节蓝色程度。

画2　房客马克借厨房这场戏，光线与前又不相同：

（1）a 窗的蓝色天光全部被窗帘遮挡掉，客厅蓝光减少了。

（2）打开客厅书架上台灯，增加暖色亮斑。

（3）厨房保持窗 b 的天光照明。

（4）打开厨房炉灶上的灯光 f，在马克身上形成寒暖对比。这盏 f 灯通过用一个较大功率的普通的白炽灯泡就可以了。

（5）人物就用照明环境的光线照明就可以了，不需要增加灯光专门照明人物。

画3　保姆宋方初次到苏家，给西蒙做吃的。色彩丰富，寒暖、明暗对比强烈，揭示出初到陌生地方时人的心情。

现有光照明，与前者不同的是画面出现了 h 墙面。从色彩来看，这面墙是黄色，照明 h 墙面的 h 光是来自阁楼天窗的阳光，强烈阳光形成明亮的光斑。高色温阳光与墙面黄色混合呈现出黄绿色调，亮斑严重曝光过度，呈现出明亮的白色块。光线自然真实，色彩丰富，多变化。

画4　房客赖账，不交房租，苏珊请来律师帮忙。这是律师等待的镜头，色彩和光线结构与前者相同，不同的只是光线亮度和色彩饱和度。厨房的蓝光变暗，饱度度更高、色彩更浓；桌面上方吊灯光效加强，提高了黄光饱和度；a 窗红窗帘更艳丽；亮斑有了层次……窗外阳光减弱，傍晚下班时刻的戏剧时间更鲜明了。在实景中，同样的低照度现有光照明，由于拍摄时间的选择不同，可以在银幕上塑造出不同的光线气氛。这是实景拍摄光线的特点，摄影师必须学会对拍摄时间的选择和控制。

打开窗帘动作

现有光照明对某运动光线的效果，能再现得真实自然。如钢琴教师安娜到来，佣人宋拉开窗帘的画面，见图 11-37（彩图 61）。

画1　拉开窗帘前，红窗帘处在关闭状态，客厅处在较暗的红光照明中，呈现暗红色调；

画2　随着拉开动作，客厅由暗变亮，由暖变寒，效果自然真实。拍摄时只要注意拉的程度，以便控制拉开后的景物曝光程度，比棚内人工光再现简单得多。

低照度照明法，当景物亮度范围较大时，难以亮度

图 11-37

平衡，只能采取不平衡处理。练琴这场戏是建筑物光源照明，照度低，难以与窗外阳光平衡，曝光照顾室内景物，只能窗外曝光过度。

人物光处理

　　低照度现有光照明，人物光一般不单独处理，让人物光在环境光中呈现自然状态。追求人物光与环境光有机结合、高度统一，银幕影像整体性强，自然真实。特别是追求再现自然光三态的光色关系，色彩丰富、真实美丽。但是人物远离光源，在暗处，影像昏暗不清晰，靠近光源就会明亮过度，同样白茫茫不清晰，有损人物形象塑造。当代电影的大综合理论不再是以演员为唯一表现手段，视觉的任何表象都可以作为表情达意的视听语言。

　　例如苏珊家里几个人物光的处理，就具有这两种形式，见图 11-38（彩图 62）。

　　（1）低照度现有光处理：

　　画1　下午放学时间，宋将西蒙接回到家，开门进屋。窗帘 a 处在拉开状，没有开灯，室内处在傍晚透过窗子的高色温照明中，色彩寒冷而灰暗。人物以现有光照明，半剪影状态，衬托在明亮楼道墙面上，主体很醒目突出，傍晚的时间感觉很强。

　　画2　傍晚时刻，宋来到阁楼练琴室。光源主要有两个，透过窗子 a 的高色温光和台灯 b 的低色温光。从两个相对方向投射到白墙上，形成由黄到蓝的微妙变化。透过开着的房门，看到蓝色楼道空间，构成黄蓝对比的色调，衬托黑色主体，人物处在现有光照明中。

　　画3　客厅，房客和女友来借用厨房。日景，窗 a 红窗帘关闭，透过窗帘的红光做室内散射副光，吊灯 d 做主光，开着的房门、明亮的楼道衬托房客二人，主体鲜明突出。

　　画4　客厅，日景，律师到来。人物光线处理与画3相似，不同的仅仅是窗 a 红色窗帘处在拉开状态，副光不再是透过窗帘的红色散射光，而是窗外高色温天光。环境主光是吊灯 d。因此，环境色彩非常丰富，被吊灯 d 照明的墙面是黄色，吊灯阴影里是暖味的暗色调，正对窗 a 的墙面是高色温光与低色温光混合后的青色调，楼道是高色温光照明，由于曝光过度呈现出青味的白色。人物光也是非常丰富：宋的主光是天光与灯光混合后有青色光照明，律师处在吊灯阴影里，呈现出暖色调半剪影。

　　画5　在客厅里，宋和女主人苏珊坐在桌前谈事，房客女友在厨房做饭。环境主光是吊灯 d，也是灯下人物的主光，副光是透过窗 a 红色窗帘的散射光。壁灯 g 是苏珊的修饰光。厨房环境主光来自窗 b 的高色温天光，人物主光是炉灶的低色温灯光 f。厨

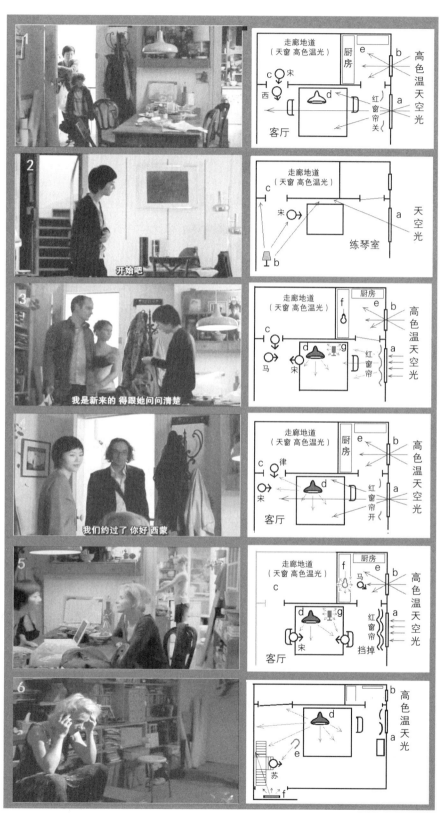

图 11-38

房呈现出较亮的寒暖对比、丰富的高调，与客厅相比，明暗、寒暖都构成鲜明对比，光线色彩十分自然美丽。

（2）低照度人工光修饰：

画6 低照度照明法，当人物离光源较远时，建筑物光源无法做人物光源使用，此时需要采用人工灯光模仿环境光源照明人物。画面是苏珊找不到房契给丈夫打电话。坐在阁楼梯口，吊灯 d 较远，建筑光源无法照明人物。从画面上可以看出摄影师采用一盏小型聚光灯 e 在吊灯方向照明人物。聚光灯亮暗分明的光影生动地刻画出这位单身女强人的性格。直观看来，这束光与环境很不协调，这不是远处吊灯的光线效果，只有人身上有光影，周围背景没有相应的光线呼应。这种处理体现出现代影视照明的原则：当表现与再现发生矛盾时，摄影师注重的是光线的艺术表现。

苏珊身后背景墙面出现蓝色味道，这是画外有一盏高色温日光灯 f 照明的结果，这盏日光灯起到修饰光的作用，修饰色彩的寒暖，也修饰了人物背光面里的头发层次。

低照度现有光拍摄不排除人工光修饰。

录音棚配音镜头

见图 11-39（彩图 63），苏珊的角色是电影配音演员。配音这场戏的照明很有特色，只用一盏灯照明。用一盏聚光灯 a 在人物上方稍逆位置上对着人物照明，其中光线 1 直接投在苏珊头上，是她的主光。人物呈现顶逆光效。同时这盏灯的光线 3 投在乐谱上，再反射回来照明苏的暗部面孔，成为她的副光。利用乐谱"余光"照明配乐者脸部。调节她与乐谱距离，控制脸部亮度，让她正好出现在需要的密度上。光线 3 投在下方反光板 b 上，再反射回来，照亮乐谱背光面和苏珊身体下半部。一灯多用，这是低照度照明法的用灯特点。背景不打光让它黑下去，这正是录音棚的光线特征。

图 11-39

图 11-40

图 11-41

游戏室现有光拍摄

放学后宋芳陪着西蒙在游戏室玩游戏,见图11-40。背景是窗外明亮的街道,亮度范围很大,不用灯光难以平衡亮度。从画面上可以看到,摄影师利用游戏室天花板上现有的照明灯光,照在游戏机表面上,再反射到西蒙脸上。摄影师要掌握好曝光点,让窗内窗外都有最低层次。从西蒙的暖色脸可以判断室内是低色温钨丝灯照明。

现代的低成本影视作品常常采用实景现有光处理法,也可以在很多电视剧中看到这种现象。

博物馆

在博物馆里母亲观看儿子的画画,见图11-41。从画面上可以看到人物和背景亮度反差极大,现有光拍摄,曝光照顾人脸,人脸虽然失去应有的肤色,但具有人脸最低感觉。让背景曝光过度,有的失去最低层次。这是电视剧低照度照明法中使用的技巧,在电影摄影中很难看到,这次摄影师大胆地将它运用在电影中。

实景隧道

除两端进出口处,隧道内没有阳光照明,建筑光源不足以曝光。自然现有光拍摄对一般人来说很困难,但对大胆而有才华的摄影师来说正是创新的好机会,见图11-42。

画1　行驶在隧道里的画面,利用汽车红色尾灯交待汽车的存在,隧道侧面一排建筑照明灯,在画面里不断"滑过",交待出行驶状态。黑暗无光的背景表现出隧道内应有的

图 11-42

景象。出口时，黑色车影渐渐显现出来，最后驶出洞口时，曝光严重过度，白白一片，这种亮暗变化，正是汽车行驶在隧道里的光线特点。

11.8.4　《平清盛》

日本电视连续剧《平清盛》讲述日本古代"平氏"家族平清盛的故事。武士平忠盛在1159年的平治之乱中打败了源义朝，巩固了白河法皇的地位，得到后者的信赖。平清盛是白河法皇与舞女的私生子，被平忠盛收养为嫡长子。白河法皇去世，其子鸟羽法皇既位。鸟羽实是平清盛之兄。

第13集讲述，平清盛在阻止山野法师闹事时，箭射护神车，引起法皇不安，内大臣藤原赖长乘机要把平氏父子流放。

这场戏是鸟羽法皇到禁室询问平清盛"射箭"之事，光线处理展现二人对立、冲突。

远景、全景光线处理

平氏父子禁闭室，日，晴，见图11-43。

画1　第一个远景画面。鸟羽法皇来到禁闭室询问平清盛。一束明亮阳光射进禁闭室，

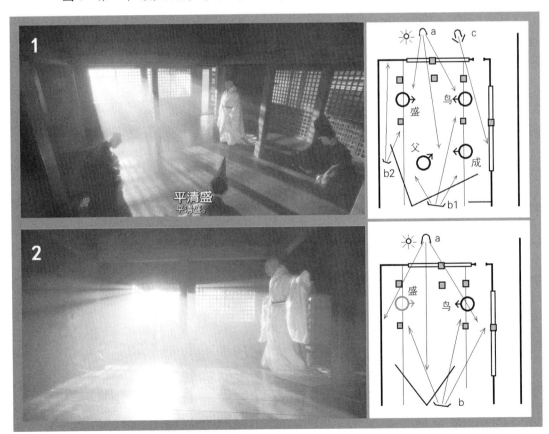

图 11-43

使暗室更显昏暗，强烈的对比，确定了这场戏的对立调子。

木质结构的禁闭室，原以为是摄影棚里的布景，后在资料中得知这是实景。

室内放烟，一盏大型聚光灯 a 在室外对着窗子照明，形成明亮光束。在右侧墙面上出现明亮的窗影，从方向上看，无"光束"表现，可以判断这是另一盏聚光灯 c 在窗外将窗格影子投在这面墙上，制造出的光线效果。聚光灯 c 是效果光灯。副光 b1 在摄影机右侧，主要调节法皇背光面影调层次和周围环境的密度。b2 在摄影机左侧处理环境暗部分密度。

利用构图位置控制主次关系：内大臣藤原家成处在无光的阴影中，很不显眼；父亲在画幅下方，背对镜头，光线较暗，不细心观看，很难看到；平清盛只有头和腿一小部分（面积很小）处在光束中，较为醒目；只有法皇明亮的黄色龙袍在强烈的阳光勾画中，最突出醒目。法皇和平清盛一右一左，空间对立、大小对比……都暗示着这场戏的情调和势力。

当法皇听到平清盛承认是故意箭射神轿时（射神轿寓意射天皇），张开双臂喊道："射吧！向我射来？"镜头由远景变全景，由俯角变平视角，见画 2。平清盛被白茫茫的光束淹没，几乎消失不见，画面上只留下强烈的阳光和鸟羽法皇的身姿。

从画面上看，光束位置很低，直接对着摄影机镜头照明，因此这不是真实的太阳光效果，这而是一盏大型聚光灯 a 照明的效果。副光灯还是在摄影机旁。

光束的强烈有如法皇的力量，特别是对着镜头的照射（镜头就是观众），让观众有身临其境的感觉，此刻强行把观众拉入感同身受，谁也不可以冷眼旁观，这就是摄影师处理光的技巧。

人物光处理

图 11-44 是法皇和平清盛二人近景画面。

画 1　法皇走进禁闭室。灯 a 在窗外模仿阳光照在法皇身上，在侧逆光位形成明亮的光斑，副光在摄影机右侧稍低位置上照明人物背光面，光比很大，曝光有意让光斑过度，脸部曝光不足，形成昏暗的调子，刻画出禁闭室的昏暗环境。对法皇来说，平家是有功之臣，皇家要保住权势，离不开平家，本不想判处流放。但是他也知道平清盛对自己的仇恨，

图 11-44

来到禁闭室时，心理充满矛盾。大反差暗调子正是这种心情的刻画。

　　画2　平清盛特写画面。以法皇为前景拍清盛。灯a模仿透过窗子的阳光，在侧光位照明清盛脸部。副光较暗，光比很大，同样利用曝光形成大反差、强对比的暗调画面。光线刻画出平清盛对法皇的恩怨仇恨。

比较两个画面光线处理，人物出场第一次相见，都是暗调子、大反差、强对比光线，已经暗示出这场戏的对立情调。

两个特写

　　平清盛举臂做射箭状，鸟羽法皇痛心地看着。这是二人对立动作的高潮，用两个大特写镜头表现二人心态，见图11-45。

　　画1　平清盛特写画面。正面角度拍摄，给人庄重认真感觉。主光灯a在侧逆位置上在脸的左侧面上勾画一小块亮斑。副光在斜侧位将左边脸照亮。光线微弱，暗背景构成暗调子。右侧脸与黑背景逐渐融合在一起，像是黑暗中的阴影。一小块亮斑、突出的白眼球……表现出仇视的力量。

　　画2　鸟羽法皇大特写，主光灯a在侧光位勾画出右眼轮廓。副光灯b在机旁稍侧位

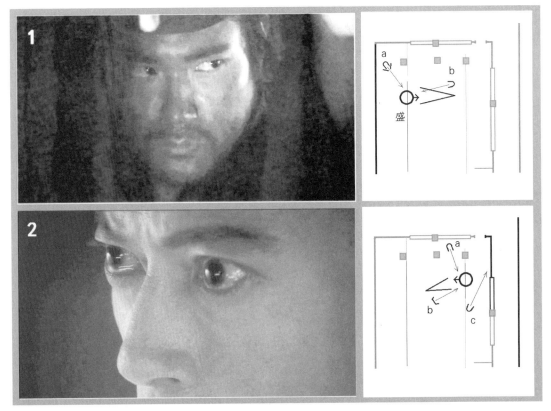

图 11-45

置上照明，反差较小，相对较亮。背景光灯 c 在侧面照明背景，使背景稍有层次。画面相对完整，两个怒视的眼睛满含泪水。

两个对立镜头采用强烈对比手法处理光线：一亮一暗、一隐一显，都是特写镜头，但大小不同生动地刻画出亲兄弟间又是君臣间的怨和恨。

人物光亮度的处理

两个对峙人物的光线处理。近景和特写画面通常采用对比手法，刻画二人的对立，见图11-46。

画1　画4　平清盛举空箭做射状，法皇相应痛苦地大笑。调子一黑一亮，反差一弱一强，清晰度一小一大，背景也不相同。

画2　画5　射完箭后，二人怒视的特写。痛苦的大笑之后，法皇抬起头愤怒地瞪视对方。光线变化较大，随着抬头动作，大反差强烈的侧光结构，变成暗调的脚光结构。充

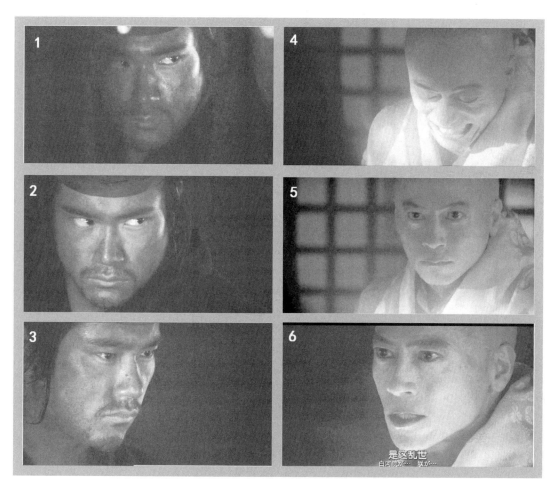

图 11-46

分利用脚光反常、恐怖、阴险的味道揭示法皇的心态。而平清盛射完箭后，光线结构并没有变化，只是亮度稍有提高，昏暗的气氛减弱，影像渐渐稍有清楚。二人眼睛还是对立地怒视着。

画 3　画 6　片刻后二人心绪平静下来。平清盛的特写，增加了侧逆位的修饰光，画面亮度也进一步变亮了，角度也发生变化，由正面角变成斜侧角，让人感到他内心的逐渐平静：仇恨又能如何？无非是痛苦的发泄。

法皇特写，景别进一步加大，身上的阳光亮斑消失不见，整张脸处在阴影之中，虽然还保持脚光结构，但反差光比削弱了，特别是背景，美丽的"窗格"不见了，变成相同的黑暗……

二人特写在横向上都是对称结构，在纵向上亮度的变化很有趣：平清盛（画 1、画 2、画 3）是由暗走向亮；而法皇（画 2、画 4、画 6）则相反，是由亮走向暗，这又是个对立结构。但二人结局的两个画面（画 3 和画 6）影调却是相同的，都是亮度较暗、反差较小的灰调子。这个结局耐人寻味……光的表现运用深刻，远胜其他一切手段。

图 11-47

内大臣的光线处理

内大臣藤原家成，是陪伴法皇的侍从，在这场里是个可有可无的"道具"。一般摄影师在处理这类人物的光线时可以忽略不顾，不去精心刻画。但在这部电视剧中，摄影师还是利用这个"道具"的光线处理，进行了生动有趣的艺术表现，见图 11-47。

画 1　刚开始法皇与平清盛对话，内大臣处在随从地位，摄影师把他放在阴影里，昏暗的脸，低着头，与黑暗的背景融在一起，很不显眼。光线的处理掩盖状态，是常规的处理。

画 2　当他听到平清盛的回答

是故意射神轿时的近景，纹丝不动地向前看着。透过窗子的阳光，将影子投在脸上，半亮半暗，此时主光灯稍有移动着，于是脸上阴影慢慢地向前滑去，亮面减少，黑暗增多。这个微小的光线变化揭示出善良的内大臣内心的状态——对平清盛处境的担忧。

摄影师不放过任何微小的细节光线处理，时刻进行着光的表现。

这场戏空间和环境光效都固定不变，人物位置也是固定不动，时间只有五、六分钟。因此摄影师在处理光线时很难做到光线的"多样性"。但是可以看出，摄影师下了很大功夫，挖掘出细微的光线，刻画人物形象和戏剧情绪，其高超的布光基本功，非常值得我们学习。

第十二章

人物光线处理

12.1 电影电视中人物形象的几个基本特征

12.1.1 电影电视中的人物肖像

每种艺术都以人为描写对象，艺术是人的表现，"人是一切艺术的根源。"

现实中的人在外貌、精神状态、气质方面均不相同。而性格是人对事物反映和表达的特殊方式，是区分人与人的特征。性格千变万化，不存在两个性格完全相同的人。人性是复杂的，具有多重性。艺术中塑造的人物形象要抓住人的特点，不仅写出他们的共性，还要写出他们的个性。

艺术家描写人的目的是要具体、形象、真实地把所要塑造的人物描绘出来，使读者感到"这好像是位熟人"。通过描写，给读者提供一幅生动的人生图画，从而引起人们深思、共鸣，这是各种艺术创作的目的。遗憾的是，纵观影视艺术，目前的现状是演员、导演、摄影师在塑造人物形象、刻画人物性格等方面还存在着明显的不足。

在表现人物方面，每种艺术都有自己的手段和方式，也都有自己的局限性。

绘画中的肖像画，以直接表现人物性格为主，要求"惟妙惟肖"、"形神兼备"。早期的电影以表现情节为主，以矛盾冲突吸引观众，当时的人们并不认为电影具备足够的表现手段以进行全面的人物心理分析。直到普多夫金拍摄影片《母亲》（*Mother*，1926）时才发现电影肖像的意义，他写道："我第一次发现肖像的秘密。"之后的电影逐渐地通过电影手段表现人深刻的心理活动和状态。

电影电视主要通过事件、情节、矛盾冲突和人与人的关系来展示人物：通过人物的对话、喜、怒、哀、乐，通过人物的行为动作、内心活动来表现人物的性格特征。

电影电视中对人物的表现与肖像画不同。它更接近风俗画，更接近戏剧和小说，但比它们更具体、更真实、更接近于生活，它是可视可听的生动形象。

贝拉·巴拉兹（Béla Balázs）在《电影美学》一书中写道："特写消除了我们观察和感知隐蔽的细小事物的障碍，并向我们揭示了事物面貌，这样它也揭示了人。"特写在电影中的出现，不仅使我们更易于表现人物面貌表情、内心活动和性格特征，也使电影在表现人物上，比任何艺术都更能产生"身临其人"和"亲切"的强烈效果。法国导演让·爱浦斯坦（Jean Epstein）指出："特写，一种令人激动的亲切感，我们几乎可以用手碰到主人公的痛苦，只要你把手伸给我，我就能摸到它，亲密无间，我数得出这痛苦的双眸上的睫毛。我几乎可以觉出这痛苦眼泪的苦味。从来没有任何一张脸这样靠近地俯向我的脸。"

电影肖像一词是从绘画中借用过来的，严格地说，用电影肖像一词概括不了电影电视中对人物的表现概念。电影电视中所谓的"肖像"与绘画中的肖像不同，它不是肖像画那样单一地表现一个或几个孤立于生活的人物，不是通过人物静止的姿态、面部特征来刻画人物的内心活动和性格特征。电影电视是通过人与人的关系、人的行为动作表现人的性格和命运。所以屏幕上的肖像并不像绘画那样，只通过一个画面全部无遗地表现。它是通过无数个镜头才完整地塑造出一个人物的"肖像"。特写镜头虽然很适宜表现人物面貌特征、内心活动和表情，但是电影电视中的每一个特写（近景）镜头也并不是一个完整的"肖像画面"，它不等于肖像。这就是说，影视中人物性格特征并不是集中地表现在人物面貌特写镜头之中，也不能要求影视中每个出现的人物镜头都必须表现出人物的性格特征。性格是通过人物的言行，在情节的发展过程中，不知不觉地展现出来的。虽然电影中的人物近景和特写镜头更容易表现人物精神状态、气质和性格，但影视作品中人物的塑造仍是通过全片来完成的，由始到终一系列的蒙太奇镜头，完整地塑造出一群人物形象。所以电影电视中的人物肖像无论在内涵和外延上都远远超出了绘画肖像的概念。

电影电视是最能表现人物的艺术。摄影机不仅能准确地再现出人物面貌，而且也能通过特有的手段"改造"人的面貌。如著名演员许还山在影片《双雄会》（1984）和《寒夜》里分别扮演了体格魁武健壮的李闯王和骨瘦如柴的肺痨患者汪文宣这两个性格、外貌截然不同的形象。其成功不仅靠演员自身的天才演技，也借助于摄影机的造型。角度、灯光的成功处理，将一个身体健壮的许还山"改造"成一个病态的汪文宣。

摄影机可以利用构图、角度、景别、运动、彩色、影调、光线等一系列手段来描绘、塑造、刻划人物形象。其中光线的造型处理起着重要的作用。

一切艺术在表现人时，可以简单地概括为两种方法：一种是利用人物的形体、形状、服装、道具、环境等来间接表现人物；另一种是在人物的动作中，在戏剧矛盾冲突中，直接通过人物面部表情、体态来揭示人物的思想感情和内心世界。

贝拉·巴拉兹指出："特写镜头是面部表情艺术，电影演员的脸必须尽可能地靠近我们，而这样一来使它同周围相隔绝，以使我们能更清楚地看到它。影片要求面部表情既细腻又可信，这一点戏剧演员连想都不敢想，因为在特写中，脸上的每一条皱纹，都显示出一个决定性的性格特征；肌肉的每一个轻微线条，都受到惊人的热情、伟大的内心的牵制。"面部表情能迅速地表达出内心体验，不需要语言文字做媒介。特别是那些没有对话、没有动作，甚至没有明显的面部表情的特写镜头中，光线的处理更能揭示出人物内心隐蔽的微妙情绪。较大的光比、较硬的面部线条，能使人感到人物性格的刚强。人脸上或背景上弱小的光线跳动都能展示出人物内心世界的不平静和激烈的思想斗争。

美国现代肖像画家埃弗雷特·雷蒙德·金斯特里尔（Everett Raymond Kinstler）在《肖像画》（*Painting Portraits*）一书中写道："画男子时，我一般用较强的光线效果……画女子时，往往用更为温和而散漫的光线，我发现女性在强烈的光线下会失去她优美的特点，而强光则往往能提高男人的个性特征。"　用影视语言来说：男人适合使用光比较大、对比较强的侧光照明，而女性适合用光比较小、对比较弱的平光照明。强烈的光线能表现出男人的阳刚之美，而柔和的光线能表现出女性的秀美。

一般影视中近景和特写占有的数量较小，较多的是中景、全景和远景，这些较大的景别易于表现人物的行动和矛盾冲突。在这些镜头里，人的面部和我们疏远了，但环境气氛的表现直接起着渲染人物思想情感和内心情绪的作用。优秀的摄影师必须把环境光线处理与人物思想感情、性格特征有机地统一在一起。

影视中往往出现人物众多的场面，拍摄转瞬即逝的人物，也要注意从中抓取鲜明特征，给予恰当迅速的肖像处理。在这种情况下，适当的光线处理往往能起到意料不到的效果和作用。

那些单纯追求环境光效"真实"的做法并不是艺术。但只知道追求光线造型和表现效果，而不注意光的真实性，同样是不可取的，也不是艺术。

光线处理既要真实可信，又要生动地表现人物情感、性格特征。只有这样才能具有较强的艺术感染力。

12.1.2　不同景别人物光线处理特点

电影电视是通过一系列不同景别来完成的，不同的景别担负着不同的表现任务。

中国古代绘画理论指出："近取其神，远取其势。"就是说远景表现气势，近景着重神态、精神面貌、质地塑造。电影电视中的景别也是如此，远景、全景表现演员与环境的关系。人在画面空间中占有较少面积，主要表现的主体是环境，因此要着重表现戏剧环境、空间特征、时间概念、天气状态等，特别是环境气氛、画面意味，以及带给观众的感觉。人物在远景、全景中以全身动作来表现，人脸在画面中占有面积较小，有时甚至看不清楚，所以面部表演退居次要地位，只要把人物全身动作表现清楚即可。

中景以表现人物动作为主，可以看到部分环境，光线处理重点是表现人物上身动作、体态和空间关系，用色调、影调突出画面中的人物。布景道具在中景居于次要位置，但仍能看出人物与环境的关系。

近景、特写主要表现人物的局部——面孔或肢体局部。环境已失去了特征，只在画面中起到衬托主体的背景作用，所以以光线处理主要刻画人物头部、脸部形态，在外貌的塑造上下功夫，将演员脸上那些符合剧中人物特征的给予突出强调。那些属于演员的面部缺陷，尽量予以纠正、改造或掩盖。总之，近景和特写是摄影师塑造人物形象的重要时刻，要运用一切摄影手段塑造人物形象。

眼睛是心灵的窗户，要让眼睛会"说话"，就要注意眼神光的运用。眉宇、脸型、发型、肩臂线条等也是刻画人物的重要局部，要注意这些部位的造型。

用光要细腻、自然，习以为常、脸谱化的光效要少用。人物光的处理不是孤立的现象，要注意近景、特写镜头与其他镜头的衔接。

12.1.3　演员与光线处理

电影电视中人物形象塑造也具有局限性。

剧本中的人物形象是文字形象。文字可以把人物描绘得栩栩如生，但他们只能靠读者的感觉、想象来感知认识，与屏幕最终呈现给观众的有血有肉、可视可闻的真实形象，还有相当大的差距，要完成这个任务，必须借助于演员的表演才能。

《小街》（1981）中的瑜、《知音》（1981）中的小凤仙、《明姑娘》（1984）中的明姑娘和《雷雨》中的四凤，这些真实感人的人物形象，不管有多大的差别，在观众的眼里她们都是由张瑜一人扮演的，离不开演员本身的形象。在绘画与小说中则不同，画家可以直接从生活中收集具有共同性格特征的人物形象，进行综合概括，创造出绘画中的人物形象。画家和小说家可以充分地、自由地创造，而影视摄影师则没有这么大的创作自由。影视摄影师必须借助演员的外貌进行适当加工，才能创造出银幕上可视的人物形象。无论化妆还是摄影对演员的外貌改造都有局限性，只能在演员的脸上、身上去寻找与剧中人相似的特征，予以突出和夸张。演员张瑜的演技无论多么高超，塑造的角色多么出色、性格多么不同，但在观众眼中她还是张瑜。影视人物形象创造的深度和自由度远远没有绘画、小说那么巨大，但是影视中的人物形象是可以"触摸到的"，形象更加具体，更加接近生活，单从这点讲，绘画、小说又望尘莫及。

由于电影电视中人物形象的创造受演员外形的限制较大，所以影片对演员的选择，是影片塑造人物形象的先决条件。

除此之外，导演、美工、化妆、服装、摄影等工作都影响银幕形象的创作。影视是集体创作的艺术品，集思广益才有利于呈现丰富的人物形象。

为了在银幕上能生动、准确地再现剧本中的人物形象，摄影师必须解决以下几个问题：

（1）正确地理解剧本提供的人物形象。必须与导演等主创人员统一对人物的认识和理解。

（2）根据剧本中人物文字形象描写的特征，仔细慎重地选择演员。选择年龄、体态、外貌与人物文字形象相似的演员对摄影师具有重要意义。

（3）研究演员气质、风度、表演特点、面部特征等。找出演员与剧中人形象的差异，找出演员外形上的缺欠与不足，这是摄影师塑造人物形象的基础。

近景和特写在表现人物上有特殊意义，要处理好人物近景、特写的光线，必须对演员面部结构特征进行认真的比较分析。人的头部结构基本上是相同的，都是由骨骼和肌肉构成，有眼睛、鼻子、嘴、耳朵等器官。但是面孔却是千差万别的，世界上极少有两个面孔相同的人，这主要是由于骨骼和器官之间微小的差异决定的。同样是人的头骨，有的颧骨大而宽，有的小而窄；有的眉骨高，眼窝就显得深；额骨高、下巴骨短就成凸形脸，反之下巴长、额骨低的人就成凹型脸。肌肉的不同也造成人物形象上的差别，脂肪多的人就胖些，脸上曲线条就多些，变成圆型脸，显得饱满；而脂肪少的肌肉易于显示出筋骨的棱角，人脸清秀，面孔直线条较多，显得性格硬气。脸部的肌肉与年龄有关，年轻人的肌肉饱满，富于弹性，皮肤光滑细腻；而老年人相反，肌肉松弛，脂肪沉淀，皮肤粗糙失去弹性，皱纹深而多。肌肉的特征是摄影造型中表现人物年龄的重要手段。

五官位置、大小比例和形态是决定人物形象的重要因素，要仔细观察比较。

人的形象特征形成因素很多，有遗传和非遗传因素，而现实主义文艺理论认为人的外部形象差异与人的性格特征有一定的联系。而人的性格特征与社会环境、生活条件、家庭状况、文化程度、生活习惯、职业特点等有关联。生活富裕的人与在饥饿线上挣扎的人面孔然不会相同。

仔细研究人物性格特征与人的外貌，会发现它们之间有着惊人的联系。画家在这方面有着惊人的敏锐感觉。

光线处理可以改变演员外貌形象。当我们对剧中人和扮演者的外貌有了足够了解认识后，就可以运用电影电视手段对演员进行外貌加工改造。除了化妆、服装之外，摄影是塑造演员形象的重要手段。

摄影师可以利用角度的选择、光线的处理、镜头焦距的运用、画面构图等手段，对演员外貌进行局部改造。其中光线处理在造型上具有揭示、隐蔽、突出和夸张的作用。

摄影师可以利用光比、影调、色调、柔焦的不同，也可以利用光效气氛营造画面感觉、味道、印象，烘托人物情绪、精神状态。光线处理是摄影师对演员外貌塑造的重要手段。

弥补演员外貌缺欠

任何人脸都是不完美的，都有令人感到不足之处。影视演员是挑选出来的"美人"，但还是有不足之处，需要用摄影、化妆等手段加以弥补。

对脸型较胖的：拍摄角度高些，适于俯拍，主光可以高些，副光可以在主光同侧，光比大些，可以利用暗的轮廓形式和较暗的背景来衬托。

对脸型较瘦的：拍摄角低些，适于仰拍，主光可以低些，也可以用脚光做修饰光，副光在主光异侧，光比小些。

脸型半边大半边小的脸型：眼、鼻、嘴都是歪斜的，不适合正面角度拍摄，主光处理在脸小一边，利用透视变形原理在脸小的一边拍摄，也可以利用镜头焦距的选择，适当加大透视效果来弥补这一缺欠。

鼻子不正：主光从歪的那一边照明，构图上人物的头部向歪的一侧倾斜，面孔转向歪的一边，就能适当地掩盖缺点。

鼻梁低：不适合拍侧面角度，主光低些，光比大些，利用鼻子侧影的宽度，增加鼻梁高度。

嘴大的人：脸侧一点，不宜大笑。

嘴小的人：脸正些，适当笑，可以加大嘴形。

眼窝深的人：主光低些，光比小些，反之可以加深眼窝。

颧骨高的人：主光不宜过高，光比也不宜过大。

光线处理不当会丑化人物形象

主光高些能使人脸变瘦，过于高时，构成顶光照明，会使人脸变形，眼窝鼻孔和嘴唇加深，甚至形成黑暗凹陷，脑盖骨、眉骨、鼻梁骨、颧骨变亮，构成骷髅形象。

光线侧而高时，鼻子加长，鼻影在面颊上形成三角形光斑，随着头部活动时有时无，鼻子下方影子在嘴唇上形成假"胡须"效果，尤其对女性形象的塑造影响很大。双主光又会产生双鼻影，在鼻子两侧，像"蝴蝶翅膀"随着头部转动而不停地"扇动"。

没有眼神光，双眼无神；眼神光太正，处在瞳孔中间，又会造成"瞎眼"。

上述技巧在静态中易于实现，而影视中人物和摄影机多处于运动之中，给演员造型带来一定困难。运动改变了光线结构，但人物的年龄、形态、身材、美丑不应改变，要保持人物形象的统一。是否可以做到呢？影视镜头在银幕上停留时间短促，观众看见的时间有限，全神贯注于剧情时，快速动作使平淡的人脸一晃而过，不会引起太多注意。观众会认为不恰当的形象是环境光线的一种歪曲，不会破坏观众已有的印象。由此可见：

（1）人物在影片中第一次亮相非常重要，会给观众留下深刻的印象，并且影响之后变化着的人物面孔感受，因此必须处理好第一次亮相镜头的造型。

（2）每个镜头让观众看什么、不看什么，摄影师必须明确，给予一定的技巧处理，摄影必须掌握变化中的观众注意力。

（3）在运动过程中，短暂的静止瞬间，会给观众留下较深的印象，特别是近景特写镜头要严格把握住人物形象的特征，按上述静态肖像方法处理。

改变演员的年龄形象

演员在年龄上往往与剧中人物不相符。如传记片中，人物时代跨度很大，从青年到老年几十年间，外形上的变化都要在演员身上表现出来，这是有一定难度的。通常做法有两个，一是利用两个不同年龄的演员分别扮演不同年代的剧中人。这种方法虽然有利于摄影造型，但一个人物由两个演员扮演，形象不统一、不完整；两个演员也不可能长得完全相像。另一种方法是由一个演员从头演到底，这种方法人物形象完整统一，但外貌年龄的改变难度较大，必须动用一切力量来完成人物形象的塑造。化妆艺术是人物造型的重要手段，而光线处理则是摄影师刻画人物年龄的手段之一。在光与质感一节里已经知道，直射的侧光能突出和加深面部皱纹，从而使人物年龄显得苍老。

这种方法在电影电视中有无数成功的例子。前苏联影片《乡村女教师》（*A Village Schoolteacher*，1947，摄影师为乌鲁谢夫斯基）就是一个很好的例证，见图 12-1。女主角瓦尔瓦拉，从年轻的学生到老态龙钟的妇人，都是由著名演员玛列茨卡娅一人扮演。玛列茨卡娅当时已是中年，摄影从造型上把中年妇女变成少女，又变成老太婆。除了演员的表演、化妆的成功之外，光线的处理起了大的作用，表现少女时期有几场戏处理很成功。

年龄变化反映在人脸上，主要体现在三个方面。（1）随年龄增长人脸变胖，下巴变宽；

（2）皮肤变粗糙，出现皱纹；（3）眼神迟滞，失去光彩。如果我们在造型上能解决这几个问题就可以将演员返老还童，穿越时光隧道，拍摄到他年轻时代的影像。

　　画1　影片中第一个特写镜头，是在中学毕业舞会。摄影师有意选择夜晚来处理，一束光斑照亮了额头和眼睛，颧骨以下都处于暗影之中，把显示中年人"发福的宽下巴"挡暗，使之不明显。光线非常柔和，突出神采奕奕的眼睛，逆光勾画出蓬松的金发，增加了少女天真活泼的美。正面光掩盖中年人已出现的粗糙皮肤和面部皱纹，用镜头纱或柔光镜，进一步柔化，增添少女皮肤质感……摄影师成功地利用光线把中年妇女塑造成豆蔻年华的少女。

　　画2　毕业后赴西伯利亚教书的路上。白天就不能再用"光斑"掩盖发福的宽下巴了，因此借助头巾和摄影角度挡掉了下巴上的肥肉，头巾形成的V字形线条，造成尖下巴的错觉。逆光照明，脸部处在阴影之中，散射的天光和人工光掩盖了的皮肤，再次塑造出少女形象。

　　画3　在西伯利亚教书几年之后，进入中年时代。剧中人和演员年龄相似，摄影处理起来就方便了，光线不必着重改造年龄形象，只需刻画人物性格。画面是女主角瓦尔瓦拉在生命受到威胁，面对凶狠敌人的特写镜头，用直射光在人脸前方照明，大反差，强烈死亡明暗对比，刻画出人物坚强不屈的个性。

　　画4　接近晚年五、六十岁。这时人脸上出现了明显的皱纹，特别是在额头部位。当然化妆师会用各种方法制造皱纹，在那个时代人造皱纹终究不理想，会"穿帮"。在室内，摄影师采用光斑处理：一束直射光在斜侧光位将眼睛、鼻子、颧骨照亮，让额头和下巴处在暗影中，削弱观众对这部分的注意力，没有皱纹的额头，误以为充满了皱纹。摄影师用了一盏小灯在脸的正前方修饰嘴和下巴，提高阴影亮度，揭示出下巴的宽度，逆光在偏后位置上修饰头发，形成明快线条。人物光线处理增加了演员年龄，塑造出坚强可爱的老人形象。

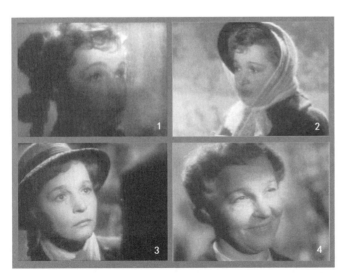

图12-1

将画1和画4对比，同样是"光斑"照明，却塑造出相反的年龄形象。可能是摄影师有意造成前后呼应的效果，形成完整统一的瓦尔瓦拉人物形象。

摄影师塑造出跨越五六十年的人物形象，让人惊叹摄影师、造型技巧的高超。

65年后的2012年，84届奥斯卡奖传记影片《铁娘子》又遇到了同样的人物造型难题。现代

图 12-2

电影化妆造型，已不再是《乡村女教师》时代的光线造型了。影片中的撒切尔从十几岁的杂货店员到七、八十岁的撒切尔夫人，跨度很大。1951 年出生的时年 61 岁的梅里尔·斯特丽普扮演撒切尔夫人，造型有一定难度。塑造晚年的撒切尔形象还容易些，但塑造十几岁小姑娘难度太大了，演技再好的演员，摄影师也无能为力。从影片中我们看到是两位演员扮演了同一位剧中人。图 12-2 是四个不同时期的撒切尔夫人近景画面。

　　画 1　年青时代的玛格丽特·罗伯特（未出嫁的撒切尔夫人），与中年时代的撒切尔夫人明显不是一个演员扮演的。
　　画 2　婚后的撒切尔夫人；**画 3**　成为首相的撒切尔夫人；**画 4**　晚年的撒切尔夫人。据说化妆师在她脸上罩用了 20 块"颈部皮肤"，脸颊和鼻子还分别有 20 块和 40 块，将 61 岁的梅丽尔·斯特里普塑造成耄耋之年的撒切尔夫人。高超的演技所塑造的罹患老年痴呆症的老妇形象真实感人。这是化妆师的功劳，但摄影师造型也起到辅助作用。注意后三幅人物"下巴"形状的不同。画 2 最"尖"，画 4 最"宽"。三个画面、三种角度、三种光线：画 2 较高的斜侧光照明，俯角拍摄。光线越高，角度越俯，脸型越瘦，下巴越尖。画 4 相反，侧脚光照明，仰角拍摄，下巴宽大，形象变老。画 3 介于二者之间，平光照明，平视角拍摄，塑造出端庄的首相形象。

　　摄影师采取一切手段，如拍摄角度的选择、景别的运用、人物场面的调度配合、柔光纱、柔光纸的使用等，对人物进行塑造，其中光线的运用，对刻画人物年龄形象起着重要的作用。

12.1.4　在运动中刻画人物形象

　　电影电视是时空艺术，时间的推移和空间的变换必然产生人物、事件的发展变化和光线运动。运动为电影电视表现人物、塑造形象提供了特有的可能性。

在情节发展的重要环节中表现人物

不论剧情结构如何，电影电视总有一些对戏剧冲突的发展起决定意义的重要环节。每个段落、场景又有自己的重要镜头。

当戏剧矛盾冲突发展到高潮时（这是决定性时刻，也是创作人员进行艺术处理的关键时刻），如何恰如其分地运用光线来突出表现重点段落和场面，以及戏剧高潮中的人物，是摄影构思中首要考虑的问题。

人物性格往往随着剧情的发展、矛盾冲突的变化而改变。因此对人物的光线处理，也应在运动中相应变化。

在传记片中，摄影师必须随着剧情的发展、时间的推移，巧妙地运用光线，使人物的年龄和性格在影片各个时间段落中得到表现。

人物第一次亮相

人物第一次亮相应给观众留下深刻的印象。因此，必须在画面中塑造好。第一次印象成功，对以后的人物处理有好处。如果人物第一次亮相的形象得不到观众的承认，那么整部影片的形象塑造也不容易得到观众承认，总会觉得演员不像剧中人。

例如影片《乡村女教师》中瓦尔瓦拉的出场亮相，便处理得十分慎重。导演和摄影师采用暗出场的方法，在人物未出场之前，通过她的女同学（一位真正的年轻姑娘）来介绍瓦尔瓦拉是怎样的人，让观众感到这位年轻姑娘的同学一定也是年轻人。然后看到的是老朽的女人——校长的形象，在人物未出场之前先设计一个年轻姑娘和老太婆形象的鲜明对比，最后是瓦尔瓦拉的出场亮相。先是楼梯上的全景，人物的脸部处在无光的阴影中，观众先看到的是人物的全身外形，借助少女的服装先建立女孩子的印象。然后是跳舞的中近景，正面脸都是一闪而过，无法仔细观看，只留下一个"少女"印象。舞蹈中的每次停顿都是处在背部对着镜头，让人看到美丽的少女发型，再次增加"少女"印象。做足了这些铺垫工作后，最后用几个非常短促的特写镜头，看到这位"纯真少女"，此时在观众对人物的少女形象深信不疑。

先入为主，亮相的成功给以后的人物塑造带来方便。

在光的运动中表现人物

运动光效有两大形式：

（1）演员和摄影机在空间里运动造成光的变化。如演员或摄影机从明亮的窗前移动到较暗的角落，造成光线明暗变化。

（2）光源自身的变化。有几种情况：

- 光源强度的变化。如开灯关灯、日出日落、闪电，形成明暗和色温的变化。
- 光源运动的变化。如行驶中的车灯、移动的手电灯光，产生移动光效。例如，美国影片《惊魂记》（*Psycho*，1960）中萨姆为寻找失踪的玛莉安来到偏僻的汽车旅店查看。当他偷偷走出房间时，一辆汽车驶来，突然射来的灯光，使人一惊，而后又迅速地划过消失。这种光效展示了人物惊恐的心情，也揭示出夜晚的光线特征。

- 动态的光源：如闪动的火光、跳动的油灯光、摇动的树影、晃动的水波光以及各种车厢内部由于运动造成的动态光效。

光的运动必然造成画面影调、色调、光影结构的变化，为人物光线表现提供了多种可能性。

以明朗的光线条件为依据，用富有表现力的光线形式来刻画人物开朗的心情与坚强的性格。或者以沉重昏暗的光线气氛为依据，用暗调光线来表现情节低潮中的人物处境。利用闪动的火光照亮人物和背景环境，表现出人物内心的不安。利用火光为依据造成反常光效，表现人物反常的心理状念。

在运动过程中，有意安排几个明暗不同的区域，造成画面中人物明暗交替的变化，能使画面真实自然，忽明忽暗更会引起观众兴趣和注意。人物这种明暗变化处理得当，能形成视觉节奏，有利于剧情表现。

光线变化可以是突如其来的。例如突然拉开窗帘，或者突然打开电灯，使较暗的房间变亮，改变环境和人物的光线变化，使看不清的事物和人一下子看清。这种光线变化对观众视觉具有刺激性，更有突出强调的作用，运用得当，很有表现力。例如一个坏人和朋友谈话，坐在一个绿色灯罩的吊灯下面，人物光线效果一切都正常自然，谈话中感到朋友发现了他的伪装面目，起了杀人灭口的想法。他突然站起来，脸从正常电灯光下进入灯伞光区，在绿色灯伞阴影里，处于桌面反射光照明，呈脚光状态。透过灯伞的几块绿光照在脸上，光线反常，表现出一副凶相。光线变化在这里充分地暗示了人物内心活动，表现了人物性格的两面性。

总之，把自然光的运动转化为人物情绪的象征，是人物光线处理的一个不可忽视的手段。必须为每一个运动的场景、每一个变化的情节、每一个发展的性格，寻找相应的运动光线形式，予以揭示和表现。剧情的运动和光线运动之间存在着联系：象征律、相似律、接近律在这里起着重要的作用。

运动是电影电视的特性，也是电影电视的表现手段，它们存在于导演、表演和摄影等艺术手段之中。

12.1.5　美化的问题

光线处理可以改变人物某些外貌特征，因此出现了美化或丑化的问题。

电影电视中长期以来就存在着"美人照"的现象。特别是早期好莱坞电影中，演员几乎都是大美人。这在当时起着一定的作用，因为漂亮的明星可以帮助影片招徕观众。

随着电影电视艺术的发展、观众欣赏水平的不断提高，人们不仅关注外形美的人，也开始喜欢那些心灵美的人物。观众不再单纯追求外形美的享受，也注重"真实的生活美"。所以在日本电影里出现许多外形上并不美的人物形象，他们多为心地善良的小人物，使观众感到真实可信。例如，日本影片《远山的呼唤》（1980）中的女主角民子（倍赏千惠子饰）。

单纯追求外形美，已经开始令人厌恶。但是无目的地表现丑，也会让观众讨厌。前苏联电影评论家格·查希里在《电影肖像》一文中写道："在电影中，观众亲临其境的效果，要比在其他造型艺术中更为强烈。在肖像镜头中表现极度的痛苦，不但不会引起同情之感，反而会引起一种想要脱身走开，不愿做这种事情的见证人的情感。"同样道理，表现一个极其丑陋的人物或者用摄影手段丑化了的人物，都会破坏观众的情绪，使之痛苦难受。人物的光线处理不能无目的地美化人物，不可为美化而美化。光线处理应当追求正确真实地表现人物的性格特征，恰如其分地表现出人物的内心情绪。在表现人物不美的行为时，不可过分，不可引起观众反感。

12.2　人物光线处理的基本形式

在第六章"光线与造型"中已讲过，圆柱体有三种基本光线形态，对人物来说也是如此，见图 12-3：

图 12-3

画 1　顺光照明——亮调子；

画 2　侧光照明——全调子；

画 3　逆光照明——暗调子。

由于环境（布景）复杂，可能同时存在几个光源（多门窗的建筑物），所以人物的光线形式是千变万化的，但概括起来离不开这三种形态。

在这三种形态上，变换主光方向、高度、光线质地、光比强度，增添各种修饰光、效果光，可以创造出千变万化的人物光线形态。

12.3　平调光处理

以平光做主光，来自摄影机方向。面部只有受光面没有背光面。对象较亮，只有亮面和次亮面，看不到影子，边缘轮廓较暗。

在具体拍摄中由于使用灯种、灯位、距离远近的不同，决定不同的造型形态。

12.3.1 主光处理

主光位置的处理

　　平光照明灯位尽量靠近摄影镜头光轴，光线越靠近光轴脸上越没有影子。因此平调光的主光有三个位置，分别靠近摄影机旁：

　　（1）在摄影机前面或后面；

　　（2）在摄影机右侧；

　　（3）在摄影机左侧。

　　三个位置不同造型效果不同，见图12-4。

　　画1 正面角度。灯位在摄影机后上方，靠近镜头光轴。能较好地再现出人脸自身结构。没有阴影，有个较暗的轮廓。因为没有影子，所以不需要用副光照

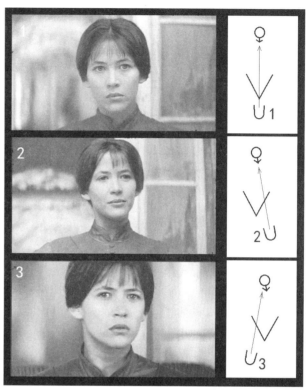

图 12-4

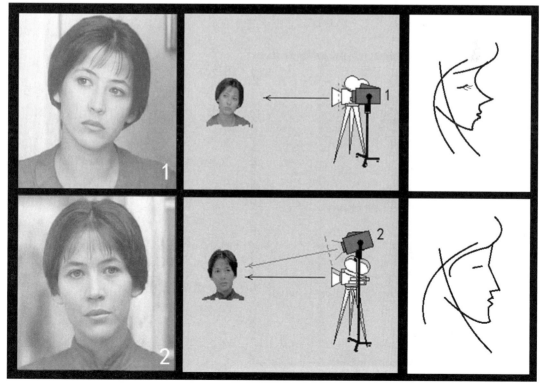

图 12-5

明。影调柔和干净，能表现出自身全貌，造型上不歪曲形象。这是塑造女性形象多用的光线，也是做副光使用的光线。

画 2 当人脸有了方向时，主光灯位由脸的方向决定。灯位要与人物视线方向在同一侧。脸向摄影机右侧，主光灯要放在摄影机右侧。这样人脸正面较亮侧面较暗，能较好地再现出人脸的三大面，造型上体感较强，也能使脸型变瘦。

画 3 与前者相反，人脸面向摄影机右侧，而主光灯却在摄影机左侧。因此脸的两个侧面受光角度不相同，亮度不同。右脸亮左脸暗，虽然没有阴影，保持平光特点，但造型上缺乏体感，人脸显得胖些。

主光灯高低的处理

灯位高低与人脸形态有关，中国人脸有两种类型：

北方人的平型脸，眼窝浅，鼻梁低，下巴朝前。额头、眼睛、鼻子、颧骨、下巴基本上处在一条直线上。南方人的凸型脸，额头高、眼窝深、鼻尖突出，下巴向后。额头、眼睛、鼻子、下巴处在起伏不平的曲线上。

主光高低可以突出、强调、夸张，也可以削弱、掩盖脸的起伏形态。对于凸型脸，主光灯位低些可以减弱起伏感觉；对于平型脸，主光灯高些可以增加脸的起伏感觉。

同一个演员，主光灯高低不同造型效果一相同，见图 12-5：

画 1 主光灯位置较低，眼窝亮，显得浅些，脸部起伏感较平。

画 2 主光灯位稍高些，眼窝暗，显得深些，脸部起伏感较强。

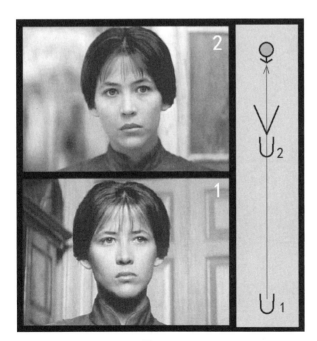

图 12-6

主光灯距离的处理

照明距离不同，影响光线质地表现不同。距离越远，直射光成分越多，反之距离近，散射光成分较多。影响人脸反差和对比度。在聚光灯照明中更为明显，见图 12-6。

画 1 灯位较远，调子反差较大，正面较亮侧面较暗。对比强烈，缺乏中间过渡层次。

画 2 灯位较近，反差较小，对比度较弱。

比较两个画面，给人的力度，气质都不相同。

这种现象与灯具大小有关。在照明距离不变条件下，灯具大灯口就大，散射光成分较多，光质柔和，反差相对较弱。反之灯具小灯口就小，相对直射光成分较多，光质较硬，反差较强。

主光灯光质的处理

不同光质的灯具照明效果不相同。因此在平调光处理中采用聚光灯还是散射光灯，对灯具的选择很重要。由于平调光照明要求看不到影子，因此多采用柔和的散射光灯做主光照明。但由于人物性格不同，戏剧情绪的需要，硬质的聚光灯同样具表现力，见图 12-7。

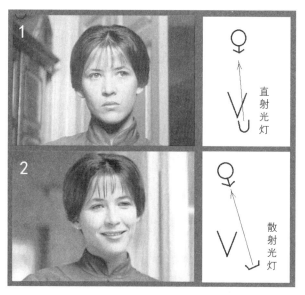

图 12-7

画 1　聚光灯做主光照明，光质很硬，反差大，缺乏中间过渡层次，鼻影边缘界线明确，线条清楚，有力度感。因此聚光灯做主光时必须注意鼻影的处理，利用光位高低左右，尽量使鼻影靠近鼻子下方轮廓线，造成重合错觉，借此掩盖鼻影的存在。

画 2　散射光灯做主光照明，光质柔和，层次丰富。特别是鼻子阴影边界模糊，易于掩盖。

图 12-8

双主光照明

用两盏灯分别在靠近摄影机的两侧照明主体，因此，平光的暗轮廓效果减弱，反差降低，调子会更平淡，人脸显得胖些，见图 12-8。

画 1　双主光照明，两盏灯分别在靠近摄影机两侧的位置上，因此人物两个侧面脸接受光线相对多些，人物显得胖些。

画 2　同一个演员单主光照明，主光灯在摄影机左侧，人脸相对显得瘦些。比较两个画面，胖瘦差别很明鲜。

图 12-9

因此，对脸型较长，较瘦的人脸适合采用双主光照明，可以弥补脸型缺欠。

在平调光处理中，使用两盏灯照明，处理不当容易在鼻翼两侧产生影子，见图 12-9。虽然面积很小，但在脸上，很显眼。特别是随着头部转动，两个影子大小不断变化，时有时无。在照明工作中称为"蝴蝶"现象。避免的方法：首先是两盏灯的处理要尽量靠近摄影机，避免和减少影子；其次是使用散射的光线照明，让影子虚掉或不显眼。

12.3.2　修饰光处理

在平光条件下，物体只有受光面，只有亮面和次亮面，调子平淡，缺乏立体感和空间感。虽然能很好地再现人物皮肤的固有色，却不易表现出物体表面的起伏结构。因此，平调光照明往往需要用各种修饰光来修饰影像。

在具体使用中，平调光照明可以和各种不同方向的光线结合使用，构成不同形态的平调光形式。如：

平光＋侧光　（以平光为主）

平光＋两侧光　（以平光为主）

平光＋侧逆光　（以平光为主）

平光＋逆光　（以平光为主）

平光＋顶光　（以平光为主）

平光＋脚光　（以平光为主）

这些修饰光都可以改善影调结构，丰富影像层次。

平光照明中的几种修饰的使用，见图 12-10。

画 1　外景平光处理再现阴天光线气氛。主光灯 a 是一盏散射光灯，在视线前方照明人脸。影调柔和，没有影子。修饰光灯 b 在侧逆光位修饰头发，同样是一束柔和的光线，只增加头发影调层次，不产生光源感觉。

画 2　侧面角度拍摄。主光灯 a 是一盏聚光灯，在斜侧光位照明人脸，让脸部呈现出平调光效果。只有在这个角度上能使下额较暗，区分面部与脖子的体态。头后的发髻处在主光的阴影中，结构不清楚，因此用修饰光灯 b 在侧逆光位修饰头发，聚光灯揭示出发髻形态，也增加黑发层次。

画 3　斜侧角拍摄。主光是柔和的散射光灯 a，在视线方向照明人脸，修饰光 b 在侧

图 12-10

逆光修饰头发、脖子和脸，增加一小块亮面，丰富了脸部影调层次。

画4　与画3相似，只是人脸角度稍正些，因此，修饰光b作用鲜明，勾画出头部轮廓，使黑色头发与黑背景得到区分。同时在人脸稍暗的侧面上形成亮斑，塑造了体的形态并增加了影调层次。

画5　人脸方向偏向画右，主光灯a虽然在摄影机右侧，但稍偏离视线（在视线偏左边），脸上没有鼻影。从影调形态上来看，属于正面光与斜侧光之间，斜侧光脸上应有影子。修饰光是一盏聚光灯b，在侧逆光位照明人脸亮部，在亮面里增添一道明亮的轮廓。影调层次丰富，体感很强。

画6　摄影机在斜侧角上拍摄。主光灯a在视线方向照明，对着镜头的脸部处在平调光照明之中。人脸正面与侧面调子差别不大，两大面没有得到应有的塑造，缺乏体感。因此，修饰光灯b在侧逆光位，对脸来说是侧光位，将人脸左半部照亮，不仅增加脸部影调层次，也衬托出鼻子和嘴的轮廓形状，增添美感。

画7　双修饰光灯b1、b2在左右两个侧逆光位修饰人脸，形成夹光效果。脸的两个面稍亮，中间正面暗，没有影子，保持平调光效。这种修饰光能使脸型显得丰满和胖些，适合瘦而长的脸型。

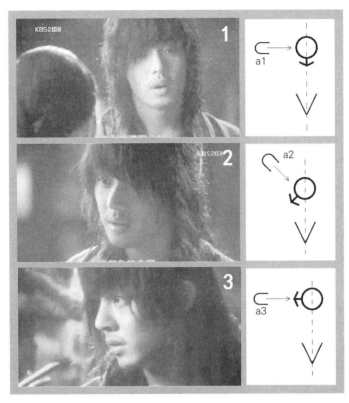

图 12-11

图 12-12

画8 采用顶光修饰。修饰光灯 b 在人脸上方前稍侧位置上修饰脸部，能增加面部层次，没有影子，保持平调光效。

12.4 侧光处理

侧光的光源来自侧方，受光面和背光面各占一半，明暗变化较大，层次丰富，立体感比平光明显增强，明暗面亮度比值——光比的处理占有重要地位。

12.4.1 侧光形态

在实践中，影视中的人物处在动态状态，机位方向不断改变，这样侧光的定义就复杂了。存在着摄影机、人脸和灯位三者方向和位置的关系，见图 12-11 韩国电视剧《成均馆绯闻》（2010）三种侧光照明镜头。

画1 人物正面角度，主光在人脸侧面与摄影机光轴成90°角位置上，这是典型的侧光照明。

画2 人物斜侧角拍摄，主光还是在人脸侧面，与视线成90°角，与摄影机光轴大于90°，处在侧逆光位置上，这也是侧光照明。

画3 当人物处在侧面角拍摄方向，主光处在视线前方，与摄影机光轴成 90° 角。对人脸来说是正面光照明，但被照体上不是平光照明效果，却呈现出鲜明的受光面和背光面，呈现出侧光照明效果。对摄影机来说，应当是侧面光照明，因此也属于侧光照明形态。

12.4.2　主光处理

主光位置处理

侧光照明的主光灯在被照体侧面，与摄影机光轴成 90° 角位置上。由于人的脸型不同，造型要求不同，实践中有三个位置，见图 12-12。

　　画 1　主光位置偏后，大于 90° 角，因此颧骨正面暗，反差较大，体感夸大。

　　画 2　主光位置适中，处在 90° 角位置上，鼻侧面、颧骨正面、脸侧面得到较好区分，具有适当体的感觉，造型正常。

　　画 3　主光位置靠前，小于 90° 角，因此，鼻侧面、颧骨正面、脸侧面得到相似照度，体感较弱，但脸部半边亮半边暗的效果鲜明。

主光高度处理

现实生活中，人们早晚和中午休息，生产、劳作、社交等活动大都在上午、下午，上午、下午太阳高度处在 45° 角左右，是生活中主要活动时刻太阳的高度，视觉适应这段光线结构，认为这个高度的阳能带来最舒适、最美好感觉。因此，在人像摄影中把主光高度放在 30°~60° 之间，认为这个高度内人像造型最完美、最好看。把这段高度看成是正常高度，超过或低于这个高度，光线处在顶光或脚光状态，都被认为是反常光效。

侧光照明主光高度处理见图 12-13。

　　画 1　主光高于正常光位，具有顶光特点。受

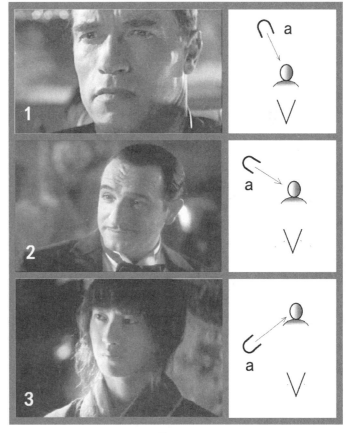

图 12-13

光面纵向起伏结构能得到夸张表现。侧光本身就具有力度感，主光越高力度感越强。画面是影片《终结者2》主角的侧光照明，主光高度充分显示出未来机械人的力量，男子汉味道更足。

画2　主光处在正常高度范围，受光面纵向起伏结构得到正常揭示。画面是影片《艺术家》男主角乔治·瓦伦汀事业得意时刻的特写画面。主光的高度准确地再现出春风得意时的男人心态。

画3　主光位置较低，处在脚光位置上，虽然像顶光一样，能揭示出脸部纵向结构，但画面造型味道却不相同，主光低，反常效果更鲜明，有"恐怖"味道，显现出低处光源特征。画面是韩国电视剧《成均馆绯闻》地下散布神秘"红壁书"的人，脚光位侧光照明，既有力度感，又具有神秘气质。

主光光质的使用

主光采用直射光还是散射光，不仅决定影片造型风格，也决定造型效果，见图12-14。

图12-14

画1　陈英雄导演的影片《三轮车夫》讲述越南黑社会的生活。摄影师采用大反差强对比手法，展示黑社会的力量。因此光线处理上像传统黑色电影一样，使用聚光灯直射光照明。画面是影片中一位女性老大的特写，直射光侧光位照明，大反差强对比，有力地刻画出黑社会大佬的形象。

画2　影片《铁娘子》中英国首相撒切尔夫人特写镜头。同样侧光位照明表现出一种力度感，但柔和的主光——散射光，给力量染上不同味道，不再是黑社会的邪恶，而是一种正义的力量。

画3　电视剧《成均馆绯闻》男主角李善俊的特写镜头，散射光刻画出有力量、善良的男子形象。

传统电影里由于技术原因，使用直射光做主光照明，现代电影多用散射光做主光照明，特别是低成本电视剧，散射光不仅能提高工作效率，降低成本，还可以再现令人满意的人物形象，像传统电影一样有利于"讲故事"，所以电视剧多用散射光照明。

12.4.3 副光处理

副光位置的处理

副光是照明背光面的光线，不需要光源依据，不能产生阴影。所以副光只能采用正面光照明，只有在摄影机旁的左、中、右三个位置，为了削除阴影，要尽量靠近摄影机光轴。三个位置用哪一个，由人脸造型需要决定。图 12-15 为正面角拍摄的三个画面，分别为三个副光位置。

画1 正面角度拍摄，主光灯 a 在摄影机右侧，副光灯 b 在摄影机后方（或前方）稍高的位置，背光面里的颧骨正面得到应有照度，相对亮些。而脸的侧面和鼻子侧面照度较少，相对暗些。画面结构清楚，体感较强。能正确再现脸部形象，既不胖，也不瘦。

画2 人物角度和主光位置不变，副光灯 b 在摄影机左侧（与主光相对的另一侧）。此时脸的背光面亮度分布有所变化，脸侧面和鼻子侧面得到较多光照，与颧骨正面反差相对减弱，层次减少，体感较差。在造型上，与画1相比，人脸相对显得胖些。但半亮半暗的侧光效果更鲜明，力度感强。

画3 人物角度和主光位置不变，副光放在摄影机右侧（和主光在同一侧）摄影机旁。

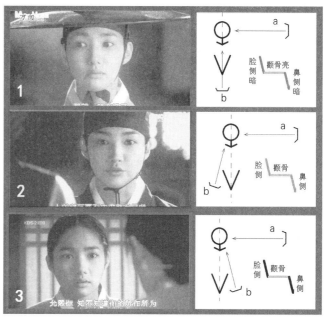

图 12-15

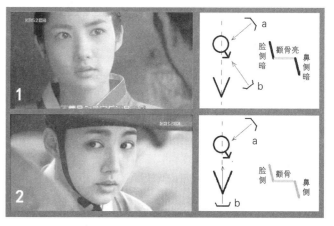

图 12-16

图 12-17

背光面反差加大，除了结构清楚、体感较强之外，在造型上人脸相对显得消瘦些。

当人脸处在斜侧角方位时，副光位置一般放在人物视线方向照明脸部，见图 12-16。

画 1   副光灯 b 放在视线方向照明脸部。这样背光面结构清楚，层次丰富，体感较强。在这个位置上，背光面不会出现影子。人脸形象正常，不会歪曲形象。

画 2   斜侧角拍摄，副光灯放在摄影机位置上，此时人脸侧面、颧骨正面和鼻子侧面照度相似，反差小，不清楚，体感较差，人脸较胖。

从图 12-15 和 12-16 中可以看到，同一人物、同一拍摄角度，在侧光照明中由于副光位置不同，可以人脸胖瘦感觉不同。所以，副光处理看似简单，实则比主光处理还要困难。

光比处理

主光与副光亮度比值称为光比。

例如人脸主光照度为 100 nt，副光为 50 nt，则：主副光比值为主光：副光 = 100 ∶ 50 =2 ∶ 1。在照明术语中被表述为：光比为 1∶2。

现代电影艺术不再把人物光比做为固定值来处理。在影片中人物光比是可变的，随着人物性格或人物心理状态变化而变化。光比是刻画人物形象，表达人物心理状态、人物思想情感的重要手段。见图 12-17，影片《心火》中女儿露意莎的三个特写镜头。瑞士家庭教师伊丽莎白为还父债，卖身三晚，给英国贵族查理代孕生下一个女儿露意莎。七年后，在偶然情况下，来到查理家做女儿的家庭教师。这是表现女儿对母亲从蛮横敌意到温馨认可的三个画面。

画 1   初次见面，直射光在侧光位照明，大光比，强反差、表现出强大力度。刻画出桀傲不训的露薏莎的蛮横无知的个性。

画 2   被伊丽莎白强制在教室里学习。还是直射在侧光位照明，但光比减小，反差减弱，刻画出桀傲不训的人得到了限制，半亮半暗的侧光表现出强烈的敌视心态。

画 3   在母爱的温暖中，再强硬的冰块也得到了融化。还是侧光照明，但光质改变，散射光代替了直射光，镜前加纱，影像柔化，刻画出在母爱中的露薏莎那种幸福的感觉。

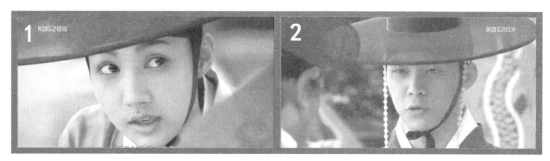

图 12-18

男女不同，光比处理不相同，一般男性光比大些，属于阳，光比在此能表现阳刚之美。女性属阴，光比小些，能表现出女性温柔之美。

图 12-18 的电视剧《成均馆绯闻》是韩国版"梁山伯与祝英台"故事。穷人女儿金允熙阴差阳错以哥哥金允植的名字，女扮男装进入大学府成均馆学习，与宰相的儿子李善俊相爱。画 1 是女扮男妆的金允熙，画 2 是李善俊，画面上都是男人形象。但光比不同，暗示出一男一女的区别。

光比处理不仅能刻画出人物内心情感状态，区别男女形象，还能表现出光源特点。夜晚光比就比白天大些；离光源近些就比远些大。光比处理能表现出人物空间位置和环境特征。

12.4.4　修饰光处理

侧光处理中，修饰光的运用非常重要。它不仅修饰形体，增强形式美，完成造型任务，更有趣的是利用修饰光增加侧光的力度表现。修饰光在侧光处理中可以增强或削弱侧光的力度感觉。

图 12-19 是电视剧《成均馆绯闻》中的几个侧光照明中的修饰光处理。

画 1　女扮男妆的金允熙，侧光照明，修饰光灯 c 在侧光位照明暗部，柔和的散射光给暗面增加次暗面，微弱的光比使影像具有温柔女性味道，形象整体感较强。

画 2　同样是棚内拍摄外景画面，男主角李善俊特写。侧光照明，柔和的散射光修饰人脸暗面，同样增加层次和体的感觉，但是光比较强（与画 1 比较）结构比较清晰，男性味道比画 1 重些。

画 3　人物处在斜侧角，聚光灯在逆光位置上修饰暗部轮廓，勾画出一道明亮的轮廓线，给画面增添活泼气氛。

画 4　正面角拍摄，两盏聚光灯 c1、c2 分别在左右两个逆光位置上，照明人脸，在两侧勾画出明亮的轮廓线，对称式的结构，突出脸的匀称和庄重的形象。

画 5　侧面角拍摄。主光在人脸前方（摄影机侧面方向上），聚光灯在逆光位照明脸的轮廓，勾画一条明亮的美丽的轮廓线，美化了人物形象。

画 6　李善俊夜晚特写，修饰光 c1 在侧逆方向，脚光位置上照明人脸，亮面增加一个更明亮的面。大光比造成夜晚气氛。

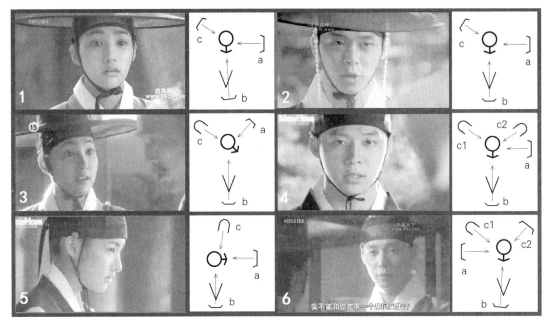

图 12-19

12.4.5 侧光照明色彩处理

如图 12-20（彩图 64），画 1 是日本电视剧《太阳再次升起》（2011）侧光照明画面。主光 a 采用低色温钨灯照明，呈现暖色调；修饰光 c 采用高色温光照明，呈现冷调；副光则是白光。画面色彩丰富，既有寒暖对比，色调又柔和，立体感很强。这是当代电视摄影中处理色彩常用的方法。

侧光照明，亮暗各半，本身就具有力度感。摄影师不仅利用光比，也可以利用色彩控制力度的表现。画 2 是影片《终结者 2》中男主角的特写，主光 a 在侧光位照明，再现出皮肤固有色，修饰光 c 是高色温光在侧逆光位照明脸的暗部，给暗面增加一个明亮的蓝色块。副光很弱，形成大光比高反差影像，画面充满强烈的力度感觉，刻画出机械人的巨大力量。

画 3 为影片《古墓丽影》身处墓中的女主角。主光 a 是低色温钨灯照明。高色温蓝光 c 在侧逆光位修饰暗面。造型上增加次暗面，平衡影调、色调，形成寒暖对比，制造出古墓里的神秘气氛。

画 4 是影片《终结者 2》结尾时，在炼钢炉前，看着拯救世界的"终结者"熔化在钢水中。红红的钢水光照亮环境，也照亮人脸。蓝色的副光亮度虽小，寒暖对比却强烈，既有力度感，又有火红的热度感觉。

画 5 同是母亲战斗的特写，蓝色调处理。蓝色是精神领域里最崇高的色彩。它再现出严峻的险境，又表现出母亲保护儿子的坚强崇高精神。色彩的寒暖对比不仅能形成激烈情绪感，也能表现出美妙的感觉。

画 6 为救出母亲后逃跑的路上。微妙的寒暖处理不仅刻画出"终结者"美丽的形象，也表现出母子深情，同时也暗示出危机的处境。

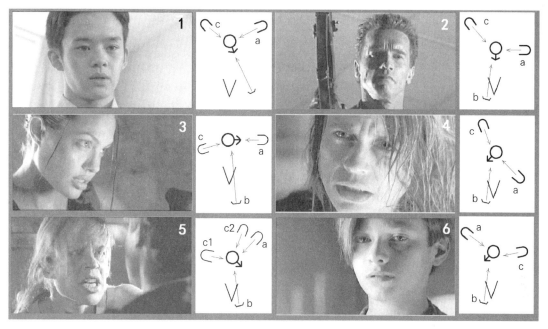

图 12-20

12.4.6 侧光的特殊样式

侧光照明在具体应用中是多种多样的形态，见图 12-21。

画 1　画 2　采用主光遮挡：将额头上半部的主光用挡板挡暗，或用灯光纸减暗，增加影调层次、突出主体，更能形成美的形式感。

画 3　在较侧的斜侧角位置上，较亮的侧光照明能形成"亮斑"效果，突出鼻、嘴、下巴线条等美的形式感。

画 4　同样在较侧斜侧角位置上，主光稍暗，再用逆光勾画轮廓，同样突出鼻、嘴、下巴线条等美的形式感。

画 5　画 6　在斜侧角拍摄时，侧光照明，一般灯位选择在较远的一侧，让正面脸亮，侧面脸暗（靠近镜头一侧），能突出面孔，又具有良好的立体感觉（见图 12-20 画 6）。这是侧光照明的原则。但是相反把主光放在"近处"一侧，虽然违反侧光一般原则，但能形成特殊的造型效果。画 5 和画 6，光比不同表现出不同的硬度感觉，形成不同的形式味道。

在艺术创作中，各个不同门类艺术之间，存在通融，相互借鉴。印象派绘画的光色理论被陈英雄用到《夏天的滋味》里，成为当代自然光效法处理色彩的典范；梵·高绘画粗犷的笔触和超现实色彩成为米开朗基罗·安东尼奥尼等大师处理影片色彩的追求；立体派绘画理论和追求，在影视侧光照明中也得到有趣的反映。

立体主义（Cubism）是西方现代艺术史上的一个运动和流派，1908 年始于法国。立体主义的艺术家追求碎裂、解析、重新组合的形式，形成分离的画面——以许多组合的碎片型态为

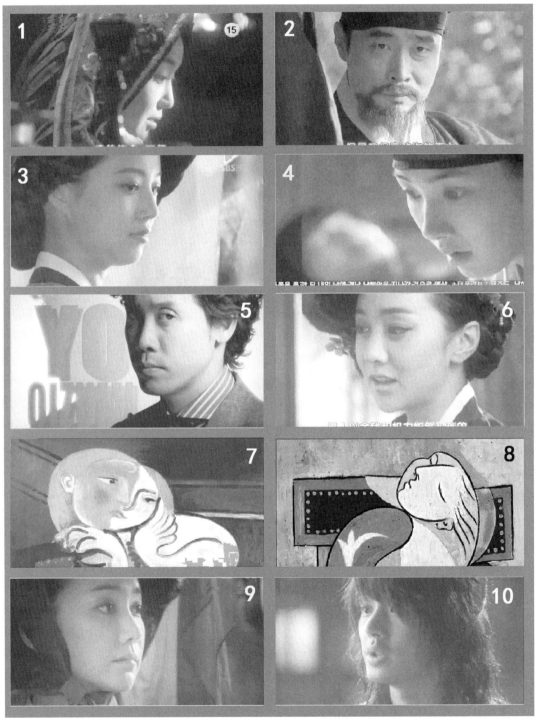

图 12-21

艺术家们所要展现的目标。艺术家以多角度来描写对象物，将其置于同一个画面之中，如将人像的正面脸和侧面脸视像组合在一起同时表现出两个视角形象。以此来表达对象物最为完整的形象。

画7 画8 立体派画家毕加索作品（局部）。人像中用明暗两种色彩，画出正面脸和侧面脸两种形象，巧妙地组合在一个"整体头像"里。在一个画像里让你看到正、侧两个面的影像，既有侧面角呈现出的曲线的优美，又具有正面的全貌感觉，这就是立体派画家的艺术追求。

画9 画10 电视剧《成均馆绯闻》中两个侧光照明人物特写画面。在斜侧角位置上，半边明亮脸部衬托出另一半较暗的脸，正好显现出人脸的"鼻、嘴、下巴侧面轮廓线"，既让人看到侧面脸的优美曲线，又具有全貌感觉。在美的追求上与立体派绘画的理念相同，在这里侧光照明展示了立体派绘画的追求。这种技巧可以在现代电视作品里随处可见。

12.5 斜侧光处理

斜侧光是介于平光与侧光之间的位置，一般所说的45°角左右。平光照明要求面部必须在受光面中，面部结构看得很清楚，但缺少影调层次变化，缺乏体的塑造。侧光照明，亮暗各半，层次丰富，但对人脸表现不完整。斜侧光照明，介于平光和侧光之间：面部既有受光面，又有背光面，而且亮面较大，暗面较小，既能看清人脸全貌，又有明暗变化，层次丰富，立体感较强。所以斜侧光是影视艺术中处理人物光的重要形式。

在"力"的表现上，斜侧光照明不像平光那样柔弱，又不像侧光那么强烈，见图12-22三种不同光线的比较，斜侧光具有适量的美。好莱坞戏剧电影时代，在造型上注重美的表现。演员本身要长得美，摄影要拍得美，因此人物光多采用斜侧光处理，特别是近景和特写镜头。为了美，在角度上多采用斜侧角拍摄，因为斜侧光加上斜侧角能塑造出最美的人物。

12.5.1 主光处理

主光的方位

斜侧光位是以人脸方向为准，左右各有一个。正面角拍摄时，主光位置与摄影机光轴成45°角位置上。在左在右都可以，见图12-23画1和画2，一般由摄影师的爱好决定。但是主

图12-22

图 12-23

体方向发生改变，摄影机在斜侧角拍摄时，主光位置就不自由了，一般由被摄人脸的方向——视线决定：灯位始终与人脸视线在摄影机同一侧，见画 3 和画 4。视线在摄影机左侧，则主光在左侧；视线在右侧则主光在右侧，而且是在最远的位置上。

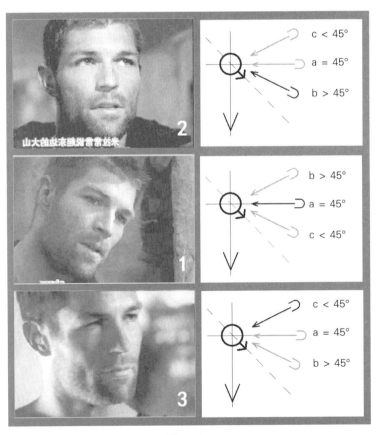

图 12-24

这样处理始终让人脸背光面的一侧对着镜头，人脸有较好的立体感，正面脸鲜明突出，不歪曲人物形象，而且具有较强的形式感。是戏剧电影和好莱坞电影中处理人物近景或特写时最爱使用的光线结构。

主光位置处理

（1）主光远近决定脸型胖瘦。

斜侧光一般是在 45°角位置上。但在具体处理中，可大可小。可以小于 45°角（靠近摄影机，工作术语："灯位靠近点"），也可大于 45°角（远离摄影机，工作术语："灯位远点"）。光位的确定对人脸造型影响较大，见图 12-24。

　　画 1　斜侧角拍摄，视线在摄影机右侧，主光 a 在人物视线左前方 45° 角位置上。此时人脸胖瘦、鼻子高低大小造型为正常。

　　画 2　主光 b 在人物视线左前方小于 45° 角位置上（靠近摄影机）。人脸受光面明显变大，相对人脸显得胖些，鼻子侧面变亮，鼻子相对低矮些。

　　画 3　主光在人物视线左前方大于 45° 角位置上 (远离摄影机)。人脸受光面变小，鼻影加大，鼻子显得高些。

　　比较三幅画面，主光灯位置的远近处理对人脸造型影响鲜明，决定脸型胖瘦感觉。

　　（2）主光远近影响明暗交界线形状。

　　明暗交界线，对人脸造型非常重要，它决定胖瘦和美的问题，见图 12-25。在斜角拍摄时人脸上存在三条线：a 为明暗交界线；b 为轮廓线；c 为脸部正面角时的"中轴"线；d 为中轴线到明暗交界线的距离；e 为中轴线到轮廓线的距离。

　　主光位置的远近决定 d 线大小，主光位置越远，d 线段越长。机位角度不变时 e 线段大小固定不变。因此，改变主光远近决定了 d 与 e 的比值。d 线段越长人脸越胖，所以主光远近决定脸型胖瘦。明暗交界线的形状受面部结构和主影响。调节灯位远近距离，使明暗交界线与轮廓线以中轴为准形成某种"匀称"的关系时，面部造型才有可能显示出美的造型。

主光灯高低的处理

　　经验告诉我们，斜侧光照明主光在视线的 45° 左右，高度也是在水平 45° 角上下，能获得较佳的人物形象。这和人们生活经验有关，除了吃饭睡觉，人的一天的活动主要是在上、下午时间里，此时太阳平均高度约在 45° 角，是人们看到对方最多时刻，把这段时间里看到的

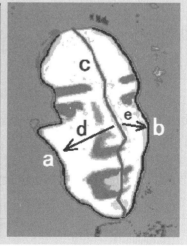

图 12-25

图 12-26

人物形象认为是最正常的视觉感受。

早晚和中午太阳位置较低或较高，此时是人们吃饭休息的时间，最不愿意受陌生人打搅。因此，主光太高或太低都让人感觉不舒适、不美，生活习惯造成了人们的审美经验。

在摄影用光造型中，主光高低决定人脸结构的表现，见图 12-26。

画 1 主光高于 45° 角。额头、颧骨、上颌骨较亮；眼窝、颧骨下方、下颌骨较暗，脸部起伏感较强，纵向结构鲜明。"平型"脸的人主光适合高些，能弥补平型的缺欠。

画 2 主光低于 45° 角。纵向起伏不鲜明。适合"鼓型"脸照明，能弥补鼓型的缺欠。

画 3 主光约在 45° 角左右。纵向结构正常，形象感觉完美。

主光高低不仅影响脸部纵向结构的塑造，同时也影响脸型胖瘦感觉。主光高显得瘦，主光低显得胖。仔细比较三幅画面影像形态，品味三幅画面的味道会感觉到主光高低对造型的重要意义。

主光与鼻影的塑造

在斜侧光照明中，鼻影在脸上位置很醒目，因此对鼻影的处理很重要，不仅影响形象的美丑，也影响表意功能。

斜侧光照明中鼻影处理有三种方式：尽量消除鼻影；无法消除时利用鼻子轮廓给予掩盖；最后依某种光源为依据，让它合情合理的存在。图 12-27，利用主光位置，尽量靠近让鼻影"不见"。

画 1 鼻影最小，仅在鼻翼旁能看到一点阴影。实际上做到此种程度难度很大，有时是不可能的。

画 2 在鼻垂下方能看到鼻影。但它几乎与鼻下轮廓线相重合，不仔细观看是看不到的。

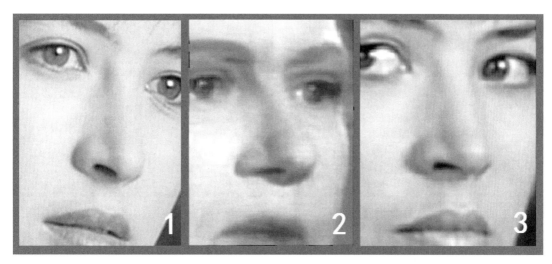

图 12-27

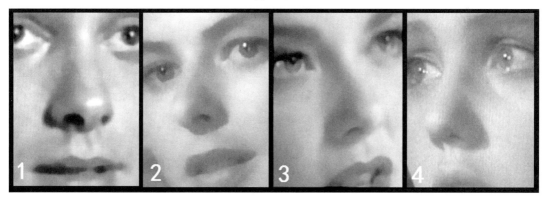

图 12-28

　　画 3　消除鼻影最方便的方法是利用散射光照明，让鼻影边缘模糊不显眼。

　　彻底消除鼻影是不可能的。因此利用鼻子轮廓进行适当掩盖，让它不醒目，见图 12-28。鼻影很清楚，但是它巧妙地与鼻子形成一个整体关系，冷眼观之，只能看到一个完美的鼻子，不会注意到鼻影的存在。做到这点，在主光位置上必须下功夫。高一点、低一点、左一点、右一点都会有明显不同。必须找到最好的位置，让影子成整体的一部分。

　　削弱鼻影是造型的需要，追求鼻影同样也是造型需要。利用鼻影可以暗示某种光源的存在，增加形式美感，见图 12-29。鼻影的存在表现出光源位置、方向、高度等，调节画面影调，形成美的形式感。

　　主光位置的远近决定鼻影大小。而鼻影大小又决定了鼻梁高低，见图 12-30。画 1 和画 2 是同一人物，主光位置不同，鼻子高低明显不同，对鼻子造型的影响很大。

　　画 1　主光靠近摄影机，鼻侧面较亮，影子较小。

　　画 2　主光较远，鼻侧面较暗，影子较大。

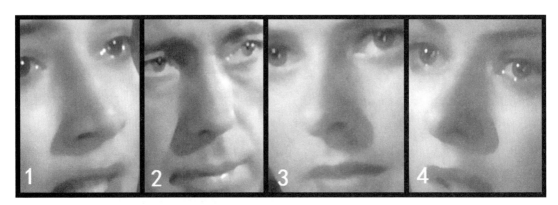

图 12-29

图 12-30

比较两个画面，会看到同一人物鼻子明显高低不同。主光靠近摄影机者鼻梁较低，远离摄影机者鼻梁较高。在造型中可以利用主光位置调节演员鼻梁高低和形态。比较画3和画4两个不同演员鼻子形态，我们会感觉到鼻子的高低很相似，仔细观看，从鼻影大小和位置，会看到两个画面主光位置远近不相同，画3主光靠近摄影机，影子较正较小，鼻梁相对低些；画4主光远离摄影机，主光相对偏后，影子较大相对高些。这说明两幅画面影像中人物鼻子的高低是经过光线调整过。将高鼻梁有意削低，将低鼻梁有意加高，目的是塑造完美的人物面部形象。

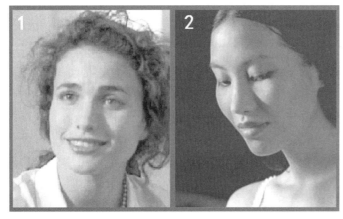

图 12-31

斜侧光照明主光位置的选择与人物脸型有密切关系，打光前摄影师必须仔细观察被拍摄对象面部，研究面部结构，根据具体对象给予恰当的光线处理，见图12-31。主光偏远，鼻影过长，影子与背光面阴影相连，此时在远离主光的颧骨上形成一块三角形亮斑，脸的下半部（鼻子以下部分）左右不对称，半边亮半边暗，亮者突出，体感膨大，相反

图 12-32

暗者体感缩小，有"塌陷"感觉。对于平型脸、下巴较宽的脸，这种效果更为明显。见画1，会显得人脸半边大半边小，失去匀称结构，这是照明中忌讳的。

画2　同是主光过远，鼻影与背面间形成不美的三角形，但被摄对象是鼓形脸，纵向起伏较大，下巴较尖的脸型。摄影师利用拍摄角度的斜侧位置，让脸的亮面轮廓线"弯曲"，特别是下巴部分轮廓线"凹下"，与暗部形成对称感觉、左右匀称感觉，弥补主光的缺欠。

主光位置不恰当会造成古怪的鼻影，不美、丑化人物形象。但是在现代影视艺术创作中，丑化也可以成为艺术语言，利用恰当可以获得富有魅力的艺术表现，见图12-32。

画1　电视剧《斯巴达克斯：复仇》（*Spartacus*，2012）中的画面。主光在脚光位照明，将鼻影投在反常位置上，形成怪异感觉，刻画出被奴役者的愤怒情感。

画2　画3　电视剧《还以为要死了》（2007）中两位主角的特写画面。巨大的鼻影投在明亮的脸，上形成夸张古怪的形态，给人一种非正常的怪异感觉，刻画出面临死亡时刻的恐惧。

主光形式的多样化

斜侧光是影片中使用最多的一种光线形式。频繁使用就要求多样化，特别是主光形式的多样化。同一演员，斜侧光处理，主光具有多种形态。

12.5.2　副光和光比处理

斜侧光照明副光和光比的处理与侧光照明相同。主要有两个位置：其一，在摄影机旁；其二，在人脸视线方向。后者塑造的体感较好，脸型消瘦。前面已经讨论过，这里就不再赘述。

12.5.3　修饰光的处理

人物近景和特写构图中，斜侧角拍摄，斜侧光照明是公认的最理想的人物肖像形式。能全面正确地再现人物形象，易于渲染美化人物。不仅是传统戏剧电影时代里摄影师创作爱用的照明方法，在现代电影电视创作中同样重视斜侧光照明。

因此斜侧光照明是影视创作中摄影师使用频率最多的光线结构。用多了就会让人厌烦，习以为常，难得创新。摄影师为获得新颖的视觉效果，除了注重主光仔细准确的处理之外，最主要的就是在修饰光上下功夫，修饰与否？怎样修饰？得到的效果完全不同。研究学习斜侧光照明中修饰光的使用对我们非常重要，见图12-33。

画1 电视剧《W的悲剧》（2012）中斜侧光照明暗调处理，修饰光灯c在侧逆光位照明亮面人脸，在鼻子和脸的侧面上画出明亮的亮斑，这是暗调中的最亮色块。在构图上突出主体；造型上在亮面里增加更亮的面，增强体的塑造；在调子构成上是暗调中最亮的色块，由于它的存在，确定了暗调子的形态；在表现上渲染出"非同寻常时刻"的味道。

画2 《成均馆绯闻》采用双修饰光处理，修饰光灯c1是聚光灯，在侧逆光位脸的亮部，在亮面里增加一个亮面，不仅在造型上增加体的塑造，也丰富了影调层次，突出美化人脸。修饰光灯c2是一盏散射光灯，在侧逆光位修饰背光面，在暗面里增加一个次暗面，柔和的散射光，使影调过渡非常柔和，不仅刻画出体的感觉，也充分塑造出女性"质感"味道。

画3 与画1是同一人物。主光、副光、修饰光都是柔和的散射光。修饰光灯c在侧逆光位修饰脸的背光面，在暗面里增添一个次暗面。光比很小，层次丰富，影调柔和。比较画1与画3，同一人物画面表现出的味道截然不同。

画4 影片《铁娘子》，修饰光灯c是聚光灯，在逆光位照明头发，在头发上画出一

图12-33

道亮轮廓，渲染出老年人形态。

画5　影片《豪情四海》男女主角一见钟情的场景。斜侧角拍摄，斜侧光照明。修饰光灯c在逆光位勾画人物轮廓，在头上、颧骨上形成一道明亮的轮廓线。主光、副光、修饰光等全是聚光灯照明，直射光调子过渡锐利、鲜明，形成轻快、明媚、阳光的情调。生动的渲染场景气氛。这是典型的传统戏剧电影时代斜侧光照明的典范。

画6　电视剧《桂千鹤诊察日记》（2010）中的女主角桂千鹤是位心地善良的医生，造型上需要刻画出她的美。斜侧角拍摄，主光灯a采用柔和的散射光灯，在视线45°角远端位置上，照明人脸，副光灯b在摄影机旁，也是一盏柔和的散射光灯，两盏修饰光灯，c1在偏左逆光位勾画亮面脸的轮廓，在亮面里形成更亮的面；c2在偏右侧逆位置上照明头部和脸的背光面，在头发上形成明亮的轮廓线，在暗面里形成次暗面。造型上亮面中有更亮的面，暗面中有更暗的面，轮廓鲜明美丽，影调柔和明快，层次丰富。斜侧光的这种修饰方法非常典型，充分发挥斜侧角的优美特性。在传统照明中被认为是最美的人像照明方法。

画7　表现的是关心桂千鹤的善良的叔父，同样需要用光给以赞美。照明方法与画6相似，同是斜侧角拍摄，斜侧光照明，两盏灯光修饰人脸，只是修饰光位置稍有不同，修饰背光面的聚光灯c2靠近摄影机，暗部头发的明亮轮廓光不见了，但把背光的侧面脸照亮，形成鲜明的侧面脸。修饰光灯c1同样靠近机位，成为偏后的侧光位，照明人物左边脸，在颧骨、额头、鼻侧等处形成几小块亮斑。修饰光较亮，主光和副光较暗，光比较大。与画6相比较，光线结构相同，只是调子、光比不同，同样明快美丽，但一个是亮调，一个是暗调，一个是温柔感十足的女人味，一个是阳刚气质的男人味。从这里可以看到同样的灯具、同样的结构，只是位置稍有变化就能塑造出不同味道的美来，充分展示出照明技巧的高超。

画8　电视剧《还以为要死了》的男主角画面。修饰光灯c在侧逆光位照明背光面脸部，在暗面里形成次暗面。光线结构与画3相同，同样增加层次，修饰体的感觉。但是光质、光比不相同，生动地刻画出男人和女人不同形象。

仔细观察品味这八幅画面，相同的角度、相同的光位，由于修饰光不同，光质光比不同，创作出不同魅力的艺术形象。

12.5.4　斜侧光照明的色彩处理

色彩的寒暖对比是画家处理色彩的基本手段，在影视艺术中同样具有重要意义，见图12-34（彩图65）。

画1　主光是白光照明，副光则是冷味光线照明，形成微妙的寒暖对比和明暗对比关系，塑造人物形象，色彩自然真实，是现实主义创作方法中运用色彩的典型手段。

画2　与画1相同，只是在画1基础上增加高色温的修饰光，加强寒暖、明暗对比强度。修饰光有时能再现出环境光源特征，真实感更强，表现力度更大。

画3　主光是低色温光照明，修饰光是高色温光照明，后期调色时采用折中处理，让主光呈现暖色调，修饰光呈现冷色调，同样形成寒暖对比。色彩的表现性更强，具有主观浪漫的性质，色彩具有一定真实感觉，又与现实保持一定距离。艺术的味道与前大不相同。

画4　外景阳光下，采用"自然光三色"理论处理画面色彩：阳光处在逆光照明，勾画出明亮的轮廓，主光来自地面环境的暖色反射，正好处在斜侧光位，将正面脸照亮，呈现出暖调。副光则是蓝色天空光照明，呈现蓝调。色彩真实自然，又具有鲜明的寒暖对比和明暗对比。

图 12-34

画5 主光采用高色温光照明，副光采用低色温光照明，同样形成寒暖、明暗对比的色彩关系，但与画1相比较，色彩结构相反，正面脸寒，侧面脸暖。这是现实中的视觉很难感觉到的色彩关系，在艺术里具有非现实的色彩表现功能，具有强烈的艺术家主观表现性。当寒色主光具有光源依据时，往往能再现出特定环境中的光线特征，如夜晚月光下、室内冷色的日光灯照明环境等。

画6 外景。环境光和人物主、副光都是高色温阳光照明，拍摄中按阳光色温平衡。只有人物的修饰光采用低色温光在脚光位修饰人脸下巴部分，模仿暖色衣服在脸上的反光效果。因此色彩既真实，又具有微妙的对比，美化了人物。

画7 画8 主光和副光只有色彩寒暖对比关系，缺少明暗对比关系，调子柔和。因此形体的塑造只能靠色彩寒暖对比度，对比度越大，体的结构越清楚。画8就比画7对比度大些，体的感觉也就强些。这种色彩处理（只有色相寒暖关系，没有明暗关系）在艺术中很少见，具有大胆、独特、创新的意义。

12.6 逆光处理

逆光是来自人物背后的光线，人脸上只有背光面，没有受光面。有亮的轮廓，影子在前方。

12.6.1 逆光灯位的处理

（1）逆光灯位处在被摄人物背后稍高一点的位置上。具体灯位决定被摄人物轮廓形态。把人物全部轮廓勾画出来照明上有一定困难，只有在外景阳光下才有可能，见图12-35。

画1 外景阳光下，太阳较低，正好在人物背后，正对太阳拍摄，人物处在逆光状态。这时阳光才能把人物头部勾画出一道明亮的轮廓线。太阳、人物、摄影机三者在同一条线上，轮廓线条最理想（线条粗细均匀、明亮、连续完整），

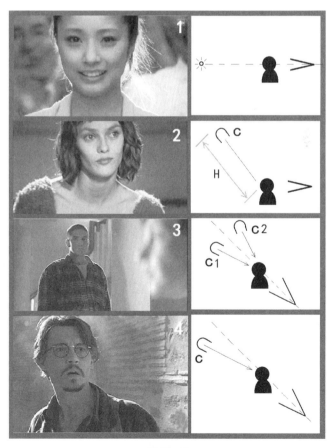

图12-35

实际上这是做不到的。太阳越接近镜头光轴，线条越理想。在摄影棚里做到这样效果更困难，只有逆光灯位足够远的距离时，才有可能实现。

画2 影片《桥上的女孩》中一个棚内逆光画面。从画面光效来看，照明逆光的灯具较大一般需要 3kW~5kW 的回光灯（有足够的直射光），在摄影棚最远处(H 距离最大)最高位置上对着人物逆光照明，才有可能勾画出人物的整个轮廓线条。

画3 通常人物轮廓线是用两盏聚光灯在人物背后，光轴的左右两侧照明人物，勾画一条完整的轮廓线条。

画4 一般逆光只能勾画出一部分轮廓线条，不需要全部完美地表现轮廓。这样处理更有好处，能将人物轮廓的某一部分（头发或面部），给予重点表现。

（2）轮廓线宽度与灯位距离有关逆光线条的粗细是与逆光灯位和摄影镜头光轴距离相关。见图 12-36，影片《艺术家》中女主角米勒三个近景画面逆光处理。

画1 逆光灯 c3 远离光轴，H3 距离较大，轮廓最粗。

画2 逆光灯 c2 距离在二者之间，轮廓线条适中。

画3 逆光灯 c1 靠近光轴，H1 距离较小，轮廓线最细。

灯位越靠近光轴，越容易造成镜头进光，拍摄时必须遮挡。遮挡位置有两个，见画4，其一挡板在灯前 k1 位置上遮挡，其二在摄影机前方 k2 位置上遮挡。

（3）轮廓线亮暗由灯光强度决定，灯具功率越大，逆光越亮。

12.6.2 背光面的处理

逆光是来自人物背后的光线，人脸上只有背光面，没有受光面，处在暗调状态。在近景或

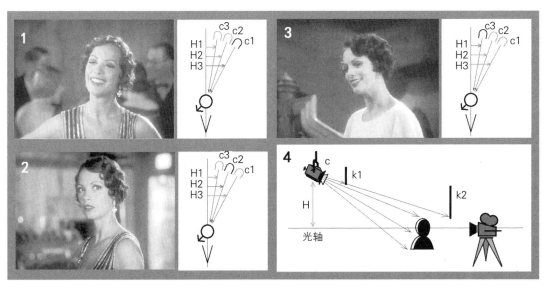

图 12-36

特写镜头里，人脸是主要表现对象，因此背光面的人脸处理十分重要。它不仅决定演员面部表情的可视性，也决定画面的情调和气氛。具体处理具有多样性，见图 12-37。

在调子处理上：人脸背光面可以处理成各种不同调子。如画 1 至画 5，画面是由暗到亮调过度的五色调。

在光线结构上，各种光线都可使用。

画 1　剪影，只有逆光 c 在后上方照明头顶，勾画出头部轮廓。

画 2　逆光 c 来自左后方窗子。主光 a 在机旁脚光位置上照明脸部。

画 3　逆光在人物右后方，将白发照亮，显示出老年人白发丰富的层次和半透明的质地，背光面的脸采用暗调处理。主光灯 a 在侧顶光位照明脸部，光线较弱，低于曝光点。副光黑暗看不到层次，在黑色背景衬托中白发很美。这是影片《波尔多的欲望天堂》中老年戈雅幻觉中镜头。暗调子中，美丽的白发突出了梦幻中的美。

画 4　主光灯 a 在摄影机旁对人脸进行正面光照明。侧面角拍摄，逆光勾画出脸部优美的轮廓线条。人脸密度低于曝光点，呈现出较暗的灰色调子，使明亮的轮廓线更加醒目。

画 5　斜侧角拍摄。主光灯 a 在人物视线方向照明脸部，同样获得平光效果。亮调处理，面部结构清楚，体感较强。逆光灯 c 在背后勾画出面部前方头发的轮廓形状，特别是照亮

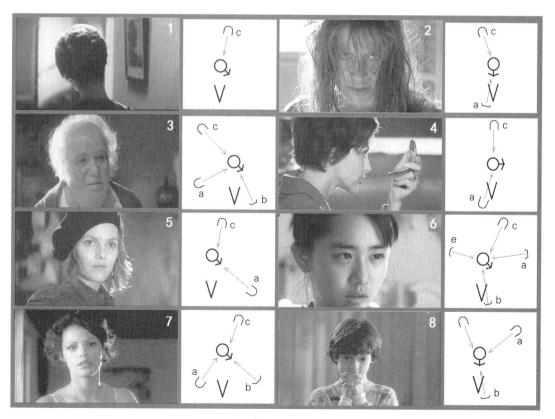

图 12-37

黑色头发的"发梢",在暗色背景衬托中很突出美丽。这是影片《桥上的女孩》女主角艾黛尔的画面,她是一位自杀未遂,成为飞刀靶子的女孩,一个赌博命运的女人。平光大反差大对比刻画出人物性格,美丽的逆光是对她的赞美。

画 6 主光灯 a 在斜侧位照明人脸,修饰光灯 e 在左后侧逆位置照明脸的暗部,在背光面里形成次暗面,副光灯 b 在摄影机旁照明暗部,让脸上最暗部分具有最低的密度。逆光灯 c 在偏右的后方,照明画面人脸轮廓,在颧骨上方、眼睛旁边形成一小块亮斑。突出脸部,美化形象。在造型上形成亮斑,平衡影调。

画 7 主光灯 a 在侧光位照明脸部,形成半明半暗的效果,富有力量感觉。逆光灯 c 勾画出暗部脸的轮廓线,在暗背景中,这条亮线画清了人脸与背景的界线。这是影片《艺术家》中女主角米勒从无名观众变成大明星后最得意时刻的镜头。侧光照明的大反差刻画出女人力量,明亮的逆光线条不仅渲染了人物,也生动地再现出人物头部形态。

画 8 逆光灯 c 在左后方照明人物头部,画出一道明亮的轮廓线条。主光灯 a 在侧逆光位照明脸部,具有反常的忧郁味道。副光灯 b 在摄影机旁,光线较暗,大反差大对比,使少年的忧愁味道更浓重。美丽的逆光却勾画美好的感觉,属于忧喜掺半的画面。该画面表现影片《一小时快照》(*One Hour Photo*,2002)的小男孩,听到父母吵架,担心成孤儿而忧心重重,但结局是美好的。

12.6.3　揭示半透明体的质地感觉

见图 12-38(彩图 66)。

画 1 影片《歌剧浪子》(*I, Don Giovanni*,2009)中音乐家莫扎特的特写镜头。逆光穿透白发,展示出半透明的白发质地,层次丰富,十分美丽。这里摄影师利用白发优美的质感,赞美了莫扎特。

画 2 影片《荒谬无稽》中布朗公爵伸向阳光的手。逆光中阳光穿透手指边缘的肌肉,呈现出红色半透明状态,"有血有肉",十分美丽,血肉的质感很强。

画 3 影片《真爱无尽》逆光中阳光穿透太阳帽沿,展示出帽子的质地。

画 4 电视剧《成均馆绯闻》中半透明的白色纱衣,在逆光中展示出纱的质地。

图 12-38

12.6.4　逆光照明的作用

关于逆光照明的作用，见图 12-39（彩图 67）。

（1）当主体与背景色彩和影调相同时，如红色主体叠在红色背景上；黑色主体叠在黑色背景上。用逆光勾画主体轮廓线，可以揭示主体形态，突出主体形象。

画 1　暖色下巴叠在暖色上身，色彩混合成一体。下巴、上身难以区别。用逆光勾画出下巴轮廓线，塑造出头部形态。

（2）在运动镜头里主体每时每刻都在改变着背景关系，黑色主体走进黑色背景前，色彩重叠，主体常常消失不见了。这时需要用轮廓光画出主体形态，始终保持主体突出。传统电影照明爱使用逆光，原因就在这里。

画 2　影片《雨果》男主角穿着黑色衣服，走在夜晚暗色环境里，强烈明亮的逆光勾画人物形态，保持人物始终突出。虽然现代影视照明反对无光源为据的逆光，但是，在此种情况下，传统的运动镜头里逆光的处理还是有用的。

（3）有光源为据的逆光能增加画面光线的真实感。

画 3　影片《终结者 2》中的机械人特写。逆光（明亮的轮廓）与背景灯光相呼应，光效自然真实。现代纪实风格的作品里，主张逆光照明要有光源为据，反对使用无光源依据的逆光处理，认为是不真实的光线效果。

（4）逆光也可以使用彩色光照明。有色彩的逆光不仅能调节色调，丰富色彩层次。在表意上渲染气氛，制造画面品味。

图 12-39

画 4 影片《偷天奇案》用红光和蓝光做逆光照明，勾画出两侧轮廓线，强烈的对比色生动有力地刻画出黑道人物残暴的形象。

（5）逆光可以制造亮斑，平衡影调，美化人物。

画 5 电视剧《一定要幸福》（2001）中女主角的近景画面。侧面角度拍摄，来自后方窗子的阳光做逆光勾画正面脸的轮廓，匀称、优美的轮廓线刻画出女主人公的美丽。

人脸在影调构成上，处在背光中的脸部只有灰、深灰和黑三个层次，色调平淡，明亮的轮廓线不仅美丽，也给灰暗的调子增添亮斑，平衡了色彩影调。使人脸显得明快、轻松、活泼。

12.7 侧逆光处理

侧逆光是介于侧光与逆光之间的光位，与镜头光轴夹角大于逆光，某些性能与逆光相似。

侧逆光照明下，人脸受光面较小，呈现一块亮斑，背光面较大，人脸大部分处在阴影之中，见图 12-40。

画 1 侧逆光照明。聚光灯 c 在人物右后方侧逆光位将人脸侧面照亮，形成一块亮斑。

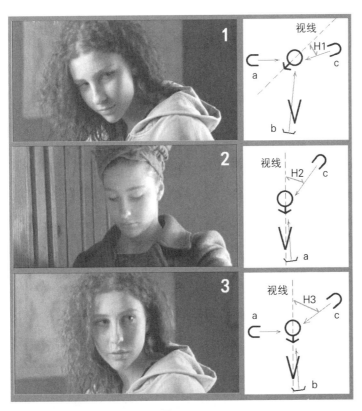

图 12-40

正面脸处在背光面之中，调子较暗，因此用聚光灯 a 在人物斜侧光位将背光的脸部照亮，呈现斜侧光效果，起到主光照明作用。副光灯是柔和的散射光灯 b，在摄影机旁照明脸上无光部分。这是典型的侧逆光照明。

画 2 同是侧逆光照明。聚光灯 c 不仅将侧面脸照亮，也把鼻头照亮。在脸上形成两块光斑。这也是侧逆光照明效果。

画 3 侧逆光 c 不仅将侧面脸和鼻尖照亮，也把鼻子侧面照亮，在鼻头上形成一小块亮斑。

上述三个画面主要是由侧

逆光灯位与人物视线夹角 H 距离不同，造成的侧逆光效果不同。H 距离越大，侧逆光照明范围越大。

12.7.1 侧逆光亮度的处理

侧逆光与逆光一样同属于靠近临界角的光线，见图 12-41。

画1 临界角示意图。一束光 A 照到物体 O 表面上，与法线 OB 形成夹角 d，称为入射角，d1 称为反射角。入射角越小，物体表面越亮，反之入射角越大，表面亮度越小。当入射角大到一定程度时，出现相反现象，物体表面不再是变暗，反而变亮。物体表面亮度不再受物体表面反光率影响。D 的外相角 e 称为临界角。此时物体表面亮度接近光源 A 的亮度，非常明亮。处在临界角的物体表面亮度不能用曝光表直接测量，直接测量的数据低于实际值，所以侧光亮度像逆光一样需要目测。

人眼对物体亮度的感受具有相对性，受瞳孔大小影响，由背景环境亮度水平决定。因此，目测方法应采用对比观察方法处理，将侧逆光的亮度与邻近的背光面亮度（正面脸的亮度）作

图 12-41

比较，其对比程度（亮度相差的程度）由创作意图决定。可以非常明亮，也可以微弱到刚刚能被觉察到。

画2　影片《桥上的女孩》中，生活潦倒的飞刀手在桥上救起了想要自杀的女孩。把她当做飞刀标靶，共同活了下来。画面是第一次试刀镜头。侧逆光照明，曝光严重过度，白白一片，没有任何层次。大反差暗调处理，刻画出二人内心的紧张情态。

画3　同一个飞刀手经过试刀后，在舞台上进行表演的镜头。侧逆光虽然明亮，但不是严重过度，背光面也不再是黑暗的调子，出现了正常灰色调子，反差不再那样强烈了。画面虽然具有紧张气氛，但显得冷静而有信心。

画4　电视剧《仁医》中的画面。侧逆光照明，摄影师按受光面皮肤亮度曝光。侧逆光处在正确曝光中，不亮也不暗，刻画出患者对医生的感激。

画5　电视剧《桂千鹤诊察日记》。侧逆光在这里作为修饰光使用，亮面较小，反差微弱。给柔和的脸部增添一点微弱的亮斑，增加一点生动的气息，刻画出心地善良的哥哥形象。

画6　影片《刺绣佳人》（Brodeuse，2004）女主角。15岁的克莱尔意外怀孕，为躲避家人指责，来到刺绣艺人家做绣工。侧逆光照明，虽然主光较暗（低于曝光点），但与黑暗的背光面反差较大，强烈的对比刻画出不幸女孩的沉重心情。

从画1到画6，侧逆光亮度由强到弱，表现出不同亮度和不同对比程度。刻画出不同的力度感觉和不同的气氛。侧光照明是个非常具有魅力的光线处理。

12.7.2　双侧逆光

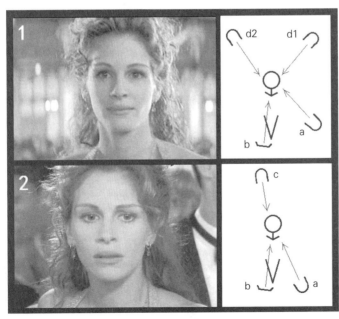

图 12-42

侧逆光位有两个（左右各一个），一般只用一个。如果两个侧逆光做人物主光照明形成一种特殊光线效果，称为夹光照明，见图12-42。影片《新娘不是我》中女主角两个特写画面。

画1　两盏聚光灯d1和d2分别在人物背后左、右两个侧逆光位照明人脸。在脸上形成两侧面脸较亮，正面脸较暗的光线效果，称为"夹光"照明。

夹光照明光效独特新颖，既有明快优美的感觉，又让人感觉到"前景"灰暗，蕴含不幸味道，常常用来暗示未来发展隐藏着某些黑色的、不幸的情境。

在造型上能使胖型脸变瘦。

画2　同一人物，相同的正面角拍摄，采用正面光照明，人脸显得胖些。比较画1和画2，能明显地看出一胖一瘦：夹光照明比平光照明显得瘦些，这是双侧逆光造型的特有功能。

12.7.3　背光面的处理

侧逆光照明人脸正面处在背光之中，光线很暗，需要用主光和副光给予突出。照明方法与侧光、逆光相同，主光可以使用多种光线结构：斜光、侧光、平光、脚光和顶光形式。副光同样具有两个光位：机位光和视线前方塑型光。具体方法请见前面章节。

12.7.4　侧逆光的表现功能

侧逆光照明光线结构与斜侧光相反，受光的亮面较小，背光的暗面较大。如果说斜光照明能塑造出人脸美的感觉，表现善良完美的一面，那么侧逆光相反，给人一种力度感，反常味道很重。在传统戏剧电影里，斜侧光往往是塑造正面人物形象的主要光线。在现代流行的商业片、娱乐片、打斗片里，因为多强调暴力、恐怖、不幸……侧逆光照明却成了不可缺少的照明手段。

图12-43是电影电视剧中几个侧逆光照明画面，从中可以看到现代照明对侧逆光的追求。

画1是电视剧《桂千鹤诊察日记》，画2是影片《艺术家》，都是以侧逆光做主光的画面。追求光源依据。画1为室内日景，人物站在明亮窗前，主光来自身后侧逆位置上的窗子；画2是室内夜景，为放映场景，在人物右后上方有一盏吊灯，照射在人脸上，形成顶侧逆光照明，做人物主光，在脸上形成亮斑。

这两幅画面中，侧逆光照明有光源依据，画面光线效果自然真实。再现环境中自然光的特征。属于纪实风格的处理。

画3　电视剧《斯巴达克斯：复仇》主角特写画面。以侧逆光做主光。正面脸很暗，用微弱的侧光修饰正面脸，几乎无副光，大反差、强对比刻画出充满仇恨和力量的斯巴达克斯形象。特别是侧逆光呈现出几小块亮斑，展示出筋骨的棱角的力度，具有力量和魅力的个性得到生动的展现。

画4　影片《巴黎，我爱你》（*Paris，I Love You*，2006）中晚间遇到吸血鬼的场景，侧逆光在这里同样形成亮斑，但表现出的来是愤怒仇恨，而非惊慌恐惧的心态。

画5　影片《007大战皇家赌场》男主角邦德特写，侧逆光照在人脸背面，同样形成明亮的光斑，大反差画面，但刻画出的既不是仇恨，也不是恐惧，而是邦德的狡黠、智慧、沉着的形象。

画3、画4、画5这三幅画面侧逆光的形态相似，都在脸上形成一小块明亮的光斑，都表现出力量感，但三个画面的味道截然不同：愤怒仇恨、惊慌恐惧、狡黠智慧，这和人物面部表情相关，侧逆光在不同的表情状态上，表现出不同的力量感。所以说光线结构仅仅是一个造型

图 12-43

元素，孤立的元素是没有意义的，它只有在其他元素的结构中，在与戏剧内容的结合中表现出它的意义。

画 6 影片《心火》中决心夺回女儿的母亲。柔和的散射光在侧逆光位照明人脸，侧面脸较亮，正面脸较暗缺少影调变化，有一定的对比度，但反差不像前三幅那样鲜明强烈，给我们一种坚定沉着，要找回爱女的决心，特别是在黑白强烈的背景衬托中，更显示出决心和力量的感觉。

画 7 画 8 这两幅侧逆光照明的画面，侧逆光在人脸受光面（亮面）里，在额头、颧骨、鼻梁、嘴唇、下巴等位置上形成几块小亮斑，对比柔和，有一种跳跃、闪动的感觉。这里的侧逆光表现出的不是黑暗、恐惧、愤怒、深沉的味道，而是轻松、明快、活泼、喜悦的感觉。画 7 是电视剧《一定要幸福》的男主角，他心地善良，为了他人的爱可以把自己的爱深深隐藏起来。画 8 是影片《新娘不是我》中的新娘，侧逆光在她的脸上刻画出人生最美好的时刻。侧逆光不仅是沉重的力度感觉，也是欢快的力度感觉。

12.7.5 侧逆光的色彩处理

侧逆光的影调（黑白结构）个性是力度感很强。既能表现丑恶的势力，也能表现出喜悦的力量。如果运用色彩的对比，更能增添力量和强度。影片《终结者 2》是这方面运用的典范。图 12-44（彩图 68）是该片几幅画面。

画 1 反抗军机械人终结者回到现实保护了未来战士小约翰，打败机械人 T-1000，最后炼钢炉前的特写画面。为了表现终结者的力量，采用侧逆光照明，并且用彩色光线加强对抗力度。聚光灯 c1 是蓝色光灯，在侧逆位置上照明人脸侧面；主光灯 a 是红色光灯，具有在斜侧光位照明人脸正面。大光比、大反差，强烈的明暗对比和色彩寒暖对比。再用聚光灯 c2 在侧逆光位照明人脸正面，在红色主光上再加上几块明亮的光斑，使对比的力量进一步得到加强。

画2　先进的机械人 T-1000 最后搏斗的特写镜头。主光灯 c1 的红色光线在侧逆位置上照明人物，修饰光灯 c2 是蓝色光灯，在侧逆光位修饰暗面脸的轮廓。正面脸无光照明，呈现黑暗状态。在脸上形成红、蓝、黑三个色块，无论是明暗还是色彩的寒暖，都是强烈的对比，色彩的侧逆光照明刻画出凶猛、恶毒的机械人形象。

画3　未来战士的母亲莎拉和终结者的二人特写画面。在战斗中，在敌人面前，终结者保

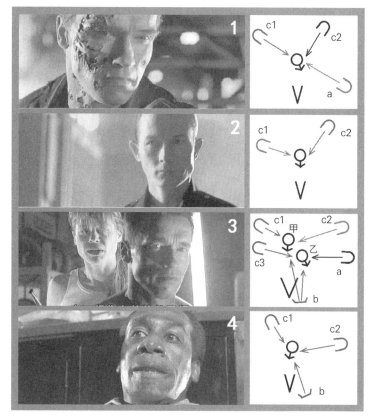

图 12-44

护着莎拉。终结者是蓝色照明，蓝的聚光灯 c3 在侧逆位照明人脸，形成明亮的蓝色光斑，主光灯 a 在斜侧光位照明正面脸部，虽然是白色光线，但副光却是蓝色。白蓝相加，蓝色饱和度降低，使正面脸出现暖昧蓝色调，既有肤色感觉，又保持蓝色调特征。母亲莎拉的不饱和的红色灯光 c2 在侧逆光位将人脸左半边染红。蓝光灯 c1 在侧逆位将暗面脸勾画出明亮的蓝色光斑。来自摄影机旁的散射蓝光做二人副光，将背光面染成黑暗的蓝色调。母亲的红色虽然不是纯红，但二人的亮度和色度都是大反差、大对比，表现出反抗者的力量。

画4　制造机械人的科学家。在争夺战中，面临死亡时刻的特写画面。聚光灯 c1 和 c2 都是蓝色光线，在两个侧逆光位照明人脸形成夹光结构。正面副光也是蓝色光线，强对比、大反差刻画出内心恐惧的感觉。

在这部影片里，侧逆光照明加上强烈的色彩对比，使对立的斗争力量达到极限的表现。

12.7.6　侧逆光的形态多样化

影片《刺绣佳人》的人物光线处理上主要是采用侧逆光照明。多种多样的侧逆光结构，生动地刻画出未婚先孕、身处逆境女孩的喜、怒、哀、乐种种心态。

下面选择几幅有趣的侧逆光结构形式，以供欣赏和学习，见图 12-45。

画 1 侧面角。侧逆光 d1 不仅勾画出脸的轮廓，也把颧骨轮廓线条勾画出来，在这里起到主光照明作用；d2 处在人脸的侧逆光位，起到修饰光作用。当人脸转向到正面角时，d2 成主光，成为斜侧光照明，d1 变成修饰光。副光始终是散射光灯 b，在机旁照明人脸。

画 2 d1 在较高的侧逆光位照明人脸，不仅照亮头发，也勾画出额头、颧骨、鼻梁的轮廓，形成亮斑。主光 a 在斜侧光位照明脸部。d2 在侧逆光位修饰背光面脸，在暗面里形成次暗面，增加影调层次。副光灯 b 是散射光灯，在摄影机旁照明背光面。

画 3 角度和光线结构基本与画 2 相似，景别扩大了。在这里我们能看得更清楚，侧逆光 d1 照在脸上，不仅刻画出人脸外部轮廓线条，也勾画出人脸内部鼻子的轮廓线条。画 1、画 2 和画 3 侧逆光灯 d1 都是在勾画人脸外部和内部轮廓线条。在造型上以优美的线条形式美化人脸形象。只有侧逆光照明具有这种功能。

画 4 斜侧角拍摄。主光是用散射光灯 d 在侧逆方向的脚光位照明人脸，柔和的光线将脸的侧面、鼻子的侧面和左眼眉弓骨下方照亮，额头、颧骨、鼻梁变暗，人脸影调构成出现反相，该亮的部分变暗，该暗的部分变亮，呈现"负片"效果。副光灯也是柔和的散射光灯 b，在摄影机旁照明背光面，影调柔和，层次丰富。光线效果十分独特美丽，也再现出独特的环境光特征。

画 5 正面角拍摄。侧逆光灯 d1 在脚光位照明人脸。与前者不同的是采用聚光灯做主光。副光灯 b 在机位照明背光面，光比较大，调子明快，体面结构清楚。散射光灯 d2 在侧逆光位修饰背光面头发。光效独特，活泼喜悦的味道很重。

画 6 侧逆光 d1 做修饰光使用。将左侧下巴轮廓照亮。散射光灯 a 在斜侧光方向脚光位照明脸部，起到主光照明作用。副光灯 b 也是散射光灯，在摄影机旁照明主光阴影部分。主光和副光都很暗，突出了侧逆光明亮部分，构成暗调画面。

图 12-45

画7 侧面角拍摄。侧逆光灯 d 将人脸靠近镜头的侧面脸照亮。副光灯 b 在摄影机旁照明背光的正面脸。在这里侧逆光 d 是主光。光比很大，人脸正面昏暗没有层次。给人压抑、沉重、前途无望的感觉。

画8 角度偏后的斜侧角拍摄。面部轮廓衬托在头发上。侧逆光灯 d1 在头发后侧方照明人脸，大部分光线被头发挡掉，一小部分光线把额头轮廓照亮，形成画面中的高光亮点。散射光灯 d2 在侧逆光方向脚光位照明头发和暗部侧面脸（下半部分），塑造了体感，增加暗面层次。副光灯 b 在摄影机旁。光线结构新颖，视觉感受很强。

画9 斜侧角拍摄。散射光灯 a 在视线另一侧，斜侧方向的脚光位照明人脸。这是主光，注意主光位置与常规不同，通常主光要把人脸正面照亮，揭示正面形象。这里只把人脸一半（左半边脸）揭示出来。另一半处在较暗的副光之中。侧逆光灯 d 勾画头、脖、肩外部轮廓，也把下巴内部轮廓线勾画出来。光效反常独特，把丑陋的脚光在侧逆光中呈现出美好的感觉。侧逆光在这里改变了脚光个性。

画10 两盏侧逆光灯从两侧照明人脸构成"夹光"结构。侧逆光 d1 为较亮的聚光灯，在额头、鼻侧形成亮面，边界清楚，对比较大，形成亮斑，起到主光作用。侧逆光 d2 是散射光灯，将侧面脸照亮，过渡缓慢。正面脸处在副光灯 b 照明之中，光线微弱，这是典型的正面暗的夹光效果，让观众感觉到对方谈话并不能满足她的希望。

画11 斜侧角拍摄。主光灯 a 在逆光位勾画出人物明亮的轮廓。侧逆光 d1、d2 分别在两侧修饰人脸侧面。副光灯 b 在摄影机旁照明背光面里的正面脸。人物光线结构展示出环境中吊灯和台灯光源的自然真实感觉。活泼的暗调光线结构，生动地揭示出"逆境中勤奋劳作"将要得到肯定时刻的心情。

画12 正面角拍摄，夹光照明。聚光灯 a 在逆光位照明头发和半边脸的轮廓，是画面中较亮的光线，起到主光照明作用。散射的副光灯 b 在摄影机旁照明背光面部。聚光灯 d 在侧逆光位修饰鼻子和脸的侧面，给暗面里增加次暗面，塑造了体的感觉，也刻画出人物期待时刻的心情。

总观图 12-45 中 12 幅侧逆光照明画面，光影结构各不相同，表达出的气氛截然不同。侧逆光在这里表现出多种多样的情感和情绪。

12.8 顶光照明处理

顶光是来自被摄人物头顶上方的光线。因此在人物身上水平面亮，垂直面暗。见图 12-46，头顶、肩膀上方亮，垂直面较暗。在脸上：额头、

图 12-46

颧骨、鼻子、上唇、下巴尖等高起部位被照亮；眼窝、颧骨下方、鼻下等凹处无光黑暗。

顶光照明的光效反常、奇特，会丑化形象。

12.8.1　顶光照明作用

顶光照明有三种作用：造型作用、再现作用、表现作用。

造型作用

（1）顶光照明使人脸变瘦。

人脸的胖瘦与头的骨骼无关，是由脸上的肌肉多少决定。非睡眠时间，人脸处在垂直状态，脸上多余的肥肉下垂，堆积在腮部位置上，改变了人脸上下宽度比例，见图12-47。

> **画1**　肥型的脸，下宽上窄，连接太阳穴和腮部的两条线 a1 和 a2 呈现出非平行状态，下宽上窄，线条向上汇聚。
> **画2**　瘦型的脸，下窄上宽，a1 和 a2 两条线相反，向下汇聚。

所以人脸胖瘦主要是由下巴宽度决定，下巴宽者显得胖，下巴窄小显得消瘦。

人脸呈卵型状，在顶光照明中上亮下暗。在色彩学中，亮色（白、浅灰色）是膨胀色，体积显得大些。暗色（黑、深灰色）是收缩色，体积显得小些。所以顶光照明下的人脸会显得瘦些。如画3和画4是影片《黑天鹅》同一个女主角的两个画面。画3是顶光照明，主光灯 a 在头顶上方照明人脸，额头、颧骨较亮，两侧腮部较暗，下巴变窄，脸型显得瘦些；画5是平光照明，主光灯 a 在摄影机旁，灯位较低。人脸上下亮度相似，特别是两个腮帮较亮，宽度较大，

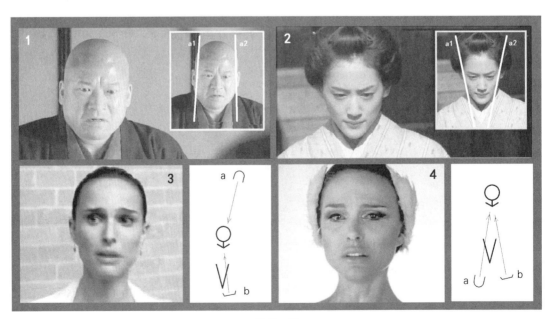

图 12-47

脸型相对显得胖些。比较两幅画面，会看到明显的胖瘦区别。

（2）顶光照明能再现脸的垂直方向的起伏结构。

中国人的脸有鼓脸和平脸两种类型，见图 12-48。

　　画1　鼓型脸眼窝深，下巴向后收缩，侧面看脸的起伏较大。平型脸眼窝浅，下巴前突，脑门、鼻子、下巴几乎处在一条直线上，面部较平。在中国南方人多为鼓型脸，北方人多为平型脸。

摄影造型为了美化人物形象，鼓型脸主光不适合过高，稍低些、反差小些可以"填平"鼓起状态，弥补不足；相反平型脸主光要高些，可以加大脸部起伏状态，夸大起伏结构。

画2和画3是影片《安娜日记》女主角的两个不同光线处理的特写镜头。

　　画2　前顶光做主光照明，额头、颧骨较亮，眼窝、下巴较暗，脸的起伏结构鲜明，突出了鼓型脸的结构。

　　画3　主光在斜侧光位照明，而且是在靠近摄影机一侧，灯位较低。额头、颧骨、眼窝、下巴反差相对较小，脸部呈现出平型脸。

比较画2和画3，同一个人物、同一脸型，不同光线处理下，脸的起伏状态截然不同。顶光造型能夸大突出脸的垂直方向的起伏结构。

再现光源特征

对纪实风格的影片，环境光和人物光照明要求与环境光源保持一致性。追求环境光与光源之间的逻辑关系的真实再现。非纪实性作品虽然打破了光线的自然主义处理方法，为了艺术表

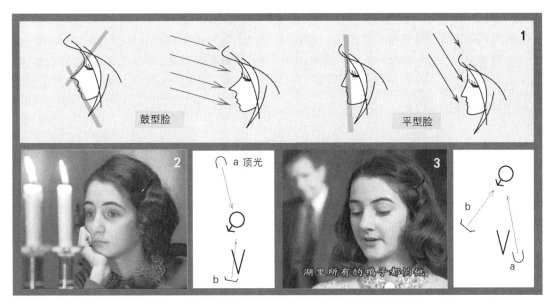

图 12-48

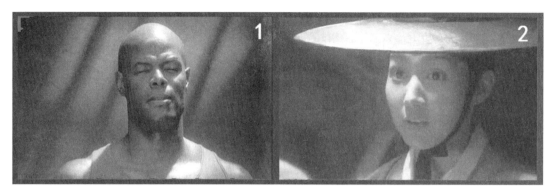

图 12-49

现，光线处理可以有较大的自由。但是在条件允许情况下，还是要尽量再现出光效与光源的真实关系，因为真实感更能激发人的情感。特别是顶光和脚光这种特殊光效的处理，本身就具有较大失真的性质，给予光源依据更为必要，见图 12-49。

画 1 影片《头号通缉令》(*Most Wanted*，1997) 男主角詹姆斯·邓恩。他是位有正义感的海军陆战队员，被陷害成通缉犯。暗调顶光照明，特别是几块明亮的光斑刻画出邓恩强壮的力度感。背景墙面上的几道光束暗示出环境光源位置和方向，与人物的顶光照明光源方向一致，这里背景光源为人物顶光光源提供了依据。

画 2 电视剧《成均馆绯闻》女主角允熙的特写画面。来自高处的光线，通过帽沿投在脸上，呈现出顶光照明效果。在构图中有意将帽沿拍进画内，被照亮的帽沿成为人物顶光照明的光源依据。

表现作用

传统照明认为顶光和脚光属于反常光效，能丑化人物形象，一般多用在反面人物照明。现代的影视艺术中，顶光和脚光是视听语言元素，虽然具有某种表现个性，但不是固定不变的语言。视觉语言元素的意义是在结构系统中获得的，在具体的结构"网络"中获得意义。下面从几部影片和电视剧选取几个人物顶光照明画面，具体看一下表意功能，见图 12-50。

画 1 影片《单刀直入》(*A Man Apart*，2003) 中打手的镜头。主光灯 a 在顶光位照明人脸。副光灯较弱，大反差照明，这是顶光照明刻画恶人的典范，也是使用最多的照明方法。

画 2 影片《头号通缉令》中伪装将军的上司，他是暗杀组织的黑后台，比《单刀直入》打手更高一级。但顶光处理不是那么典型。主光灯 a 在前顶光位照明人脸，眼球上方较亮，"骷髅"形象非典型。副光灯在机旁，光线稍亮，反差也比前者小些。特别是灯光 c 在侧顶光位照明头部左侧上方，在额头侧面、鼻尖处形成明亮光斑，给人一种力度感。这既是将军的威力，也暗示后台杀手的力量。生动地刻画出人物双重身份。注意，摄影机仰角拍摄增加这种力度感觉。光线结构比画 1 复杂，顶光照明表现意义内涵丰富，形式生动。

图 12-50

　　画 3　影片《特工绍特》（*Salt*，2010）中诬陷绍特的苏联间谍。主光灯 a 在正顶光位照明，脸上形成对称式"骷髅"形象。化妆很有意思，突出加大了颧骨和太阳穴间的肌肉块，使其凸起，在顶光中凸起的肉块，不仅衬托出两只黑骷髅形象，也增添面部起伏结构，刻画出病态（癌症者）面容。漫画式丑化人物形象一贯是影片中丑化敌人的手法。

　　画 4　电视剧《格林》中的"狼人"形象。生活中存在伪装人形的狼人，顶光照明暗示出狼人性格。顶光照明方法近似画 2 结构，主光灯 a 在正顶光位，修饰光灯 c 在前侧顶光位，副光灯在视线前方。眼窝很暗，但没有"骷髅"形状，亮斑"闪耀"，但没有那么强烈。与画 3 相比都具有隐藏性质，但力度感不相同。

画5　电视剧《斯巴达克斯：复仇》中奴隶的叛徒、奴隶主的走狗，他是想要出卖斯巴达克的人。顶光照明，主光灯a在前顶光位照明脸部，只在鼻梁上形成一条亮斑。副光灯在机旁，主副光都较暗，构成暗调画面。修饰光灯c在逆光位修饰头发，形成几块散碎的亮斑，有一种威胁的感觉，表现出一条躲在暗中的恶狗形象。

画6　影片《桥上的女孩》女主角艾黛尔和飞刀靶手。虽然对生命无所谓，但是第一次在飞刀面前还是表现出恐惧感觉。主光灯a在顶光位照明脸部，副光很暗，大反差强对比，一副骷髅形象。这里顶光处理不仅揭示出飞刀手的内心恐惧状态，骷髅的形象也让观众产生恐惧的感觉。

画7　影片《终结者2》中的机械人终结者特写画面。面对先进的机械人T-1000的生死搏斗，顶光照明刻画出这种强弱对比明显的残酷斗争。主光灯a在正顶光位照明人脸，巧妙地利用人物头部前倾动作，只把额头凸起的几小块部位和鼻梁照亮，脸的大部分处在暗面里，无论是亮度强弱还是面积大小都形成强烈的对比，生动有力地刻画出弱者抗争的状态。修饰光c在逆光位勾画出断断续续的明亮的轮廓线，这几块亮斑给画面增添不少的力度感觉。

画8　影片《国王的演讲》中国王的特写。面对嚣张的法西斯，口吃的国王必须发表宣战演讲。顶光照明刻画出国王的困难处境。主光灯a前加柔光纸，在前侧顶光位照明人脸。副光灯b是柔和的散射光灯，在摄影机位照明暗部，光比较小，光线较暗，没有任何修饰光修饰影像，影调灰暗平淡。顶光有力地刻画出口吃的国王的困境。

画9　电影剧《W的悲剧》中的双胞胎姐妹，一位是亿万家产的小姐，一位是流落街头的混混。现在姐妹互换，画面是富家小姐变成街头混混。主光灯a是散射光灯，在头顶正上方照明人脸，只把头顶和鼻尖照明亮，副光灯b也是散射光灯，在机旁照明暗面，散射灯c在侧逆光位修饰脸的侧面。脸上没有出现"骷髅"形象。光比柔弱、平淡，体感很强，具有一定的美的感觉。顶光在这里生动准确地刻画出面对险境的女孩形象。

画10　电视剧《斯巴达克斯：复仇》中斯巴达克斯的女人。照明方法与画9相似，散射光灯照明，主光、副光加修饰光。二者不同的是主光灯a的位置有所不同，美的感觉不同：画10灯a靠前，正面脸有亮度起伏变化，有一定的力度感觉。这是身为奴隶的女人形象。画9的主光灯a靠后，正面脸无光，暗淡的面孔正是身处险境女人形象。

这10幅画面中，前五幅（画1~画5）都是黑帮分子、杀手等恶人形象，顶光在这里刻画出反面人物的形象。后五幅（画6~画10）都是正面好人，顶光在这里揭示出好人身处的困境。人物不同、命运不同，顶光处理各不相同。从这里我们可以看到，同是顶光照明，位置、光质、光强、光比的不同，有无修饰光的不同可以创作出千变万化的不幸味道。

12.8.2　顶光位置的处理

顶光在头顶上方，具体灯位从摄影机视角平面来看，顶光灯在人物头顶，有左、中、右三个位置。三个位置不同，造型效果不相同，表达出的意义也不相同，见图 12-51，影片《原罪》讲述阴谋与爱情的故事。女演员朱丽安为了金钱冒名顶替嫁给美国阔少维加斯，得逞后再销声匿迹。画面是比利特写，他是朱丽安的游戏伙伴、骗子的帮凶，化妆成侦探跟踪维加斯。顶光照明暗示出这位侦探的伪善形象。在不同场合出现，顶光照明形式稍有变化。

图 12-51

画1　与维加斯初次见面，以热心关怀面貌出现在维加斯面前。但摄影师采用侧顶光照明。主光灯在人的头顶正上方偏右位置上，将右半边的脸照亮。在脸上形成半亮半暗，具有侧光照明的"阴阳脸"特征。亮面又是顶光照明的反常光效。光线表意很复杂：人脸表情上有关心、同情的味道，给人明快的感觉；大光比鲜明的亮暗对比、半亮半暗的脸又让人感觉到背后隐藏着神秘的气氛；顶光效果让人不安，预感不祥。

画2　影片快要结尾时，正顶光照明，这是典型的顶光效果，顶光彻底揭露出骗子的身份。

画3　主光灯在人的头顶正上方偏左位置上照明脸部，副光较亮，光比较小，顶光效果有所减弱。多次接触，令人信任的侦探形象。同是偏侧的顶光照明，光比不相同，位置稍有变化，表现出的意义与画1截然不同。这就是照明艺术的表现特征。

顶光在头顶上方，具体灯位从摄影镜头光轴前后距离上来看，顶光灯在人物头顶有正中、偏后、偏前三个位置，见图 12-52。

画1　顶光靠后，只把头顶头发照亮，人脸处在背光面之中，黑暗无影像。这是影片《一小时快照》中妻子发现丈夫有了外遇的时刻，明亮的后顶光、黑暗的面孔刻画出她内心沉重和痛苦。

画2　顶光灯处在头顶正上方，除了头顶照亮外，在脸上只把鼻尖照亮。正面脸处在副光照明之中。脸上没有形成"骷髅"影像。这种顶光照明只给人沉重、压力、艰难、不幸的感觉，反面形象不明确。画面是影片《头号通缉令》被陷害的男主角，正顶光生动地

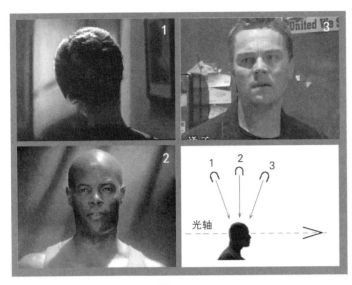

图 12-52

刻画出不幸的遭遇和反抗的力量。

画3 顶光灯处在头顶靠前的上方,这是典型的顶光照明灯位,在人脸上能形成鲜明的"骷髅"影像。画面是影片《无间行者》(*The Departed*,2006)中的男主角,他是卧底的联邦警探,不幸失去了关系,不可能再还原身份了。顶光照明刻画出不幸遭遇和恐惧的心态。

12.8.3　顶光光比的处理

顶光照明是反常的光效、恐怖的光效。而这种反常和恐怖的力度的刻画,除了顶光的处理之外,主要是由光比大小决定。光比越大,反常恐怖的力量就越大。见图 12-53,三个顶光照明画面,光比各不相同。

画1 电视剧《W 的悲剧》中,亿万富翁家生了一对双胞胎姐妹,被认为是家族灾星的妹妹被抛弃。姐姐虽然生活在富家,但随时都有阴暗的影子在身边。顶光照明柔弱的反差刻画出人物的不幸。

画2 《战栗女人香》(*The Passion of Darkly Noon*,1995)中女主角卡莉特写。影片讲述宗教与女人的故事。在清教徒眼里女人是撒旦、是魔鬼。画面为卡莉形像,光比正常,影调柔和、层次丰富的顶光照明,散发出诱惑和女人香味,美和恶毒混在一起,表现出撒旦般的形象。

画3 影片《特工绍特》中的反派人物。大光比、大反差、顶光照明是反面人物典型的光线处理。

图 12-53

12.8.4　修饰光的运用

修饰光在造型上能修饰美化形象,使造型更加完美。修饰光还像光比一样,是调节控制"顶光"语意的手段。不同的修饰方法可以让顶光完成不同造型任务和表现出不同的语意境界，见图 12-54（彩图 69）。

　　画 1　影片《特工绍特》中隐藏身份的间谍。主光灯 a 在前顶偏左位置上，把右半边脸照亮。副光灯在摄影机旁，大光比强反差，人脸半亮半暗，阴阳脸结构，正是暗藏着的间谍形象。微弱的修饰光 c 在侧逆光位照明脸的暗部，增加一点体的塑造。

　　画 2　电视剧《格林》讲述《格林童话》作者格林的后代与伪装成人形的豺、狼、虎、豹斗争的故事。画面是"狼人"。正顶光照明，修饰光灯 c 在顶光偏左照明人物右半边脸，只在脸上形成几块亮斑。在这里修饰光增加了狼人暗藏的力量感觉。

　　画 3　影片《偷天奇案》中的黑社会老大。他是凶狠恶毒又被手下欺骗的人物，大反差红色的顶光揭示出凶狠的一面，反差较小的绿色的修饰光暗示出受骗上当的一面。影片把黑老大刻画得很丰富，不是简单的脸谱化形象。

　　画 4　影片《单刀直入》里的黑社会老大。顶光照明，大反差处理，特别是头顶上闪闪发亮的光斑，揭示出被关在监狱中的黑老大的力量。修饰光在侧逆光位修饰侧面脸完成体的造型，同时也增加了力量感觉。

　　画 5　影片《特工绍特》中绍特的上司，他是隐藏在"联邦警局"里的陷害她的敌人。

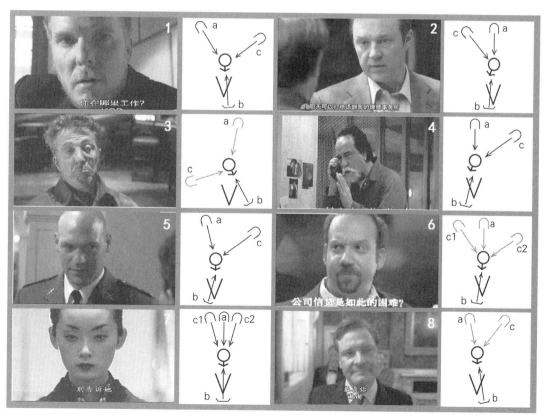

图 12-54

顶光暗示着隐藏者的形象，明亮的修饰光暗示着敌人强大的力量。

画 6　影片《偷天奇案》里的诈骗犯。大反差顶光照明，修饰光灯 c1 是绿色光线，在偏侧的顶光位修饰右脸上方，形成明亮的绿色块。修饰光灯 c2 是蓝色光线，在较低的侧逆光位修饰左边脸下方，形成明亮的蓝色块。两个修饰光左右、上下对称结构，与红色主光形成红、绿、蓝三原色大对比，刻画出诈骗者狡猾的多色形象。

画 7　《偷天奇案》里的女诈骗犯。靠后的正顶光只把鼻尖照亮，把面貌隐藏在黑暗的阴影里，两个修饰光勾画出明亮的轮廓，既明亮又窄小的线条，与独特的顶光形式构成"既黑暗又美丽"的女骗子形象。

画 8　影片《国王的演讲》中蓝色的顶光勾画出口吃的不幸，红色的修饰光又给人一点温暖希望的感觉。这里红与蓝的对立表现出很复杂的情感，耐人寻味。

12.8.5　顶光的色彩处理

色彩本身就是造型元素和表情达意符号，能丰富顶光照明的表现力，见图 12-55（彩图 70）。

画 1　影片《偷天奇案》中的诈骗犯。主、副光都用白光照明，再现物体本色。比较简单，只刻画出骗子形象。

画 2　影片《敢死队》中，一个叫克里斯默斯的敢死队员突然回到家中，看到女友莱斯另有新欢，二人发生争吵。画面为莱斯向他解释的特写镜头，夜晚室外景。高色温灯 a 在顶光位照明人脸，形成蓝色顶光效果，这是模仿夜晚的蓝色光线。黄色的修饰光 c1 在逆光位照明头发，勾画出黄色的轮廓线条，模仿远处房屋灯光效果，构成画面中明亮的黄色光斑。低色温散射灯 b 做副光，在机旁照明人脸暗面。高色温灯 c2 在逆光位修饰暗部头发，将叠在黑背景上的黑发轮廓勾画出来，使造型完整。不同色温混合使用形成鲜明的寒暖对比，加上黄色轮廓光，色彩更为丰富。色彩刻画出二人情感的复杂、激烈、多变，更为新颖的是顶光照明效果，在这里不再是利用光的强弱形成的明暗对比，而是利用色彩的寒暖形成色调对比，构成顶光照明的效果。如果我们去掉色彩元素，只留黑白影调，蓝色的顶光与暖色副光，亮度相似，顶光效果就会消失不见。这是现代彩色影视作品中光线色彩造型的独特表现。

画 3　电视剧《W 的悲剧》中不幸的双胞胎，其中流落在酒吧里的妹妹，为生活不得不卖身。红色主光灯 a 在靠后的顶光位置上照明人脸，只把头顶和鼻尖照明。蓝色副光灯 b 在视线前方照明暗部。主、副光亮度对比较小，色度对比较大。顶光的色彩处理既再现了酒吧环境光的特征，又刻画出人物不幸的命运。

画 4　影片《偷天奇案》中的女骗子莉莉。色彩处理很复杂，主光 a 是白光，在顶光位照明人脸，副光 b1 是蓝色散射光，在画左照明人脸右侧，b2 是绿色散射灯，模仿绿色环境光照明人脸左侧，在蓝、绿色对比中，白色主光呈现红色调。顶光暗示着骗子的身份，丰富多彩的色彩正是女骗子的诱惑力量。

图 12-55

画 5　影片《敢死队》中的叛徒，他是没有人性的狂妄之徒。顶光是较暗的蓝青色，将右半边脸照亮。副光很暗，形成半亮半暗蓝色调的脸，呈现一副凶狠残暴相。暖色的修饰光 c，在侧逆光位照亮侧面脸。寒暖、明暗对比强烈。色彩有力地刻画出亡命之徒的面貌。

画 6　影片《特工绍特》中监听的特务。红色主光 a 在顶光位照明人脸上半部；蓝色修饰光 c 在正面脚光位照明人脸下半部。顶光和脚光都是展示邪恶的光效，加上寒和暖、上与下的对立，把恶人刻画到极致。

注意：每个顶光画面的色彩处理方法各不相同，表达出的意义也各不相似。

12.8.6　顶光的丰富形式

顶光照明特点简单明了，能形成骷髅似的光线结构。但是在创作中，顶光却具有多种多样、千姿百态的形式。下面我们选择几幅顶光照明画面，见图 12-56（彩图 71）。

画 1　影片《古墓丽影 2》中劳拉初入墓穴的画面，顶光再现出紧张恐怖气氛。

画 2　影片《心火》男主角查理最后决定开窗断火了结植物人的妻子时刻的画面。同样是顶光照明，但反差和光质与《古墓丽影 2》不同，表现出的味道也截然不同。

画 3　电视剧《斯巴达克斯：复仇》中的画面，主光是侧顶光，修饰光却是脚光，充分地利用了两种反常光效的表意功能。这种用光方法独特新颖。

画 4　影片《特工绍特》女主角特写。蓝色调柔和的顶光照明，严峻、寒冷又美丽。

图 12-56

画5　影片《单刀直入》中逮捕墨西哥大毒枭的警察桑，遭到报复，妻子被杀，又因失误，丢失警察身份。为了寻找杀妻仇人，只好到监狱与毒枭雷蒙做了笔交易。他帮雷蒙越狱，雷蒙则帮他寻找仇人。画面是狱中二人相见的场景。双主光处理：主光a1是蓝色光线，在正顶光位照明人脸正面，主光a2在侧顶光位照明脸的侧面，形成明亮光斑，双主光照明，使顶光照明效果更加鲜明。修饰光c是白光，在侧逆光位修饰脸的暗部分，光强较亮，再现出暖调肤色。人脸三大面结构分明，明暗、寒暖对比鲜明，准确生动地刻画出为了报仇只好暂时屈服敌人的形象，也再现出监狱牢房环境气氛。

画6　电视剧《格林》第7集"被抛弃在林中的14岁女孩"。女主角14岁的女"狼人"特写。光线处理与画4相似。双主光照明，两个主光都在顶光位。副光也是在侧逆位照明侧面脸。光比也相似。但由于人脸结构不相同，男人脸的"面"的结构清楚，棱角鲜明；女孩的脸圆滑，缺少面的结构。虽然都是双顶光做主光，但光的表象不同，味道不同：一个是仇恨、沉着；一个是惊慌、恐惧。所以光线处理要根据具体对象、具体的面部结构进行光的构思。

画7　电视剧《抵抗分子》（*The Resistance*，2010）中抵抗者画面。能治疗人类的"灾难"病的药只给富人，受到人民的反抗。顶光照明塑造出穿着风衣人的形象：藏在帽子里的脸、明亮的手枪，近似单色调的灰蓝画面，大反差低沉的调子，形象简单明了，整体感很强，又不失弱者的反抗气氛。

画8　影片《终结者2》机械人终结者特写。顶光照明，大对比，蓝色调。塑造出坚强、有力、纯洁者的形象。

12.9　脚光照明处理

脚光灯位在人脸下方，因此脸部向下的面被照亮；向上的面处在背光的暗面里，见图12-57。人脸明暗结构与正常光线相反，额头、颧骨、鼻梁、上腭等应该明亮的部分呈现出暗色调，白色变成黑色；眼窝、鼻下方、下唇底、下巴底等应该暗色的部分却变为亮色，人脸呈现出"负像"效果。鼻影在上方，

图 12-57

光影奇特古怪，形象丑陋。脚光和顶光一样，是反常的特殊光效。在传统照明中，多用在反面人物的光线造型，现代影视照明中，脚光照明表意功能比较复杂，不再是简单的脸谱化。

12.9.1　脚光照明的作用

（1）造型作用。
（2）再现作用。
（3）表现作用。

造型作用

脚光照明下的人脸变胖。在顶光照明章节中已说过，人脸的胖瘦与头部骨骼无关，是由脸上的肌肉多少决定的，如果说顶光照明能让人脸显得上宽下窄、脸型变瘦，那么脚光照明相反，能使人脸下宽上窄、脸型变胖，见图12-58。

画1　画2　同一演员，只是照明光线不同，画1是脚光照明，画2是侧光照明。都是斜侧角度拍摄，机位稍仰。二者造型效果明显不相同，人物在画1中显得胖些，画2中相对显得瘦些。

画3　画4　比较，脚光照明下巴丰满，显得胖些，脸短，鼻子短，散射光更会加强这种效果。

画5　画6　演员本身就是肥胖型的脸，加上脚光照明，夸张了肥胖的下巴，更显肥胖。

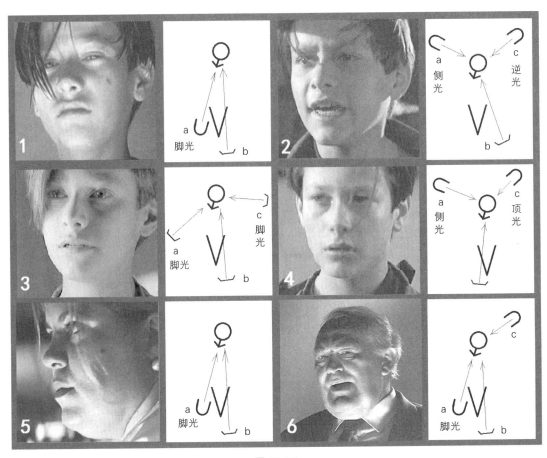

图 12-58

再现光源的作用

　　如顶光照明一样，脚光具有再现光源位置的作用，见图 12-59。

　　画 1　影片《古墓丽影》中劳拉手持电棒向墓中走去的镜头。脚光照明，光源在画内，保持真实的逻辑关系，自然真实。

　　画 2　影片《敢死队》中背叛的美国特工，他是敢死队捕杀对象，外表是南美慈善家。夜晚室内，以烛光为光源，脚光照明，灯光靠近摄影机，脚光效果既鲜明又不强烈，加上暖色

调，光线和色彩生动准确地刻画
出伪善者的形象。光源在画内，
虽然位于身后，但足以暗示出脚
光的光源特征。

图 12-59

画3　影片《终结者2》小约
翰逃跑路上，在地窖里选择武器
的画面。背景是窖口，明亮的阳
光投在窖内地面上，反射回来成
为小约翰的主光，这里脚光照明，光源感很强。

脚光照明再现光源特征，既有脚光表意功能，又具有很强的真实性。

表现作用

脚光是反常光效，给人一种非正常感觉。像顶光一样，多用在刻画反派人物形象或处于困境中的人物形象，见图 12-60（彩图 72）。

画1　影片《红色代言人》中劫持美国核潜艇的苏联复仇者纳第尔，脚光照明让人一眼就会感觉到这是一位坏人。

画2　影片《真爱无尽》讲述"长生不死"给人带来的苦恼。画面是为了得到"不老泉"而跟踪的侦探，脚光照明生动地刻画出狡狯的人物形象。

画3　影片《抵抗分子》中的抵抗者，脚光照明有力地刻画出仇恨的心态。

画4　影片《心火》中的女主角伊丽莎白，她为父赎债，卖身代孕。侧位脚光照明，古怪的鼻影，刻画出不幸的人物形象。

画5　同上影片。几年后伊丽莎白以家庭教师的身份出现在女儿面前，并不认识母亲的路易莎近景。脚光照明刻画出娇蛮刁钻的顽皮孩子形象。

画6　在母爱关怀下，女儿终于认识了妈妈。同是脚光照明，由于摄影角度不同，脚

图 12-60

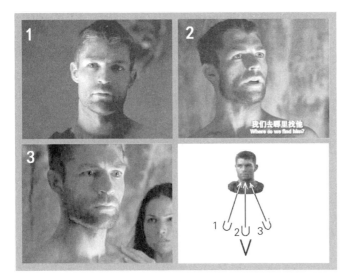

图 12-61

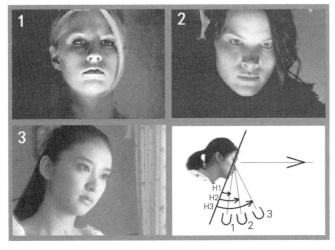

图 12-62

光在人脸上呈现出侧逆光形态，勾画出美丽的女孩轮廓线条，特别是突出美丽的留海，此时的脚光照明不再是邪恶不幸的象征，而准确地表现出失去母爱的女儿重新回到母亲怀抱时刻的形象。

12.9.2　主光处理

以人脸正面为准，脚光灯位有三个，见图 12-61。

画 1　灯位在人脸右前下方；画面上的人物左脸较亮，右脸较暗，脚光形态不完整。

画 2　灯位在人脸正前下方；人脸光线结构左右对称，脚光形态完美。

画 3　灯位在人脸左前下方；画面上人物右脸较亮，左脸较暗，脚光形态不完整。

以脸部平面角大小分类，见图 12-62。

画 1　灯位与人脸平面夹角较小，脚光效果非常强烈。

画 2　灯位夹角适中，脚光效果鲜明。

画 3　灯位夹角较大，脚光效果较弱。

三个位置不同，距离摄影机远近不同，脚光效果有鲜明的差别，表现出的味道也明显不相同。因此同是脚光，却可以展现出不同的意义。

12.9.3　鼻影的造型

脚光的特征是鼻影在鼻梁上方，改变了通常鼻影在鼻子下方的习惯，因此鼻影的造型对脚光表意功能十分重要。

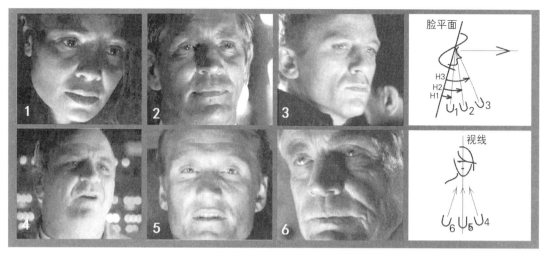

图 12-63

（1）鼻影大小和位置由脚光灯位决定，见图 12-63。

　　画 1　以人脸平面为准，夹角越小，鼻影面积越大，有时覆盖到额头。把眉弓骨下方、颧骨下方、鼻子下方等处照亮，会形成古怪恐怖的影像。

　　画 3　夹角越大，鼻影越小，几乎消失不见，脚光特征不鲜明，因此反常效果削弱了。

比较画 1 和画 3，脚光的表现力度明显不同。

　　画 2　介于前二者之间。所以充分利用脚光距离，可以控制脚光的表现力量。

（2）影响鼻影的第二个因素是左右灯位。以被摄人物视线方向为准，脚光灯位有三个：左侧、右侧、视线前方。灯位决定鼻影在脸上的位置。

　　画 4　灯位在视线右侧，鼻影在人脸左侧，光线结构不对称，一半亮一半暗，反常感觉强烈。

　　画 5　灯位在视线上，鼻影在鼻子上方，光线结构左右对称。

　　画 6　灯位在视线左侧，鼻影在人脸右侧，像画 4 一样光线结构不对称，反常感觉强烈。

12.9.4　光比的处理

　　如顶光一样，光比大小决定着画面反差和对比程度。对比度在造型艺术里，一向是决定画面表现力度的重要因素。但是我们又知道孤立的元素是没有任何意义的，它必须在表意的"网络"中，在与其他元素相交中才能获得意义，见图 12-64。

　　画 1 到画 3 三幅画面都是采用脚光照明。脚光暗示出人物在影片中的身份——恶人形象。但是每幅画面光比又不相同。

图 12-64

画 1   影片《抵抗分子》中的人物，大光比大反差，准确地刻画出暴力者的形象；

画 2   影片《铁血情奔》（*Nowhere to Run*，1993）中的恶人，光比虽然没有前者那么强烈，但生动地暗示出这是一位"笑面虎"形象；

画 3   影片《人烟之岛 2：战争》中的邪教头目，微弱的光比虽小，却深刻地揭示出阴险狠毒的人物形象。

从这里可以看到光比虽然是决定表现力度的重要手段，但并不是一成不变的手段。光比大力度大，光比小却不一定力度小，小光比也能刻画出巨大的力量感觉，只是两种力度的性质不相同。

画 4 到画 6 三幅画面也是脚光照明。

画 4   影片《安妮日记》的女主角安妮，脚光照明再现出环境光源的特点，晚间台灯光效果，光比较大，光效自然真实。父亲的去世带来了不幸，但母亲的力量足以保护自己。虽然是脚光照明但脚光效果却不鲜明，并无反常气氛。

画 5   电视剧《W 的悲剧》中被遗弃街头的妹妹，命运与姐姐置换，回到了富贵家庭，脚光暗示着不幸的遭遇。灯位靠前，脚光效果不是很强烈，光比较小，这样处理是和她未来的走向有关，脚光准确地刻画着形象。

画 6   电视剧《成均馆绯闻》中才女允熙为了给哥哥治病，不得不为成均馆大学生代笔写文章。画面是遇到困难时刻的特写，以散射光灯在脚光位照明人物侧面脸，光比较小，光线柔和，人脸正面较暗，呈现脚光状态，明亮的逆光勾画出美丽轮廓线条。这里的脚光照明刻画出她在困难面前冷静沉着的性格。

后三幅画面，脚光照明都是用在正面人物形象的塑造上，有的是再现光源特征，有的是刻画人物暂时的困境，所以脚光效果不是鲜明激烈，光比一般都较小。

12.9.5 光质的使用

光质是指光线的"软"和"硬"，即直射光和散射光的使用。传统照明都是直射光照明，现代照明多采用散射光照明。但在顶光和脚光这类反常光效的照明中倒是并非如此，硬质直射光更能表现出反常的力度。所以现代影视作品中，特别是那些以暴力为主的商业片，在顶光和脚光的使用中还是以直射光为主，因为硬质光线有利于暴力的刻画。但并不是反对散射光做顶光和脚光的主光，只是它们多用在弱者身上，或刻画正面人物的不幸，见图 12–65（彩图 73）。

画 1、画 2 是谍战片《红色代言人》中的人物。危机时刻，正反两派人物都采用直射光做脚光照明，光影锐利，力量感很强。直射光的脚光，有力地刻画出双方的激烈残酷斗争。

画 3、画 4 是电视剧《斯巴达克斯：复仇》中斯巴达克斯身边的两位女性，这部作品光线造型很独特。以斯巴达克斯为主的戏多处理在夜晚，以烛光为光源，暖色暗调子处理画面，人物

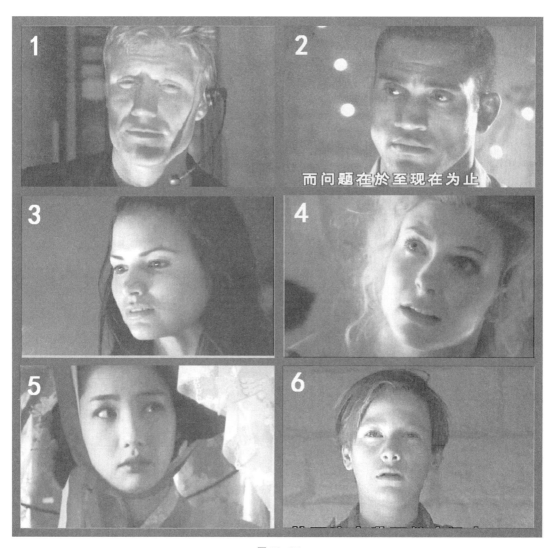

图 12–65

大部分都是采用脚光照明，时代感很强，渲染奴隶的悲惨境界，摄影师的用光立意很明确。

　　画3　以聚光灯直射光做主光在脚光位照明人脸，光影锐利，光比较大。脚光效果鲜明，光质很硬，有一定力度感。

　　画4　从光线效果来看，也是以聚光灯做主光，在脚光位照明，光比较大。但光质与画3明显不相同，相对柔和些。明显是在聚光灯前加了柔光设备（纸或纱），既有力量感，又有女性味。

　　画5、画6是以散射光灯做主光的脚光照明效果。光影过渡柔和，虽然光比很大，但不失柔弱感觉。画5是电视剧《成均馆绯闻》中贫困的才女形象。画6是影片《终结者2》被机械人追赶的未来战士小约翰，柔和的散射光准确地刻画出弱者的处境。

12.9.6　亮度的处理

　　从图12-65中，可以看到6幅画面脚光亮度各不相同。有的处在曝光点上，呈现出中级灰密度；有的高于或低于曝光点，密度高于或低于中级灰。脚光的不同亮度处理表现出画面不同的意境。在单个镜头里脚光亮度的处理，是由画面表现意图决定的。

　　电影电视是由连续镜头、多个画面组合在一起而进行的表意活动。因此一场戏里由几个脚光镜头组接而成时，由于戏剧发展变化，脚光的亮度有时需要相应变化，以便表现出戏剧的进展。图12-66是影片《单刀直入》中一场追捕贩毒份子的戏，镜头是毒犯家，被停职的警察桑和他的搭挡德，在搜捕时发现毒犯躲藏在顶棚里。搭挡德进入顶棚与犯罪分子枪对枪发生对峙，德劝说毒犯投降。这是一段对切特写镜头。

　　画1　镜1，德刚进入顶棚，黑暗无光，画面上什么都看不见，只见黑暗中两个"亮点"，隐约看出是两只人的眼睛。

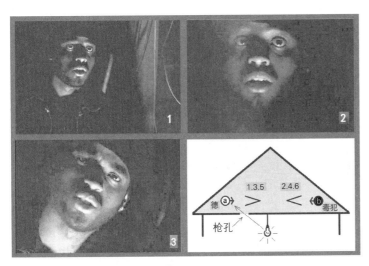

图 12-66

　　画2　镜3，随时间延续，人脸逐渐亮了些，看到是一束来自下方脚光照明，突出嘴、鼻子、眼睛，特别是明亮的眼神光传递着恐怖紧张。

　　画5　镜5，此时毒犯情绪稍有稳定，紧张气氛有所缓和。德的脚光亮度提高了，亮面也增大了。这时才看出光线来自下方棚顶枪孔，是室内吊灯光线穿过枪孔照亮人物的脸。

画 1 到画 3 这三个画面人物脚光亮度随着时间逐渐明亮，人脸也逐渐清晰明确，同一环境同一光源，光源亮度并没有改变，但人脸主光却逐渐明亮了起来。从真实角度来看，这是人眼睛"暗适应"特性的再现，具有真实感觉。从表现上来看，亮度的变化揭示出剧情的缓解、冲突的缓和，表明紧张气氛逐渐消除。所以脚光亮度的处理，不仅仅是造型和对比度的需要，更是戏剧语言的表达。

12.9.7　脚光色彩的处理

色彩是现代影视作品中重要的视觉语言元素。下面从作品中选择几幅画面欣赏一下脚光的色彩处理，见图 12-67（彩图 74）。

画 1　《终结者 2》中的机械人 T-1000；

画 2　《红色代言人》中军事专家发现敌人导弹的画面；

画 3　《古墓丽影》女主角进入古墓时刻；

画 4　《终结者 2》中被追杀的母子二人；

画 5　《格林》中的狼人。

这五幅画面色彩都是使用色光照明，形成红与蓝强烈的寒暖对比，表现出紧张激烈的矛盾冲突。色光是属于单波段光线，色纸号越高，色彩越单纯，饱和度也越高，越缺乏色调细致变化，因此真实感很差，主观意图很强，属于超现实色彩处理法。

画 6　《偷天奇案》中的黑帮老大；

画 7　《红色代言人》中的将军。也是色光照明，但人脸主光的色纸号较低，色调稍有变化。修饰光采用高号色纸，光线色度很高，皮肤质感比前四幅有所好转。

画 8　《抵抗分子》处理成几乎是单色调黑白影像。

画 9　《偷天奇案》中的骗子。脚光是高色温光照明后期调色成蓝味肤色，真实感很强。

图 12-67

图 12-68

用黄色光修饰暗面轮廓，色彩具有一定真实性。

画 10　《斯巴达克斯：复仇》为低色温光加色光照明；

画 11　《终结者 2》中的小约翰，高、低色温光混合照明，色调层次丰富；

画 12　《W 的悲剧》中的女主角，以低色温光为主，高色温光修饰，后期调成暖调。这三幅画面都采用散射光照明，色调柔和细腻，具有很高的美感。

从这里可以看到，现代照明色彩处理在创作方法上是多种多样的，可以是现实主义的，也可以是非现实的。在手段上可以用色光处理色彩，造成强烈的色彩感觉；也可以用不同色温混合构成柔和细腻的色彩变化；还可以用色温与色光混合处理色彩，造成既柔和又强烈的色彩感觉。总之，现代影视作品是大综合，什么手段都可以使用，只要能达到艺术表现的目的即可。

12.9.8　脚光处理的形式

图 12-68（彩图 75）是几幅有代表性的脚光照明画面，我们可以从中欣赏多种样式。

12.10　剪影和半剪影

剪影和半剪影是人像中两个特殊样式，在影视作品中经常出现。

剪影具有神秘的、黑暗的、幽灵的味道，也具有优美的形式感和图案美的特性。

半剪影具有低沉、压抑的味道。现代照明中多用在光线较暗的环境人物光照明，具有较强的真实感。在暗调画面中的人物多用半剪影形式。

12.10.1　剪影

剪影的影像没有层次，为单色调影像。剪影有两种形式：其一，以明亮背景衬托出剪影影像；其二，投影，人物阴影投射在幕布、磨沙玻璃窗、白墙上，见图 12-69（彩图 76）。

画 1 《偷天奇案》两个黑社会人物在摩天大楼里研究行动。以明亮窗外景物做背景，人物呈现黑色剪影形式，人物面貌细节消失，因此剪影具有神秘感和黑暗的气氛。

画 2 影片《藏身之所》室内景。一盏大型散射光灯 a 将背景黄墙照亮，衬托剪影人物，人物不打光，利用环境现有光照明，曝光照顾墙面黄色密度，让人物呈现出剪影状态，窗外曝光过度，白白一片。黄色是危险的色彩、警告的色彩。黄色与黑色搭配，色度最纯，充分发挥黄色的危险警告功能。白窗是与黑对立的色彩，剪影的形式、色彩的使用生动展示出影片"藏身"的主题。

画 3 影片《豪情四海》。夜晚毕斯在家放映电影时，与女友相会。放映机将二人影子投在银幕上，呈现剪影状态。这里充分利用剪影的优美形状制造出形式美，渲染二人美好的约会。

画 4 影片《探戈之恋》中的大提琴师。同样用白色幕布做背景，灯 a 是蓝色光灯，代替放映机，将屏幕照亮衬托人物。与前者不同的是再用蓝色光灯 b 在机旁做副光照明人物，将人物染成蓝色。利用曝光将人像控制成剪影状态。剪影不再是黑色的，也可以有色彩。

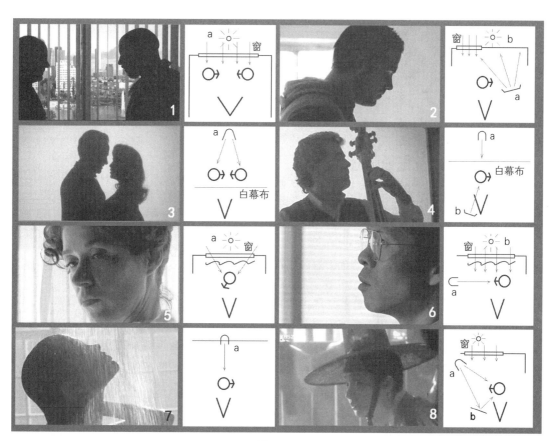

图 12-69

12.10.2　半剪影

半剪影与剪影不同，其影像具有最低的色调层次，在较亮的背景前面，人物影像呈现半剪影。就像人眼此时受强光刺激，瞳孔缩小，人物影像必然变暗了一样。半剪影此时具有一定的真实感。在特定的环境里，如较暗或较亮的环境里，人物光多呈现半剪影状态，见图 12-69（彩图 76）。

画 5　站在窗前的女人。窗外阳光虽然被窗帘遮挡，光强减弱，但现有光拍摄，画面亮度范围仍然很大，曝光正确下，只能把人脸拍成半剪影形式。

画 6　与前者相似，人物站在窗前，透过百页窗的光线很亮。为了让人脸有层次，使用灯 a 在人物视线方向将正面脸照亮。此时 a 灯亮度很重要，按此曝光，人脸肤色处在中级灰密度，还原成正常影像。半剪影影像将人脸曝光不足，让它呈现出半剪影状态。至于不足几挡光圈，则由摄影造型意图决定。

半剪影人物光处理可以是多种样式，可以采用正面光、斜侧光、侧光、顶光、脚光照明。

画 7　淋浴。为了展现水的质感多用逆光照明。此时人物影像多呈现半剪影状态。由于水的存在，人像不会出现全黑形式，多为深灰色调。

画 8　黑暗的环境里，虽然有明亮的窗子，但窗子在画面中占有空间很小，为了再现昏暗的环境特征，人物光采用半剪影形式。可以利用现有光拍摄，如果造型需要也可以用人工光照明。方法同样可以采用多种照明光效。这里用光灯 a 在窗子方向照明人脸下方，勾画出嘴、鼻、眼的形态，表现出人物特征。

剪影和半剪影光线形式是多种多样的，具体由摄影造型需求决定。

12.11　人物特殊光效处理

艺术要求创新，要求"独特"，人物光线处理效果同样要求创新和独特。

12.11.1　采用光源效果光照明人物

用特定光源效果光作主光。例如带有网格灯罩的光源照明效果，见图 12-70（彩图 77）。

画 1　影片《本能》案情分析会上，心理医生设圈套，转移侦察方向，受骗后的探长走出案情分析室，走廊上方带有网格的灯光"正"照在侦探长身上。从此以后凡是在室内他的身上始终出现各种不同的"网状"光效，直到真相大白，网状的"主光"才消失。这是象征，网状光效如同一张大网，将探长牢牢套住。这是光的象征语言，象征着探长的上当受骗。特定的光线效果暗示了剧情真相。从画面上可以看到走廊上方的灯前具有网状栅格。现实中这些网格的影子不会出现在人物身上，网罩离灯泡很近，影子会虚掉，在被照物上应看不到网格效果。在影视照明中，是在主光灯前加网状挡板（见画 1a）调节灯与

图 12-70

挡板距离，使投在人物身上的影子成为实影。

画2　影片《单刀直入》光线透过缕空花墙，将图案式窗影投在人物脸上，修饰脸部形象。这里网格再现出环境光线效果，也起到美化人物形象的作用。

画3　影片《现代启示录》中站在百页窗前的男主角。室外光线透过百页窗的光条投在脸上作为人物主光。首先光效自然真实，再现环境光特征。在表现上：越战使人麻木，短暂的假期，关在昏暗的房间中，无限的烦闷，只有酗酒。百页窗光效正是关闭的象征，是人物心绪的生动揭示。

画4　同上场戏，躺在床上的男主角，光线透过百叶窗的光条投在脸上，做人物主光。

效果光种类很多，如雷电、手电筒、火柴、行驶汽车等光线效果都可以做人物光照明。

12.11.2　光斑照明

在特殊光线照明中，光斑是应用的最多的手法。用一束光投在脸上，形成光斑，在表现上，有突出重要部位的作用，形成主体；在造型上，利用局部线条或形状构成美的形式或意味。见图 12-71（彩图 78）。

画1　影片《一级重罪》（*High Grimes*，2002）里的军官。以斜侧光做主光，将眼睛上方挡暗，只把鼻子、嘴、下巴照亮，突出嘴部"紧闭的线条"及躲在阴影里的冷酷眼神，深刻地揭示出人物心态。

这里的亮斑和阴影都具有非凡的魅力。

画2　影片《我的野蛮女友》（2001），与前幅画面光线相似，光斑照明。不同的只是光质不同，前者是直射光，后者是散射光照明，画面力度感觉不相同。心地善良的男孩遇上不拘小节的女友。画面上是在小旅馆里，看着醉酒的她，无奈而不知如何是好的男孩。光斑照明揭示出此刻的心情，也美化了男孩的形象。

画3　与图 12-70 画 3 是同一场戏，酒后的威德拉特写。侧逆光照明，只把右眼和鼻

图 12-71

梁一小块照亮，形成光斑效果，直视前方，脸上一片黑暗，光斑处理很有寓意。

画 4　影片《特工绍特》侧光照明，将上方挡暗。斜视的眼睛正好处在亮暗交界处，冷色的调子，画面光效独特，味道十足。

画 5　电视剧《一定要幸福》站在窗旁的女孩，来自侧面窗子的阳光投在脸上，正好被下垂头发遮挡，只把鼻头嘴巴照亮。光效独特美丽，生动地刻画出定会幸福的女孩。

画 6　影片《原罪》中被关在牢房里的骗婚女人。侧光照明，只把右脸下半部照亮，突出女性诱人的嘴唇，光斑照明意图很明确，突出了人物的要害部位。

画 7　《一级重罪》用蓝色光斑照明人脸。蓝色主光与白色修饰光（逆光）混合使用，形成了寒暖对比：蓝色的脸，半透明的红色耳朵，构成强烈的寒暖对比，光效独特，力量十足。

画 8　影片《悲惨世界》中芳汀私生女儿阿赛特。夜晚一束顶光只把脑门和鼻头照亮。在蓝黑色暗调画面里，形成两小块刺眼的亮斑。光线既有压抑感又独特非凡，再现出悲惨世界里的悲惨女孩形象。

光斑照明形式多种多样，既新颖又独特，具有非凡的表现力。

12.12　眼神光的处理

"眼睛是心灵的窗户"，内心情绪的流露、人物的精神状态都要通过眼神来表达。所以许多导演、摄影师都注意眼神光的塑造。

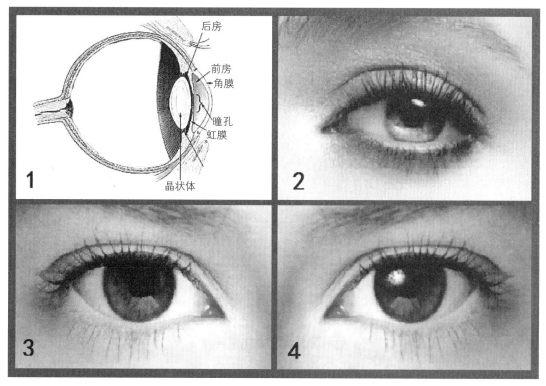

图 12-72

　　眼睛的构造很复杂，从外表来看主要有白眼球和黑眼球，见图 12-72（彩图 79）。黑眼球是由虹膜、瞳孔、前房和角膜组成（见画 2），虹膜在黄种眼里是周边是黑色，向心逐渐变成深褐色，中间是黑色瞳孔（见画 4）。白种人虹膜可能是蓝色，颜色浅淡。前房像是单透镜，中心厚边缘薄，无色透明，外包角膜。角膜无色透明，表面光滑，呈镜面反射。当一束光线投在角膜上，会透过前房将虹膜照亮，再现出虹膜色彩层次，同时在表面上产生明亮的反射光斑，这就是所谓的眼神光。黑眼球不是单一的黑色。

　　眼神光对表现人物精神状态非常重要。见画 3 和画 4，同样的眼睛有无眼神光大不相同：一个炯炯有神，一个黯然无彩。在人物近景和特写镜头里，摄影和导演对眼神光非常重视，甚至苛刻。在黑泽明传记里有一段对眼神光的记述：在拍摄一部影片时，要表现一位趴在地板上低着头擦地板的小女孩近景。导演要求必须有眼神光。但摄影师用尽种种办法也不能给脸朝着地面的人眼睛打上眼神光，最后只好把地板挖个洞，在下面装灯，打出眼神光来。

　　眼睛的大特写镜头，眼神光更为重要。有时也可以成为画面表现的"主体"，见图 12-73（彩图 80）。

　　画 1 影片《单刀直入》里的一个镜头（见图 12-66），搭挡德进入黑暗的顶棚第一个镜头，几乎全黑的画面只有两个闪闪的亮点。这里眼神光成为画面表现的主体。

图 12-73

画 2 影片《古墓丽影》中男主角眼睛特写画面，眼睛是主体，但眼睛上的光斑亮点更为重要，必须突出。

眼神光一般是利用主光或副光兼顾眼神光，见图 12-74（彩图 81）。在处理主、副光时注意是否产生眼神光，位置、大小、亮度是否合适。当主光或副光靠近摄影光轴一定角度时，就能在眼球上产生明亮的眼神光斑。通过副光产生的可能性多些。

利用主、副光兼顾眼神光，不仅节省器材，还可保持原有光效不受破坏。

当主、副光不能兼任眼神光时，可单独利用眼神光灯给予处理。在人物前方左右移动灯位，从机位方向观看，眼神光位置合适即可。眼神光灯要求灯口发光面大些（眼神光就大），照度要低，不影响主、副光效果。有专用眼神光灯，也可以用白色反光板，铝箔板代替眼神光灯制造眼神光。

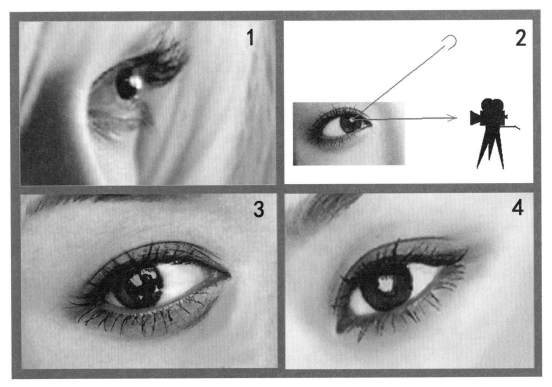

图 12-74

对眼神光的要求,见图12-74,一般用一个光斑处理(画1),最多不能超过两个光点。光斑多,眼神发散不集中（画3），反而造成眼睛无神的效果。

眼神光的光斑位置不能处在瞳孔正中间,否则容易造成"睁眼瞎"的感觉（画4）。通常处理在瞳孔斜上方较好。若是两个光斑,则处理在瞳孔斜方上下各一个为好,这样还可以表现出黑眼球中间瞳孔的感觉。

12.13 人物照明中几个问题

12.13.1 人物与背景调子的配置

人脸亮度、色彩与背景必须保持足够的对比度,才能让观众在视觉上感到舒适。对比程度越大,人物越突出。但过大的对比度会造成反常感,失去协调感。同样,对比度太小也会破坏和谐,使主体不鲜明突出。

人物与背景的关系,可以概括为对比关系,即明暗对比关系和色彩对比关系。

明暗阶调上的配置

（1）浅淡的背景衬托较暗的人物。

（2）深色的背景衬托浅色的人物。

（3）用主副光处理明暗阶调的人物,其亮面要衬以暗的背景,其暗面要衬以亮的背景。

（4）用主副光处理明暗阶调的人物,衬以中间灰色的背景。

（5）亮调人物在亮背景上,要用暗的轮廓勾画体态。

（6）暗调人物在暗背景上,要用亮的轮廓勾画体态。

色调上的搭配

（1）利用寒暖对比关系衬托人物。

（2）利用色彩饱和度衬托人物。

运动镜头

运动镜头中人物与背景关系在不断变化,必须注意在运动的起幅和落幅以及运动中的暂停画面时,人物与背景的对比关系。如果有明显的配置失调,则要对人物光线做适当的遮挡或加强。

固定镜头

从全景接到近景时,人物和背景的对比度也需要重新调整。全景画面人脸面积较小,脸的亮度合适时,在近景、特写画面里脸的面积就显得增大,银幕突然变亮,造成观众视觉不适应,会明显感觉到"跳",因此近景、特写镜头人物主光需要适当减弱。

俯瞰镜头

　　俯瞰镜头，往往要改动原来全景镜头的布光，重新调整明暗对比关系，因为俯瞰镜头是以地面为背景的。

12.13.2　人物与环境光线效果的统一

人物主光与环境光源效果的统一

　　环境光源是处理人物主光的依据。无论人物和摄影机怎样运动，照明人物的主要光线应当来自画面环境中的光源方向，它是光源效果在人物身上的反映。在复杂的镜头中，画面中虽然只有一个光源出现，但在人物身上模仿其光线效果时却往往需要用几盏灯具才能再现出其光效。

　　例如，一个人物围绕一盏灯走了几乎半个圆圈，如图12-75。场面大些就需要用3台灯光模仿一盏台灯的光效，将演员行动路线划分3个段落，分别用3个灯具照明，每台灯的光束都必须通过道具灯位置再投射到人物身上。

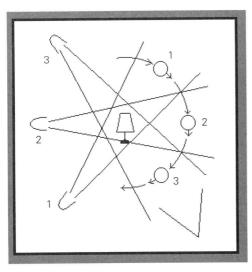

图 12-75

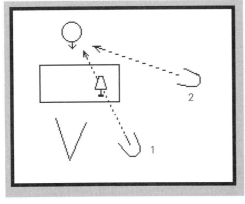

图 12-76

主光方向和光源方向统一的程度

　　这个问题因不同艺术观念，有不同的要求。传统布光法，要求大体上相似即可；而自然光效法则要求"绝对统一"。前者是强调造型表现，后者强调画面真实。在实践中存在着造型与真实的矛盾，处理好这个矛盾需要技巧。

　　如图12-76为夜景人物在桌旁台灯光下看书。主光灯1通过道具台灯位置照明人物，人物主光方向与光源保持了绝对统一。但人脸光线显得平淡，缺乏影调层次，面部受光面缺乏形体造型。将主光灯改在2号位置上照明人物，光线偏向侧光位，人脸造型有所改善，增加了光影和影调层次。虽然主光方向偏离光源方向，但看起来并不失真。

　　主光方向与光源方向不是自然主义的再现关系，在不失真的原则下可以考虑造型的需要，适当改变主光方向。

场面调度

　　由于场面调度，人物和光源的距离在不断地变化。人物的主光亮度要体现出这种亮度的明暗变化。

传统布光法中的假定性光源

电影电视布景不是完整的"建筑"，有时只有两面墙和部分门窗，如图 12-77。人物从窗前（位1）走向远离窗子的地方（位4），人物主光失去了光源依据，原布景窗子光源处在背后远处的逆光方位，照到人身上的光线已经很弱，人物处在较暗的空间里。又如，有时人物处在全封闭的环境里，如夜晚的地窖中，里外都是黑暗的世界。在这种情况下，传统布光法采用假定光源的存在，来处理主光方向。在图 12-18 里，设想未搭制出来的布景第三面墙上在 I 处有一扇窗子，窗外阳光照射室内时，恰好照亮4号位置上的人物，所以在该位置上布置灯具做人物4号位置的主光。

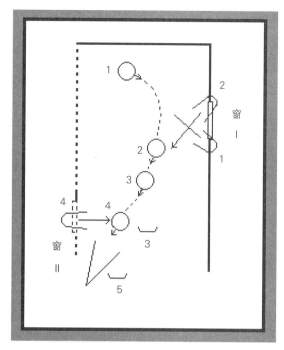

图 12-77

该镜头人物光线处理，在位1时，用聚光灯1在布景窗外面透过窗子模仿阳光照射室内做人物主光。当人物走到2号位置时，离开了灯1照明区，因此用聚光灯2，还是在布景窗子方向照明人物2号位置，人物呈现逆光状态。用副光3照明人物正面脸，人物走到位置3时还是在副光3的照明区域里，只是越走近，人脸越亮，逆光越暗淡，这符合人物远离布景窗子 I，而越来越接近假想中的窗 II 效果。当人物走到位置4时，就处在假设光源 II（聚光灯4）照明区，人脸又亮起来，这时用副光5在摄影机右侧照明人物。

现代影视艺术是大综合理论，假定性光源的使用更具有随意性，只要艺术表现上需要，就可以在任意位置上设定某个光源存在，主光基本不受光源逻辑的限制。即使是追求自然光效法的阿尔芒都，在其成名作《天堂之日》里也使用了假定性光源。

当人物处在全封闭的黑

图 12-78

暗环境里，无光源作依据时，人物的主光仍可采用假定性光源处理。可以假设地窖外面是白天，很亮，而地窖盖并不严实，有缝隙存在，阳光透过缝隙照亮地窖，这就给黑暗地窖带来了主光方向。可以根据造型需要和戏剧气氛的需要处理人物光线，可以用主副光形式，也可用平调光形式。在这种情况下，摄影师对人物光线处理有较大的随意性。如果地窖外面是黑暗的夜晚，地窖里的人物光线就不能太亮，虽然有较大的缝隙存在，地窖里也是很暗的。此时只能采用平调光处理人物，而且光线很暗，照射范围有限，人物处在半剪影之中，环境大部分是无光黑暗的。前苏联现代影片《自己去看》采用自然光效法处理光线，见图 12-78。当男女主角在森林草棚中过夜，草棚还有缝隙，夜晚黑暗无光。从自然光效法来看，银幕上只能是黑暗一片，只能听见声音而看不见人物。影片在阴天拍夜景，采用了假定光源处理，假设夜晚微弱的天空光透过密林，透过草棚缝隙照到人物身上。从真实角度，想象得到草棚里该有多暗，可是银幕上人物却是较亮的，远远超过了实际的亮度可能。可见自然光效法一再追求真实，但面对这种情况也无能为力，也得求助于传统的假定光源来处理。所以艺术的真实不是绝对的真实。

12.13.6　人物光线亮度的处理

光源强度和距离是决定人物亮度的依据。

人物光亮度的差别是以生活中对某一环境亮度为准绳，相比较而言的。夜景可以比日景人物光暗些，而无光源的夜景又比有光源的夜景暗些。

人物光的亮度，不仅要考虑真实环境中的亮度感觉，还要考虑画面影调构成的需要。所以人物光的亮度是相对的，是在比较中确定的。

特殊夜景人物亮度具有相对性。特殊夜景是指无灯光光源的夜景，可能是月夜，也可能是漆黑的夜晚。在人物亮度处理上，既要考虑真实条件下的亮度，又要考虑到造型和戏剧的要求，必须有足够的亮度让观众看清银幕上发生的一切，所以银幕上的亮度要比真实环境亮度高一些。

如果无光源的夜景情况复杂，如有开关灯光动作时，那么人物的光线亮度也相应复杂些：

（1）人物进屋踌躇片刻才开灯，为了在开灯前能看清人物，无光源夜景中的人物要稍亮些，但不能失去无光源暗环境的感觉。

（2）人物关灯后走进另一个开灯的房间里，人物光还有亮－暗－亮的变化。为了突出这种效果，在关灯后人物光的亮度可以有意处理得暗些，甚至不打光。

（3）在一些惊险片里，人物在很弱的灯光下工作，突然听到动静，关灯躲藏起来，为了能看清人物的躲藏动作，房间里应有一定的亮度，不应是全黑的房间。

（4）特写、中景、全景人脸亮度也有差别。景别不同，人脸占银幕面积不同，如果人脸亮度恒定不变，会出现特写中人脸过亮，而全景中人脸过暗的现象，这种现象在较暗的环境里更为显著。为了保持人脸有统一的亮度感觉，布光时，不同景别中人物光亮度应不相同。特写镜头人脸亮度要比全景镜头暗些。减暗程度是由胶片的反差、宽容度等性能决定，一般减弱半挡光圈左右，这对使用一个光号印片有利。

12.14　对切镜头光线处理

12.14.1　传统照明法：交叉光处理

二人谈话场面多采用对切镜头组接画面。在中景、近景或特写画面里，空间距离拉近，观众既能听清对话内容，又能看清谈话人面部表情，对切是表现谈话场景有利剪接的技巧。

对切镜头的光线处理，在传统电影里已经形成一套完整的行之有效的照明方法——交叉光照明法。

交叉光照明方法有三种形式：

（1）后交叉光照明；

（2）前交叉光照明；

（3）一前一后交叉光照明。

后交叉光处理

对切镜头的结构往往第一个镜头是交待镜头，交待二人空间位置关系，多采用全景或中景画面，景别稍大些，交待人物和空间关系。二人谈话镜头多采用近景或特写，机位角度：交待镜头多采用正面角拍摄，而对切画面多采用外反拍角或内反拍角拍摄。

例1：影片《雨果》中，为了修理好机械人，雨果来到乔治·梅里埃摊前偷零件被捉，二人一场对话镜头，见图12-79。

画1　中景，正面角拍摄。乔治在画左，雨果在画右，二人面对面站在那里对话。照明雨果的主光灯 a1 在乔治身后；照明乔治的主光灯 a2 在雨果身后，两盏主光灯在人物身后成交叉状态照明人脸，在人脸上呈现斜侧光照明。对着镜头的侧面脸是背光面，暗色调，正面脸处在受光面之中，呈现亮色调。因此，二人正面脸都是明亮的，能让观众看清面部表情，这是后交叉光的特征。对构图风格来说，具有"封闭式"构图的特点。

画2　乔治近景。内反拍角斜侧机位拍摄。此时主光灯 a2 处在斜侧光照明，正面脸亮，侧面脸暗，体感较强。

画3　雨果近景。内反拍角斜侧机位拍摄。主光灯 a1 处在斜侧光照明，同样正面脸亮，侧面脸暗，体感较强。后交叉光照明主光可以有光源依据，也可无光源依据。

例2：同上影片，雨果和伊莎贝尔在钟楼上对话，见图12-80。

画1　交待镜头。二人站在钟前，远方是明月下的艾菲尔铁塔，环境是法国巴黎，时间是夜晚，二人远眺、交谈，这是棚内拍摄的镜头。照明人物的主光灯 a1 是一盏聚光灯，

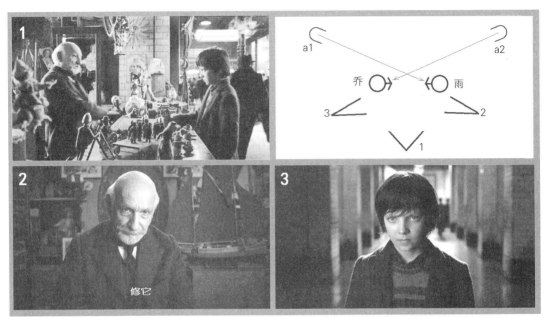

图 12-79

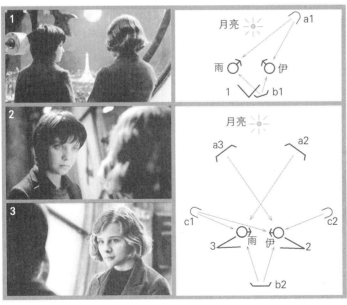

图 12-80

在逆光位模仿月光照明人物，在人物身上勾画出明亮的轮廓。副光灯 b 在摄影机旁照明背光面。反差较大，再现出月夜光线特征。影调明快，造型优美，光线刻画出二人美好的关系。

画2 外反拍角，以伊莎贝尔为前景拍雨果近景。主光灯 a2 是散射光灯，在伊莎贝尔的背后照明雨果的脸，呈现斜光结构，影调柔和层次丰富。修饰光 c1 在逆光位照明二人头部，在头上形成明亮的光斑。副光在机旁，光线较暗。主光、副光、修饰光反差很大，不仅再现出光线特征，同时塑出轻松、明快的气氛。光线渲染了二人之间的友好关系。

画3 外反拍角，以雨果为前景拍伊莎贝尔近景。主光灯 a3 同样是盏散射光灯，在雨果的背后照明伊莎贝尔的脸，在脸上呈现出斜侧光结构。修饰光 c2 在逆光位照明伊莎贝尔的头部，再现出头发层次，形成亮斑。光线塑造出伊莎贝尔美丽的形象。

需要注意的是：

（1）照明雨果和伊莎贝尔的两盏主光灯，是在人物背后成交叉状态。是典型的后交叉光形式。但与图 12-79 交叉光不同的是，这里有光源（月亮）为依据。一般交叉光不需要光源依据，但有光源依据更能增加画面真实感，所以在写实风格作品里多采用有光源为依据的处理。

（2）画 2 和画 3，修饰光范围略有不同：在画 3 里修饰光 c2 只修饰伊莎贝尔的头部，而画 2 修饰光 c1 却修饰了二人的头部。仔细品味两幅画面，明快、轻松程度有所不同。这是戏剧内容的表现需要，二人交往对雨果来说是为了得到伊莎贝尔的钥匙；而对伊莎贝尔来说到钟楼来仅仅是出于好奇。所以同样的灯位、同样的照明方法，但修饰的范围略有不同。这微小的差别生动地刻画出二人的不同心态，这就是摄影师深厚基本功的表现。

前交叉光处理

例 1：影片《雨果》中伊莎贝尔与雨果在图书馆里的对话镜头，见图 12-81。

画 1　全景交待镜头，雨果在画左，伊莎贝尔在画右。照明二人的主光灯在人物前方，人物呈现平光照明效果，虽然缺少影调变化，但在全景画面里，人脸面积很小，只要让观众能认出是谁就可以了。

画 2　外反拍角拍摄，透过伊莎贝尔的肩部拍雨果近景。主光灯 a1 在人物前方，斜侧光位照明人脸，受光面与背光面亮暗分明。修饰光 c1 在逆光位修饰轮廓，形成亮斑，形象明快有力度。

图 12-81

画 3　外反拍角拍摄，透过雨果的肩部拍伊莎贝尔的近景。主光灯 a2 也是在人物前方，斜侧光位照明人脸。但光位较正，人脸亮面较多，阴影很少。同样修饰光 c2 在逆光位修饰人物轮廓。

需要注意：

（1）对切两幅画面里的人物光虽然都是斜光照明，但二人脸上影调构成不同，一个亮暗鲜明、层次丰富，有力度感觉；另一个缺少阴影，影调明亮。影调的不同，生动地刻画出男孩和女孩的差异，一个具有阳刚之美，一个具有阴秀之美。

（2）二人主光灯 a1 和 a2 在人物前方，在前方成交叉结构，是典型的前交叉光照明。

例 2：影片《特工绍特》在船上接受新任务时与特工头子的对话。这里也是采用前交叉光处理，但方法与前者略有不同，见图 12-82。

画 1　交待镜头。主光灯 a1 在侧逆光位将二人照亮。绍特处在平光状态，面部是单色亮调子，缺少变化；阿洛夫处在侧逆光照明中，侧面脸较亮，正面脸较暗，反差较大。一个有层次，一个无层次。影调结构展示出二人身份不同，一个是权威上司，一个是无权小卒。

画 2　外反拍角，以阿洛夫为前景拍绍特特写。灯光 a2 是二人主光：对前景阿洛夫来说，脸上影调平淡，缺少变化，对绍特来说则是侧逆光照明，半边脸亮，半边脸暗，反差很大。人物光线揭示出绍特心理状态——听到要刺杀反对总统的人时内心的震惊。

画 3　反拍，以绍特为前景拍阿洛夫，此时以灯 a1 为二人主光，影调与画 2 相反，绍特影调简单平淡，阿洛夫呈现侧逆光状态，正面脸很暗，反差很大。而且用灯光 c 在侧逆光位修饰了阿洛夫的脸部，给暗面脸增加几块明亮光斑。光线刻画出阿洛夫的权威力量感。

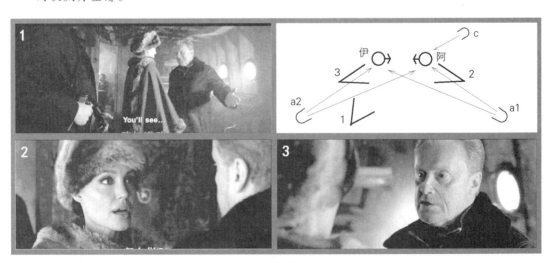

图 12-82

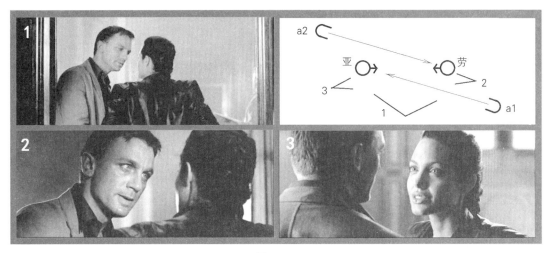

图 12-83

两个主光都在人物前方，但与前者（图 12-81）雨果的前交叉光不同，二人的主光实际上并没有出现交叉现象，但是人物光线结构还是属于交叉光性质。

一前一后交叉光处理

例1：影片《古墓丽影》中女主角劳拉与对手亚力士的对话，见图 12-83。

画1　二人中景，交待二人位置，亚力士在画左，劳拉在画右，二人相对谈话。照明二人的主光灯 a1 在人物前方，斜侧光位照明，二人影调较平。

画2　外反拍角，以劳拉为剪影拍亚力士特写，主光灯 a1 位置不变，只是遮挡光线，将亚力士头部后半部分和劳拉后脑勺挡暗，突出亚力士的面部形象。

画3　以亚力士为前景拍劳拉特写。主光灯 a2 在人物后方，斜侧光照明人脸，体感很强。

二人主光在人物一前一后成相对方向照明，称为一前一后交叉光照明，虽然二人主光没有成交叉状态，但是光线效果属于交叉光形式，二人正面脸都是亮的。

这里二人光线处理很有表现力：一个是平光状态，一个斜侧光状态；一个明暗交错、对比鲜明、有力量，一个缺少变化、对比度较弱、没有力量感。光线有力地刻画出二人在对立中的形势。

例2：美国电视剧《鞋店事务所》（Harry's Law，2011）第5集，因案件失误将被吊销执照的哈莉准备退休，助手亚当劝阻她。环境是酒吧间里，日景。二人并排坐在桌边，见图 12-84。

画1　交待镜头。正面角拍摄。主光灯 a1 在摄影机旁，平光照明，二人脸处在亮面之中，反差很小。平淡的光线暗示出二人身处被吊销执照的困境。餐馆的环境选择有趣，"吊销"

图 12-84

与"吃饭"放在一起，寓意鲜明。

画 2　外反拍角拍摄，以哈莉为前景拍亚当特写。听到哈莉要退休，极力表示反对，主光灯 a2 在人物后面，以侧光位照明亚当的脸，脸上半明半暗，反差很大。光线刻画出亚当听到要退休消息时的沉重心情和劝阻的力度。b1 是亚当副光，同时也是哈莉副光，把她的后脑勺部位照亮，得到最低密度。b2 是哈莉脸部副光，再现出皮肤质感。

画 3　以亚当为前景拍哈莉，听着亚当劝阻时的哈莉特写。照明哈莉的主光在 a3 位置，以斜侧光位照明哈莉的脸。副光灯 b 照明哈莉背光面，同时也照亮亚当的脸部。哈莉脸上具有一定的明暗对比，与画 1 相比，不再是平淡缺少变化的调子。光比的处理、影调的变化暗示着哈莉听到朋友的劝阻后，心情有所改变。

画 2 和画 3 人物主光灯位置在人物一前一后，即 a2 在人物身后，a3 在人物身前。又是前后交叉光处理。只是与例 1 灯位稍有所不同，这是由表达的内容需要所决定的。

12.14.2　自然光效法处理

现有光拍摄

自然光效法追求光线自然真实，对切镜头也可以采用现有光拍摄，只是在局部个别镜头，现有光不能满足表现上需要时，可以采用现有光加人工光修饰法处理，见图 12-85。日本电视剧《彩色日村》（2012）讲述胖男人大琦追求发廊美女小唯的故事。二人在地铁站里偶然相遇，小唯因工作不顺心，多喝了点酒，有些醉意，大琦母亲生病要回乡下，二人聊天。

画 1　交待镜头，地铁站台上，二人聊天。利用地铁站内现有光拍摄，光线柔和平淡，恰似二人不顺心情。现有光在这里运用得当，很有表现力。

画 2　小唯近景。知道大琦对自己有爱慕之心时想逼他说出口来。来自站台上方散射的顶光照明，使小唯脸的起伏结构得到完美再现，人脸很美。开放式构图的意味很丰富：

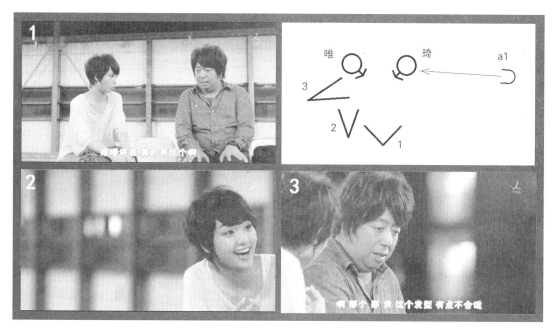

图 12-85

开放本身就暗示出小唯不是陈规守旧之人；视线前方空间很小，紧靠画框，逼迫味道很足；也暗示出未来二人关系的戏剧走向。

　　画3　以小唯做前景拍大琦近景。听到小唯的话，内心激动，但难以开口。此时现有光不能满足表意需要，用人工光 a1 在侧逆光位修饰人脸，在眼睛、鼻子、嘴等处勾画出几块亮斑，打破地铁站内平淡的光线效果，给人脸增添一点光彩，这正是大琦听到小唯有意时，内心激动的表现。

现有光照明能节省器材，降低成本，提高工作效率。但光线有时满足不了表现需要，因此将现有光与人工光修饰法混合使用，就可弥补不足。这也是低成本的现代电视剧在处理对切场景时常用的照明方法。

自然光效法

现代影视作品多采用自然光效法处理对切镜头，追求光线自然真实感。

例1：影片《雨果》一场对切镜头，暗调处理。伊莎贝尔回家的路上打听雨果家事，地点是一座桥上，时间是月光明媚的夜晚。棚内拍外景，见图 12-86。

　　画1　中景交待镜头。二人面对面站在桥上谈话。聚光灯 c1 在逆光位模仿月光照明人物，在人物身上勾画出明亮的轮廓，主光灯 a1 在摄影机旁，以正面光照明二人背光面，照度较低，再现出月光下、背面里应有的影调层次，光效自然真实。

　　画2　以伊莎贝尔为前景拍雨果中景。模仿月光的灯 c2 在雨果背后逆光位照明人物，

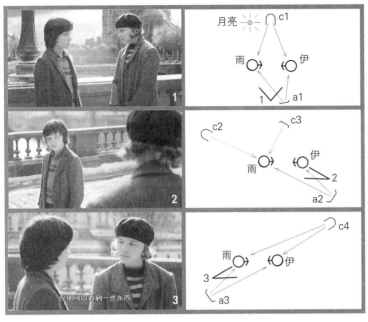

图 12-86

勾画人物轮廓。主光灯 a2 是散射光灯,在摄影机旁照明二人背光面,同样照度较低,再现出月光下背光面应有的影调层次。雨果是个无家的孩子,当听到别人打听家事时,内心会有难言之苦,为了刻画他的心态,使用了修饰光 c3 在侧光位修饰人脸,在脸上出现一点反差,正是这点反差勾画出他的心情。

画 3　以雨果为前景拍伊莎贝尔的中景。模仿月光的修饰光灯在 c4 位置上勾画二人轮廓。主光灯

a3 在摄影机旁照亮二人面部,保持月光阴影里的光线效果。

对切中二人光线结构不相同:雨果脸上影调多变,有一定层次;伊莎贝尔脸上相对较"平",这些微弱的差别刻画出男女的差别,也暗示出二人心态的差异。

图 12-87

例 2:影片《原罪》中一场对切镜头,一亮一暗处理。

婚姻诈骗犯朱丽安被抛弃的丈夫唐斯捉到后的一场对话。棚内拍外景,见图 12-87。

画 1　交待镜头。墙角处,近景,唐斯紧紧握着朱丽安的手。主光灯 a1 在斜侧光位模仿太阳照亮二人,脸上呈现出斜侧光照明效果。副光灯 b 在摄影机旁,光比较大,光线自然真实,又表现出挣扎

力量。

画2 以唐斯为前景拍朱丽安的特写。转过身子的朱丽安与唐斯面对面，此时二人处在背光位置上。主光灯 a2 是散射光灯，斜侧光位模仿墙面反射照明朱丽安的脸，亮度较低，再现出背光面里应有亮度。修饰光灯 c 在逆光位照明唐斯的脸，勾画出唐斯的脸部轮廓，保持阳光效果。副光灯 b 在机旁照亮二人背光面，光线较弱，塑造出暗调画面。

画3 以朱丽安为前景拍唐特写。机位回到画1位置上，主光 a1 和副光 b 与画1相同，保持光线和影调统一衔接。

需要注意：

（1）这里对切镜头二人脸部一亮一暗，刻画出骗子与被骗者一阳一阴的关系。光线刻画出人物的处境位置。

（2）对切镜头一亮一暗，打破了后交叉光人脸都亮的特征，再现出人物光与光源的逻辑关系，光效自然真实。

例3：影片《雨果》一场对切戏，亮调处理。雨果将伊莎贝尔领回家中，借用她的钥匙打开机械人，见图 12-88。

画1 交待镜头，二人看机械人中景。主光灯 a 前加纱，在人物右前方较低位置上照明二人，伊莎贝尔呈现侧光照明，半亮半暗；雨果呈现平光照明。副光灯 b 在摄影机旁，反差较大，再现出光线较暗的环境特点。人物光的不同，表现出面对机械人，二人"明了和不明了"的不同心态。

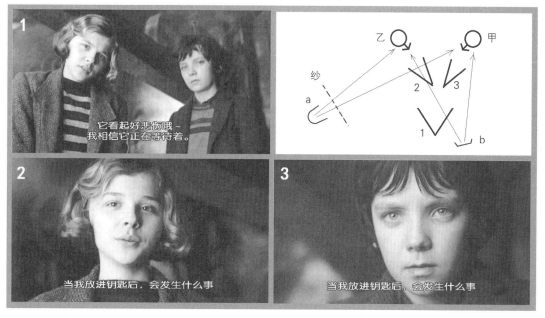

图 12-88

画2　内反拍角拍伊莎贝尔特写。主光灯 a 还是在原位照明，脸上阴影减弱，脚光特征鲜明。副光灯还是在摄影机旁，反差较大。光线生动再现出面对机械人时伊莎贝尔的神态。

画3　内反拍角，在斜侧角机位上拍雨果特写。此时主光灯 a 处在平光照明中，副光较暗，反差很大，给人一种冷静观察的神态感觉。

这里人脸都是亮调处理，光源统一，自然真实。

追求光色真实再现

自然光效法发展的新样式：追求阳光三态的光色理论。在外景和实景章节中探讨了这些问题，在对切镜头处理中同样追求光色再现。

例1：影片《夏天的滋味》中大姐夫库和二姐夫唐的一场对话。环境是咖啡店门口，日景，见图 12-89（彩图 82）。

画1　交待镜头，二人坐在门口聊天。主光灯 a1 是白光，在侧逆光位将二人照亮。唐的侧面是亮调；大姐夫库的脸呈现侧逆光状态，侧面脸亮正面脸暗。副光是散射的白光，照亮人物背光面，正确再现出人物的皮肤色彩。修饰光 c1 是绿色光线，在门外模仿绿色环境(墙壁)反射光照亮库的暗面脸。人脸光色正确再现出环境色彩关系，真实感更为强烈。

画2　内反拍角，二姐夫唐的特写。主光灯 a2 是绿味的光线，在摄影机旁脚光位照明人脸，模仿绿色环境反射光，光线较暗，色度较低，色度的分寸感把握得很准确。绿色副光在侧光位对头的后半部给予淡淡的补充。修饰光 c2 是白光，在逆光位修饰脸部轮廓，明亮的轮廓线条是画面里最高亮斑，平衡了画面影调；修饰光 c3 是绿色光线，模仿绿色环境反射光，在侧逆光位修饰了头的暗面轮廓。影像色彩丰富，与环境色彩保持着真实逻辑关系。

注意：在画1里，唐的脸是处在受光面里，肤

图 12-89

色较亮，色彩正确；而在画2里不同，唐的脸处在背光面里，亮度较低，色彩带有绿味。从时空关系来看，这是不真实的，但从艺术表现来看，却是艺术魅力的表现。

画3　内反拍角，大姐夫库的特写。光线结构与画1相似，主光灯a3是白光，在侧逆光位照明库的脸，副光灯b3在摄影机旁照明背光面，绿色的修饰光c4在侧光位修饰暗面。反差很大，亮暗对比、寒暖对比都很强烈。特别是人脸正面暗侧面亮的结构暗示出大姐夫内心存在着"越轨"的阴暗面。

例2：影片《偷天奇案》色彩处理。骗子和黑帮老大在酒吧谈话。现代的酒吧灯红酒绿，灯光昏暗，色彩迷幻，环境光复杂多变。因此不管是人物还是环境色彩的处理，均有较大的随意性，见图12-90。

画1　中景交待镜头。环境由红、蓝色光构成，结构杂乱。在这种情况下，一定要有一两块色彩正确还原。一般都是让主要人物的肤色得到真实再现。所以照明二人的主光灯a1是盏柔和的白色光灯，在侧逆光位照明人脸。副光在摄影机旁，也是白色光，保证人脸色彩正确还原。只有修饰光是色彩光线，c1是红色光线，在斜侧光位修饰人物暗面；c2是蓝色光线，在逆光位修饰人物轮廓。修饰光再现环境色彩特征，也让人物与环境融为一体，画面感很强。

画2　外反拍角，以骗子乙为前景拍黑帮老大甲。为了与上镜光线色彩衔接，主光灯

图 12-90

a1 从右侧改到左侧 a2 位置，让老大的侧脸始终处在白光照明中，肤色得到正确还原。白色副光灯 b2 在摄影机旁。蓝色修饰光灯 c2 改到 c3 侧光位，修饰老大正面脸，呈现蓝色调，与前景骗子肤色形成寒暖对比，暗示二者对立情势。背景一块明亮光斑，与暗色调画面形成明暗对比，塑造黑社会勾心斗角气氛。

画 3 外反拍角，以老大甲为前景拍骗子乙。主光 a3 回到 a1 位置，在乙的视线方向照明人脸，正确再现肤色。白色副光灯 b 在摄影灯机旁照明脸的暗面。红色修饰光灯 c4 在原 c1 位置上修饰脸的暗部，使背光面出现鲜艳的红色块，与环境中的蓝色块形成强烈的寒暖对比，暗画面与环境亮斑又形成强烈明暗对比，画面二人勾心斗角的形势很强烈。

对切镜头色彩处理是刻画二者内心状态、二者关系的有力手段。

12.14.3　追求艺术表现

现代影视艺术重视视听语言，追求艺术表现。

图 12-91

例 1：影片《雨果》中的对切镜头，暗调处理。伊莎贝尔和雨果在月台上与凶狠警察对峙，见图 12-91。

画 1　交待镜头。从警察背后拍二人画面。空间位置上三人处于三角位置。摄影机从警察背后俯拍二人，机位较高，俯角拍摄，警察影像高大，伊莎贝尔、雨果二人矮小。高低暗示出双方的对比形势。主光灯 a1 在逆光位勾画三人轮廓。副光灯 b1 和 b2 分别在机位两旁，构成大反差暗调画面。大反差暗示着力量，暗调子喻示着凶多吉少。

画 2　反拍警察近景。还是逆光照明，主光灯 a2 在警察背后，从光源关系来看，画 1 是逆光照明，那么反拍角应该是平光照明的亮调子，但是这里还是逆光暗调照明，这是不真实的。只能说是摄影师有意这样处理，逆光暗调子才能表现出强与弱、威力与恐惧的气势。

画3 雨果近景。警察在审问他，逆光拍摄。由于机位改变，主光灯由a1改到a3位置上，这样人物又呈现出逆光照明效果。画面气氛没有改变，保持着威力与恐惧。

画4 伊莎贝尔特写。外反拍角拍摄，以警察为前景，大俯角，突出了"强"与"弱"气氛。主光灯由a1改到a4，成为正逆光位。还是暗调画面，银幕形势没有改变，还是威力与恐惧的气氛。

在这组对切镜头处理中有两点值得注意：

一是角度的使用：外反拍角表现双方关系；内反拍角表现二者对立。外、内、内、外结构。第一个外反拍角表现双方相遇；中间两内反拍角表现双方对立；结尾外反拍角表现说明和解。对切镜头角度使用得很有表现魅力。

二是几个镜头虽然都是逆光照明，但是逆光效果不相同：

画1 亮与暗面积相等（亮面较大：地面、帽子面、二人头发）形成鲜明的亮暗对比。有力地表现出猫鼠相遇情形。

画2 警察在审问。轮廓光虽然很亮，但线条很细，背景全暗，成为大反差暗调画面。阴暗力量增大，警察威力的表现，也是雨果恐惧心理的表现。

画3 雨果在回答。逆光面积增大（帽子上大块亮斑）背景也出现一些亮块，与画2形成鲜明对比，表现出雨果的反抗力度。

画4 伊莎贝尔向警察解释。画面更大：逆光面加大，暗背景变灰色背景，暗示和解。

例2：电视剧《变性杀手》（Hit & Miss，2012）中的对切镜头，亮调处理。黑社会老板与变性女杀手做黑道交易，见图12-92。

画1 中景交待镜头，二人桌边相对而坐。两盏主光灯a1和a2在人物身后成交叉状照明。副光灯b1在摄影机旁。

图12-92

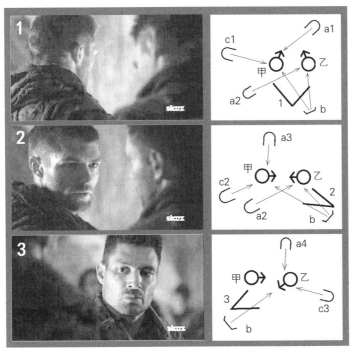

图 12-93

　　画 2　外反拍角，以杀手为前景拍老板。此时主光灯位置发生改变：由 a1 改到 a3，由人物身后方变到前方，不再是后交叉光结构。副光灯 b2 在摄影机旁，光比较小，人脸处在亮调状态。

　　画 3　内反拍角拍摄变性女杀手特写。同样主光灯位置改变，由 a3 改到 a4。副光灯在摄影机旁，光比较小，人脸处在亮调状态。

　　例 3：电视剧《斯巴达克斯：复仇》中镜头的亮暗变化。因斯巴达克斯答应送女奴回乡找儿子，与奴隶兄弟发生矛盾，见图 12-93。

　　画 1　交待镜头，从背后拍二人近景。照明甲（斯巴达克）的主光来自 a1 位置，乙（奴隶兄弟）的主光来自 a2 位置，二灯一前一后交叉照明二人。修饰光灯在 c1 位置修饰甲的后脑勺。副光灯 b 在摄影机旁。

　　画 2　以乙为前景拍甲特写。斯巴达克听到不同意见回过头来。主光灯 a1 改到 a3 位置，成侧光照明甲的脸。副光灯 b 在摄影机旁，人脸半亮半暗，反差很大。修饰光 c1 到 c2 位置上修饰甲的暗面脸，形成明亮光斑，加大对比力度，刻画出斯巴达克送女奴的决心。乙的主光位置亮度不变，还是在 a2 位置上。

　　画 3　以甲为前景拍乙特写。主光灯 a4 在靠后的侧光位照明乙的脸，修饰光灯 c3 在侧逆光位修饰脸的背光面，在鼻子和侧面脸上形成明亮光斑。副光灯 b 在摄影机旁，反差很大，亮暗分明，成夹光结构（侧面亮正面暗），调子古怪反常。表现出反抗情绪很大。

　　这里的对切镜头，光线处理很不对称，完全是由表现意图所决定。

12.14.4　影片实例

《少年派的奇幻漂流》

　　例 1：父亲看到派走进笼子里伸手要喂老虎，吓得大叫制止，见图 12-94。

　　画 1　交待镜头，环境较暗，来自画左一束光线投在派的身上，前景的父亲处在暗影里。

画2　以父亲为前景拍派特写。光线结构与画1相同，主光来自画左（画外窗子），侧光照明，反差很大，突出惊险气氛。

画3　反拍，以派为前景拍父亲。此时父亲的光线与画2不同，由暗变亮，而且是侧逆光照明，正面脸暗，侧面脸亮，大反差，对比强烈。光线刻画出父亲的惊恐心态。前两个镜头光线自然真实，相互衔接，画3突然打破真实和衔接，造成银幕跳跃，以此突出父亲心态。这里对切镜头的光线处理完全是为了造型表现需要。

图 12-94

例2：影片结尾时，日本轮船公司人员第一次调查。派讲述第一个和老虎相处的故事，环境是病房，时间是白天，窗子虽然宽敞，但白色窗帘使光线柔弱，见图 12-95。

画1　交待镜头，散射光照明，自然真实感很强。人物与环境对比很大，人脸昏暗，

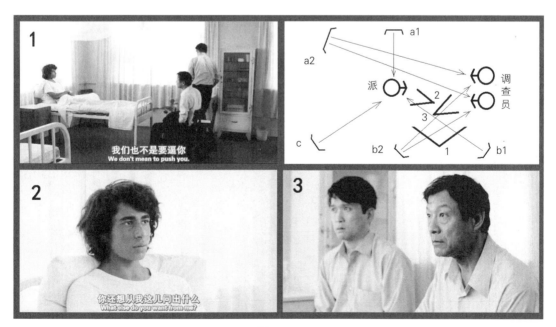

图 12-95

对比很弱。气氛低沉，有点压抑。

　　画2　内反拍角，派的近景。在白衣白床白窗帘衬托下，人脸昏暗，主光灯 a1 是盏散射光灯在侧光位照明派的脸部。虽然反差很弱，但侧光照明却让人感觉到派的讲述是"认真、肯定"的感觉。

　　画3　两位调查人员近景。主光灯 a2 来自身后斜侧光位散射光照明，这是正常听者光线效果。

注意，画2派和画3调查人员的主光是后交叉光处理。但二者不对称，前者是侧光照明，后者是斜侧光照明。不同的光线暗示出二者对同一故事态度不相同。

构图上：画2派的画面构图简洁、线条圆滑、高调处理；画3调查者的画面线条相对繁琐，调子发灰。

从导演角度来看：第一个人和老虎的故事，是影片主题中人性善的一面，高调是对派的美化。

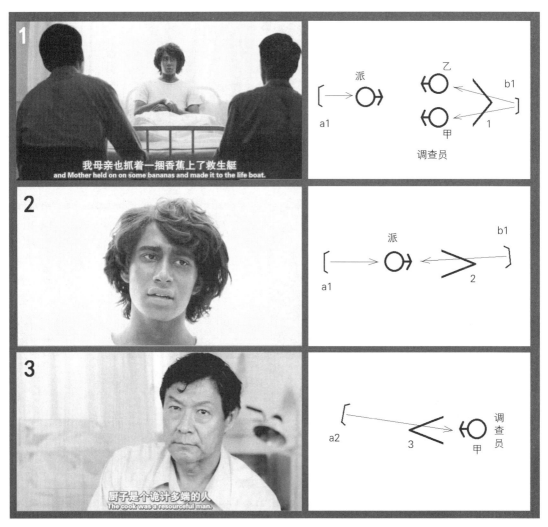

图 12-96

这场对切镜头是后交叉光现代运用的典范。画面首先具有很强的自然光效的真实感，细看又是传统的后交叉光照明。摄影将传统照明与现代自然光照明完美地结合在一起，很不容易。

例3：第二场调查的戏。派讲述完全不同的厨师的故事，见图12-96。

画1 交待镜头。环境光线与第一次相同，只是机位角度不相同。采用外反拍角拍摄，通过两位调查者的间隙拍派。人物服色黑白对立，构图二夹一，完全是对立姿态。因为这个故事蕴含着现实中人性恶的寓意，是船方不愿听到的故事，双方头部都处背光面中，都是暗色调，沉重压抑的味道很浓。

画2 派的特写。衬托在白色窗帘上的头像很暗，来自背后窗子的光线勾画出两个侧面脸。主光灯a1在头顶的逆光位照明脸部。人物结构面清晰，暗调子，光线自然真实，既沉重又有力。

画3 调查员甲的近景。主光灯a2在对面窗子方向照明人脸，呈现平光照明，光线自然真实。与画2派的特写相比，一暗一亮，一个面部结构分明，一个影调平淡缺少变化，完全是对立处理。一个在讲述人性的悲哀，一个不愿意听到对自己不利的讲话。

这里对切镜头的光线处理，既真实，又具有强烈的表现功能，不再是交叉光的完美造型。

例4：作者扬与中年派的对话，见图12-97。

画1 二人全景交待镜头。二主光灯a1和a2在人物身后成交叉状态照明二人。

画2 作者扬的近景。主光不变，还是来自后方a2灯位。

画3 中年派的近景，同样主光不变，来自后方a1灯位。

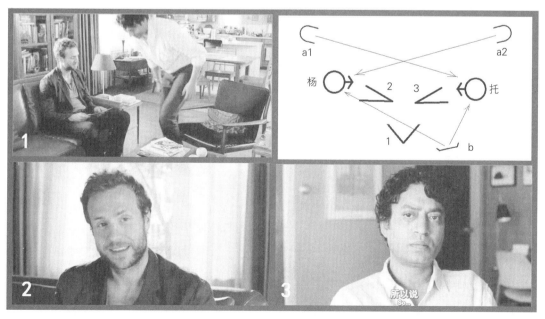

图12-97

这是一组典型的后交叉光照明。

从上述四例可以看到《少年派》对切镜头光线处理的多样性运用：有的自然光效很浓；有的注重造型；有表现，也有传统交叉光的处理，这就是现代电影大综合理论在光线处理中的体现。

影片《逃离德黑兰》

例1：营救专家托尼在伊斯兰文化指导部申请拍电影，与部长对话，见图12-98。

画1　小全景交待镜头。办公室光线昏暗，窗前办公桌，隔桌相谈。部长的主光a1来自背后窗子方向，人物处在逆光照明，脸部轮廓光很亮，反差很大。托尼的主光a2来自身后窗子，同是逆光，只把托尼背后照亮。人脸一暗一亮，暗示着托尼处境的危险。壁灯照亮烟雾，室内更加显得昏暗。

画2　内反拍角拍摄审查部长特写。主光灯a1还是在逆光位勾画人脸轮廓，反差很大。仰角拍摄，窗子在画内，光线自然真实，充满威严感。

画3　以部长为前景，俯角拍摄托尼特写。角度的仰俯暗示着对立关系，主光灯a2位置改变，在侧光位照明人脸。修饰光灯c2和c3分别在两侧逆光位置修饰两个侧面脸部。

图12-98

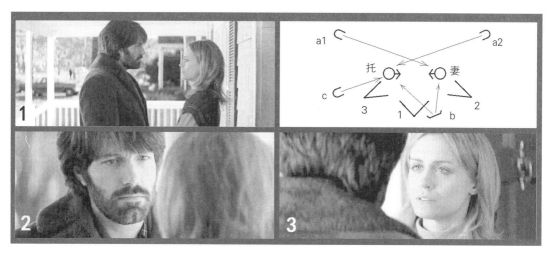

图 12-99

人脸一半亮一半暗，两侧又有微弱亮斑，影调层次丰富。光线生动地刻画出多智多谋的营救专家形象。

这里对切镜头光线自然真实感很强。人物光既不对称，又有艺术的表现魅力。这主要是摄影师巧妙地利用机位角度的改变，和环境两个（窗子）光源的使用，获得了光线自然真实的依据。

例2：影片结尾时托尼回到家中与妻子相见，二人在家门口谈话，见图12-99。

　　画1　侧面角度拍摄二人小中景。人脸一亮（迎光源）一暗（背光源），自然真实。

　　画2　以妻子头部为前景拍托尼特写，主光灯a2在妻子背后照明托的脸。

　　画3　以托为前景拍妻子特写，主光灯a1在托的背后照明妻子脸部。对切镜头二人呈现后交叉光照明。只是一个是侧光照明，一个是斜侧光照明。光位的差异，体现出丈夫和妻子男女的不同。这里是另一种自然光效法与传统光效法的结合。

电视剧《不结婚》

见图12-100。

　　画1　交待镜头。二人相对一站一坐。二人主光来自摄影机左后方a位置，人物呈现在平光照明中。

　　画2　斜侧角拍摄甲的近景。主光还是来自a方向，人脸呈现侧逆光照明。副光灯在摄影机旁，为了突出人脸修饰光c在侧逆光位勾画出暗部脸的轮廓。造型完整，光效自然真实。

　　画3　以甲为前景拍乙中近景，机位与主光a在同一方向，人脸处在平光照明之中。为了增加脸部层次，修饰光灯c2在侧光位修饰脸部，增加了面部层次，又保持了光源统一，光效自然真实。

这是自然光效法处理的对切镜头。

图 12-100

电视剧《回家》

见图 12-101。

画1 交待镜头。甲乙二人隔桌相坐。从环境中可以看到，主光 a1 来自甲的身后，以侧逆光位将甲照亮。乙离光源较远，光线应该是较暗，但副光灯在摄影机旁，距离较近，弥补了乙的亮度。效果光灯 d 将窗影投在乙的身上，再现出晴天阳光特征。人物光线与环境光保持着应有的逻辑关系，光效自然真实。

画2 内反拍角，甲的近景。主光还是来自身后 a1 位置，在脸上呈现侧逆光效。副光灯在摄影机旁。为了突出人物脸部，使用了修饰光灯 c 在人物斜侧光位照明脸部，增加了背光面层次，突出了面部表情。光线自然真实，与前镜保持完整的衔接。

画3 内反拍角乙的近景。主光灯 a2 还是来自原 a1 方向，以斜侧光照明人脸，面部

图 12-101

大部分处在亮面之中，副光灯在摄影机旁。对切镜头人脸一暗一亮，人物光线与环境光源保持逻辑关系，光线自然真实。

但是仔细观察环境光，会看到画3与画1效果光不统一：画1窗影投在乙的身上，画3中却投在墙上，违反真实逻辑。可以看到在自然效法处理对切镜头人物光时，并不是纯自然主义的创作态度，表现的是对艺术的追求。

日本电视剧《平清盛》

例1：失宠的皇子崇德帝和义清对话。崇德帝："义清，只能相信你了，你要伴朕左右啊！

图 12-102

不要让朕孤独一人。"义清："定会保护皇上。"棚内外景，见图 12-102。

画 1   交待镜头，仰角拍摄二人中景。主光灯 a 是盏散射光灯，在崇德帝正前上方模仿阴天光效照明二人。仰角拍摄，有意让天空曝光过度，造成低沉茫然的气氛，正是人物心情的写照。

画 2   内反拍角，仰拍崇德帝的大特写。主光位置不变，人脸处在前顶光照明中。

画 3   外反拍角，俯拍义清特写。主光位置不变，来自背后，人脸处在背光面之中，一片昏暗，反差很大，沉重压抑的味道正是臣子义清心情有力的展现。

自然光效法处理对切镜头，光线自然真实，同样可以具有强大的艺术表现力。

例 2：义朝父亲与由良姬对话。由良姬："……我服侍内亲王……要是和我攀上关系，你就有了后台。"地点为宫殿大厅，棚内日景，见图 12-103。

画 1   交待镜头，从外向里拍。义朝父亲和侍从在门口，由良姬在室内。主光灯 a1 在背后模仿太阳光线投向室内，将义朝父亲后背照亮，由良姬处在室内阴影中。副光灯 b 在摄影机旁将由良姬照亮，呈现在平光照明中，人物一亮一暗，一个在阳光下，一个在阴影里。大反差强对比，生动地描绘出肮脏的政治交易。

画 2   义朝父亲特写，听到由良姬的话很吃惊。以门外明亮地面为背景，衬托出暗色调人脸。主光灯 a2 在摄影机旁照明脸部，亮度很低，半剪影处理。

画 3   以义朝父亲为前景拍由良姬近景。画 1 副光 b 成为主光，暗调子半剪影处理。注意父的头部是处在阳光照明中，应该是亮调子，但画面却是暗调子，这是摄影师有意为

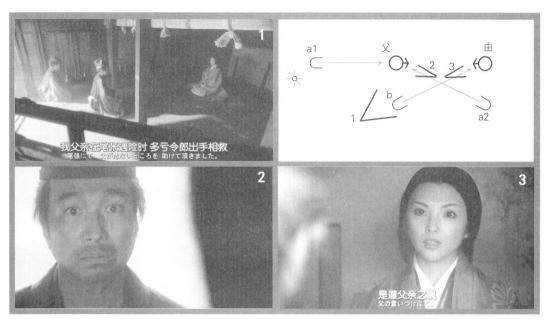

图 12-103

之，目的就是造成画面完全是暗色调。这样对切镜头就形成鲜明的完整的对立形势：一个背景明亮，一个背景黑暗；一个人脸黑暗几乎无层次，一个却隐隐约约露出点面容。对切镜头光线处理既真实又大胆独特，很有新意。

例 3：平清盛与大宋国商人秘密交易后，夜晚房前，月光下对妻子明子说很想带她坐船到邻国走一走。这是一场抒情戏，见图 12-104。

画 1　从里向外拍，大远景。夫妻二人坐在屋廊下。室内放烟，主光灯 a1 在逆光位

图 12-104

模仿月光将烟雾照亮，衬托出二人身影，副光灯 b 在摄影摄影机旁给人物和室内景物铺上一点密度。妻子的白衣在月光下很突出，画面抒情味道浓重。

　　画 2　反拍二人中景。主光还是 a1，模仿月光将二人照亮。人物处在平光照明中，影像清楚，让人看清人物形象。柔和的调子也显示出夫妻和谐美好的感觉。

　　画 3　内反拍角，平清盛大特写。他回过头来对妻子说："什么时候去一次那样的国家吧！去坐船。"主光 a2 还是来自主光 a1 方位，人脸处在侧逆光照明中，几块亮斑，大反差，神秘气氛很浓。

图 12-105

画 4　内反拍角，妻子特写。她幸福地微笑着："我很期待。"主光灯 a4 在斜侧光位照明妻子的脸，斜侧光是最美的人物光效。虽然人脸大部分是明亮的，与前面镜头光线、影调衔接，光效自然真实，具有完美的统一。但仔细观察会发现主光 a4 与原主光 a1 位置有所变动，目的很明确，就是为了获得斜侧光照明效果，为了刻画妻子的美好希望。

例 4：平清盛与大宋商人交易的秘密曝露后，受到敌对的内大臣指责。环境是皇宫御所大厦，见图 12-105。

从画 1 中可以看到，一盏大功率聚光灯在逆光位模仿阳光，投进大厦，将地面照亮，形成明亮的反射光，成为照明内景环境和人物的光源。施放烟雾，增加层次，大广角镜头拍摄，空间广阔深远，空间感很强。注意曝光很有想法，让地面曝光过度，产生光芒四射效果，在这里是内大臣权威的象征。随着走动，随着指责，造成地面反射光忽明忽暗，微弱的闪动正是被指责的平清盛内心不安的揭示。人物与环境光效融为一体，大胆独特，真是空前绝后的效果。

从对立的双方人物光线处理可以看到，平清盛始终处在逆光照明之中，但是每次对切画面平清盛脸上的逆光结构都有鲜明的变化，时而下巴被照亮，时而是一条细小轮廓线，时而变粗……不管怎样变化，他的身上始终都有阳光，都处在阳光之下。内大臣则相反，始终处在阴影里，处在地面反射光照明之中，主光时暗时亮，时而平淡，时而清晰凶狠。在高度上一个始终坐在那里，一个时站时坐，时走时停。对二者完全是采用对立手段处理。

从上述实例中可以看到，现代电影电视中对切镜头的光线处理，是多种多样的艺术手段表现。传统的交叉光、现代的不对称的自然光效、追求光色真实的再现；写实的、非写实的、浪漫的、荒诞的，不管什么样的创作方法，不管什么样的流派，都可以使用。传统的那些固定模式消失不见了，这就是现代的大综合。

12.15　人物与环境光线处理关系

在照明中，人物与环境光线处理关系存在着三种基本样式：第一种是以人物为主，在不防碍人物面部表演的情况下，照顾人物光与环境光的统一；第二种是以环境光为主，人物的光线处理严格受环境光效的制约，追求人物光与环境光的高度统一；第三种样式是前两者的有机结合，既要让人物与环境在光线上保持统一的整体性，又不能妨碍人物的表演。

上述三种样式是建立在不同的影视观念基础上的。第一种是所谓的戏剧光效，或称造型光效，也就是传统的布光方法；第二种是现代人们常说的纪实光效，我们称之为自然光效法；第三种是 20 世纪 80 年代后的当代影视用光方法。

现实的世界是物质表象的世界，这个世界充满了形形色色的表象（现象）。特别是光的变化，更使这些复杂多变的现象具有偶然的性质。建立在不同创作方法基础上的文艺理论，对什么是事物的本质，有着不同的看法。

传统光效法

戏剧电影虽然认为电影是综合艺术，但他们强调"艺术是人的艺术"，强调事物本质的表现，排斥物质世界非本质的偶然现象在银幕上的存在，认为这有碍于事物本质的再现。

早期电影人物光线处理不考虑环境光的制约关系。人物不论是在白天或夜晚，不论有光源与无光源，以及人物与光源相对的关系，都是按着某种固定化的模式处理。早期好莱坞电影人物的近景和特写，大部分采用被称为"人物肖像光"的斜侧光照明。摄影师追求演员造型美的表现，人脸亮度作为曝光技术上的订光点，成为检查摄影师曝光技术水平的标志。

20世纪40年代以后，传统用光方法有了较大的发展，人物光的形式开始多样化，追求用光刻画人物性格。在不妨碍观众对演员面部表情观看的前提下，当人物走到较暗的环境中时，人脸的亮度可以低于曝光点（中级灰的密度）以下。如果此时人物面部"有戏"，则往往又是处理成较亮的中级灰密度。所谓人物光与环境光的统一，在传统光线处理中，仅仅体现在人物主光方向，尽可能地与环境光源相一致。但这不是先决条件，一旦人物处在无光源或光源不利于表现的环境中，传统的照明方法就使用假定性光源处理人物，并不注重光线效果的真实性。例如20世纪40年代后的美国影片《卡萨布兰卡》、前苏联影片《乡村女教师》、中国影片《红旗谱》（1960）等都是经典的戏剧光效的代表作品。

传统光效处理的原则：

（1）人物与环境光处理中以人物为主，不考虑环境光对人物光的制约关系。

（2）常常使用类型化的光效处理人物，注重人物造型美和性格的类型化刻画。

（3）当环境光源对人物不利时，使用假定性光源处理人物光。

（4）所谓光线的真实，仅仅注重人物主光方向，像是来自环境光源，而不注重光线性质、色温、亮度等真实的再现。环境光的处理也是类型化的处理，很少追求特定的光效和偶然性的光效的运用。

自然光效法

二次世界大战后，意大利新现实主义和法国的新浪潮电影的出现，使电影向着更加写实主义的道路发展，在理论上出现了克拉考尔和巴赞的纪实主义理论，追求真实艺术。但在用光方法上受技术条件的限制，直到20世纪70年代初，随着5247胶片的使用和大光孔"快速镜头"的出现，才使光线追求真实的再现有了可能。著名摄影师阿尔芒都等人开创了照明的自然光效法，在人物与环境光处理上体现了"整体现实主义"的观念。追求人物光与环境光高度的统一，追求光效的自然真实。特别是70年代以后超快速胶片的出现，实现了低照度照明方法，银幕光效更加自然真实。

自然光效法的照明原则：

（1）强调人物光与环境光不仅在主光方向上，而且在光线的性质、强度、色温等方面保持高度的统一，追求人物和环境光线的整体效果。

（2）不使用假定性光源，人物主光必须来自画面中的某个光源。

（3）人物光效受环境光源的强烈制约。当人物在环境中运动，随时改变着人物与环境光源的关系，所以人物主光方向、光线性质、强度等都在随时变化着。人物光反对类型（定型化）的处理。当人物走近光源时，人脸可以"曝光过度"而白茫茫一片，失去应有的层次，而在远离光源的走廊里，可能呈现什么也看不清的剪影、半剪影或者昏暗一片。在阳光下肤色正常，在夜晚月光下可以变成蓝色，失去了皮肤的固有色。这一切再也不是技术上的失误，而是摄影艺术的创作。传统的光比概念在照明技术中已经消失不见了，人物的光比是随着人物与环境光关系的变化而变化的。

（4）自然光效法追求现实生活中的特定光效，即特定环境在特定时间和气候条件下呈现出的特有光线结构。因此自然光效法喜欢展现一些偶然性光效的再现。例如前苏联影片《自己去看》，当人物处在远离环境的光源——窗子时，宁可采用来自地面反射形式的脚光做人物主光，也不使用传统方法，模仿来自窗户的斜侧光做主光。脚光在传统观念中被认为是有损正面人物形象的光线，这些在传统中被认为是非典型的光效，在现代的银幕上不仅具有新鲜感，而且具有很强的生活真实性。艺术的创作需要独特的表现，同样光线的创作也需要独特的光线效果。

（5）在传统用光方法中，脚光、顶光等被认为是特殊的光效，是丑化、歪曲形象的光效。在用法上具有固定的形态，只能用在被否定的人物形象上。而自然光效法却不同，认为这些特殊形式的光效恰恰是现实生活中特定环境中呈现出的特定光效，在银幕上如实再现，不仅能增强银幕的真实感，而且能增加影片的生动性。在自然光效法里，脚光、顶光不仅能丑化形象，同样也能美化形象。自然光效法打破了传统用光固定化的概念，使光效获得多种含义的表现功能。

当代影视用光方法

纪实主义影视作品表现了强烈的生活真实感，充满了现实生活气息，但是普遍存在着艺术魅力的不足，缺乏生动的艺术感染力。因此有人主张将两者结合起来，这就是以法国电影理论家杰米·特里为代表的现代电影理论，主张把真实的再现与艺术的表现有机地结合起来。

在人物光与环境光处理中，既保持环境光对人物光的制约性，保持银幕整体光效的真实，又注意光对人物的造型作用、对人物性格的刻画及在影片中的表意功能。克服了传统用光的虚假造型方法，保留了其写意的追求，同时又克服了自然光效法只重光的真实，缺乏表现的不足。把摄影用光从造型和真实再现层面上提高到深层表现。光线不仅是制造环境气氛、激发观众情绪的手段，也是摄影师创造影片深层内涵的视觉语言的一个要素。

著名意大利摄影师维多里奥·斯托拉罗的作品《末代皇帝》、《心上人》、《现代启示录》等都是这种理论用光的典范。

"两种方法的结合"的用光理论方法还体现在现代影视用光方法的多样性上。根据不同的影片风格样式，用光方法各不相同。例如，摄影师唐·彼德曼的《闪电舞》用光更多的是注重造型美；而影片《外星人》的摄影师用光强调情感的表观；美国卖座率较高的影片《雨人》、《漂亮女人》用光注重演员的表演，具有较多的传统用光成分；当代表现美国总统爱情的影片《白宫奇缘》则完全是传统的照明方法。

如果说 20 世纪末两种方法的结合还只是露出痕迹，那么 21 世纪短短十几年则进入了更高的结合状态，《铁娘子》、《悲惨世界》等影片几乎达到了天衣无缝的程度。

某些惊险样式的娱乐片如美国商业电影，光线的处理注重画面惊险气氛的塑造，常常用大反差强烈的对比制造气氛，而不注重光效的真实性。

传统的外景人物光照明需要用大功率灯具，高强度的光线才能与阳光平衡，成本太高，低成本电视剧则根本无力承担。自然光效法追求光影真实结构，同样需要大量灯光；追求光色真实再现，需要多彩的环境，这些都不适合电视剧。只有低照度照明法和现有光拍摄法适合当代电视剧照明的需要。但是，低照度、现有光拍摄在外景中难以与强烈的阳光平衡，只能被迫采取不平衡处理，不平衡必然造成影像损失，像质低下。所以人们常说，电视剧用光"粗糙"，只能讲故事，没有艺术享受。

纵观电视剧的早期确实如此。但当代有所不同，在视觉的竞争中电影每况日下，拼死挣扎，在电影制作中能获得大制作投资的电影人也是少而更少，不少有才华的艺术家转到电视圈里。当代电视剧不仅出现了许多令人惊叹的具有品味的作品，而且在用光上也进行了许多技术上和艺术上的探讨。虽然还不能说达到完美程度，但足以值得我们学习和借鉴。

图 12-106（彩图 83）是日本电视剧《平清盛》中几个人物光处理的画面。视觉独特，大胆新颖，是电视剧用光的新趋向。

总之，人物与环境光线的处理关系，不仅涉及到人物造型、刻画、情感气氛的渲染，真实感以及影片内涵的表现，更重要的是影响不同的电影电视艺术理论及影片风格样式的创作问题。所以人物与环境光的处理关系是照明工作中的重要环节。

图 12-106

第十三章

动态人物光线处理

影视艺术中人物动态因素有两个：

（1）人物运动。（2）摄影机运动。

人物运动的基本形式：

（1）原地动作：人物位置不发生移动，只是原地改变身体姿势和身体方向。
（2）在同一空间里运动：在同一空间里发生位置移动。
（3）在不同空间里运动：人物在几个相连空间里走动。

人物运动中照明的基本方法：

（1）人物运动的每一瞬间都可以看成是相对静止的，因此，可以按静态光线方法处理主光、副光、修饰光和效果光。
（2）充分运用照明灯具的光区范围。如果运动范围超出了一个光区，可以用第二盏灯的光区相衔接，扩大光区范围。

13.1　原地动作的人物光线处理

原地动作就是人物站或坐在原地，空间位置不发生改变，可以不断改变身体姿势和方向，站起或坐下。

摄影机可以固定拍摄，也可以做简单跟摇调整画面构图，或者再现摄影机运动动作。

13.1.1　原地动作，固定机位拍摄

影片《悲惨世界》中的女工芳汀下工时，原地脱掉工作服的动作。身体先右倾，然后再向左倾，最后站直。人物处在原地，没有发生位置移动，但上身摆动幅度较大，见图13-1。选择光区大小适合的聚光灯 a 做主光，在斜侧光位照明人物，正好将身体前后、左右摆动范围都容纳在光区之内，一盏主光灯就可以照明人物原地动作。副光灯 b 在摄影机旁，同样光区较大，需要覆盖上身动作范围。

动作简单、范围小，可以按静态人物光线处理主光、副光、修饰光、效果光。

图 13-1

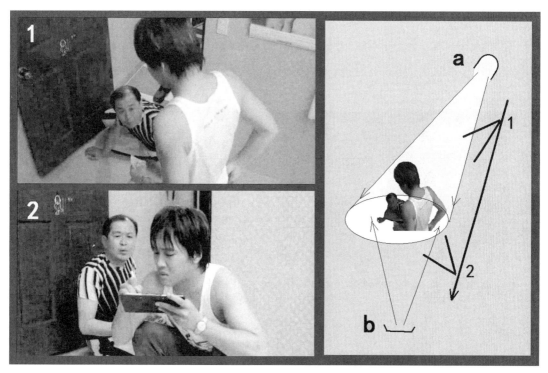

图 13-2

13.1.2 动作出画时，摄影机要做构图调整

例1：影片《我的野蛮女友》中，男主角王晶为了摆脱醉酒女孩纠缠，只好将她送到钟点旅店，老板让他登记的镜头。王站在门里，老板在门外，王只好原地蹲下身子登记。摄影机

在升降机上，跟随蹲下动作下降，调整画面构图，见图13-2。

　　画1　主光灯a在斜侧光位，从高处向下照明，将二人都照亮。注意，二人与灯距离不同，照度不相同，前景人物照度大，容易曝光过度，必要时需要将前景人物光线挡暗。副光灯b在摄影机旁，将二人照亮。

　　随着蹲下动作，摄影机由俯角下降到平视角拍摄。

　　画2　落幅画面，平视角拍摄二人中景。二人都处在主、副光区之内，无须另行灯光处理。

这种简单的人物原地动作，可以按静态人物照明方法处理。

例2：影片《旧爱新欢》中的夫妻在餐桌前就餐，谈话中因情趣不相投，妻子站起来要离开餐桌的镜头。中景画面，人物站起，身体出画，摄影机需要跟随调整画面构图，见图13-3。

　　画1　起幅画面，妻子坐在餐桌前，处在餐桌上方吊灯下。主光灯a在人物斜侧光位，模仿吊灯光线，将人脸和餐桌照亮。副光灯b在摄影机旁。

　　画2　落幅画面，镜头跟随站起动作向上摇，将吊灯摇入画。此时妻子处在吊灯阴影里，处在副光照明之中。所以人物和摄影机摇起范围都处在主副光光区之内，无须另外布置灯光。

如果站起来有"戏"，可以考虑阴影里的光线结构和色彩。前苏联有一部影片，也是餐桌边站起来的戏，餐桌上方是一盏装有绿色灯罩的吊灯，二人灯下就餐，谈起一件事，

图 13-3

其中一人怀疑对方可能识破了自己的面目，站起身来，脸从明亮白光中进入绿色阴影光区里。人脸明暗、寒暖变化，特别是最后阴影里的"绿色人脸"，将阴暗的心理揭示得淋漓尽致。

原地动作照明灯具的选择很重要。要考虑灯具光区大小和照度，选择适当灯具，可以节省器材，降低成本。

13.1.3　现有光拍摄

影片《我的野蛮女友》中男主角在地铁车箱里看到醉酒女孩的场景。摄影机由中景推成近景，突出观看动作，见图 13-4。

图 13-4

在行驶中的车箱内拍摄，没有人工光源，采用现有光拍摄最为方便。在现有光照明中，摄影机的动作也不受光线限制。

13.1.4　光种互换

头部转动是原地动作中经常出现的动作。几个人谈话，回头望去，随着人物动作，主光、副光、修饰光、效果光等性质发生改变。主光可能变成修饰光，修饰光可能变成主光。优秀的摄影师会运用灯位和角度巧妙地完成新的造型。

例 1：几部影片中光种互换例子，见图 13-5。

A 组为影片《特工绍特》女主角转头动作特写。

　　画 1　起幅画面。侧面角拍摄，主光灯 a 在斜侧光照明人脸，造型完美。

　　画 2　落幅画面。头部转向正面角，主光灯 a 在位置不变，但在人脸上的光线效果由斜侧光照明改变成侧光照明。人脸的转动改变主光性质，同样造型完美。

B 组为影片《刺绣佳人》特写，原地转头动作。

　　画 1　起幅画面。斜侧角拍摄，主光灯 a 在侧逆光位照明人脸，在脸上呈现斜侧光照明效果。副光灯 b 在摄影机旁。修饰光 c 在逆光位修饰暗部头发。

　　画 2　转头后的落幅画面。从画左转向画右，成脸的侧面影像。原修饰光 c 勾画人脸轮廓，明亮的轮廓光成为主光，原主光 a 变成修饰头发的修饰光。这里主光和修饰光在转

图 13-5

动中互为置换。无论是起幅还是落幅，人物光线造型都很完美。在传统电影里，这种原地动作，非常注意光线互相置换的技巧。

C 组为影片《偷天奇案》的效果。

画 1　起幅画面。侧面角拍摄特写，主光灯 a 在逆光位照明人脸，勾画出明亮脸部轮廓线，修饰光灯 c 在侧光位修饰暗部形体，在暗面里增加次暗面，造型很美。

画 2　落幅画面。人脸转向正面角。修饰光 c 变成主光，原主光 a 却成了修饰光。主光与修饰光发生互换。

例 2：影片《终结者 2》中，二人在摩托车上，终结者听到约翰叫他，回过头来，约翰告诉他不许杀人，他举起手头向镜头重复说着不许杀人。这是刻画人类善良美好的一面的场景，人物光造型很重要，见图 13-6。

画 1　起幅画面。主光灯 a 在侧逆光位照明二人，在人脸上呈现出侧光照明结构。副光灯 b 在摄影机旁。修饰光灯 c 也是在侧逆光位照明人脸暗部，在暗面里增加一个次暗面，聚光灯照明界线分明，面部结构清楚，立体感很强。主光明亮，反差很大，形象生动有力。

画 2　当听到约翰叫他，终结者回过头来。此时主光和修饰光性质发生互换：修饰光 c 在脸上呈现出斜侧光照明，变成主光；而原主光 a 成为修饰暗面的轮廓光。

画 3　听到不让杀人后回过头，面对镜头举手宣誓"不再杀人"。这时修饰光 c 在脸

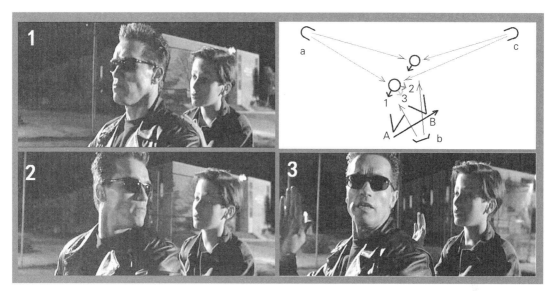

图 13-6

上呈现出侧光照明，成为人物主光。原主光 a 还是勾画人物暗面轮廓的修饰光。人脸半亮半暗，特别是明亮的修饰光，大反差、强对比。认真、庄严气氛很重。

主光灯和副光灯位置不变，人脸转动三个位置，都能获得最佳人物光照明，这需要高超的照明技巧，需要摄影机位置和演员动作范围高度准确。稍有差异，便会破坏人物光的造型。有时在固定机位很难获得完满的造型，因此需要摄影机适当调整机位和构图，此时摄影机和演员动作需要高度谐调准确。该镜头的摄影机跟随人物转头部动作向右移动，调整构图机位，保证落幅画面人物光效完美。

例 3：《终结者 2》中几个原地动作镜头的光线处理，见图 13-7（彩图 84）。

A 组是机械人 T1000 发动摩托车镜头。其头部向右下方转动一下，又回到原位。

画 1　起幅画面。主光是明亮的斜侧光。修饰光是红色光线，在侧逆光位修饰暗部人脸。副光灯在摄影机旁。反差很大，寒暖对比强烈。光线刻画出 T1000 机械人的力量。

画 2　转头过程中间的一幅画面。低头时帽沿正好遮挡掉明亮主光，一束蓝色光线在逆光位勾画出人脸蓝色轮廓线，代替白光成为人物主光。红色修饰光逐渐变亮。画面由亮变暗。

画 3　落幅画面。继续转动，蓝色主光面积逐渐增大，成为侧逆光照明人脸。红色修饰光亮度逐渐加大。

这个镜头中的人物光有几个特点：

（1）随着头部转动，主光不断变化：由白光变蓝光；由斜侧光照明变成轮廓光照明，最后变成侧逆光照明。

图 13–7

（2）红色修饰光随着动作由暗逐渐变亮，面积也逐渐增大，画面由寒变暖。

（3）反差：由强变弱（画1~画3）；由弱又逐渐变大（画2~画3）。

B组是机械人 T1000 抬头向斜上方看一眼，又回到原位，动作微小，但人物光线变化非常鲜明，而且富有表现力。

画1 起幅画面，正面角构图。主光在侧光位照明人脸。副光灯在摄影机旁，修饰光也是在侧光位照明背光面，灯位偏后，暗面脸层次丰富、结构清楚。反差适中，人脸半暗半亮，给人一种邪恶感觉。

画2 向斜上方抬头看去。随着抬头动作，额头进入阴影区域（遮挡造成的阴影区）。额头变暗，阴影边界正好在两只眼睛上方，在暗影衬托中的两个眼神光更加突出，炯炯逼人，十分凶恶。随着转头，修饰光位发生变化，从侧光位变侧逆光位，鼻影变暗，反差加大，更增加凶狠力度。

画3 落幅画面。头回到原位，人物光恢复起幅状态。这个动作很快，刹那间光线结构如此之多，非常精彩。

画2的遮挡十分精确，演员抬头动作同样准确，没有经验的演员很难做到。

C组为机械人设计师在计算机屏幕前查看屏幕的动作，视线由右向左移动，然后低头看键盘。

动作微小，头部转动不大，但三个动作，人脸三种光效，变化微妙，将紧张时刻内心的情绪揭露无遗。这是在一般影视作品中很难见到的照明技巧，非常神奇。

这部影片是20世纪90年代的作品，可以说是电影最辉煌时代的产物。当代影视照明中已经很少见到这样令人激动的光线艺术表现了。

原地动作光种置换的目的就是改变人脸光线结构，不仅获得完美造型，更重要的是获得艺

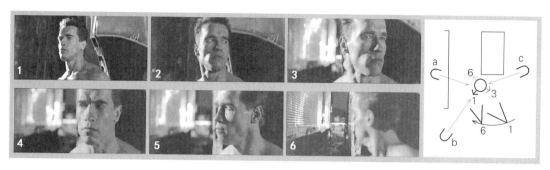

图 13-8

术表现魅力。例如《终结者 2》中机械人终结者追捕 T1000 的镜头，见图 13-8（彩图 85）。夜晚在街角处，躲在楼房前，快速转头寻找的镜头。

画 1 为起幅近景画面。主光灯 a 在侧逆位置照明人脸，在脸上形成亮斑，突出脸部形象，起到主光作用。修饰光 c 在侧光位照明背光面，造型很有力量感。

画 1 到画 3，头快速向左转动，可以看到人物光线迅速变化。画 3 为转到左侧的画面，修饰光 c 变成主光；原主光 a 变成修饰光。

画 4 到画 6，头部向回转动，灯光 a 由修饰光恢复到主光。但落幅画面主光效果却没有恢复到起幅侧逆光结构，这是由摄影机跟随移动造成的效果。为了增加瞬间转动的快速节奏，摄影师采用摄影机跟随快速推近动作，不仅景别加大，也使转去转回的画面光线结构不相同、不重复、多变化，正是这些变化形成了银幕上高速度的节奏感。

所以，原地动作虽然有限，但利用摄影机动作配合光线性质的改变，可以在有限的动作中获得极大的节奏感觉。光线的置换不仅是追求造型的手段，也是追求艺术表现的手段。

13.1.5　处理中注意的几个问题

（1）光区范围必须覆盖动作范围，要适当大些，亮度要均匀。因此，要选择大小适当的照明灯具。

（2）灯位要准确：距离、方向、高度要准确。必须照顾动作前后光线效果，动作前后光线性质要发生变化。变化后的光线亮度在结构中要保持亮度平衡，发生不平衡现象时要在变化过程中给予调节，一般是在灯前进行加或减"纱"的方法给予"调光"。

（3）为了做到灯光准确，首先必须做到演员动作准确。在打光时对演员动作方向、视线高低等都要有严格规定，每次动作的重复，不能有丝毫差错，演员动作必须有良好的重复性。

13.2　同一空间动态人物光线处理

人物在同一空间里走动，光线处理要比原地光线复杂一点。在处理之前，必须了解人物在环境中的活动区域和范围、重点戏的空间位置、画面中有哪些光源可供使用、必须再现那些光线效果。

人物活动必然有其目的，比如给客人送水，或者从一组人物中走进另一组人物中去……了解人物场面调度的意义和行动路线十分重要，有戏的地方多着笔墨，光线处理要有利于戏剧内容的表现，而无戏的过场动作光线处理可简单些。

环境能提供多少光源很重要，光源多，人物在活动中光线变化就会有多种样式，有利于表现人物的运动状态，因此要充分地利用环境中提供的光源，充分利用每个窗子提供的光线效果，尽可能在画面中多设计几个门窗光源和建筑光源。此外在人物与背景的光线处理上必须使背景的影调起到衬托人物的作用。

在同一空间里动态人物光线处理有三种方法：连续布光法、分区布光法和整体布光法。

13.2.1　连续布光法

演员不再是原地动作，而是在空间里活动。运动范围增大了，超出了一盏灯的光区范围，为了保持光效不变，必须采用连续布光法，见图13-9。

用几盏灯同时照明，让光区覆盖整个活动范围。光区相互之间必须保持亮度衔接。光区一般是中心亮，边缘暗。两个光区连接时，充分运用边缘暗部重叠，重叠后的部分亮度为二者之和。调节重合面积的大小，可以控制该部分的亮度。使之与中心部分亮度相等，即达到衔接。

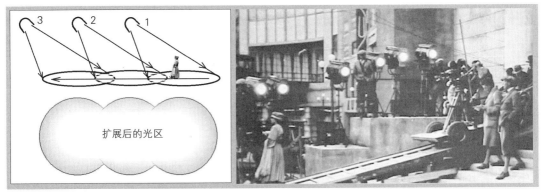

图 13-9

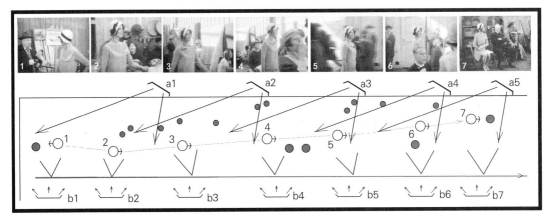

图 13-10

图 13-9 是美国电影连续布光的工作照，几盏聚光灯并排在一起，照亮演员活动范围。

例 1：影片《艺术家》中女主角佩佩·米勒初到电影制片厂做临时演员的场景，见图 13-10。

从银幕上可以看到，演员活动距离很大，从演员休息处一端，走到另一端，是个长镜头。摄影机横向跟随移动，人物身上始终保持斜侧光照明，主光灯 a 在左前斜侧位置上，光比不变。副光灯在摄影机旁。这么长的距离远远超出一盏灯的光区范围，需要几盏灯联合照明，是典型连续布光的例子。

例 2：影片《波尔多的欲望天堂》中连续布光法镜头。

该影片的时空处理很有特点，老年的戈雅和青年的戈雅同时在一个画面里出现。老年的戈雅是活人，还是死去重返人间的亡魂？导演和摄影师有意处理得既明确又模糊，见图 13-11。老戈雅一人茫然地走在夜晚的街道上，与人相撞、争吵，遇见了当年情人，想跟她说话，却遭到冷眼而过，最后是女儿把他领回了家。运动距离很大，镜头跟拉、推、移很长。人物光线始终不变，主光灯在侧光位，副光灯在摄影机旁，修饰光灯在逆光位修饰轮廓，见画 1。运动过程中每一个稍有变化的画面，光线结构都相同，见画 2。这样需要许多灯光器材。灯具越多，布光工作量越大，需要付出大量劳力和时间。人们可以选用大功率大光区的灯具代替小灯照明。画 3 是示意图，同样大小的场面，只用两盏 10kW 灯并排连接做主光，覆盖整个表演区。副光灯同样换成光区范围大的灯具。逆光选择在人物纵深运动后方，用一盏大型聚光灯将演员纵深运动范围都照亮，这样一盏灯就可以完成修饰任务。如果前后亮度不均匀，可以采用遮挡方法解决。

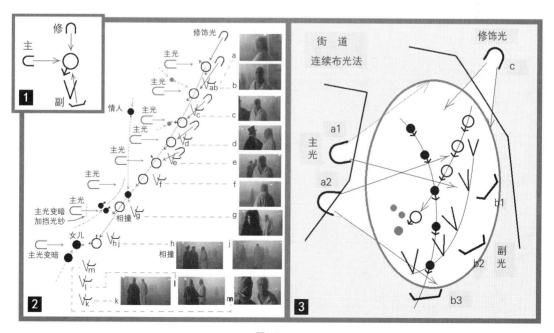

图 13-11

图 13-12

例 3：活动范围较大，如舞蹈场面的连续布光法照明。

图 13-12 是影片《波尔多的欲望天堂》中宫廷单人舞的场景。活动范围是整个舞台。前、后、左、右都有表演，一盏灯无法覆盖整个舞台，需要几盏灯连续照明。根据灯具光区大小，将舞台分割成几个区域，每个区域用一盏灯照明。这里分成四个区域，用了四盏灯分别将四个区域照亮。每个光区要相互衔接，不论演员活动到哪儿，身上都有相同的主光照明，副光和修饰光同样在相应位置上照明相应的区域。

在连续布光法里，要保持光线效果的连续性，需要使用很多灯光器材。照明的原则是尽可能少用器材，灯具越少，不仅能量消耗少，而且能节省布光时间，这是降低成本最有效的办法。

减少用灯光器材的方法有二，见图 13-13。

（1）巧用灯位。

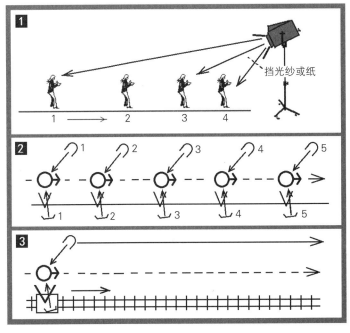

图 13-13

画 1 将灯具放在运动的前方，让演员迎着灯具走去。人物运动在较长的距离中，都处在同一个光区之内，需要人物光线效果不变，但问题是亮度不均匀，越靠近灯具，光线越亮。如果灯位即是环境光源位置，那么亮度变化合情合理，否则就要采用遮挡法保持亮度平衡。在灯口下半部用灯光纱或灯光纸遮挡，逐次减弱近处亮度，使远近平衡。或者采用活动遮挡法，在运动过程中适当位置开始用纱或纸遮挡。

（2）采用移动灯具法。

　　画2　连续布光法。横向跟随移动。移动距离越大，需要的灯光器材越多。这里使用了五盏主光灯和五盏副光灯。

　　画3　同样是这个运动镜头，将主光灯改成移动灯具（装在移动车上或手举跟随移动），一盏灯就可以完成五盏的照明任务。同样把副光灯装在摄影摄影移动车上和摄影机一起运动，一盏副光灯就可以完成所有的副光照明任务，得到的照明效果是和画2连续布光法相同。在外景也可以用反光板代替灯具运动。

13.2.2　分区布光法

　　屏幕上演员的每个动作表现出的价值并不相等，不应等同对待，于是将演员在运动中的空间分成重点表演空间（区域）和过场空间。现实生活环境里，每处空间亮度也不相同，这就为分区布光法提供了光源依据。重点表演区域的光线处理要细致认真，而非重点表演区，光线处理可以简化。如图13-14，演员从门外进来走到窗前桌旁翻找文件，重点戏是找文件，从门外到桌前是交待过场动作。整个动作可以划分为两个区域：

　　Ⅰ区　进门向桌前走去，过场戏动作区，光线可以简单些。主光来自窗外a灯，模仿阳光照明室内人物，距离较远，光线较弱，门口的人物处在半剪影状态，再用修饰光灯c1在侧逆位修饰人物，在人物侧面出现一块亮光斑，让人物得到适当突出。随着人物向桌前走去，离主光a越来越近，人物身上光线逐渐加强，光线自然真实，人物形象逐渐明确。

　　Ⅱ区　办公桌前，重点戏空间。主光灯还是窗外上方灯板上的a灯，模仿阳光照明人物。副光灯b在摄影机旁，修饰光灯c2在逆光位墙上方灯板上。人物身上具有主光、副光和修饰光照明，而且人物处在斜侧光照明中，这是最理想的人物光照明。

　　两个区域灯光繁简不同，光线结构不同。一个是主光、副光、修饰光具全的人物光结构；一个是简单的半剪影的影像。

　　分区布光法能使人物在运动中的光线形式有较多变化，时而明亮，时而暗淡，时而复杂，时而简单……能在视觉上引人入胜，并表

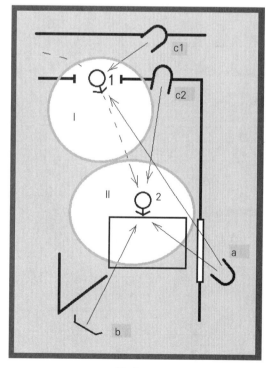

图13-14

现出变化微妙的戏剧情绪，这种方法既有主次之别，又真实地再现了环境光效。

分区布光法是人物动态光线处理中的重要布光方法，也是使用最多的方法。它能更方便地让创作者表达自己的意图。下面我们选一些比较典型的例子，探讨一下其方法和功能。

分区布光追求光线自然真实的再现

图 13-15 是影片《心火》中伪装成家庭教师的伊丽莎白（母亲）第一次看到女儿和查理的亲密关系的场景。环境为走廊，日景。她从深处走来，到窗前向外看去。

画 1　在两窗之间的暗处，人物呈现剪影状态。

画 2　走近窗子，向外看去。此时是斜侧光照明，影像开始逐渐亮起来。

画 3　走到窗前，向外看去。这时人物处在侧光照明中，影像最亮。

从画 1 到画 3，人物从暗到亮，从剪影到斜侧光，最后是侧光照明。随空间变化，人物光线相应地给予展现，人物光不再是固定不变的连续状态。人物处在两个光区里，画 1 是暗区，画 3 是亮区。

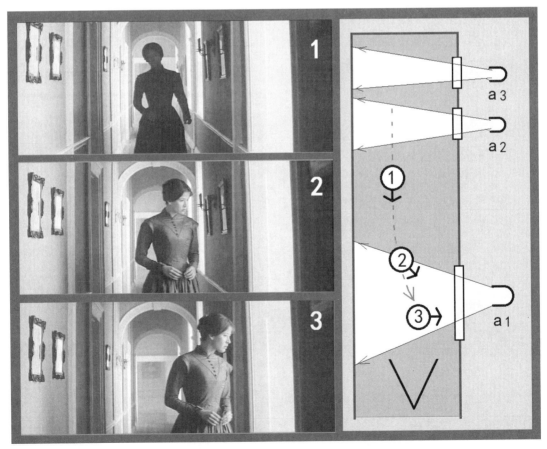

图 13-15

分区布光能真实再现空间和人物动作的真实性。但真实不是艺术的最终目的，艺术追求形式的完美，追求表情达意的魅力。

分区布光能使光的语言更加简炼

简练是一切艺术的特性。人物从一个位置走到另一位置必然有其目的性，为什么要到这里，要做什么？因此人物的运动空间由两个部分组成：有戏的重点动作空间和无戏的过场运动空间。分区布光就是对两种空间给予不同的光线处理。重点戏的空间要多着笔墨，布光要细致；过场动作空间光线可以简单些，只要能交待清楚过场动作就可以了。

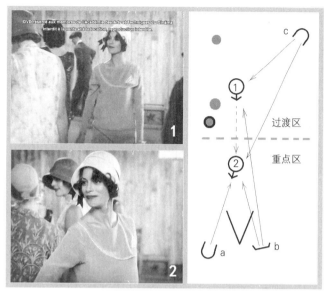

图 13-16

例1：影片《艺术家》女主角米勒在电影厂里被选中当临时演员时，得意地从后面走到镜前，做了个得意的动作。这里的运动可以分成前后两个区域，见图 13-16。

画 1 为过场空间，人物光线可以简单些：利用前景副光灯 b 做主光，处在正面光照明中，人脸光线弱而平淡，呈半剪影状态。修饰光 c 在后逆光位修饰形体。光线结构简单，整体感较好，让观众看到她从后面走来动作，面部细节模糊不清，在表现上这样就足够了。走到近处画 2，这里有戏，要表现出得意神态。主光灯 a 在视线前方照明人脸，但层次比前面丰富，脸也由暗变亮了，让观众看清面部得意的表情。修饰光灯 c 勾画胸部衣服起伏线条，给人物身上增添几块亮斑，形象得到突出刻画。这里人物动作主次分明。重点戏和过场戏处理得当。

这种简练手法是处理纵深运动最有效、最常用的手段。

例2：影片《卧虎藏龙》中，伪装成奶妈的"碧眼狐狸"从后面走到前面给小姐梳妆的镜头，见图 13-17（彩图 86）。

画 1 "碧眼狐狸"在后面向前走来，这是过场动作，光线比较简单，主光灯 a1 在侧逆光位照明脸部，副光灯 b1 在摄影机旁，人脸只有两个层次，光线结构简单，调子较暗。

画 2 走到近处，人脸光线复杂了，主光灯 a2 在斜侧位照明碧眼狐狸，成为她的主光，同时将小姐侧面脸照亮，是她的修饰光。副光灯 b2 在摄影机旁，照亮二人脸上暗面。修饰光 c2 在侧逆位置上修饰碧眼狐狸暗面脸；c1 修饰小姐的脸，在二人脸形成较亮的光斑。

图 13-17

二人呈现夹光照明状态。在摄影语言里，"夹光"一般具有隐蔽个性的作用，用在这两位"幽灵"式人物身上再恰当不过了。

这是碧眼狐狸的走来动作，光线由暗到亮，由简单到复杂，由简单的只有两个层次到丰富的夹光形式。两个光区繁简鲜明、主次清楚，是分区布光比较典型的例子。

追求造型的形式美

简练、省略不等于粗糙，相反在有才华的摄影师手里却是制造美的机会，见影片《波尔多的欲望天堂》。

例1：夜晚戈雅送女儿就寝的戏。环境是女儿卧室，无灯光夜晚，见图13-18。

画1　父亲开门，女儿在身后。开灯前，室内无光，透过窗子的月光是室内环境的理论光源。环境光灯d2在床角处将对面墙照亮，是画面中亮斑。门外过道聚光灯d1将过道墙面照亮，微弱光线衬托出二人身影，呈黑色剪影形式。黑色门框圈出主体，画面光影结构简单，主次分明，线条曲直既有对比，又有和谐，形式考究完美。

画2　走到床前服侍女儿睡觉，进入第二个光区。此时一束明亮白光将父亲和床单照亮，在暗调背景衬托中，白色的父亲动作明确，主体鲜明。光线繁与简、亮与暗的对比适度，形式感强，光线简练美丽。这束白光来自哪里，并没有交待，也无须交待，只是为了造型的需要，为了美的形式需要，就可以打这束白光，纯粹是造型需要，具体光线处理见灯位图。

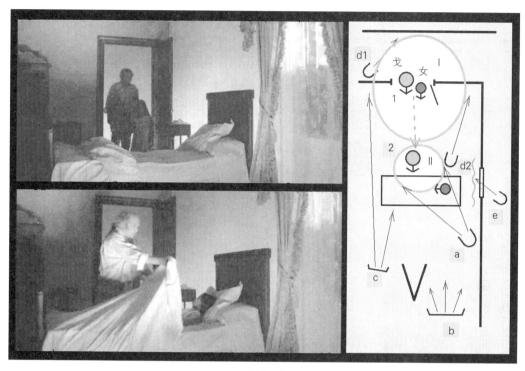

图 13-18

例2：老年戈雅耍小孩脾气，不吃药，摔碎茶杯。女儿装着生气，躲在门外偷看。父亲只好认输，她才进来收拾地上的碎杯，拾起地上的药。女儿的动作分成三段处理，见图 13-19。

画1 躲在门外偷看。主光灯 a1 在侧逆光位照明女儿。光线勾画出女儿偷看的形体动作，黑白鲜明，反差大，很醒目。

画2 看到父亲消气了，才走进门内。门口内是无光区域，人物衬托在门外微弱的墙面上，呈现黑色剪影。

画3 走到床边收拾地上碎物，将洒在地上的药放到床头柜上。主光灯 a2 在侧光位模仿窗子光线照明人物和部分床面。明亮的人物衬托在暗色背景上，形式感很强。

三个动作区域，三种光线结构：门外是黑白分明反差很大的影像，门内是剪影结构，形式感很强；床边地面则是第三个动作区域，处在侧光照明中，层次丰富，形象鲜明。

分区处理，三种形式，三种美。分区布光在摄影师斯托拉罗手中成了制造美的手段。

例3：老年戈雅晚间躺在床上睡不着，站起来向窗前走去的场景。分成两个动作区处理，见图 13-20（彩图 87）。

第 I 个动作区为床上起身动作。

画1 老戈雅躺在床上起身要下地。房间里有两个主光：a1 是照明床上人物的主光，在逆光位勾画出人物明亮的轮廓。副光灯 b1 在摄影机旁照明人物和环境。床上人物呈现

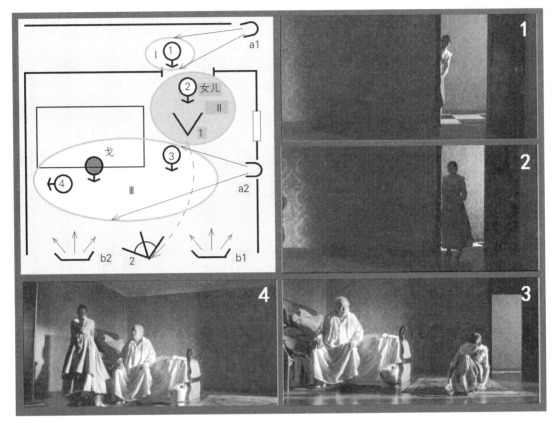

图 13-19

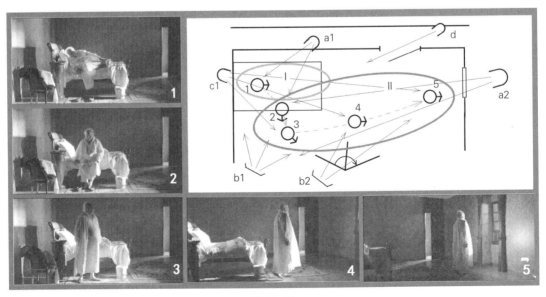

图 13-20

半剪影形式。主光灯 a2 是来自窗户方向的一束白光，勾画出床的形态。

第Ⅱ个动作区：

画 2　抬起身子坐在床边。此时离开了主光 a1 光区，进入了第Ⅱ个动作区域。主光灯 a2 灯位较高，只把人物下半身和床头照亮。白床单、白衣服在侧光中起伏的褶纹结构清楚。修饰光灯 c1 在后侧光位勾画暗部身体和头部轮廓，人物呈现出半剪影形式，画面整体感很强。白色人物白床单，衬托在红色墙壁上，火热、纯洁、美丽，亮暗分明，对比并不激烈。环境中的垂直线和水平线衬托着人物的曲线，形式完美。

画 3　站起身子要向着窗子走去。远处主光 a2 只把下身照亮，上身处在朦胧的半剪影之中，身上两道垂直的线条（衣褶）与床面水平直线形成十字形结构，在几乎单色调背景衬托中，繁与简、曲与直、白与红、亮与暗……体现出对立与和谐之美。

画 4　迎着白光走去。明亮的光线随着动作逐渐由下向上伸延，朦胧中的头部逐渐显现，逆光中的白衣，似透不透的质感……给人一种神奇之感。

画 5　越来越靠近窗子，白衣的反光竟使红色墙面逐渐亮了起来（低照度照明的效果），神奇的感觉更加强烈了。"太美了！伟大的画家戈雅！"这是摄影师的影像喊出的声音。

艺术表现

真实和美只是艺术表现的需要，并不是艺术追求的最终目的。艺术的真谛是艺术形象有魅力的表现。

例 1：《波尔多的欲望天堂》中评论家采访老年戈雅，女儿躲在浴室偷听，被佣人发现，驱赶出屋，见图 13-21。

这个镜头是女佣的中景，横向跟移镜头，推开房门向左走去，到浴室门前拉开门帘，看到

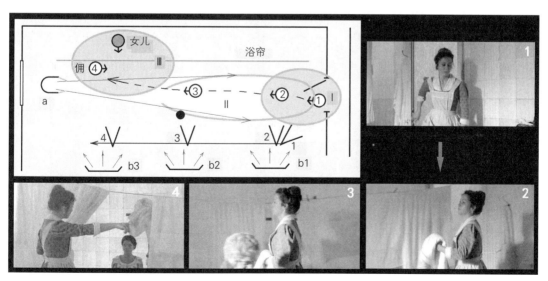

图 13-21

偷听的罗萨里托（女儿），命令她出去。环境是戈雅客厅，日景。随着人物走动分成三个区域：

第Ⅰ个动作区：阳光和阴影同时存在。

　　画1　摄影机对着房门拍摄，女佣推门进来。主光灯 a 在人物前方模仿窗子的阳光照亮室内，只把门旁墙面下方和女佣下身裙边照亮，上身处在阴影里。

　　画2　随着向前走来，阳光从下向上逐步伸延。阳光的移动再现出人物向前走去的动作。

第Ⅱ个动作区：充满阳光的空间。

　　画3　人物进入阳光照射区域，主光灯 a 在正前方照明人物，人身和脸处在明亮光线之中，影调层次丰富，形象完整，迎着阳光走去。这是对女佣形象的刻画，暗示出她在戈雅家中非同一般的地位。

　　在画面前景很随意地出现半个采访者的头部影像，这在叙事上很有意义，交待采访活动，也是后面驱逐动作的依据。

第Ⅲ个动作区：无阳光的阴影区域。

　　画4　继续向前走来，进入阴影区。经过浴室感觉到什么，拉开浴帘看到罗萨里托在里面，将她驱赶出去。阴影里柔和的散射光照明，人物呈现半剪影状态。摄影师巧妙地利用色调构成，将暗色的女佣衬托在次暗的门帘上、暗色的女儿衬托在浅色调的墙面上，各自影像突出明确。而两个暗色调人物之间又间隔着次暗的浴帘。虽然是"四个单色块"，却有明显的纵深感觉。

　　无光的暗调环境正是偷听主题的生动表现。

　　例2：影片《心灵的秘密》中，孤儿怀念亲人，夜晚一人在房间里看望亲人遗像的场景。遗像前孤儿中近景，安放好亲人照片，回身向后走去，镜头跟移。分三个动作区照明，见图13-22。无光源夜晚，暗调处理。

第Ⅰ个动作区：遗像前。

　　画1　侧面角度拍摄，主光灯 a 在侧光位将人脸正面照亮。修饰光灯 c1 在逆光位修饰人物轮廓和明亮的后背，与主光灯 a 形成夹光照明形式，层次丰富，影像柔和，人物体感很强，在暗色环境里人物很突出。

第Ⅱ个动作区：转身向回走去。

　　画2　向右走去，横向跟移……

　　画3　走到椅子前，转变方向由右前方出画。

　　这两个画面处在 c1 和 c2 修饰光照明中，人物身上出现明亮的轮廓光，正面脸处在副

图 13-22

光 b1 和 b2 照明中，光线微弱，呈现暗色调半剪影状态。暗调画面中明亮的轮廓，反差很大，光线刻画出孤儿沉痛的思念情绪，很有表现力。过渡运动中，光线结构简单。

第Ⅲ个动作区：经过椅子前，摄影机停止摇摄，人物出画，只留下一把孤独的椅子。这是亲人曾经使用过的椅子，在修饰光照明中，几条明亮的线条，耀眼夺目，生动地暗示出怀念的主题。

从光线较亮层次丰富的第Ⅰ区，转入到逆光照明、大反差暗调子的第Ⅱ区，最后停在几道亮线条的第Ⅲ区。对比鲜明，低沉的思念情绪味道浓重。光区的处理是表意的重要手段。

例3：影片《艺术家》中大明星的粉丝，女主角米勒私自进入瓦伦汀的化妆室，爱慕的眼光浏览着一切，最后停在瓦伦汀的西装上，做着爱抚的动作，这是导演的神来之笔。摄影师在光线处理上给予生动的渲染，见图 13-23。

地点为化妆室，日景。米勒推门进来，一边观看一边向化妆台走去。共有四个照明光区：

第Ⅰ个动作区：明快的调子。

画 1　推门进来的动作。**画 2**　向内走去。主光灯 a1 在斜侧光位照明人物和环境，阳

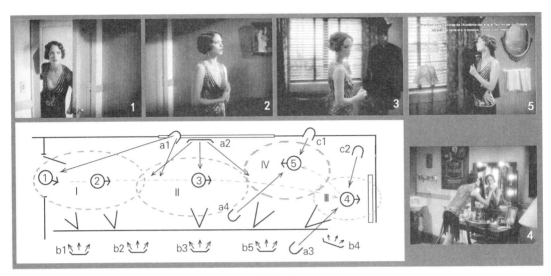

图 13-23

光明媚，光影分明，明快的调子。正是进入向往的环境时心情生动的展示。随着人物走动，画面明亮的调子逐步减少，暗色调逐步增加，亮暗的变化正是"偷入"主题的刻画。

第Ⅱ个动作区：暗调子。

画 3　走到窗前，人物处在明亮窗子衬托中，影像变暗了。离开主光灯 a1 光区，进入主光 a2 区域，a2 是散射光灯，在逆光位照明人物，人身上直射阳光消失，变成为半剪影暗调影像，衬托在明亮窗子上。画 3 与画 2 影调结构相反，由暗背景衬托亮主体，变成亮背景衬托暗主体。银幕上明暗的变化是配对"偷入主题"的揭示。

第Ⅲ光区：杂乱的亮调子。

画 4　走到化妆台前，在镜子上写下几个字。主光灯 a3 在机位方向照明人物，呈现平光照明，人物和背景墙面都被照亮。镜子边框上点亮的灯泡，说明化妆台空间环境。画面影调线条结构杂乱，是对心情的暗示。

第Ⅳ光区：完美的结构。

画 5　走到窗旁衣架前，见到爱慕之人的上衣，感触万分，做出爱抚的动作……主光灯 a4 在斜侧光位照明人物，人身上大部分处在亮面里，展现女性体态。修饰光 c2 在逆光位照明人物，在头发、肩部等处出现明亮轮廓和亮斑，给影像增添几分光彩。画面线条和色块的运用很有新意，垂直线条和水平线条；圆形和长方形；黑、白、灰的色块……这一切都与女人身体的弧线形成对比和衬托关系，特别是黑色的"男人手臂"搂抱着浅色的女人身体，被百页窗帘遮挡的窗子……很有诗意，太美了。

比较一下这五个画面的光线、影调、线条、色块等结构，繁简的运用各不相同，每幅画面都有各自的特征，在一个短短的运动镜头里做到如此的完美，不能不说这是摄影师高超技巧的表现。

例4：影片《卧虎藏龙》碧眼狐狸的出场镜头。

玉府小姐卧室，晚间，月夜。丫环准备给小姐卸妆，听到扣门声，走去开门，碧眼狐狸出现在门口。这是她第一次出场亮相镜头。

丫环的走动分成三个动作区，见图13-24（彩图88）。

第Ⅰ个动作区：准备卸妆，听到扣门声，丫环向门口走去。

画1　主光灯a1在侧光位模仿烛光照明小姐和丫环，烛光将白色衣服染成温暖色调。修饰光c2是蓝色光线，在窗子方向模仿蓝色月光投在二人身上。修饰光c1在逆顶光位照明小姐头部身体，形成一块白色亮斑。小姐白色上衣寒暖对比、明暗对比，色彩非常丰富。光线和色彩不仅刻画出王府小姐的身份和地位，也暗示出她在影片中的非凡地位。

蓝色月光投在丫环身上，随着走动，在身上不断变换，正是这种变换增加了人物走动的感觉。

蓝色月光与暖色烛光形成寒暖对比，给扣门声增添一点神秘色彩，强调了即将出现在门口之人的神秘色彩。

第Ⅱ个动作区：无精打采的丫环向门口走去。

画2　人物走在两扇窗子之间的暗光区域，主光灯a2是盏散射光灯，在摄影机旁对人物照明，人物处在平光照明中，影调平淡光线较暗，蓝色月光消失不见了，修饰光c3在侧光位模仿烛光照明人物，让人身上保持应有的一点暖色调。光线变化具有自然真实感觉。

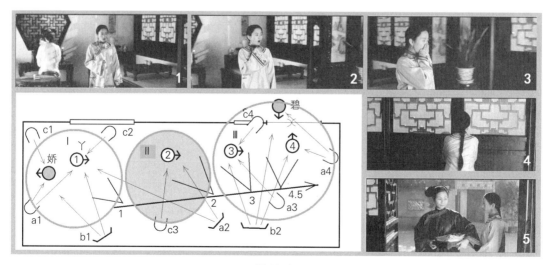

图13-24

第Ⅲ光区：摄影机移动到门口。

画3　主光灯 a3 模仿烛光效果在斜侧光位照明人物。丫环断续向门口走来，人脸随着动作逐渐亮起来。透过窗子的蓝色月光也逐渐出现在人物身上，神秘气氛又逐渐出现了。

画4　走到门口，双手开门。模仿烛光的主光灯 a4 在侧光位照明人物（在人物的后侧逆方向上），白色上衣出现明亮的暖色调，与蓝色窗纸形成鲜明的寒暖对比，把神秘气氛推到顶点，然后突然打开房门……

画5　房门大开，碧眼狐狸出现在眼前，处在 a4 暖色光照明中，色彩和光线虽然正常，但头上两个怪怪的发髻，以及黑色服装，都给人非同一般的感觉。特别是明亮的暖色块消失了，被蓝色月光照亮的背景占满画面，如果说画 4 门上的蓝色月光还有美的感觉，那么开门后的深蓝色月光给人的却是阴森的感觉。一束逆光勾画出碧眼狐狸的轮廓，几块亮斑更是突出强调了这个古怪的形象。

三个照明区的结构具有对称性质，两端（画 1 和画 4）较亮，中间较暗（画 3）；两个蓝色月光修饰的影像，中间夹一个无蓝色月光修饰的影像；在对称完整的结构之后出现一暗蓝色调的画面（画 5），具有意外突变的感觉。正是这些光线色彩技巧的使用，加强了碧眼狐狸亮相镜头的魅力。分区布光是摄影师处理视觉语言的有力手段。

12.3.3　整体布光法

传统棚内布景照明，一般人物光和环境光要分开处理。人物光由照明组长负责，环境光由副组长负责。照明环境的灯光不能照到人物身上，反之照明人物的光线也不能影响环境。分开处理的好处是，人物光不受环境光影响，为用光刻画人物提供方便。

整体布光法与传统布光法不相同，人物光与环境光不分开处理。整个布景空间环境，一次布光到位。照明环境的光线也是照明人物的光线，反之照明人物的光线也是照明环境的光线，二者统一，形成整体光线效果。这样不管演员或摄影机的运动形式多么复杂，运动到哪里都能有人物和环境所需要的光线照明，因此拍摄起来方便自由。

当代影视创作往往采用多机拍摄和主镜头拍摄方法。在现场我们不可能为每个镜头或每个人物单独照明。所以整体布光法更能节省时间降低成本，是低成本电影电视剧使用最多的光线处理方法。

下面从影片实例中研究整体布光法的处理和功能。

棚内整体布光法的处理

例 1：影片《黑天鹅》排练场的戏。

演员众多，活动范围大，从画面上可以看到，每个人物都处在柔和的顶光照明中。从场面上看，场地中间较亮，边缘较暗，可以断定在场地上方采用大面积的散射光照明，见示意图 13-25。在布景上方安装一块或几块"蝴蝶布"（白色灯光布），再用大型灯具照亮白布，产生大面积柔

图 13-25

和的散射光，从上方垂直照明排练场环境，白布大小影响墙壁亮度。控制墙面和人物亮度的方法：采用几块不同大小的白布，中间区域用大块白布垂直照明场地，主要是人物活动区域的光线；大布周边再用小块白布倾斜照明相对应的布景墙面，这是照明背景环境的光线。调控大布和小布的亮度和方向，既可控制人物和背景环境的光比，也可控制人物的主光和副光比值。

光线布置完成后，演员和摄影机的任意活动和运动，都能获得相似的满意影像。

例2：影片《波尔多的欲望天堂》沙龙里艺术家活动的一场戏。夜晚一群艺术家在沙龙里互相谈论艺术创作。高潮时一位舞蹈家起身跳舞，见图13-26。

场景是简单的沙龙会室，一盏油灯吊在上方，采用低照度照明法拍摄，让点燃的道具油灯曝光有足够的密度。一盏聚光灯 a 在侧上方模仿油灯光效照亮人物活动场地。环境和人物副光灯 b 在摄影机旁给昏暗的环境铺上一点密度。拍摄时人物不再另行照明，这样演员任意活动都有较好的光线效果。

实景整体布光法的处理

实景空间有限，拍摄困难较多，打光和移动都不方便。整体布光法可以解决实景布光难题。具体方法为：现有光拍摄、人工光修饰和人工光再现。

（1）现有光拍摄。

例1：影片《红气球之旅》中，台湾留法学生"宋"勤工俭学，做家庭教师，到雇主家等

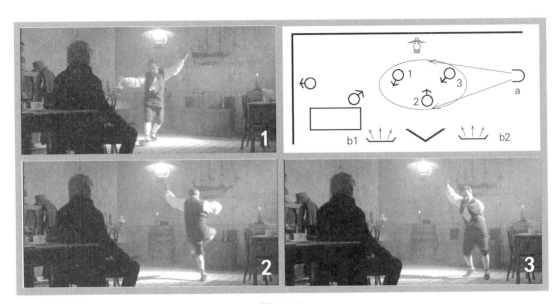

图 13-26

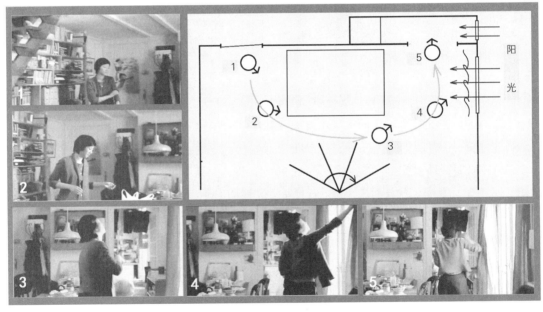

图 13-27

待放学的孩子回来的场景见图 13-27（彩图 89）。

宋进门后看到桌上面包，然后从镜前向厨房走去。现有光拍摄，追求自然光色真实再现。

    画1   刚进房门，红色窗帘半关闭，远离窗子，光线昏暗，画面呈现灰绿色调。

    画2   走到桌前，看见面包。离开桌前靠近窗子，脸上光线开始亮了起来。

    画3   绕过桌边抬头看见窗帘关闭……脸上光线更亮了。

    画4   到窗前拉开窗帘，随着拉的动作，人脸和环境光进一步明亮了。

画5 向厨房走去……

这里没有使用任何灯光照明，完全依靠来自窗户的自然光线，画面光色关系得到真实再现，不打光进行运动镜头拍摄，非常方便，银幕上光色整体感很强。

例2：《我的野蛮女友》中男主角把醉酒女放到旅馆后从走廊里跑了出来。

夜晚走廊，利用走廊上方现有建筑光源拍摄。固定机位，演员从走廊深处迎着镜头跑来，从镜前出画。走廊上方有三盏生活照明灯，见图13—28。

画1 从深处墙角拐来，人物处在两灯之间的无光区域，呈现半剪影状态。拐角上方照明灯a1将背景墙面照亮，衬托出半剪影的人物。

画2 向前跑来进入a2灯照明区，人物由暗变亮。

画3 继续向前跑，离开a2光区，进入中间无光区，人物又成暗色调。

画4 继续跑来，进入a3光区，镜头前区域人物又亮了起来，最后从镜前出画。

图 13—28

走廊空间狭窄打灯更加困难，利用建筑物现有光源拍摄，不仅光线效果自然真实，而且克服了环境困难，降低了成本。

当代高感光和低照度摄影摄像机，采用低照度现有光拍摄法，可以方便地解决实景布光难题。

例3：影片《心火》中，伊丽莎白在查理家做家庭教师，并不知道女主人的秘密，一天查理突然带她去见"植物人"的妻子。

环境为走廊，时间为白天。这是一个跟拉摇长镜头。从银幕上来看，走廊狭窄，有两扇窗子和一个门与外界相通，是环境光源，见图13—29。

画1 查理带着伊丽莎白从深处走来，大全景，阳光通过房门照在二人身上，人物成侧光照明，亮调子。

画2 向前走来，大中景，进入门窗之间无光照明区域，人物呈现黑色剪影。

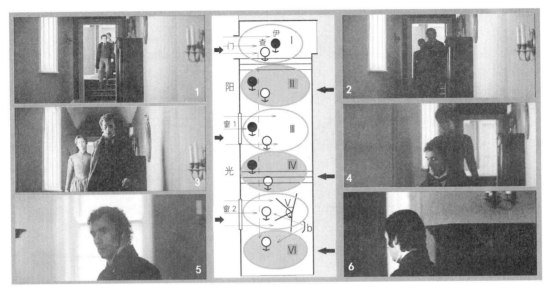

图 13-29

画 3　继续向前走来，中景，进入窗 1 照明区，亮了起来。

画 4　继续走来，中近景，进入两窗之间无光区域，又是剪影和半剪影状态。

画 5　二人继续走来，到镜头前摄影机跟摇，画面成为查理一个人的近景。此时摄影机正好对着窗子拍摄，人物衬托在亮背景中，为了让观众看清查理形象，摄影师在摄影机旁用了一盏散射光灯 b 照明人物，人脸呈现半剪影影像。

画 6　继续往前走，镜头跟摇，查理成为侧逆角影像，向黑门走去。

人物由远到近，光线时明时暗，景别逐渐变大，最后二人变一人，暗背景变亮背景……这种节奏的变化，随着无声的走动，给人一种低沉、压抑、神秘的感觉。光线在这里充分揭示着人物内心的感受。

现有光拍摄被认为光线效果自然真实，但表意困难，难以获得光线表现的魅力。但是在这里，我们可以看到，在大师阿尔芒都手里，现有光照明同样是艺术表现的手段。

（2）现有光加人工光修饰法。

前个镜头结尾处使用了人工光修饰查理的近景画面。

低照度现有光拍摄，有时现有环境光不能满足技术上和表现上的需要，可以采用适当的人工光给予修饰或弥补。

例 1：影片《盗梦空间》中，盗梦者在天花板上安装器械。环境为楼下卧室，时间夜晚，室内开着灯。共有三个大全景镜头（画 1~ 画 3）和三个中景镜头（画 4~ 画 6）。同轴角度拍摄，见图 13-30。

从画面上看，环境中有两盏壁灯和一盏床头灯。光源虽然很明亮（换成大瓦数灯泡），但是环境空间很大，远离光源区的中间部分缺少光照，需要给予光线补充。如果房间上方原有建筑光源，可以打开，没有时可以临时安装道具灯，也可以用一盏带有柔光罩的灯具 b 吊在顶棚上方，对环境做普遍的底子光照明。所谓底子光就是让最暗的地方有密度，有需要的层次。从画 1 中可以看到床下有阴影，说明上方使用了一盏底子光灯给予亮度补充。

这是实景现有光拍摄光线处理常用的照明方法。

例 2：电视剧《医龙 3》中的医生办公室，日景。下班的女医生走到镜头前更衣的镜头。

从图 13-31 画面上方可以看到，棚顶上有规则地排列着许多盏日光灯，这可能是建筑物原有的光源。但中间的日光灯排列很不规则，方向大小都与其他灯不谐调，这些灯很明显是为了

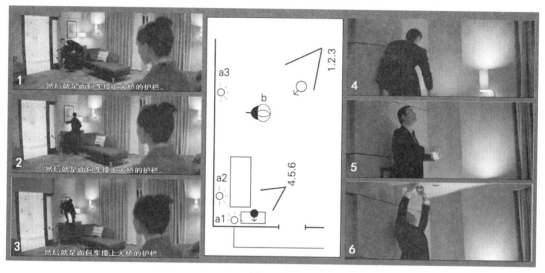

图 13-30

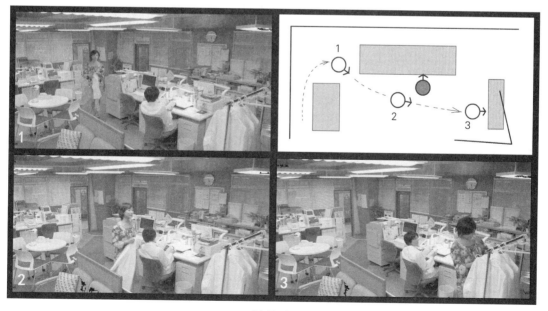

图 13-31

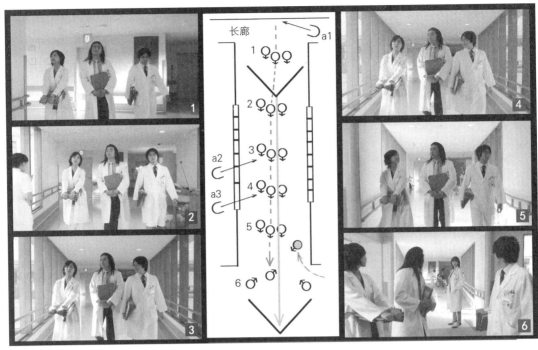

图 13-32

拍摄需要而临时安装的。环境和人物就是依靠这些日光灯管照明，使得人物从画 1 远处走到画 3 近处都有需要的光线照明。

整体布光法可以在环境中根据需要临时安装一些"建筑照明灯具"，增加环境亮度，满足曝光或表现的需要。

例 3：同上电视剧，长廊里的镜头。三个医生迎镜走来，见图 13-32。

长廊两头空间封闭，与外界隔绝，光线较弱，中间空间开放，与窗外空间相通，光线充足明亮。中景，摄影机跟拉动作。在运动中人物身上的亮度范围变化不大，可以判断是阴天柔和的散射光照射下拍摄的实景画面。

　　画 1　长廊深处远离光源的空间。从背景墙面上的光斑可以判断这是灯光 a1 在斜侧位上照明墙面的效果。白色衣服、白色墙在光线较弱的环境里，画面影调必然灰暗平淡，主体不被突出，为了让画面中人物得到鲜明突出，背景上打块亮斑衬托"暗调"主体，这是十分必要的。

　　画 2　走在靠近窗子的空间，人物身上光线逐渐变亮。

　　画 3　**画 4**　这段距离较长，人物身上出现明亮阳光，人工痕迹明显，是两盏聚光灯 a2 和 a3 在廊外侧光位照明人物的效果。

　　画 5　两侧无窗的空间，人物身上光线又变暗了。

　　画 6　结尾画面，一位女医生后景入画，停下交谈。虽然是封闭空间，来自画左走廊远处的窗子光修饰了人物形体，给白衣增加一点亮层次。

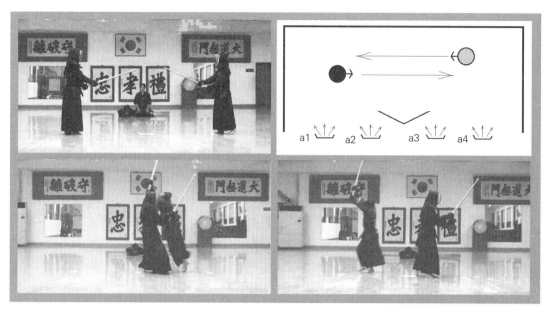

图 13-33

从画 1 到画 6，人物身上光线由暗变亮再变暗，身上光斑从无到有再到无。光线变化的节奏正是人物行走的节奏，也给单一景别、长时间的运动增添了一点活泼轻松的气氛。

实景现有光拍摄中增加人工光修饰画面十分必要。

（3）人工光再现法

实景中拍摄人物动作范围较大的镜头，现有光不能满足照明需要，可以采用人工灯光完成整体照明。例如《我的野蛮女友》中武道馆练功的戏，见图 13-33。

场内空间很大，平光照明，墙面上暗下亮，光线均匀，结构完美。不是来自窗子阳光照明的效果，人工光线痕迹很明显，几盏散射光灯在机位后面，排成一排，普遍均匀照明的效果。人物在场地内可以自由活动。

这里照明环境和人物光线都是人工光照明的结果，方法上属于人工光再现法。

13.3　不同空间动态人物光线处理

现代摄影技术高度发展，给影视艺术带来许多新的创作手段。高感光度的摄影机和低照度拍摄、斯坦尼康减震器的使用，特别是大容量存储设备替代了磁带和胶片有限的时间长度……这些技术为镜头拍摄长度提供了新的可能性。摄影机和演员可以在不同空间里自由地穿梭式运动。在不同空间里连续不断地拍摄，如何处理人物光线成了现代摄影师最感兴趣的课题。

下面从影片实例来学习不同空间光线的处理方法。

13.3.1　利用亮暗间隔区分

影片《悲惨世界》改编自雨果名著。主人公冉·阿让为了养活姐姐的七个孩子，偷了一片

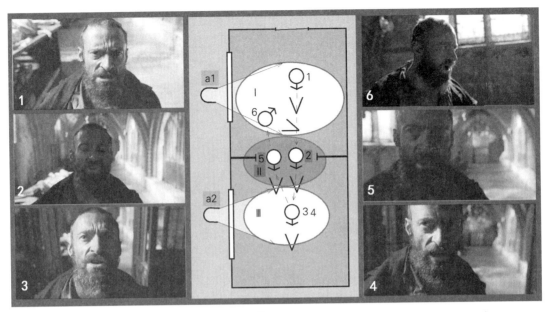

图 13-34

面包，被判苦役十九年后获释。出狱后他想重新做人，但邪恶的社会却不允许他。

图 13-34 是他出狱后在教堂里，在上帝面前祈祷，乞求重新做人的场景，共有三个空间。

空间Ⅰ：教堂，阳光明亮。上帝的环境应该是明亮的。

　　画 1　冉·阿让在上帝面前大声呼叫，让他重新做人。侧光照明，人脸一半亮一半暗，反差很大，既表现出他改正的决心和力量，侧光照明也暗示出他未来的不幸。然后起身向教堂内部走来，镜头俯角拍摄，近景画面跟拉，俯角暗示着不幸。

空间Ⅱ：房门口，无光区。在两个空间之间，造型上起到间隔空间作用。表意上暗示要想重新"做人"，要隔着黑暗的难关。

　　画 2　经过房门口，这里是无光区域，人脸黑暗，半剪影形式。

空间Ⅲ：教堂里间。阳光明亮，与空间Ⅰ相同。

　　画 3　俯拍特写，仰首祈求。侧光照明，主光更亮，反差更大，决心更强烈了。画 3 与画 1 环境光线不相同，一个是亮调，一个是暗调。

　　画 4　祈祷完毕，向回退去。虽然还是侧光照明，但人脸方向向后偏斜，造成脸后侧光照明，暗面增加，再加上头部低俯，眼睛斜视，给人感觉"怎么样！答应吗？"的神态。

　　画 5　向后退到空间Ⅱ，房门无光区。人脸又变成黑暗的半剪影形式。注意他是向后退出，而不是转身向后走去。

　　画 6　回到空间Ⅰ的上帝面前。后退出门，身体转动，摄影机从侧面角拍摄，人脸成为逆光照明状态。明亮的轮廓、大反差影像，镜头结束。

这是一个寓意深刻的不同空间的运动镜头：

（1）从现实空间Ⅰ走向上帝空间Ⅲ多么困难，中间隔着黑暗"门"空间Ⅱ。

（2）他不是转身"自愿"地走出去。而是后退"被逼"出去，这是对主题的暗示和象征。

（3）画1是侧光照明，画6是逆光照明，首尾人物光线不相同，由亮变暗，这是对影片主题的揭示。

13.3.2 现有光拍摄，利用光源色温区分

影片《闪灵》讲述一家三口在严冬季节，为度假村看守房屋而遇到鬼怪的故事。

例1：男主角杰克第一次到度假村见乌曼经理，见图13-35（彩图90）。共有三个空间，均为日景。

画1 大堂。杰克走进大堂到服务台前打听经理办公室，然后向左走去。镜头跟摇变跟推。散射的现有光拍摄，环境上方吊灯明亮，人物处在环境现有光照明中。画面是灰色调。

画2 镜头跟随杰克进入过厅。这是日光灯照明环境，画面呈现青色调。人物还是处在现有光照明中。

画3 继续向前走去，进入经理办公室，见到经理乌曼……不饱和的红色墙面使画面呈现出暖色调。

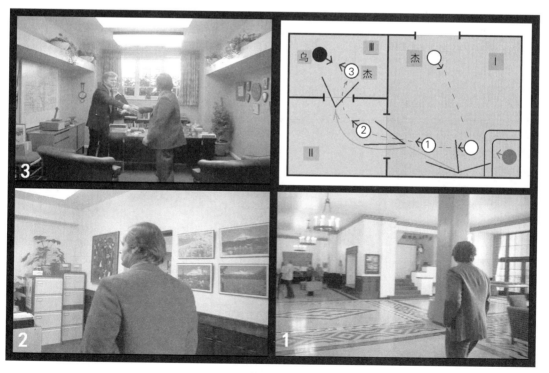

图 13-35

从银幕上我们可以看到，摄影师有意将三个空间处理成三种不同色调，以此区分三个不同空间：

画1　大堂是白色墙面，利用门外高色温日光和大堂上方吊灯的低色温光混合的光照明。以低色温光为主，后期调制成暖味的灰色调，之中有一点点寒色（门口墙面）。

画2　过厅空间，环境还是白色墙面，但是处在高色温日光灯照明中，白墙和人物呈现出青色调，只有人物背后来自大堂的低色温光染成一点暖色。人物身上的寒暖色彩说明环境光线色温的性质。

画3　办公室红色墙面，环境建筑光源是低色温日光灯照明环境。窗外的高色温阳光由于曝光过度，白白一片失去色彩属性，只能在桌面等处看到一点冷色调存在。由此可见环境色彩的处理与环境颜色和色温有关，摄影师充分利用不同色温的光源色彩和被摄环境色彩，控制画面色调。

摄影机一口气连续不断地跟随人物穿越三个不同空间，表现出三个不同色彩的空间，采用现有光照明，人物不必另行光线处理，为运动镜头造成方便。

例2：摄影机跟随电动车上的丹尼在回形走廊里绕行一圈。经过各个不同方向的走廊。大全景画面，空间巨大，视野开阔，无法藏灯，打光困难，只能采用现有光拍摄。四个走廊四个空间，表现出四种色彩，见图13-36（彩图91）。

空间Ⅰ：环境光源是高色温日光灯管照明，墙面呈现不饱和的黄绿色和灰蓝色调。

空间Ⅱ：以低色温壁灯为光源，使画面呈现出暖色调。

空间Ⅲ：环境光源是低色温灯光照明，让环境呈现暖色调，但用高色温蓝色灯光照明环境中的柱子，让柱面上出现鲜艳的蓝色，画面是由寒暖两个对立色块构成。

空间Ⅳ：环境是由低色温光照明，呈现出暖色调与空间Ⅱ相似，只是画面简单明快。

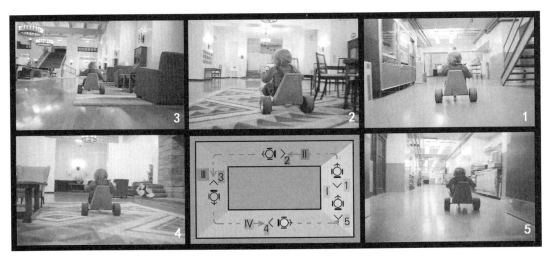

图 13-36

最后画 5 又回到空间Ⅰ，运动绕行一周。

方法和构思与前者相似：照明两个相邻空间的光线色温不同时，充分利用不同色温区分空间环境；如果两个相邻空间光源色温相同时，只能采用不同色温的光线照明后者环境来改变色彩特性，以便与前个空间区分，空间Ⅲ就是如此处理出寒暖对比的空间环境。

人物光还是采用整体光线（现有光）处理法处置。

13.3.3　利用不同光线结构区分

影片《红》（*Red*，1994）中的兽医院，朱莉给撞伤的狗治病，见图 13-37（彩图 92）。朱莉从门口走廊深处向前走来，穿过房门，经过黑暗的过道来到手术室门前，与医生问话。镜头跟摇，银幕上出现三个空间：房门外、过道和手术室三个空间，人物光线采用分区处理，共有五个照明光区。

　　画 1　朱莉坐在房门外，主光灯 a1 模仿阳光照明朱莉，侧光照明，反差较大，构图上采用垂直线条结构，特别是背景墙面上的红色块暗示影片主题，色彩和线条刻画出朱莉正直的人格。

　　画 2　她站起身来走进房门空间。这里是无光区域，人物衬托在稍亮的背景上，呈现剪影状态。

　　画 3　继续向前走进窗子空间，透过窗子的光线照亮人物，实际上是灯光 a2 在侧上方照明人物，将脸和头发照亮，显示出人物形象。窗内光线微弱，人物光却是明亮，人物光虽然有窗子为依据，但又不是完全再现真实逻辑关系。这样处理完全出于造型上的需要。明亮的光线，大反差的影像刻画出环境微弱的光线特征。

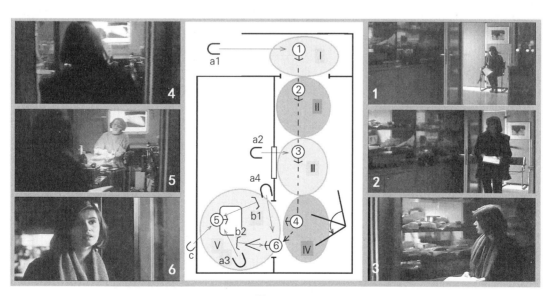

图 13-37

画4　走到手术室门口，明亮的手术室衬托着朱莉黑色剪影，人物影像由亮变暗了。

画5　朱莉靠在门旁。画面主体是医生，主光a3模仿手术台上方灯光，从高处向下照亮手术台。对人物来说是效果光，照明人脸。修饰光灯c在侧逆位置修饰医生的脸，副光灯b1在摄影机方向照明人脸暗面。这里人物光使用了主光、副光和修饰光。

画6　反拍朱莉近景。主光灯a4在侧光位照明人脸。副光灯在摄影机旁。主、副光鲜明，反差较大，环境特点很明确。

这里人物光采用了分区布光法处理。而且是依据环境光源真实关系作为处理人物光线的依据。人物光线具有一定的真实性质，又具有造型和表意上的追求。

13.3.4　利用不同色温和亮度的光线区分

影片《旧爱新欢》中的夜晚，男主角从外面进入房内的镜头。一个摇移镜头表现出三个不同空间，见图13-38（彩图93）。

画1　空间Ⅰ，由内向外拍，透过房门看到房外蓝色夜晚空间，男主角抱着东西走进门。照明人物的主光灯，是一盏低色温聚光灯a1，在侧光位照明人脸，勾画出暖色亮轮廓。修饰光c是高色温灯光，在侧逆光位修饰人物暗面，勾画出蓝色轮廓线，同时也是画2人物的修饰光。

画2　空间Ⅱ过厅。这里是黑暗无光源的空间，来自餐厅的暖色光勾画出正面轮廓；来自门外的蓝色修饰光c勾画出背面蓝色轮廓，在黑暗的环境里隐隐约约看出人物在走动。

画3　空间Ⅲ餐厅。浅黄色墙壁、白色桌面、红色上衣，在白光照明中色彩得到真实

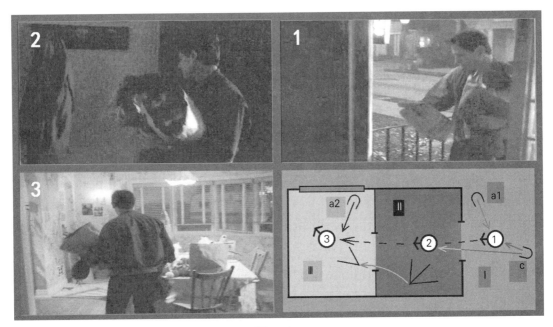

图13-38

再现，构成暖调画面。主光a2也是白光，在侧光位照明人物，再现出人物身上色彩和层次。

三个空间具有三种色彩：蓝—黑—黄结构，两头色彩一寒一暖，形成对比，中间夹着黑色。自然真实再现出夜晚光色结构，又表现出"家中温暖"的主题。

13.3.5　注重光的表意结构

影片《豪情四海》是根据美国赌城拉斯维加创始人毕斯的事迹拍摄。黑社会打手毕斯来到西海岸发展势力，看中歌手劳伦斯的住房，强行买下来。参观房屋一场戏，一个镜头穿越四个空间，见图13–39。

画1　空间Ⅰ书房，镜头从书房开始跟随人物推拉。主光a1在侧光位照明人脸，没有光源依据。造型需要侧光半亮半暗效果，修饰光修饰暗面脸的轮廓，反差很大。光线刻画出黑社会人脸形象。

画2　空间Ⅱ大厅。走出书房，进入大厅，镜头跟随房主人摇移。主光灯a2在侧逆光位照明人物，后脑亮，正面脸暗，一脸问号……人物光线生动地揭示出对陌生人的怀疑心态。

画3　空间Ⅲ餐厅。镜头跟随人物进入餐厅，围绕餐桌转一圈。转到正面脸时，主光a3在侧逆光位照明毕斯，大反差，正面脸很暗。

画4　空间Ⅱ大厅。又回到大厅，画面只有房主一人。主光a4来自平光位照明人物和环境，画面反差微弱，调子平淡，这是弱者无可奈何的形象刻画。

画5　空间Ⅳ客厅。二人进入客厅，毕斯提出要买房子，这是非买不可的强制要求。主光a5在侧逆位照明人脸，修饰光c2在侧逆光位修饰脸的暗面，人脸呈现夹光照明，两个侧面亮，中间正面暗，反常光效结构，刻画出黑社会人物专横强制的形象。

这五幅画面是选取运动中关健时刻的画面，从表面上可以看出结构具有对称性：

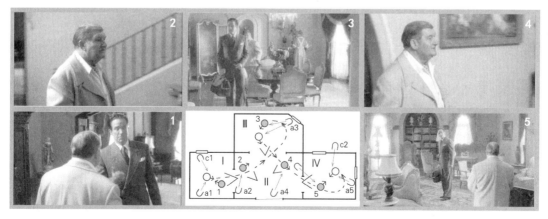

图 13–39

（1）三个带有毕斯的画面间隔中夹着两个没有巴格西的画面。

（2）两个人物画面中间夹一个人物画面，形成 2-1-2-1-2 结构。

（3）构图上首尾也是对称：起幅前景在画左边，落幅剪影在画右边，左右呼应，只是景别稍有不同。

（4）构图上有毕斯的画面，背景中都有窗子，暗示他的空间很大，环境通透。房主一人的画面，背景没有窗子，墙壁将空间堵死，没有一点点通向外界的缝隙，表现出被逼无路可走的形象。

从这些处理可以看出摄影师的构思是多么严谨，利用人物在不同空间里的运动光线、构图变化进行艺术表现，多么有魅力。

13.3.6　综合手段的运用

影片《俄罗斯方舟》（*Russian Ark*，2002）是一部探讨现代影视技术的影片。2000 名演员，33 间豪华的冬宫房间（如果加上过道、楼梯、走廊，就不止 33 间了），一个长镜头拍了 1 小时 39 分钟，完成一部影片。时空跨越四百多年，既有现实人物，也有不同历史人物。真是空前绝后，打破了希区柯克只有 10 个镜头一部电影的纪录。

这是一次探讨不同空间和人物光线处理方法的尝试。照明的各种手段、各种方法、各种风格流派，应有尽有，都可以在影片中找到影子，是学习不同空间动态人物光效的好教材。

下面我们从连续不断的运动镜头里选择几个不同空间的画面，探索一下光线处理。见图13-40（彩图 94）。

A、B 两行都是传统照明方法处理的空间，人物光都是整体布光法处理。

画 1　皇宫剧场，暖色调，逆光照明，剪影半剪影处理。既有强烈的时代特征，又有完美的形式，画面很美。

画 2　**画 3**　是伊朗特使拜见沙皇场面。

画 4　宫廷舞会和乐队画面。

这些画面属传统光线照明，空间宏伟壮观。立体感、空间感、质感……造型完美，画面干净没有杂乱光影，展现出高超的传统照明技巧。

画 5　宫廷侏儒空间。**画 6**　仰拍高大的宫廷内部。两个空间利用室外高色温天光和室内低色温灯光混合照明，空间结构清楚，寒暖对比微妙，色彩丰富，是用现代光色意识表现传统光线效果。

画 7　**画 8**　宫廷剧场后台景象，典型的伦勃朗式布光方法，中间亮，四周暗。

C 行是冬宫绘画雕塑艺术馆，这是现代时空，现代人物在参观。因此，采用现代自然光效法与传统造型意识相结合的方法处理。四个空间，四种光线效果：

画9　绘画馆。大面积柔和顶光照明，是现代影视照明中处理大场景最常用的照明方法。人物光与环境光统一和谐，整体感很强。是表现艺术展室最适合的照明方法。

画10　雕塑馆，白色展品、白色环境。采用侧光位柔和的散射光照明，使得白色构成元素得到需要的层次。灰蓝色调处理白色雕塑，再现出素雅的美感。主次分明，调子丰富。

画11　画12　两个绘画馆空间。画面构图、结构、色调、光源方向等相似，人物相同，唯有照明光线性质不相同：一个是直射光照明；一个是散射光照明。利用光线性质刻画出时空的不同。光线自然真实，又具有完美的造型表现，主体突出，构图完整。

D行：外景和几个过场戏空间光线处理，采用自然光效法处理。

画13　外景，冬天雪景。阴天现有光拍摄。灰暗的散射光照明，再现了阴天雪景的空间气氛。

画14　室内楼梯过厅。画15　室内宽阔走廊。这两个镜头也是不同色温光线混合照明。透过窗子的高色温天光和室内建筑物的低色温吊灯光混合照明，有微妙的寒暖对比，灰暗

图13-40

的色调很独特。

画 16　过场戏，无光源的楼道空间。现有光处理，不打灯光，利用远处明亮的背景衬托剪影式的人物，光线自然真实，处理简炼。本片有多处使用"暗转场"过渡空间。

E 行为人物光线处理。影片是以全景形式叙述主题，人物居于次要地位，很少出现人物近景和特写，即使出现也都是在镜前一晃而过，而主要是以场景讲述事件动作。因此，人物光线处理采用整体布光法处理。环境光既是人物光，不另行照明，这对于一口气一个镜头拍摄一部影片，省略了人物光照明，减少了工作量，也为摄影机运动提供了方便。只有极少数人物中景画面使用灯光处理人物影像。

画 17　头上插羽毛的女人是贯穿全片的人物，影片开头冰天雪地的外景，采用现有光照明。一群人向楼房涌来，光线逐渐变暗，进楼门时，一束平光将人物照亮，让我们看清插羽毛的女人形象。这里使用了人工光照明人物，淡蓝色冷调画面，表现出冬天气氛。

画 18　人流涌动空间，又是插羽毛女人中景。柔和的侧光将人脸照亮，人物很突出。照明人物的光线也是照明环境的光线，人物光 – 环境光是统一整体光效。这里是整体布光法处理人物影像。

画 19　影片开头不久，人群在黑暗的走廊里涌动，时而无光画面黑暗，时而出现逆光将人物轮廓勾画出来，特别是逆光将白色羽毛照亮，再现出羽毛美丽的质感，人脸用平光给予修饰，画面光线整体感很强，画面很美，以此吸引观众视线。从这里我们可以看到，虽然光线结构属于整体布光法处理，但很明显，场景光线处理是依据人物光线需要而设计的。效果自然真实，现代感浓厚。

画 20　男性讲解员，在银幕上不时地出现，像插羽毛女人一样起到贯穿连接作用。在过道里从深处走来，人物成为黑色前景形态，走到中景时出现一束顶光将人脸照亮，是摄影师有意安排的人物光照明。

单独给人物照明的空间很少，大部分人物处在环境光照明中。

F 行为影片结尾的光线处理。千百名人群有现代人，也有历史人物，从高向下，从近向远，涌来涌去，最后汇聚在一道笔直长廊里，向前不断地涌去……最后银幕逐渐变暗（收缩光圈），镜头摇向一条黑暗无人的、通向涅瓦河的通道，向前推去，推到河面上，河水翻滚向前涌动，影片结束，这是一个寓意深刻的结尾。

画 21　冬宫楼梯，人群潮水般涌下来。注意第二排两位拉小提琴、穿黑西装的男人是现代人物形象。现代人与历史人一起涌动着。

画 22　俯拍长廊，人群不断地向深处涌去。注意长廊形状、构图结构与画 23 相似。这是一个象征和隐喻。

画 23　镜头在跟拉中，银幕逐渐变暗，摄影机摇向黑色通道，缓缓推去……随着推动，画外出现作者的旁白声："嘿！先生，你没有和我在一起，真可惜！你应该洞悉一切，看！举目是海……"

画 24 镜头推到河面上，冰冷的水面上翻滚着"白色"河水，向上涌动着……画外声继续："……我们注定漂浮一生，度过绵绵岁月。"

诗意的结尾，诗意的主题。

出版后记

影视是视觉艺术，光与影在银幕上交织出或绚烂、或沉静等种种视觉风格。而只有了解光线的奥秘，掌握照明的方法，才能创作出最动人、最美丽的影像。

电影照明工作既需要专业的技术素养，又是一项艺术的创造。作为北京电影学院摄影系知名教授，刘永泗老师从上世纪60年代起，便投入电影摄影、照明的教学和实践中，总结了大量的经验，对电影照明的技术手段和艺术内涵均有很高的造诣。他同刘莘莘老师合著的本书，便从这两方面入手，力图展现当下电影照明的全景。全书共分十三个章节，前七章分别介绍光线的基本概念与分类，光与色彩、造型、亮度平衡等的关系，以及照明器材；后六章从实践入手，系统讲解外景、摄影棚以及实景的照明方法，特别对传统、自然、印象派光效法以及当代大综合理论在各具体环境中的应用，作了详细介绍。

随着近几年席卷而来的数字革命，影视照明的观念和方法产生了相应变化，所以本书尤其关注当下影视照明的新趋势。所选案例也多为近几年优秀的影视作品如《少年派的奇幻漂流》《盗梦空间》等，对影视摄影、照明工作，具有很强的实践指导意义。特别是以日本、韩国电视剧如《平清盛》《厕所女神》等为例，介绍了怎样通过出色的光线设计，以低成本创作最好的作品。

编辑过程中，我们对原稿层次进行了梳理，使其更符合教材的体例。需要色彩表现的图片，统一放在书中插页，以供读者查阅。后浪电影学院丛书已出版多本影视摄影、照明方面的书籍，感兴趣的读者可以关注。

服务热线：133-6631-2326　188-1142-1266
服务信箱：reader@hinabook.com

后浪电影学院
2015 年 5 月

图书在版编目（CIP）数据

影视光线创作 / 刘永泗，刘莘莘著 . ——北京：北京联合出版公司，2015.6（2024.12重印）

ISBN 978-7-5502-5042-0

Ⅰ . ①影… Ⅱ . ①刘…②刘… Ⅲ . ①摄影照明—照明技巧 Ⅳ . ①TB811

中国版本图书馆CIP数据核字(2015)第075781号

影视光线创作

著　　者：刘永泗　刘莘莘
出 品 人：赵红仕
选题策划：后浪出版公司
出版统筹：吴兴元
编辑统筹：陈草心
特约编辑：赵　卓
责任编辑：刘　凯
封面设计：赵　瑾
营销推广：ONEBOOK
装帧制造：墨白空间

北京联合出版公司出版
（北京市西城区德外大街83号楼9层　100088）
天津中印联印务有限公司印刷　新华书店经销
字数300千字　787毫米×1092毫米　1/16　31（黑白）+3（彩色）印张　插页6
2015年6月第1版　2024年12月第15次印刷
ISBN 978-7-5502-5042-0
定价：88.00元

后浪出版咨询（北京）有限责任公司　版权所有，侵权必究
投诉信箱：editor@hinabook.com　fawu@hinabook.com
未经书面许可，不得以任何方式转载、复制、翻印本书部分或全部内容
本书若有印、装质量问题，请与本公司联系调换，电话010-64072833

著　　者：刘永泗　刘建鹏

书　　号：978-7-5057-4751-7

页　　数：433

定　　价：128.00 元

出版时间：2019.08

《影视镜头创作》

张艺谋、顾长卫的老师，北京电影学院摄影系金牌名师
继经典畅销教科书《影视光线创作》后全新力作
从「会看电影」到「会拍电影」
图文并茂精细拉片，逐场讲解镜头语言

▶ 解锁正确拉片姿势 | 超越了剧情、表演、美术等表层内容，
直击视觉语言的内在结构，如庖丁解牛，传授创作的内功
心法，解读当代大师追求

▶ 典型佳片，实例演绎 | 以大量的实例去演绎核心理论，化
难为易，干货满满，毫不说教，饱含趣味，片例有奥斯卡
获奖名片《爱乐之城》《达拉斯买家俱乐部》《鸟人》《八
恶人》《荒野猎人》、黑泽明《梦》、侯孝贤《刺客聂隐娘》、
日影《何者》《白河夜船》《BORDER 赎罪》等

▶ 全彩呈现，生动易读 | 105g 太空梭哑粉纸全彩印刷，500 余
幅精美剧照、机位图、灯位图、调度示意图、分镜表，尽
显构图、运动、光线、色彩之美

内容简介

　　拉片是学习镜头语言的高效途径。本书通过大量片例，
细致讲解其中的影像构成元素，深入透析电影镜头的构图、
运动、光线、色彩之美，帮助读者掌握镜头语法和视觉结构，
从而在理解的基础上将具体技法运用到实际创作中。

　　全书有 500 余幅剧照、机位图、灯位图、调度示意图、
分镜表等，具有代表性的作品范例涵盖电影、电视剧、平面
摄影，包含诸多近年来的优秀影片，如《爱乐之城》《达拉
斯买家俱乐部》《鸟人》《八恶人》《荒野猎人》《刺客聂
隐娘》《我不是潘金莲》《何者》《白河夜船》《BORDER
赎罪》等。无论对初学者，还是对有经验的创作者，都是绝
佳参考。